CAD/CAM技能型人才培养规划教材

# Imageware逆向造型基础教程

## (第3版)

单岩　吴立军　编著

清华大学出版社

北　京

## 内 容 简 介

本书针对三维逆向造型的实际需要，围绕Imageware软件的点云、曲线和曲面的生成、编辑及分析等相关内容，介绍了Imageware软件的功能、使用方法及注意事项，大部分功能均配有相应的实例操作来说明其应用思路和应用技巧。最后通过卡扣、安全帽两个综合实例，让读者全面接触和学习各种曲面的构建、编辑及分析方法，以帮助读者快速、直观地领会如何将Imageware软件中的功能运用到实际工作中，尽快达到学以致用的目的。

本书提供的配套资源包括PPT课件、书中实例的源文件、结果文件及更多的综合案例等学习资源，便于读者练习、揣摩思路与技巧。

本书结构清晰、语言简练、实例丰富、可操作性强，可作为高等院校CAD/CAM相关课程的教材，也可作为各类CAD/CAM培训机构的授课教材，还可作为CAD技术人员的自学教材和参考书。



**图书在版编目(CIP)数据**

Imageware逆向造型基础教程 / 单岩，吴立军 编著. —3版. —北京：清华大学出版社，2018
(2025.1重印)
(CAD/CAM技能型人才培养规划教材)
ISBN 978-7-302-50660-7

Ⅰ. ①I… Ⅱ. ①单… ②吴… Ⅲ. ①三维—造型设计—计算机辅助设计—应用软件—教材 Ⅳ. ①TP391.72

中国版本图书馆CIP数据核字(2018)第157245号

**责任编辑**：刘金喜
**封面设计**：范惠英
**版式设计**：妙思品位
**责任校对**：成凤进
**责任印制**：丛怀宇

**出版发行**：清华大学出版社
**网　址**：https://www.tup.com.cn，https://www.wqxuetang.com
**地　址**：北京清华大学学研大厦A座　**邮　编**：100084
**社 总 机**：010-83470000　**邮　购**：010-62786544
**投稿与读者服务**：010-62776969，c-service@tup.tsinghua.edu.cn
**质 量 反 馈**：010-62772015，zhiliang@tup.tsinghua.edu.cn
**印 装 者**：三河市铭诚印务有限公司
**经　销**：全国新华书店
**开　本**：185mm×260mm　**印　张**：21　**字　数**：472千字
**版　次**：2006年2月第1版　2018年11月第3版　**印　次**：2025年1月第4次印刷
**定　价**：68.00元

产品编号：074925-01

# 前　　言

Imageware 由美国 EDS 公司出品，后被德国 Siemens PLM Software 所收购，是著名的逆向工程软件之一。Imageware 因其强大的点云处理能力、曲面编辑能力和 A 级曲面的构建能力而被广泛应用于汽车、航空航天、家电、模具、计算机零部件等设计与制造领域。

本书详细介绍软件 Imageware 13.2(汉化版)的功能及使用方法。在点云、曲线和曲面的创建、编辑及分析等内容的介绍中采用了具体的实例来讲解这些功能的使用方法，力求使读者更加深刻地理解软件功能的实际应用。全书共分 9 章：

第 1 章　逆向工程。介绍逆向工程的定义、应用，以及关键技术等内容，最后介绍逆向工程中 CAD 模型重建的基本流程。

第 2 章　基础操作。介绍 Imageware 的用户界面、File 菜单和 Edit 菜单的使用、常用的工具条、鼠标操作和 Imageware 快捷键等。

第 3 章　点云处理过程。介绍点云的预处理法，创建点云、编辑点云的方法，以及常用的点云数据分析命令的使用方法。

第 4 章　曲线。介绍曲线相关的显示、生成、编辑和常用的分析方法等。

第 5 章　曲面造型。介绍生成曲面、编辑曲面和常用的分析曲面的方法。

第 6 章　分析与测量。系统地介绍 Imageware 中的各种分析、测量命令。

第 7 章　应用实例之卡扣。介绍简单结构类实体的曲面造型思路与构建方法。

第 8 章　应用实例之安全帽。介绍简单曲面类实体的曲面造型思路与构建方法。

第 9 章　应用实例之电池盒。介绍复杂实体上的简单二次曲面的构建方法。

本书由单岩(浙江大学)、吴立军(浙江科技学院)编著。参与编写的还有张结琼(宁波市北仑职业高级中学)、黄岗(杭州科技职业技术学院)、李兆飞(广州铁路职业技术学院)、彭伟(河南职业技术学院)，由于编写时间紧迫，编者的水平有限，书中难免会存在需要进一步改进和提高的地方，期望读者及专业人士提出宝贵意见与建议。请通过如下方式与我们交流。


- E-mail：book@51cax.com
- 致电：0571-28852522，0571-87952303

本书责编的 E-mail：hnliujinxi@163.com。服务邮箱：476371891@qq.com。

本书配套提供测试题、PPT 教学课件、实例的源文件与结果文件、自学视频及更多的综合案例等学习资源，这些资源可通过 http//:www.tupwk.com.cn/downpage 免费下载。任课老师可来电获取教师版资源库。

最后，感谢清华大学出版社为本书的出版所提供的机遇和帮助。

编　者

2018 年 5 月

# 目　录

# 第1章　逆 向 工 程

## 本章重点内容

本章简要介绍逆向工程，包括逆向工程的定义、应用和关键技术等。

## 本章学习目标

- 了解逆向工程概念及其工艺流程；
- 掌握 CAD 模型重构的工艺流程。

## 1.1　逆向工程的定义

逆向工程(Reverse Engineering，RE)，也称反求工程、反向工程、三坐标点测绘、三坐标点造型、抄数等。它是将实物转变为 CAD 模型相关的数字化技术、几何模型重建技术和产品制造技术的总称，是将已有产品或实物模型转化为工程设计模型和概念模型，在此基础上对已有产品进行解剖、深化和再创造的过程。它源于精密测量和质量检验，是设计下游向设计上游反馈信息的回路。

传统的产品实现通常是从概念设计到图样，再制造出产品，我们称之为正向工程(或者顺向工程)，而产品的逆向工程是根据零件(或原型)生成图样，再制造产品。目前，大多数逆向工程技术的研究和应用都集中在几何形状，即重建产品实物的 CAD 模型和最终产品的制造方面。

完成一项逆向工程工作可能比完成一个正向设计更具有挑战性，因为如果想做出一个完美的产品，首先必须尽量理解原有模型的设计思想，在此基础上还需要修复或克服原有模型上存在的缺陷。

从某种意义上看，逆向也是一个重新设计的过程。它是一种以先进产品设备的实物、样件或模型作为研究对象，以当前高速发展的计算机相关软件及硬件设施作为应用工具，进而开发出更先进的同类产品的技术，是针对消化、吸收先进技术采取的一系列分析方法和技术的结合。

总的来说，逆向工程就是从模型、样品到设计、造型的过程。

逆向工程的一般流程如图 1-1 所示，即利用实物样件转化为 CAD 模型，利用计算机辅

助制造(CAM)、快速原型制造(RP)、快速模具和 PDM 系统等先进技术对其进行处理或管理的一个系统过程。

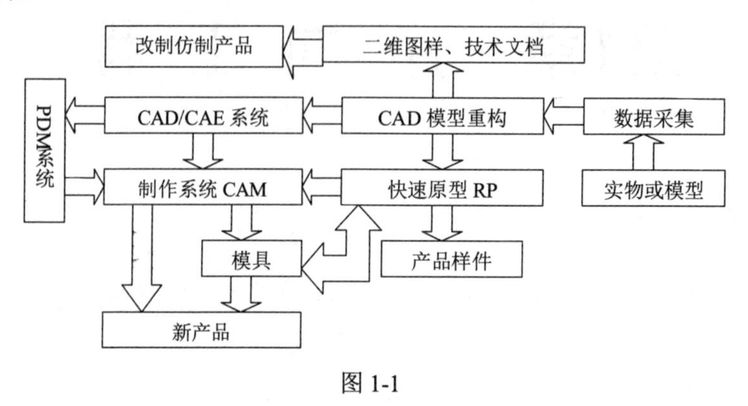


图 1-1

## 1.2　逆向工程的应用

作为产品设计制造的一种手段，逆向工程技术在 20 世纪 90 年代初开始引起各国工业界的高度重视，随着市场的发展，有关逆向工程技术的研究一直备受关注，逆向工程技术在制造领域中的应用也越来越广泛，以下是逆向工程的一些应用背景。

(1) 尽管计算机辅助设计技术发展迅速，各种商业软件的功能日益增强，但目前还无法满足一些复杂曲面零件的设计需要，还存在许多使用黏土或泡沫模型代替 CAD 设计的情况，最终需要运用逆向工程将这些实物模型转换为 CAD 模型。

(2) 外形设计师倾向使用产品的比例模型，以便对产品外形进行美学评价，最终可通过运用逆向工程技术将这些比例模型用数学模型表达，通过比例运算得到美观的真实尺寸的 CAD 模型。

(3) 由于各相关学科发展水平的限制，对零件的功能和性能分析，还不能完全由 CAE 来完成，往往需要通过实验来最终确定零件的形状，如在模具制造中经常需要通过反复试冲和修改模具型面方可得到最终符合要求的模具。若将最终符合要求的模具测量并反求出其 CAD 模型，在再次制造该模具时就可运用这一模型生成加工程序，可大大减少修模量，提高模具生产效率，降低模具制造成本。

(4) 以已有产品为基准点进行设计已经成为当今的一条设计理念。目前，我国在设计制造方面距发达国家还有一定的差距，利用逆向工程技术可以充分吸收国外先进的设计制造成果，使我国的产品设计立于更高的起点，同时加快某些产品的国产化速度。

(5) 艺术品、考古文物的复制。

(6) 人体中的骨头、关节等的复制，假肢制造，以及特种服装、头盔的制造要以使用者的身体为原始设计依据，此时，需建立人体的几何模型。

(7) 在 RPM 的应用中，逆向工程的最主要表现为：通过逆向工程，可以方便地对原型产品进行快速、准确的测量，找出产品设计的不足，进行重新设计，经过反复多次迭代完善产品。

(8) 借助层析X射线摄像法(CT技术)，逆向工程不仅可以产生物体的外部形态，而且可以快速发现、度量和定位物体的内部缺陷，从而成为工业产品无损探伤的重要手段。

除了以上提到的应用背景，在其他的应用背景上，逆向工程技术也存在着巨大的潜能。

## 1.3 逆向工程中的关键技术

### 1. 三坐标测量数据处理

一般来说，三维表面数据的采集方法可分为接触式数据采集和非接触式数据采集两大类。接触式有触发式和连续扫描式数据采集，还有基于磁场、超声波的数据采集等；而非接触式主要有激光三角测量法、激光测距法、光干涉法、结构光学法、图像分析法等。

三坐标测量的技术要求可以用下面20个字来概括：数据整齐、方向合理、分层分色、疏密有致、对称测半。在质量上要求信息充分，精度达标，适应造型需要；在效率上要求满足造型需求，减少冗余数据。三坐标测量在功能扩充上还有超大超长柔性工件测量及数据处理。

三坐标测量的流程包括装夹、测量和数据处理。在装夹时要注意控制变形，减少重定位，方位便于测量和造型；在测量时要注意测量次序、方向和密度，前面所说的“数据整齐、方向合理、分层分色、疏密有致、对称测半”都是在这个环节上需要注意的问题；数据处理包括对称基准重建、重定位整合、变形修正、拔模方向及其他特征识别。

三坐标测量设备有接触式和非接触式两种。

接触式的三坐标测量设备有三坐标测量划线机(如图 1-2(a)所示)、三坐标测量机(如图 1-2(b)所示)、机械手和机械臂(如图 1-2(c)所示)等。

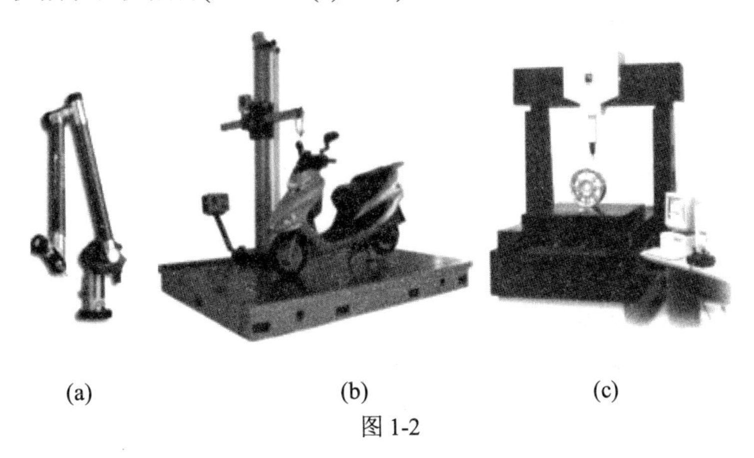

(a) (b) (c)

图 1-2

非接触式测量的三坐标测量设备有投影机(如图 1-3(a)所示)、数码成像机(如图 1-3(b)所示)、激光扫描机(如图 1-3(c)所示)等。

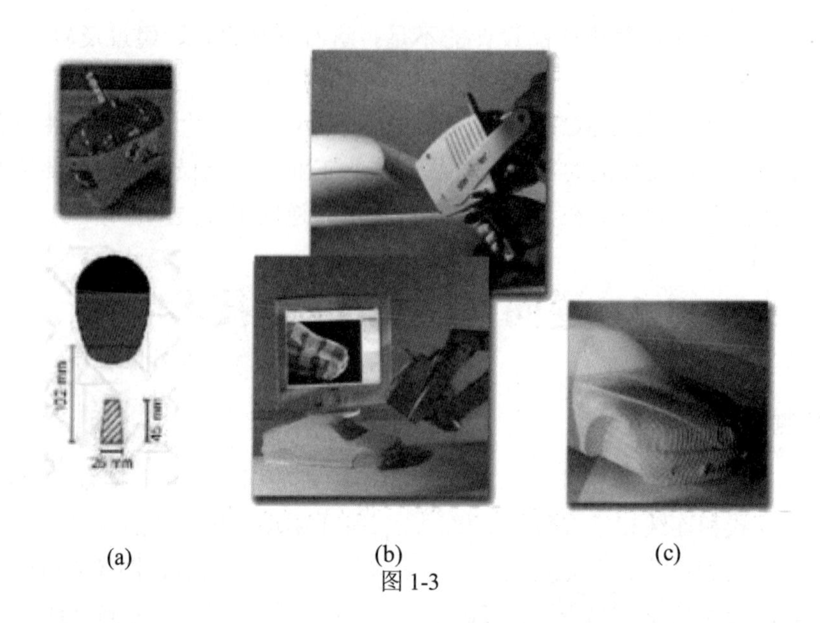

(a) (b) (c)

图 1-3

### 2. 复杂曲面的造型

曲面构造是 CAD 逆向造型中的重要环节。在曲面构造中常常碰到一些十分复杂的曲面，对这些复杂曲面进行造型就成为逆向工程中的一项关键技术。

在构造曲面时还要注意把握产品的特征，这也是至关重要的，只有做到了这一点，才能保证构造出来的曲面符合要求，即曲面构造光顺，特征表达清晰、准确、流畅。

### 3. 产品缺陷处理

在逆向造型时，碰到的产品经常存在这样或那样的缺陷，如变形或要进行误差修正。

碰到变形的产品时，在逆向造型时要尽量使其恢复到原来的样子。

误差修正属于测量缺陷的处理，由于测量的数据存在着明显的误差，在逆向造型时，工程师们要根据自己逆向造型的经验对其进行误差修正。

### 4. 特殊的技巧

在逆向造型时还有其他一些比较常用的特殊技巧，如展开、抛物面计算、特殊编程等。

### 5. 高品质或 A 级曲面

高品质或者 A 级曲面在汽车、航空航天以及家用电器的设计中经常用到，这类曲面要求相当高的光顺性。

A 级曲面设计者所追求的经典数值是，位置连续性误差不大于 0.001mm，相切连续性误差不大于 0.05°，曲率连续性根据情况而定。但是，A 级曲面设计的视觉效果要求与触觉效果一致。

# 1.4 CAD模型重建

本书着重讲述的是用专业逆向工程软件 Imageware 来实现 CAD 重构这一部分内容。

CAD 模型重建，即逆向造型，是根据坐标测量机得到的数据点构建实物对象的数字化模型。根据实物外形的数字化信息，可以将测量得到的数据点分成两类：有序点和无序点(散乱点)。由不同的数据类型，形成了不同的模型重建技术。

目前较成熟的方法是通过重构外形曲面来实现实物重建。常用的曲面模型有 Bezier、B-Spline(B 样条)、NURBS(非均匀有理 B 样条)和三角 Bezier 曲面。

逆向工程的 CAD 模型重构过程主要包括点处理过程、曲线处理过程和面处理过程。

### 1. 点处理过程

对已经存在的物理模型进行分析→决定什么是下游工程的需要→用各种测量技术从模型中得到点的数据→读入点云的数据(如有必要，对齐点云数据)→清除不需要的点→规划创建面所需的点并显示这些点，如图 1-4 所示。

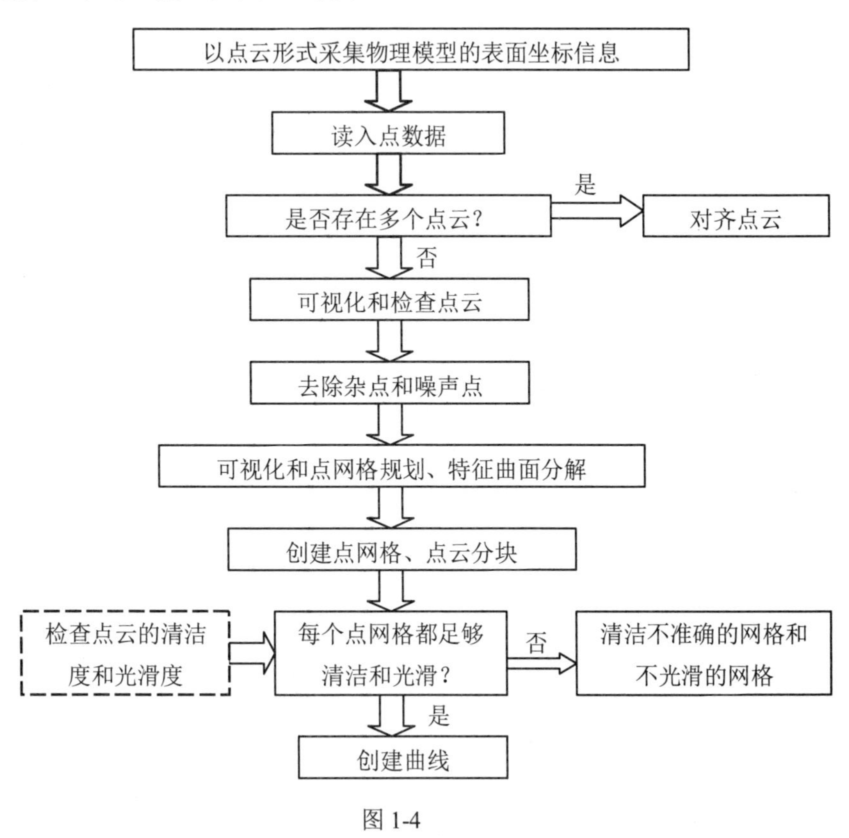


图 1-4

2. 曲线处理过程

规划要创建的曲线的类型→由已经存在的点创建曲线→检查和修改曲线，如图 1-5 所示。

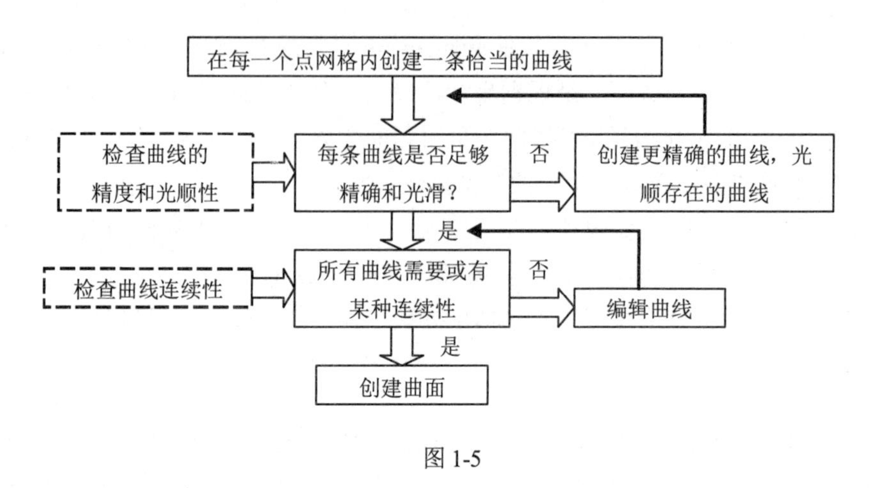


图 1-5

3. 面处理过程

规划要创建的曲面的类型→由已经存在的曲线或者点云创建曲面→检查和修改曲面，如图 1-6 所示。

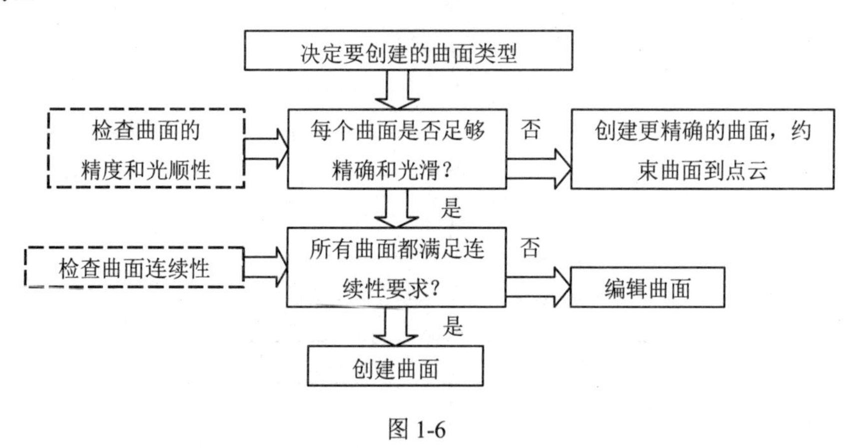


图 1-6

这一部分工作主要使用逆向工程软件实现，目前进行 CAD 模型重建对 CAD 支撑系统有两种选择方案：一是基于正向的商品化 CAD/CAE/CAM 系统软件，如美国 EDS 公司的 I-deas、UGII、CATIA，美国 PTC 公司的 Pro/Engineer，法国 Matra 公司的 Strim，日本 HZS 公司的 GRADE/CUBE—NC 等；二是选择专用的逆向造型软件，如 Imageware、ICEM Surf、Paraform、Geomagic 等。

采用“正向”技术路线的基本步骤是：点→线→面。特点是测量密度较小，速度较慢；其测量方式为接触式测量，适用对象是柔性多配合产品。若采用“正向”技术路线，推荐使用的逆向工程软件即为 UG 或 CATIA 等正向的软件。

采用“逆向”技术路线的基本步骤是：点→面。特点是测量密度大，速度快；其测量方式多为非接触扫描测量，适用对象是刚性非配合产品。若采用“逆向”技术路线，则推荐使用的逆向工程软件为 Imageware 或 ICEM Surf 等逆向造型软件。

## 1.5 思考与练习

1. 什么是逆向工程？
2. 逆向工程的应用领域是什么？
3. 简述逆向工程的关键技术。
4. 如何进行 CAD 模型重塑？

# 第2章 基础操作

**本章重点内容**

本章是对 Imageware 13.2 的一个基本介绍，包括软件概况、用户界面简介、常用菜单及工具的使用、基本操作实践等内容，以便读者对软件界面上的内容和软件的使用有一个初步的了解。

**本章学习目标**

- Imageware 13.2 的用户界面;
- 确定提示栏和状态栏的位置;
- 熟练基本操作;
- 牢记鼠标键的用法和常用的快捷键。

## 2.1 概　　述

### 2.1.1 Imageware 简介

Imageware 是著名的逆向工程软件，广泛应用于汽车、航空航天及消费家电、模具和计算机零部件等设计领域。它作为 UG 软件中专门为逆向工程设计的模块，具有强大的测量数据处理、曲面造型和误差检测功能，可以处理几万至几百万的点云数据。

Imageware 开创了自由曲面造型技术的新天地，它为产品设计的每一个阶段——从早期的概念到生产出符合产品质量的表面，直到对后续工程和制造所需的全 3D 零件进行检测，都提供了一个独一无二的进行 3D 造型和检测的综合性方法。

Imageware 的发展方向是将高级造型技术和创意思维推向广义的设计、逆向工程和潮流市场，其最终结果就是提供加速设计、工程和制造，以使集成、速度和效率达到一个新水平。

Imageware 允许用户非常自由地凭直觉创建模型，同时在 3D 环境下快速地探究和评估形状设计。由于 Imageware 的开发专注于特定工业，所以它提供了直接的数据交换能力和标准 3D CAD 接口，允许用户很容易地将模型集成到任何环境。

Imageware 由美国 EDS 公司出品，后被德国 Siemens PLM Software 收购，现在并入了旗下的 NX 产品线，是著名的逆向工程软件之一，在逆向工程中充当了一个重要的角色，参与了逆向工程的各个过程，并且发挥了模型数字化、校验、修改、复制产品等功效。因此，Imageware 13.2 特别适用于以下情况：

- 企业只能拿出真实零件而没有图纸，又要求对此零件进行修改、复制及改型；
- 在汽车、家电等行业要分析油泥模型，对油泥模型进行修改，得到满意结果后将此模型的外形在计算机中建立电子样机；
- 对现有的零件工装等建立数字化图库；
- 在模具行业，往往需要用手工修模，修改后的模具型腔数据必须及时地反映到相应的 CAD 设计之中，这样才能最终制造出符合要求的模具。

## 2.1.2 主要模块

### 1. 高级建模(Advanced Modeling)

高级造型能力提供了一个一致的设计流程，并同时最大程度地保证了模型的美观、真实和曲面的光顺。

通过直觉造型工具，我们可以利用曲线、曲面或者测量点来创建自由几何。动态曲面修改工具允许设计变更以交互的方式进行探究，并立即将设计所蕴涵的美学和工程信息可视化。

实时诊断工具的使用对加工前的曲面质量提供了全面的分析，包括视觉观察和定量分析，因此消除了产生错误猜测的可能。这些工具可作为一种手段来识别曲面曲率和高光效果，以发现曲面瑕疵、偏差和缺陷。

高效的连接性管理工具保证了曲面和曲面过渡非常完美，甚至连最严格的 Class A 曲面也不例外。

将所有的全相关曲面工具加在一起，无论进行自由几何模型的可行性设计研究，还是创建符合生产质量要求的曲面，都将实现生产效率方面的巨大提高。

### 2. 逆向工程(Reverse Engineering)

逆向工程允许设计师、工程师和模具设计师在从设计到制造过程的每一个阶段中使用从物理组件获取的数据，这不仅可以表示精确的设计，便于与实际物理样机遗留的数据进行快速对比，而且还是物理世界到数字世界的桥梁。

通过常规的 CAD 系统，几何的表示可以在很短的时间内创建。Imageware 可以将没有 CAD 描述的物理零件引入任何 CAD/CAM 系统中用于后续的设计和分析。几何同样也可用于仿真环境来保证产品生命周期不同阶段的可行性。

### 3. 计算机辅助检验(Computer-Aided Inspection)

Imageware 的检测能力通过全面准确的分析，对第一个物品的质量提供完全的 3D CAD

与零件校验，以检测任何复杂的名义 CAD 几何模型与真实的物理模型，消除了手工或者 2D 的方法。

Imageware 检测输出彩色对比云图，可使 3D 检测结果更易于沟通。强大的对齐和定位工具消除了多次检测迭代。在 Imageware 环境中，用户可采用电子化的方式保存、跟踪和管理检测记录。

#### 4. 多边形建模(Polygonal Modeling)

Imageware 产品针对模型修补、基本特征构建以及快速成型应用中点/STL 数据的处理工具，提供了一个综合的工具集。

这些工具通过一个可靠而又高效的方式将产品工程的设计意图传递到最终产品。基于多边形的创建、可视化、修改、布尔运算和基本模具工具保证了用户可以高效地从多种数据源中多次使用数据，以获得更精练的产品设计。

### 2.1.3 Imageware 的优点

#### 1. 为整个创建过程制定流程

当众多公司采用 3D 设计技术时，设计师们都认识到了从 2D 到 3D 转换的重要性和简便性。快速地将概念阶段的思想变成准确的曲面模型的能力是产品设计成功的关键。

几个世纪以来，当 2D 方法在产品开发方面已经被成功应用时，全新的、生产力更高的 3D 方法和实践又进一步证明了：通过保持和准确地描述设计意图，3D 方法是现有 2D 设计过程的有益补充。

通过这些 3D 的方法和实践，许多公司正在为缩短设计周期而建立新的标准，以此来提高产品质量、降低成本。

无论是进行全新的设计，还是利用物理模型对已有零件进行再设计，Imageware 都提供了一个很好的手段来扩展创建流程，同时可以利用熟悉的造型工具。

#### 2. 有效地加强产品沟通

利用 3D 获取产品定义将对设计意图提供更好的沟通，这种沟通不仅体现在设计师和造型师之间，而且贯穿于整个工程和制造环境中，包括在扩展的企业和供应链之间。

有了 Imageware，用户不仅可以在屏幕上动态地研究不同的设计，以达到立即显现设计中所蕴含的美学和工程信息的目的，同时还可以制订出一个设计方案。

能够在设计过程的早期就关键设计问题进行沟通，将使对实际物理样机的需求大大减少。通过实时更新的全彩色 3D 诊断和云图，可使得对设计模型进行操作时的设计变化和修改进行沟通变得很容易。

产品开发速度的进一步提高依赖于可视化工具的扩展和报表能力的提高。可以使用用户化的环境贴图对设计的美学性进行评估，或者如果有检测的需要，也可以对比较结果进行评估并输出详细的分析结果。

### 3. 基于约束的造型

在 Imageware 中通过使用基于约束的造型方法可以很容易地简化复杂的设计工作，这种方法允许设计师在一种交互环境中工作，同时在产品开发的早期阶段就制订关键的设计决策。

Imageware 的 3D 约束引擎支持相关造型，这样就能戏剧般地改变创建 Class A 和高质量曲面的方法。这个工具已经是现成的，用户可以决定约束的时间和地点以及约束条件需要保持多长时间，而这些都不会改变模型的大小或降低其性能。

若工作时使用了约束，所有的设计变更将实时地得到反映，这将有助于不同设计方案的评估，而不需要像那些不基于约束的系统在造型的最初阶段制订过多的计划，或是做一些乏味的重复工作。

不同的颜色将区别曲线之间关系的主和次，这种主次关系可以快速而简单地进行转化。当约束产生时，约束符号就会显示在曲线上以表示当前连续性的类型。

除了约束之外，内在的相关性能够在多次几何创建中继续保持，这样的相关性保证了在进行数据修改和编辑时继续保持相应的几何特征。具有相关性属性的特征有放样、扫掠面、倒角、翻边、曲线偏置和拉伸。

### 4. 扩展了基于曲线的造型

软件中加入了全新的、增强的命令，为基于曲线的曲面开发提供了一套完善的曲线创建功能，这对于高质量曲面和 Class A 曲面显得尤为重要。

新功能减少了重复工作，这些重复工作经常是为创建一系列曲线而产生的，同时直线和平面的无限构造能力将有助于新几何体的精确创建。无限构造体素主要是为裁剪和相交这些操作做辅助。

其他的工具，如无限工作平面有益于一般的造型操作，这个工作平面可以用于草绘平面或曲面和曲线的相交。

### 5. 模型的动态编辑

曲率和曲面的评估工具提供实时反馈，允许用户从一开始就创建更好的曲线和曲面，并在更短时间内最终制作出更高质量的曲面。

将这些工具的详细反馈与 Imageware 的众多修改工具相结合，可以根据当前视图非常容易地评估和动态地编辑模型并修改有问题的区域。

### 6. 保持数据的兼容性

Imageware 提供了一个无缝的、介于领先的 CAD 系统和 Imageware 内部文件格式之间的中性 CAD 数据交换，它使数字设计能一直被保存下来，且贯穿于整个产品生命周期。

通过提供协调的、直接的数据交换，Imageware 的这些接口避免了由于标准文件格式互相传输而导致的许多潜在错误。设计师和工程师可以将精力集中在最重要的事情上，即如何做好自己的工作，而无须担心潜在的数据丢失。

### 2.1.4 使用 Imageware 的一般流程

Imageware 可以应用于许多不同的 CAD 应用程序，如自由成型、高品质和 A 级曲面的构造、逆向工程等。当 Imageware 应用于三维 CAD 环境中时，其目的通常是将曲线或曲面返回到 CAD 系统中。例如，产品设计师可以创作一个实物模型，然后将它的扫描数据输入到一个有效的逆向工程设计中，这通常会比直接在 CAD 系统中进行产品的造型要简单得多。

产品设计师通常会很关心最终的数据模型是否有较高的精确度，因为只有高精确度的数据模型才能被正确地加工出来。同样，曲面必须是精确和光顺的才能被加工。

#### 1. 一般的设计流程

一般的设计流程如下：

(1) 输入扫描点数据，并用“文件”→“打开”命令从 CAD 系统中将其他必要的曲线或曲面输入 Imageware。

(2) 用“显示”命令将输入的数据在视图中以适当的方式显示出来。

(3) 根据对目的曲面的分析，用“修改”→“延伸”→“圆—点选择”命令将点云分割成易处理的截面(点云)。

(4) 从点云截面中构造新的点云，以便构造曲线。这一步通常由“构建”→“剖面截取点云”中的一个指令完成；或在创建一条曲线后，用“构建”→“点”→“曲线投影到点云”命令将曲线投影到点云；或用“构建”→“点”中的命令从已有的点云中手工拾取点(新的点云在使用之前，需要先去除杂点)。

(5) 从第(4)步创建的点云中构造曲线。用“创建”→“3D 曲线”或者“构建”→“由点云构建曲线”中的命令构造新曲线。

(6) 用“测量”→“曲线”→“点云偏差”评估曲线的品质。如果曲线不能达到用户需求的精度，则在利用曲线构造曲面之前，还要用“修改”中的命令将其修正。

(7) 由曲线和点云构造出曲面，并从起点处建立与邻近元素的连续性。

(8) 利用“评估”和“修改”中的命令工具评估曲面的品质。如果曲面不能达到用户需求的精度，用“修改”中的命令将其修正。

(9) 通过 IGES、VDA-FS、DXF 或 STL 格式，将最终的曲面和构造的实体输出至 CAD 系统。

#### 2. 高品质和 A 级曲面构造

高品质和 A 级曲面构造的一般流程有些不同，具体如下：

(1) 输入扫描数据点和其他必需的曲线或曲面数据至 Imageware。

(2) 在视图中以适当方式显示输入的数据。

(3) 根据对目的曲面的分析，将点云分割成易于处理的截面(点云)。

(4) 从点云中构造曲面，并和前面的邻近元素建立连续性。

(5) 利用曲面显示和误差测量工具对曲面进行检测，如有必要，对误差外的区域进行修正。

(6) 通过 IGES、VDA-FS、DXF 或 STL 格式，输出最终的曲面和构造的实体至 CAD 系统。

**3. 快速构造曲面**

并非所有的设计任务都需要高精度的曲面，如包装研究或其他立体分析等，这时 Imageware 就可用于快速构造曲面。

可以用 Imageware 中的“修改”→“点云整体变形”等命令，来操作低品质的曲面。这些命令，使用户可以直接把 NURBS 曲面模型作为一个连续的 skin 来编辑，而同时保持在曲面间已有的连续性。用户对模型的修改结果几乎是实时显示出来的。

# 2.2 用户界面

启动 Imageware 13.2 后就进入了 Imageware 所提供的用户界面，如图 2-1 所示(本书采用的是汉化版界面)。

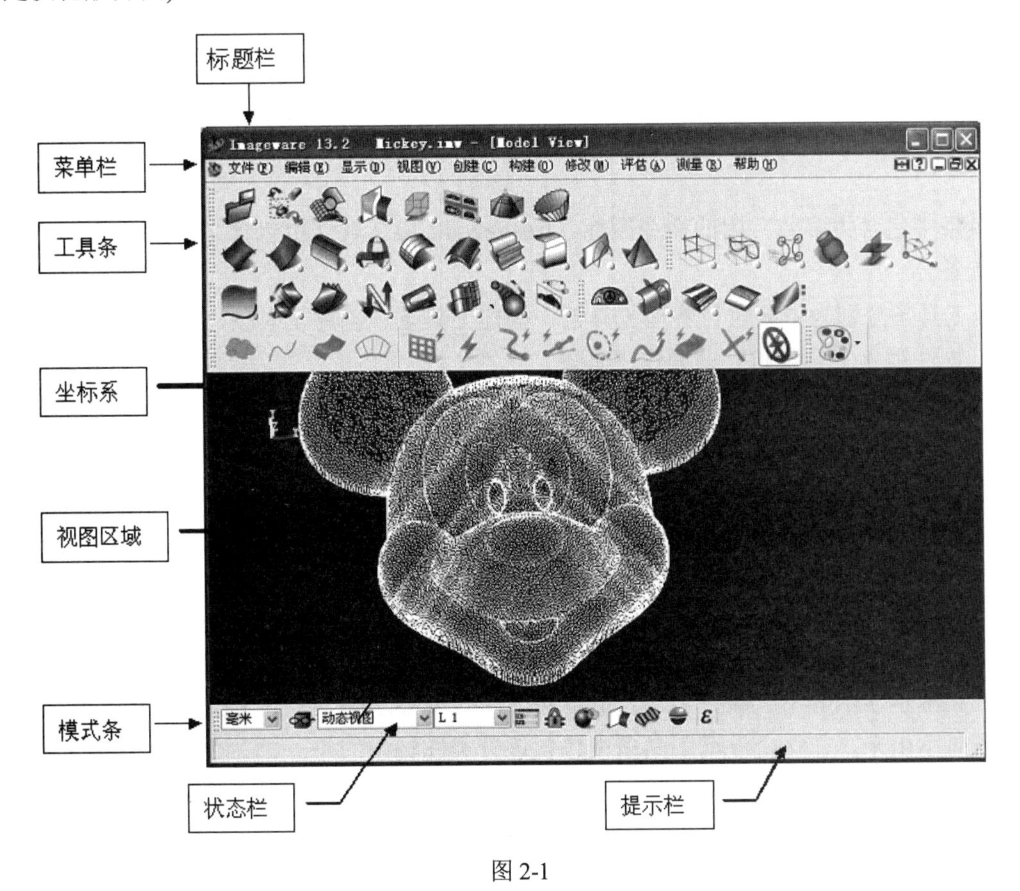


图 2-1

Imageware 的图形用户界面集成了以下几个项目。

### 1. 标题栏

标题栏的主要作用是显示应用软件的图标、名称、版本以及文件名称等信息。

### 2. 菜单栏

菜单栏由 10 个主菜单项组成，提供了 Imageware 13.2 所有的功能命令。其与所有的 Windows 软件一样采用下拉式的菜单，单击任意一项主菜单，便可以得到它的一系列子菜单，如图 2-2 所示。

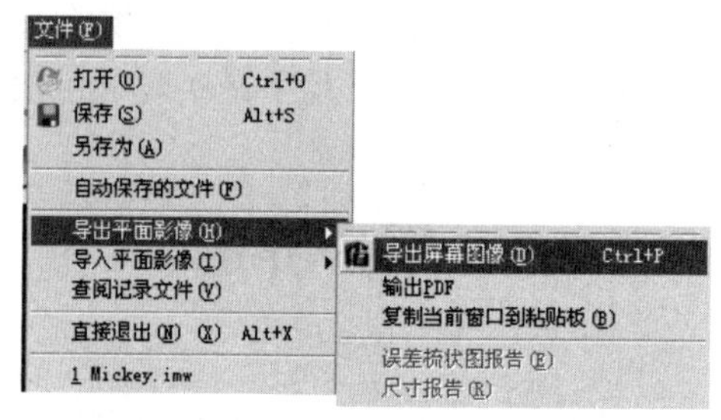


图 2-2

> **注意：**
> 单击带有三角符号的菜单项，会接着弹出下一级菜单。

### 3. 工具条

工具条中包含大多数常用的命令图标。Imageware 13.2 软件中包含 7 个工具条和 1 个自定义工具条。

7 个工具条分别为主要栏目管理工具条、构建工具条、创建工具条、修改工具条、评估工具条、物件锁点工具条和互动操作工具条。

自定义工具条在默认情况下处于图形界面的右下角空白处，可由用户自定义。系统默认的名称为“用户工具条”或者“用户工具条(2)”。当需要在用户工具条上添加图标时，右击此工具条，选择“从菜单中增加项目”，然后在菜单中选取所需的命令即可。或者用鼠标中键按住已存在的工具条上的图标并拖动到用户工具条中。

### 4. 浮动工具条

每个工具条中都包含它的下一级分类图标。例如，主要栏目管理工具条中包含文件管理、模型管理和基本显示等下一级分类。当单击并按住其中某一个下一级分类图标时，就会有浮动工具条显示出来，在这个浮动工具条中包含该分类图标中的每一个命令。

### 5. 坐标系

Imageware 中的坐标系包括方位坐标系、世界坐标系和用户创建的工作坐标系。

方位坐标系是用来显示文件是如何绕 $X$ 轴、$Y$ 轴和 $Z$ 轴旋转或者移动的，它和当前工作坐标系的方位、运动一致。

世界坐标系是系统的固定参考坐标系，也可以将其设置为当前坐标系。

用户可以通过“创建”→“坐标系”→“创建”命令来任意地创建多个坐标系。

在世界坐标系和用户自己创建的坐标系中，可以设定其中一个为当前工作坐标系，这个坐标系的三个轴都将呈现为黄色。

设定当前坐标系的步骤：通过“创建”→“坐标系”→“改变激活”得到“改变激活坐标系”窗口，在“改变激活坐标系”窗口中单击要激活的坐标系，此时该坐标系在视图区以黄色显示。

### 6. 视图区域

视图区域就是工作区域。在这个区域可以观察到文件的内容。如果需要，可以将此区域显示为 4 个单独的视图以同时观察实体的 4 个标准正交视图。

### 7. 滑动条

使用滑动条可将视图或者实体沿着 *X*、*Y*、*Z* 方向旋转或者移动。

滑动条就是位于视图底部和右边的栅格。在系统默认情况下，滑动条是隐藏的，可通过单击位于视图右上角的滑动条切换按钮来显示和隐藏它，如图 2-3 所示。通常，为了扩大视图的显示区域，会将滑动条隐藏起来。

滑动条切换按钮

图 2-3

三个滑动条的用途如下：

- 红色滑动条：绕 *X* 轴转动和沿 *Y* 轴移动。
- 蓝色滑动条：绕 *Z* 轴转动和沿 *Z* 轴移动。
- 绿色滑动条：绕 *Y* 轴转动和沿 *X* 轴移动。

可以通过以下几种方式使用滑动条：

- 单击任一滑动条的箭头，可以起到小距离移动或者小角度转动实体的作用。
- 单击滑动条的彩色区域，处于旋转模式下时，每次单击可以使实体旋转 10°。
- 拖动滑动条按钮，可以自由地移动或者转动实体。将滑动条按钮拖动到它们的尽头时可将实体转动 90°。
- 单击滑动条右下角的小图标，输入确定的数值，可将实体做任意角度或具体的精确角度的转动或者移动。
- 在滑动条区域按住鼠标不放，可以动态地观看实体。

### 8. 提示栏和状态栏

提示栏用于显示当前的操作内容，而状态栏则显示系统或者图形的状态。

当右击实体来观察实体的信息时，实体的所在层、实体的名称、实体上的控制点的数量都显示在状态栏中。

提示栏中的信息内容也非常重要，学会看提示栏中的提示，就不用死记硬背各个操作步骤，这对于初学者来说尤为重要。

# 2.3 菜 单 项

Imageware 13.2 系统共有 10 个主菜单，每个主菜单下又有很多子菜单。菜单中包含了 Imageware 13.2 软件所有的功能命令。作为初学者没有必要把全部的菜单功能学完，也没必要记住了才开始使用，一般只需要对其有一个整体印象就可以使用了，然后边学边用，由浅入深，直至精通。

## 2.3.1 文件

“文件”菜单提供了文件管理的功能，要求掌握以下菜单项及其快捷键。

### 1. 打开

打开 Imageware 的*.imw 格式文件及 Solid Edge 文件。快捷键为 Ctrl+O。

打开一个文件有三种方式：下拉菜单“文件”→“打开”、快捷键 Ctrl+O 和主要栏目管理工具条中“文件管理器”的“开启文件”图标。执行此命令后，就会出现如图 2-4 所示的对话框。

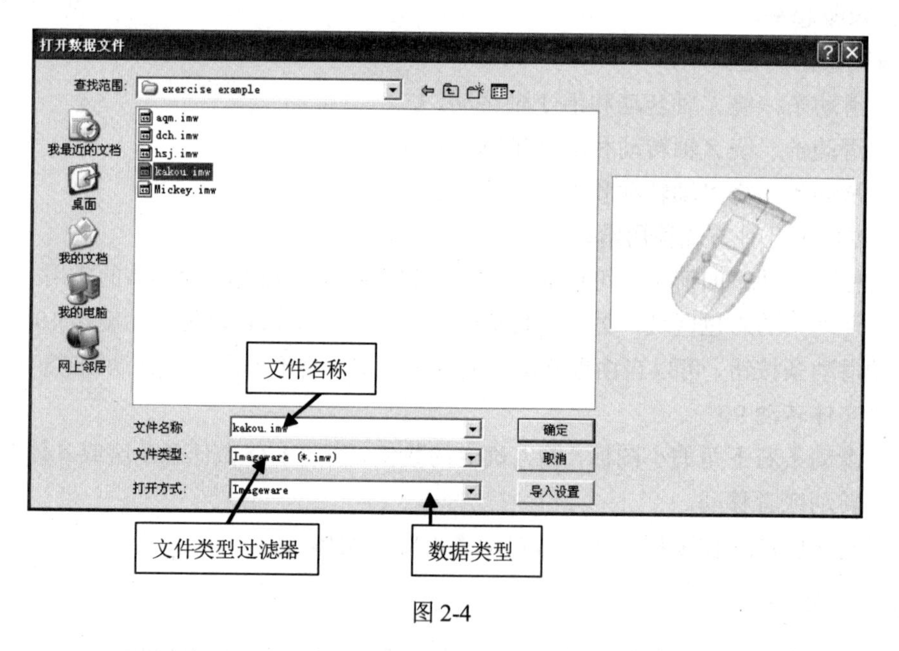


图 2-4

与所有其他 Windows 软件一样，可以选中所要打开的文件，然后单击“确定”按钮。也可以双击文件图标直接打开。

在 Imageware 中，还可以通过将多个文件图标拖动到正在运行的程序视图中，同时打开并显示多个实体视图。

**注意：**

- Imageware 中可以读入大概 40 种不同的数据类型，如 Imageware、ASCII、DXF、IGES、BMW、CATIA、UG 等。
- 在 Imageware 13.2 中打开文件时，只有用 Imageware 13.2 或者更高版本创建的文件才能在预览窗口中看到文件的内容。低版本软件所创建的文本无法预览。
- Imageware 不能识别中文，包括文件名和文件的路径名称，所以在使用 Imageware 时用户要确保文件名及其路径名都不包含中文。

2. 保存

在造型过程中，每隔一段时间就应保存当前文件，以免由于操作失误或死机等原因造成文件信息丢失或者损毁。快捷键为 Alt+S。

保存文件也有三种方式：下拉菜单“文件”→“保存”、快捷键 Alt+S 和主要栏目管理工具条中“文件管理器”的“保存文件”图标。

3. 另存为

在对当前模型进行重大修改之前，或者由于其他原因需要做一个备份文件时，以“另存为”形式用其他文件名保存文件。

在 Imageware 中还可以利用“另存为”命令来保存部分实体。

当执行下拉菜单“文件”→“另存为”命令后，将出现如图 2-5 所示的对话框。

图 2-5

在“文件名称”文本框中输入保存文件的名称，如果要保存为 Imageware 格式，扩展名为.imw，单击“保存”按钮就可以将文件保存。也可以在“保存文件类型”列表框中选择其他的格式，将 Imageware 制作的文件转成其他格式的文件。

在“写入”选项组中选择“全部”单选按钮将保存所有打开的实体，选择“当前显示”单选按钮将保存当前可见的实体，而选择“框选”单选按钮时，将会出现如图 2-6 所示的对话框，从中选择想要保存的物体。

### 4. 导出平面影像

该菜单提供以下三个子菜单。

- 导出屏幕图像(快捷键为 Ctrl+P)：功能为将视图区域的内容直接保存为常用的图片格式，如 BMP、PNG、JPEG 等。
- 输出 PDF：功能为将图形文件导出为 PDF 格式的标准 CAD 图。
- 复制当前窗口到剪贴板：功能为将视图区域的内容直接复制到剪贴板。通过此项功能，用户可直接在其他支持剪贴板功能的软件(如 Word 等)中粘贴视图内容。

### 5. 查阅记录文件

查看日志文件，提供用户关于软件的历史状态、软件版本、文件的创建及保存日期等信息，以及所应用的指令和指令使用的错误警告等信息。

当选择“文件”→“查阅记录文件”命令后，将出现如图 2-7 所示的对话框。

图 2-6

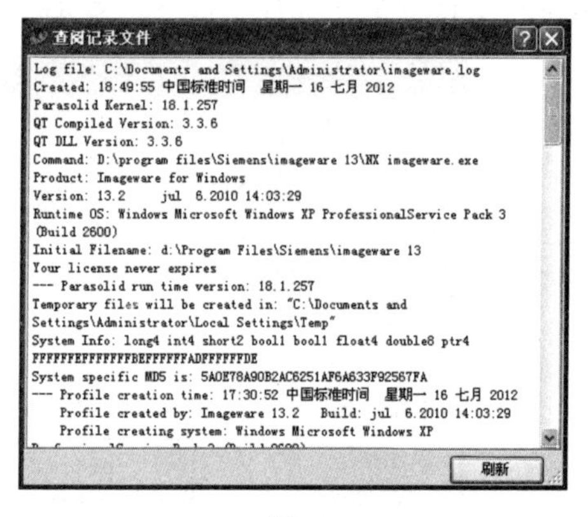


图 2-7

### 6. 导入平面影像

当选择“文件”→“导入平面影像”命令，执行导入草图的功能后，将出现如图 2-8 所示的对话框。

这里的草图可以是在其他 CAD 软件中绘制的平面图形，也可以是一张图片。执行此命令后，在弹出的对话框中可以设置在 *XZ*、*YZ*、*XY* 平面上插入草图信息，也可以在对话框中调节草图的大小。

在弹出的对话框中单击“浏览”按钮就可在自己的计算机中选择需要插入的草图、草图的放置位置，及其比例大小。

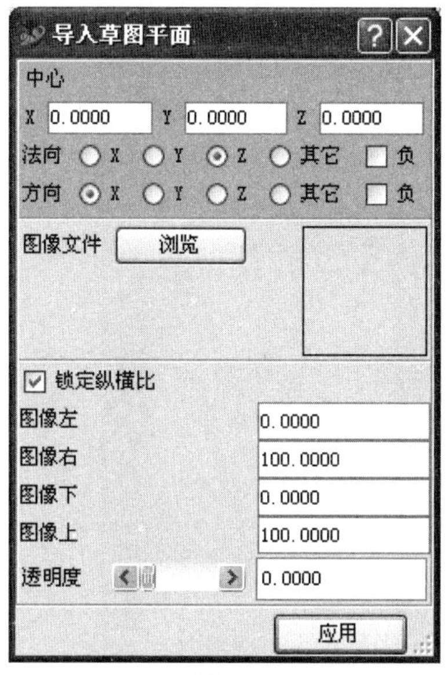


图 2-8

### 7. 直接退出

退出 Imageware 13.2 系统，快捷键为 Alt+X。

## 2.3.2 编辑

“编辑”菜单提供编辑修改部件文件的操作命令，要求掌握以下菜单项及其快捷键。

### 1. 图层编辑

图层编辑界面如图 2-9 所示。

图层编辑器的主要功能包括以下几项。

1) 图层

在图层对话框中可以新建图层、切换显示、复制、删除、合并、图层上移、图层下移、选择所有图层。通过选择“显示”复选框可以显示和隐藏图层。通过选择“冻结”复选框可以使该层可选或者不可选。在层的颜色选择器中可以指定在此层中创建实体的显示颜色(可以通过“编辑”→“参数设定”→“显示”→“系统颜色”来设置层的默认显示颜色)。

下部面板中显示出所选定层中的实体。在这个面板中可以设定实体的可见性，也可以改变它们的显示颜色。如果想把这个层的实体移到另一个层中，只要选中并拖动到面板上方的层中即可。

图 2-9

2) 过滤器

在过滤器对话框中可以新建、应用、删除和上下移动过滤器，可以激活一个过滤器，也可以将过滤器重命名。

一个过滤器就是一个层的集合，用户可以根据需要将层按照不同的属性进行分类。例如，一个过滤器中所有的层为曲面、曲线等中间处理数据，另一个过滤器中所有的层是创建出来的实体。当应用或者激活其中一个过滤器时，这个过滤器中的所有层同时被激活。而处于其他过滤器中的层则都被关闭且不可见。所以使用这个工具可以方便地改变层的可见性，在几个属性的图像之间切换。

单一的一个层，可以出现在多个过滤器中，这使得可见性操作更加方便。

3) 坐标系

在坐标系对话框中可以显示或者隐藏世界坐标系或者创建的其他坐标系。可以激活其中某一个坐标系使得它呈黄色显示，成为当前工作坐标系。

我们可以通过系统菜单中的保存设定命令来保存设置，这样下一次运行软件时，坐标系的可见性和上一次存盘时的设置一样。

4) 视图设置

视图设置显示当前定义的视图显示命令，系统在默认情况下提供上视图、下视图、左视

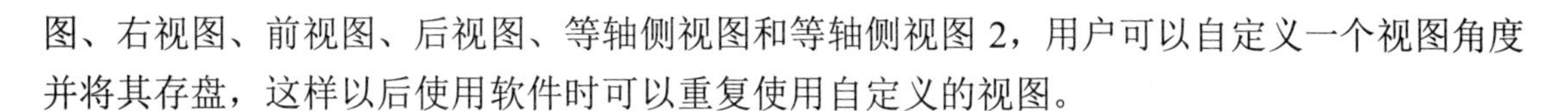

图、右视图、前视图、后视图、等轴侧视图和等轴侧视图2，用户可以自定义一个视图角度并将其存盘，这样以后使用软件时可以重复使用自定义的视图。

### 2. 创建群组

当选择“编辑”→“创建群组”命令后将会出现“创建群组”对话框，如图2-10(a)所示。在这个对话框中可以将几个分散的实体创建为一个群组。

将几个分散的实体创建成一个群组后就可以对这个群组中的所有实体进行统一操作，如比例缩放、剪切、粘贴、旋转、移动和镜像等。

创建群组有以下三种方法：

- 可以在“创建群组”对话框中选择实体名称，单击“应用”按钮。
- 可以在视图区域直接单击选择实体后，单击“应用”按钮。
- 可以拖动一个矩形框框选所需实体，单击“应用”按钮。

我们可以通过“编辑”→“取消群组”命令分离群组，将一个群组分离成多个单独的实体。在如图2-10(b)所示的“取消群组”对话框中选择需要分离的群组名称，单击“应用”按钮即可。

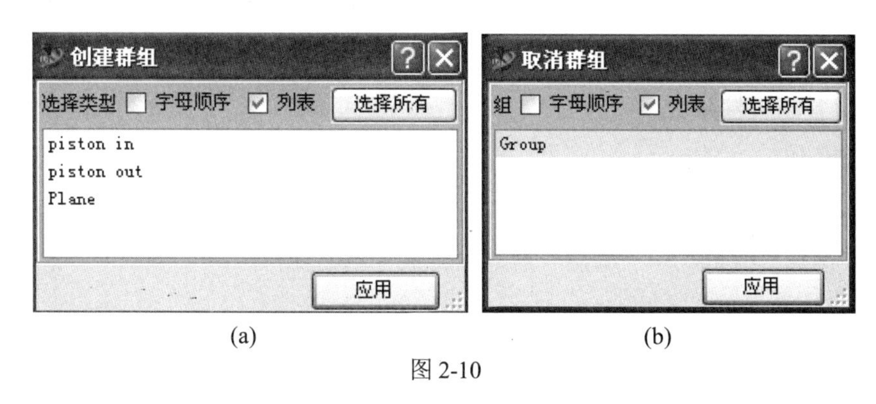


(a) (b)

图 2-10

### 3. 撤销与恢复

1) 撤销

利用“编辑”→Undo命令，或者快捷键Ctrl+Z，或者在视图区域的空白处右击选择Undo图标都可以执行Undo命令。选择这个命令可以撤销上一步的操作。

这一命令无法撤销删除命令的操作，如果要取消删除操作，可以使用Paste粘贴命令来完成。

2) 恢复

利用“编辑”→Redo命令，或者快捷键Shift+Z，或者在视图区域的空白处右击选择Redo图标都可以执行Redo命令。选择这个命令可以重新执行被Undo命令撤销的操作。这个命令可以连续执行多步。

3) 返回/重做历史

利用“编辑”→“返回位移”命令，从列表中选择希望返回到的操作，可以一次撤销多步，其效果相当于使用 Undo 命令多次。按住鼠标并且在步骤列表中上下滑动可以动态地观察这些操作过程。

4) 返回位移

利用“编辑”→“返回位移”命令，或使用快捷键 Ctrl+Shift+U，可以撤销最后一次的移动，它只能撤销视图的移动，实体的移动只能用 Undo 命令撤销。再次执行此命令将回到撤销移动前的状态。

### 4. 重复上一次操作

它的菜单位置是“编辑”→“重复上一次操作”，快捷键为 Ctrl+Shift+Z，执行此命令将会重复上一次执行的命令。再次选择此命令将再次执行相同的命令。例如，前一个操作为区域选取命令，执行此命令后又一次显示区域选取命令。在需要多次操作同一个命令时，这个命令显得非常方便。

### 5. 删除所有

它的菜单位置是“编辑”→“删除所有”，快捷键为 Ctrl+U，执行此命令将删除视图中所有的内容。如果数据没有被保存，执行此命令后，系统将提示在删除前保存。

### 6. 剪切、复制和粘贴

像所有 Windows 软件一样，Imageware 也有自己的剪切、复制和粘贴功能。

选择“编辑”→“剪切”命令，将执行剪切操作。选择“编辑”→“复制”命令，将执行复制操作。选择“编辑”→“粘贴”命令，将执行粘贴操作。

1) 剪切

Imageware 中的该命令与一般软件的删除命令相似，不同之处是 Imageware 中软件会在剪贴板中保留最后剪切的实体的备份。

剪切实体的方法有以下三种：

- 选择主要栏目管理工具条中的“模型管理”中的“剪切对象”图标。
- 选择“编辑”→“剪切”命令。
- 使用快捷键下拉菜单中的 X(应用快捷键组合 Ctrl+X 来删除点云，Ctrl+Shift+X 来删除曲线)。

应用以上三种方式均可以得到如图 2-11 所示的对话框。在列表中选择想要删除的实体的名称，单击“剪切”按钮就可以删除该实体，最后一次删除的实体将保留在剪贴板中。单击“剪切/撤销”按钮将删除实体并且关闭对话框。

2) 复制

将实体复制到剪贴板中，以备后用。

可以在菜单中选择“编辑”→“复制”命令，或者使用快捷键 C 来打开“复制/粘贴图表”对话框，在列表中选择想要复制的实体名称后单击“复制”按钮，如图 2-12 所示。

图 2-11

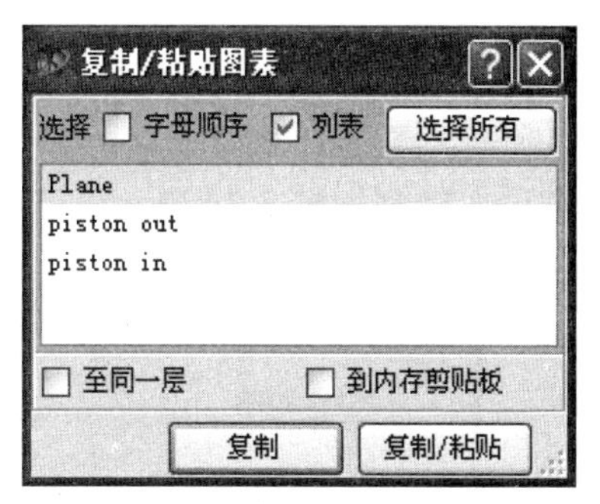


图 2-12

3) 粘贴

把剪贴板中的所有实体放到视图中，粘贴后的实体与原来的实体重合。

粘贴实体的方法也有三种，如下：

- 选择“编辑”→“粘贴”命令。
- 使用快捷键 Ctrl+V。
- 在“复制/粘贴图表”对话框中单击“复制/粘贴”按钮。

粘贴后的实体，系统将自动命名，命名规则为在原来的名称后面加上 Copy。例如被复制的实体名称为 Mickey，得到的复制实体的名称为 Mickey Copy。

### 7. 改变实体名称

选择“编辑”→“改变对象名称”命令，或者使用快捷键 Ctrl+N 将执行改变实体名称的命令。执行此命令后出现如图 2-13 所示的对话框。

图 2-13

在列表中选择需要修改名称的实体，在“新建名称”文本框中输入新的名称，单击“应用”按钮即可。

### 8. 参数设定

通过“编辑”→“参数设定”命令，可以对软件的一些基本参数进行预先的设置。主要可以设置以下三类参数：

- 系统参数。

- 显示参数。
- 文件参数。

执行该命令后，得到如图 2-14 所示的“参数设定”对话框。

图 2-14

1) 系统参数

单击对话框左边列表中的“系统”选项，对话框右边部分出现的是系统参数预设置对话框，如图 2-14 所示。

在这里可以设置系统自动保存的时间，并且显示了保存的位置；可以设置系统的计量单位，图中选择了 mm(毫米)为单位，则此时在 Imageware 中绘制图形输入或者显示的数值的单位均是 mm；可以设置系统关联性，图中选择系统默认值，等等。

单击“系统”左边的“⊞”图标可对另外一些系统参数进行设置。

- 互动操作：设置最大出现对话框数、选取范围、操作滞后时间等参数。
- 操作柄设置：设置各种手柄的显示颜色和像素。
- 建模：设置一些参数的公差。
- 数量数值显示：设定数字与小数点之间的间距。
- 风格：设置 Windows 风格、图标尺寸和色彩采集器的风格。
- 快捷键：可以查看软件中所有用到的快捷键，在相应的快捷键位置双击后出现快捷键对话框，在对话框中可以重新设置快捷键。

2) 显示参数

单击对话框左边列表中的“显示”选项，对话框右边部分出现的是显示参数预设置对话框，如图 2-15 所示。

在这个对话框及其子选项中可以设定关于系统显示的相关参数，如物体点、线、面、组

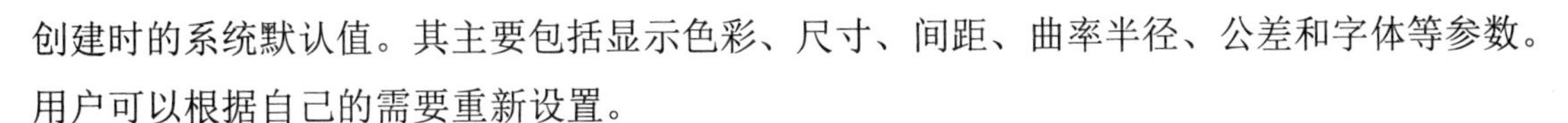


创建时的系统默认值。其主要包括显示色彩、尺寸、间距、曲率半径、公差和字体等参数。用户可以根据自己的需要重新设置。

3) 文件参数

单击对话框左边列表中的“文件”选项，对话框右边部分出现的是文件参数预设置对话框，如图 2-16 所示。

在这个对话框及其子选项中可以设置读写文件时的一些参数。

需要注意的是，单击 ASCII 栏，在右边的相应显示中，可以设定三维坐标书写时的分隔符，系统默认的情况下分隔符为“，”。用户也可以根据自己的习惯来更改这个设置。

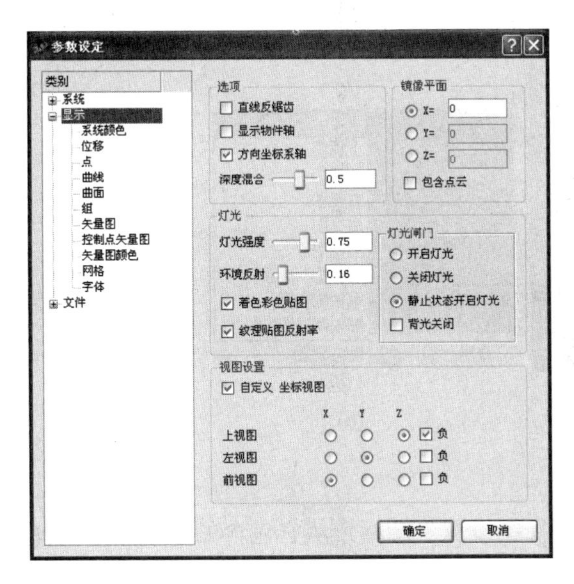


图 2-15

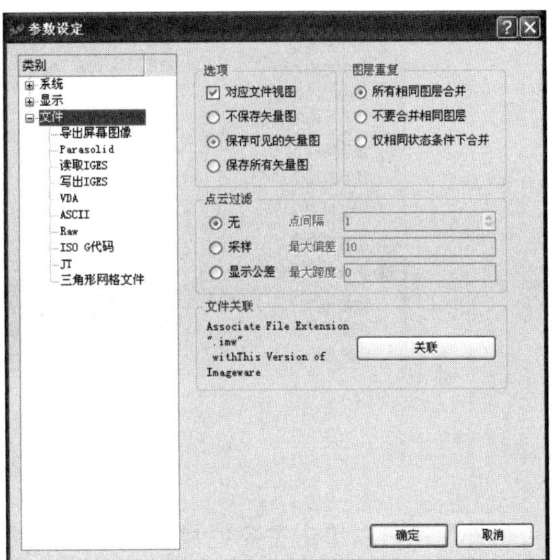


图 2-16

## 2.3.3 显示和视图

“显示”菜单主要包括实体显示模式的相关命令，包括点、线、面的显示方式，组的显示方式，实体名称的显示等内容。这部分的内容将在后面几章中一一介绍。

Imageware 中提供了几个标准的视图及其配合使用的显示方式，用户也可以根据需要自行调整视图，包括旋转、移动、放大缩小、显示和隐藏等。这些是三维造型中经常用到的基本命令，需要用户熟练掌握。

### 1. 视图模式

Imageware 中提供了 8 个标准的视图，它们分别是上视图、下视图、左视图、右视图、前视图、后视图、等轴侧视图和等轴侧视图 2。

可以用 4 种方法来实现选择标准视图的功能。

使用热键 F1～F8，即

| | |
|---|---|
| F1＝上视图 | F5＝前视图 |
| F2＝下视图 | F6＝后视图 |
| F3＝左视图 | F7＝等轴侧视图 |
| F4＝右视图 | F8＝等轴侧视图 2 |

除了热键 F1～F8 外，还可以通过“视图”→“设置视图”命令选择想要的视图角度，如图 2-17(a)所示。也可以在模式工具条的视图定义栏中选择视图角度，如图 2-17(b)所示。

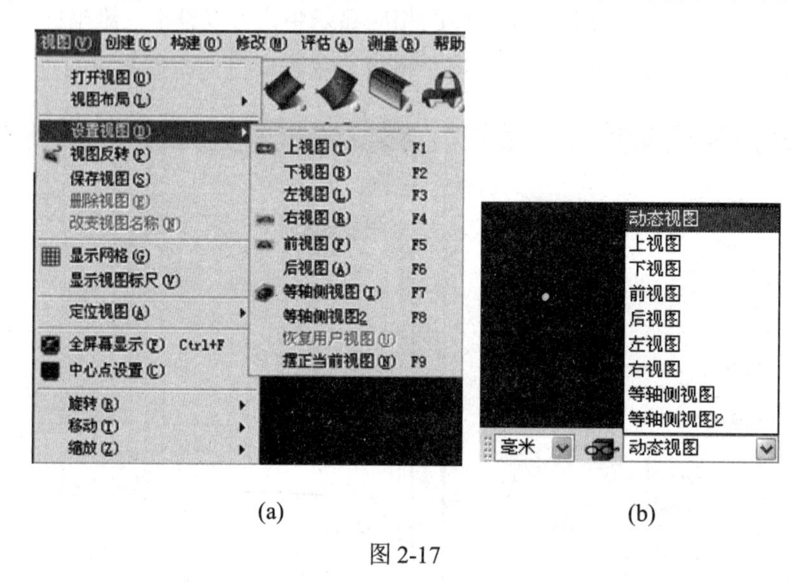


(a) (b)

图 2-17

另外，还可以单击主要栏目管理工具条的“视图设置”图标，从它包含的子命令中选择需要的视图。

【操作步骤】

单击主要栏目管理工具条中的“视图设置”图标，如图 2-18 所示，按住并移动鼠标至图标所代表的视图上，然后释放鼠标，即可选择这个视图。

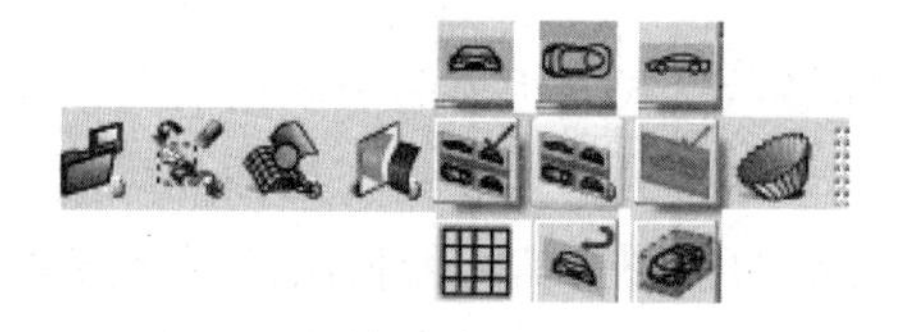

图 2-18

还可以将自己设定的任意角度的视图保存下来，以供以后使用。

【操作步骤】

选择“视图”→“保存视图”命令，或者单击模式工具栏视图定义栏左边的“保存视图”图标实现。

### 2. 视图显示方式

在 Imageware 中可以根据自己的需要选择不同的视图显示方式，系统默认情况下是单一视图显示。除此之外，可以选择多模型视图、标准四视图、汽车行业四视图等模式。

1) 多模型视图

为了能多角度地观察实体，可以打开多个模型视图，同时观察一个实体的不同部位。

【操作步骤】

选择“视图”→“打开视图”命令即可在原来系统默认的单一视图中添加一个模型视图。重复上述命令，可以打开多个模型视图，如图 2-19 所示。

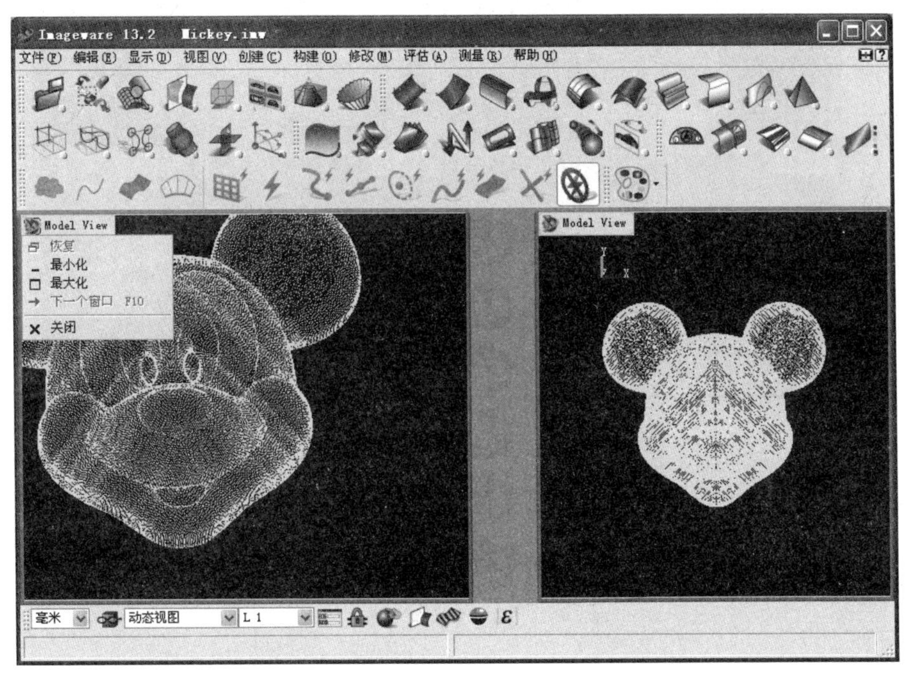


图 2-19

**注意:**

- 我们可以分别在不同的模型视图中改变实体的观察角度、大小和移动实体。这些命令只会对鼠标所在的模型视图内的实体产生效果。这样可以将不同模型视图中的模型摆放成用户需要的角度，以方便观察。
- 这些模型的任意一个视图框都可以通过拖动边缘来调整它们的大小和位置。
- 当不需要某些模型视图时，可以通过单击模型视图左上角的 Imageware 图标，然后选择“关闭”命令，如图 2-19 所示。
- 暂时不需要某个模型视图时，也可以先将其最小化。可以通过单击模型视图左上角的 Imageware 图标，然后选择“最小化”选项，如图 2-19 所示。

2) 标准四视图

标准四视图是将工作区域等分成 4 份，每个区域显示一个标准视图，它们分别是上视图、侧视图、前视图和轴测图，如图 2-20 所示。

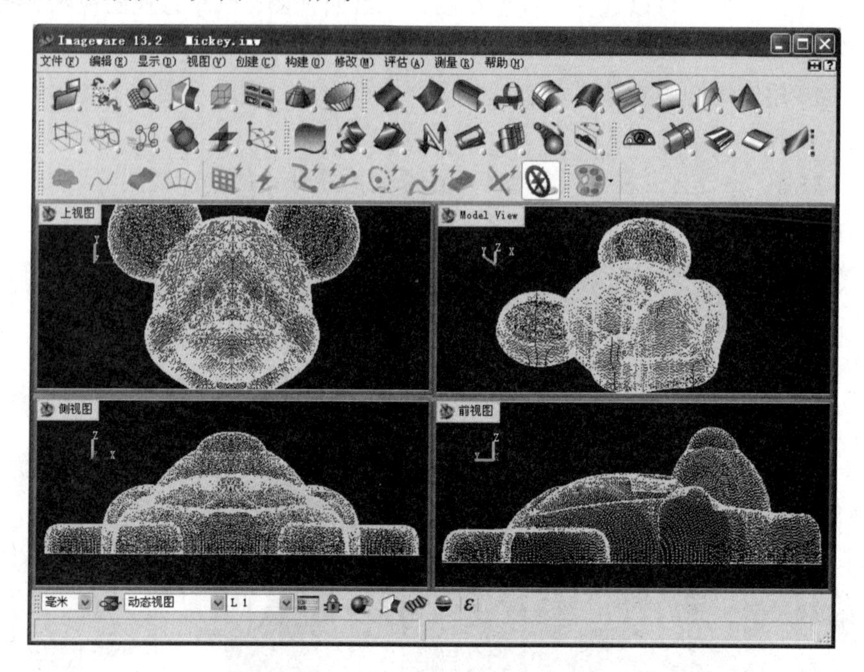


图 2-20

【操作步骤】

通过“视图”→“视图布局”→“标准四视图”命令即可打开标准四视图显示模式，其快捷键为 Ctrl+4。

**注意:**

- 轴测图中的图形角度可以任意改变、移动和缩放。
- 除轴测图以外的其他视图只能进行平移和缩放，不能旋转。
- 标准四视图的 4 个视图在系统默认情况下是等分的，但是用户可以通过拖动它们的边界来调整视图框大小。

3) 汽车行业四视图

汽车行业四视图的显示与标准四视图相似，也是将工作区域等分成 4 份，每个区域显示一个标准视图，它们分别是上视图、侧视图、前视图和轴测图。

与标准四视图不同的是，汽车行业四视图考虑了汽车的结构特性，在默认情况下它的上视图和侧视图在视图区域所占的比例较大，而前视图和轴测图的则较小。

汽车行业四视图的 4 个视图也可以由用户通过拖动它们的边界来调整视图框的大小。

### 3. 旋转和移动

在讲述旋转和移动之前，要先了解 Imageware 中的两个旋转和移动的概念。

一个是视图的旋转和移动，它是保持实体和坐标系之间的相对位置不变，将视图作为整体进行旋转和移动。

另一个是实体的旋转和移动，它是保持坐标系不变，来旋转和移动实体或者部分实体，这样的结果是实体相对于坐标系的位置发生了改变。

1) 视图的旋转和移动

前面讲到，视图在旋转和移动时，实体和坐标系保持相对位置不变，也就是实体随着坐标系的变化而变化。所以视图的旋转和移动可以用旋转和移动坐标系来实现。

【操作步骤】

选择“视图”→“旋转”→“绝对坐标”命令，打开“旋转绝对坐标”对话框，如图 2-21 所示。在这个对话框中可以指定旋转轴通过的点、旋转轴方向和旋转角度。

如果不太确定旋转轴通过点的具体坐标，或者对坐标的精确度要求不高，可以通过设定旋转的依据来实现。Imageware 提供了三种旋转约束条件，即围绕实体的质心旋转、围绕一个指定点旋转和围绕一个轴旋转。它们的命令分别为：

- 视图→旋转→环绕质心。
- 视图→旋转→环绕点。
- 视图→旋转→环绕向量。

视图的移动操作步骤与视图的旋转操作相似。

【操作步骤】

选择“视图”→“移动”→“绝对坐标”命令弹出对话框，如图 2-22 所示。在这个对话框中，可以指定视图沿 $X$、$Y$ 和 $Z$ 轴移动的距离。在“移动方向”栏选择“其他”时，还可以一次完成三个方向的移动。

图 2-21

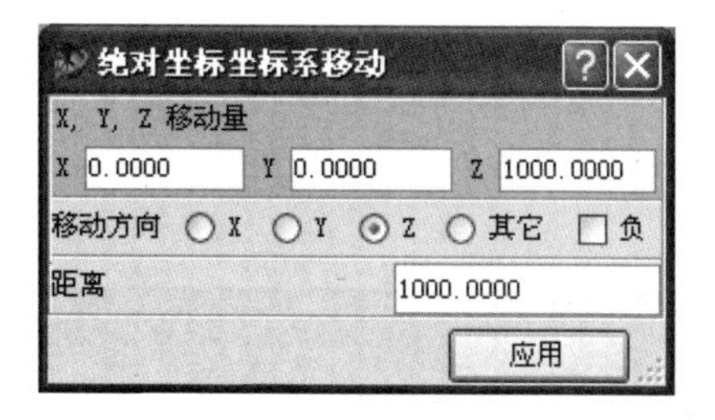


图 2-22

除了这些方法外，利用鼠标和 Shift 键配合使用，能快捷地旋转和移动视图。

- 按住 Shift＋MB1 不放，鼠标指针变为旋转箭头，拖动鼠标即可旋转实体。
- 按住 Shift＋MB3 不放，拖动鼠标即可移动实体。

另外也可以使用滑动条来实现旋转和移动，详见 2.2 节中对滑动条的描述。

在没有特定角度的要求下，为了观察视图的各个角度，建议配合使用鼠标和 Shift 键来旋转和移动视图，这样有利于提高工作效率。

2) 实体的旋转和移动

Imageware 提供了多种旋转和移动的模式，下面一一介绍。

- 修改→位移→互动移动/旋转/比例

实体的交互式旋转和移动，是一种相对于支点参数的整体函数参数的变化。它是将原来实体的函数参数相对于支点参数的一个放大和缩小，以及围绕支点的旋转动作。这种移动可使实体的外形发生非等比例改变。

拿“Mickey”来说明一下。我们将复制一个 Mickey，使其 *X* 参数变为原来的 0.5 倍，绕 *X* 轴旋转 90°，并且在 *Z* 轴方向上平移 10 个单位距离。

【操作步骤】

(1) 选择“修改”→“位移”→“互动移动/旋转/比例”命令，打开交互式变换对话框，如图 2-23 所示。

交互式变换控制器包括两个部分：一个是参数缩放轴，用来控制实体函数参数的比例缩放；另一个是平移旋转轴，图中的圆点用来控制旋转角度，*A*、*B*、*C* 三个轴向箭头用来控制沿三个方向的移动距离。

(2) 在选择栏中选择列表，在列表中单击 Mickey，选择变换面。选择“复制物件”复选框，将支点的位置设置到球面的顶点上。参数如图 2-23 所示。

(3) 单击参数缩放轴的 *X* 轴向端点方块，按住鼠标并向原点方向拖动，至端点方块边上的对话框内显示的数字为 0.5。或者双击这个端点方块，在跳出的框内直接输入 0.5，按 Enter 键即可。

通过这个操作得到了一个 *X* 参数为原来一半的压缩的 Mickey 图形。

(4) 取消选中“复制物件”前的复选框。双击平移旋转轴 *B* 轴和 *C* 轴之间的圆点，在弹出框内输入旋转角度为 90°。可以发现此时平移旋转轴的 *Y* 轴转到了法向方向。

通过这个操作将刚才生成的 Mickey 2 实体绕 *X* 轴方向旋转了 90°。

(5) 双击此刻朝向法向的平移旋转轴 *Y* 轴的箭头，在弹出框内输入 *Y* 为“10”，按 Enter 键，使得 Mickey 2 实体向 *Y* 方向上移 10 个单位的距离。

最终完成的图形如图 2-24 所示。

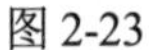
图 2-23

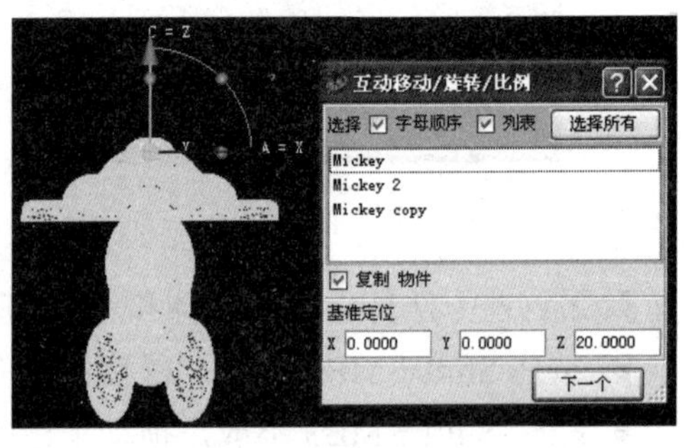


图 2-24

● 修改→位移→移动/旋转/比例

传统的变换功能与交互式变换的功能相同，两者唯一的不同是，传统变换所有的参数设置均在对话框内设置完成，如图 2-25 所示。上面的例子按照对话框的设置也可以达到同样的效果。

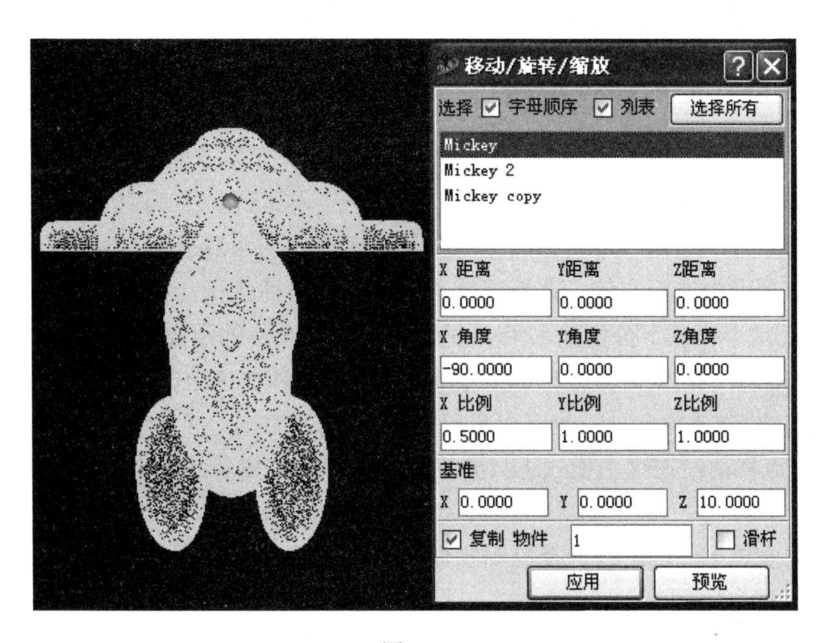


图 2-25

● 修改→位移→图素任意位移

选择“修改”→“位移”→“图素任意位移”命令，得到如图 2-26 所示的对话框。

在列表或屏幕上选取被操作实体，单击旋转模式按钮，可以得到如图 2-26 所示的对话框。

在模式按钮下面的三个按钮分别代表绕 *X*、*Y*、*Z* 轴转动，这些图标后面的输入框内的数字代表绕相应轴旋转的角度。

单击最后面的“...”按钮将弹出旋转或者移动的对话框。

单击平移模式按钮将得到平移模式下的对话框，此时，三个按钮分别代表平移的方向，后面的输入框内的数值为平移的距离。

● 修改→位移→旋转

上面的命令中提到的单击最后面的“...”按钮将弹出旋转对话框，也可以通过菜单命令“修改”→“位移”→“旋转”来实现。其对话框如图 2-27 所示。

用户可以在列表中旋转被操作对象；可以设定旋转轴的原点相对于世界坐标系的位置；可以旋转 *X*、*Y*、*Z* 轴作为旋转轴，也可以选择“其他”来自定义旋转轴，可以是点、线或者平面；在“角度(度)”栏内输入旋转角度。可以拖动这一栏的滑动条，也可以直接输入数据；选中“复制物件”复选框可以复制实体，在后面的输入框内可以定义复制的个数。

图 2-26

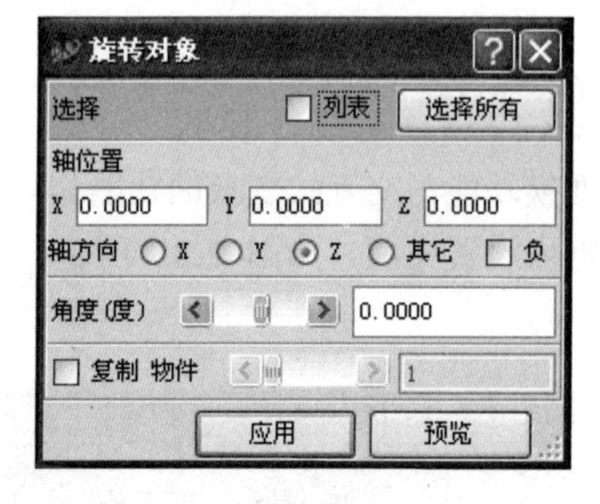


图 2-27

- 修改→位移→移动

通过这个命令可以达到平移实体的作用，其对话框如图 2-28 所示。

用户可以在列表中选择实体，在平移模式中有以下三种选择。

(1) XYZ：在这个模式下分别输入沿 X、Y、Z 轴方向平移的距离，达到需要平移的目的。

(2) 沿轴向距离：在这个模式下可以选择某一个方向和在这个方向上平移的距离。这里的方向除了标准的 XYZ 方向外，也可以自己定义。

(3) 指定 2 点移动：在这个模式下只要输入起始点的位置和终止点的相对位置，即可完成平移操作。

同样在任意模式下，都可以选择复制物件以及复制的个数。

- 修改→位移→比例

通过这个命令可以达到缩放参数比例的效果。执行此命令得到“比例缩放”对话框，如图 2-29 所示。

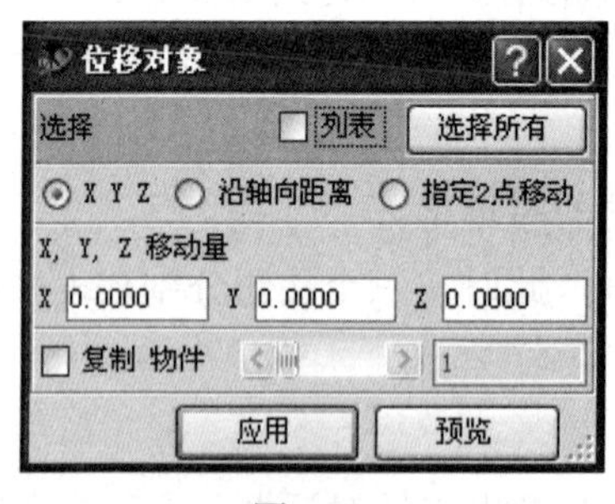


图 2-28

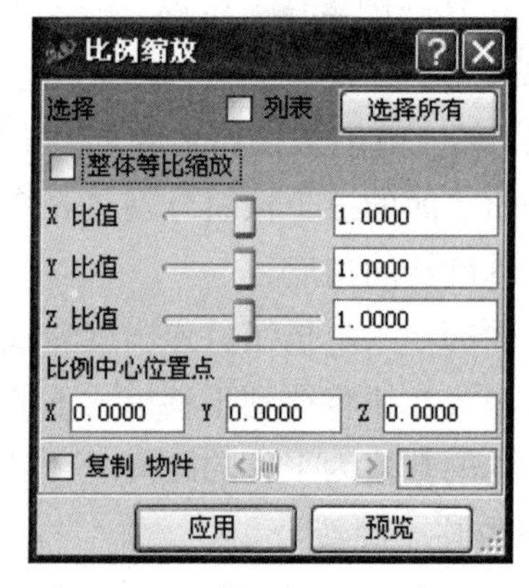


图 2-29

可以通过拖动各方向的缩放因子栏后面的滑动条来设定缩放因子，也可以直接输入缩放因子的数值，达到某个方向的参数比例缩放。

选中“整体等比缩放”复选框，将在 *XYZ* 三个方向上等比例缩放。

● 修改→位移→镜像

通过该命令可以镜像实体，对话框如图 2-30 所示。图中同时显示了全局捕捉器中各图标的含义。

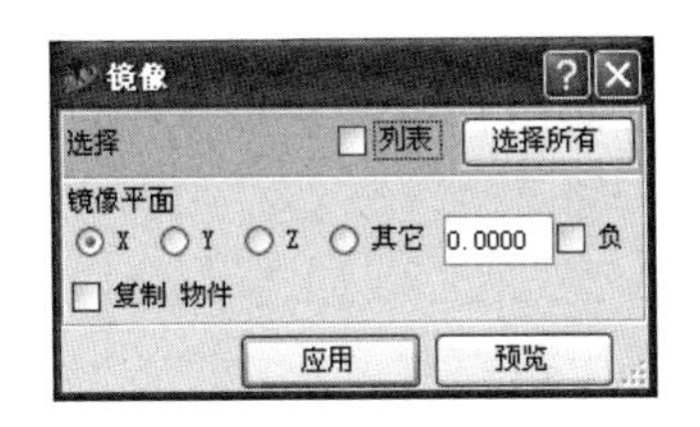


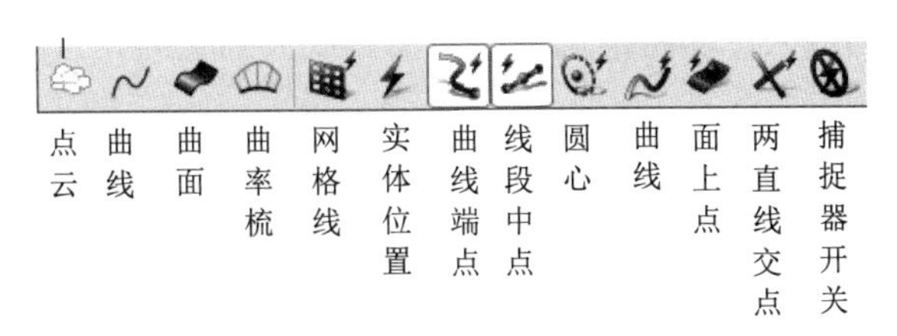


图 2-30

在这个对话框中，可以设定 $X$、$Y$、$Z$ 平面为对称面，也可以自定义对称面。在自定义对称面时可以使用全局捕捉器，指点某个平面。这个全局捕捉器在大部分的对话框中都可以使用。单击其中的图标可以限定鼠标在视图区域选择实体时所选实体的种类。再次单击图标解除对该种实体的捕捉锁定。

● 修改→位移→让对象回家

在 Imageware 中每个实体都有它自己的原始位置，即它被第一次创建出来时相对于世界坐标系的位置信息已被记录下来。

在编辑过程中可将这些实体移动到任意位置，即它们相对于世界坐标系的位置发生改变。如果这些变换并不是用户所需要的，那么用户可通过这个命令将某个实体的位置送回到它被创建时的位置。

● 修改→位移→定义物理家的位置

重设原始位置就是将某一个物体的当前位置和角度设置为它的原始位置，这样它以前刚创建时的位置信息就丢失了，取而代之的是当前位置的信息。以后对这个实体进行“让对象回家”命令时，将把这个实体送到现在设定的这个位置和角度。

● 修改→位移→设置物理坐标系

当实体被重设了原始位置时，它的物体坐标系也会保留在这个位置上。重设物体坐标系，就是将物体坐标系设置到世界坐标系上，且与之重合。

### 4. 放大和缩小

为了更好地观察局部和整体效果，会经常用到放大和缩小的功能。在 Imageware 提供的众多放大和缩小命令中最方便的是滚动鼠标中键，向上拖动为缩小，向下拖动为放大。在没有其他特殊要求的情况下，推荐用户使用这种方法。

**注意:**

- 放大和缩小命令不会对实体的实际尺寸大小产生作用，只是改变视图大小。
- 除了滚动鼠标中键，Imageware 同时提供了多种用于放大和缩小的功能命令。下面分别介绍。

- 视图→缩放→在框选范围内

执行此命令进行框选放大，即将框选部分的实体放大到全屏。

【操作步骤】

(1) 选择“视图”→“缩放”→“在框选范围内”命令，或者在视图区域的空白处右击，选择“缩放到框选”图标；也可以在主要栏目管理工具条中，单击并按住“基本显示”图标，选择“缩放到框选”图标。

(2) 按住鼠标拖动，框选需要放大观察的区域，如图 2-31 所示。

(3) 释放鼠标后，得到如图 2-32 所示的框选放大结果。

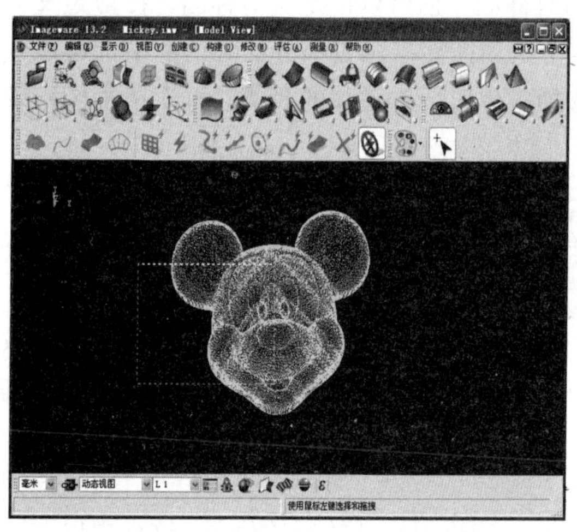

图 2-31

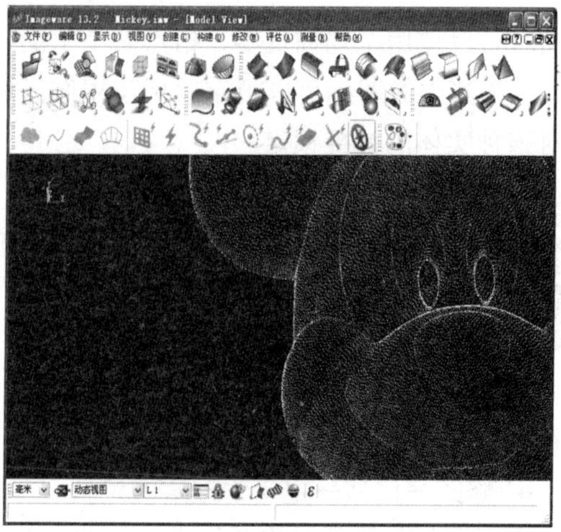

图 2-32

**注意:**

放大和缩小命令的操作不能使用 Undo 来撤销，如果需要恢复到原来的大小，可以按住 Shift+MB2 键向上拖动来缩小视图，或者使用全屏工具。

- 视图→缩放→小窗口放大

使用放大框来放大局部，放大框就像一个放大镜可以被方便地拖动来放大观察实体的某个局部，而它的放大图像显示在“放大箱”(另一个视图框)内。

【操作步骤】

(1) 选择“视图”→“缩放”→“小窗口放大”命令，在屏幕上显示了一个绿色的矩形框，另有一个放大箱内显示了绿色矩形框内的实体，如图 2-33 所示。

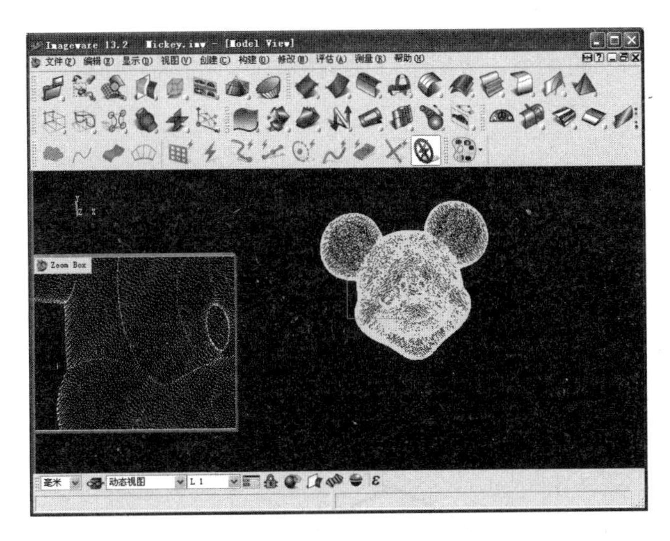

图 2-33

(2) 移动绿色矩形框，观察实体的不同部分。按住 Shift 键，将鼠标箭头放置在矩形框中并拖动鼠标，即可拖动绿色矩形框来框选想观察的部位。

(3) 改变放大比例。将鼠标箭头放置在框中，用 Shift+MB2 键来放大或者缩小视图。这样虽然绿色矩形框的大小没有改变，但是它能框选的实体的大小改变了。也就起到了改变放大比例的作用。

(4) 单击放大箱左上角的 Imageware 图标，选择“关闭”按钮，退出这个命令。

- 视图→缩放→非比例化

非等比例缩放，使用这个命令可以将实体拉伸或者压缩。在实体上拉一个矩形框，可以起到非等比例放大的作用。

- 视图→缩放→高度方向非比例化

在这里可以精确地指定非等比例缩放的比例因子。

- 视图→缩放→切换比例缩放

解除非等比例缩放的显示模式。

- 视图→缩放→重置非比例缩放

重新设置非等比例缩放。

- 视图→缩放→内侧

等比例放大。每执行此命令一次，等比例放大一次。快捷键为 Up 键。

- 视图→缩放→超出

等比例缩小。每执行此命令一次，等比例缩小一次。快捷键为 Down 键。

● 视图→缩放→比例

等比例缩放。执行此命令后，可以将原来的实体缩放到任意大小，例如缩放到原来的 200%，就是放大到原来的两倍大小，而在缩放比例中输入 50%，则是缩小到原来的一半大小。

● 视图→缩放→缩放比例值

在这里设定缩放因子的大小。应用于等比例缩放的步进式操作。

### 5. 显示和隐藏

为了能更清晰地观察对象，用户经常要将暂时不需要的实体摆到一边。可以使用 Imageware 提供的一个工作平台的两个面来实现显示和隐藏功能。

1) 工作平台的工作原理

如图 2-34 所示为显示面或隐藏面工作原理示意图，Imageware 的一个工作平台中有两个工作平面。在同一时间内同一个面上显示的，即是当前工作面；另一个是隐藏在背面的，当前的命令操作不会对它产生影响。

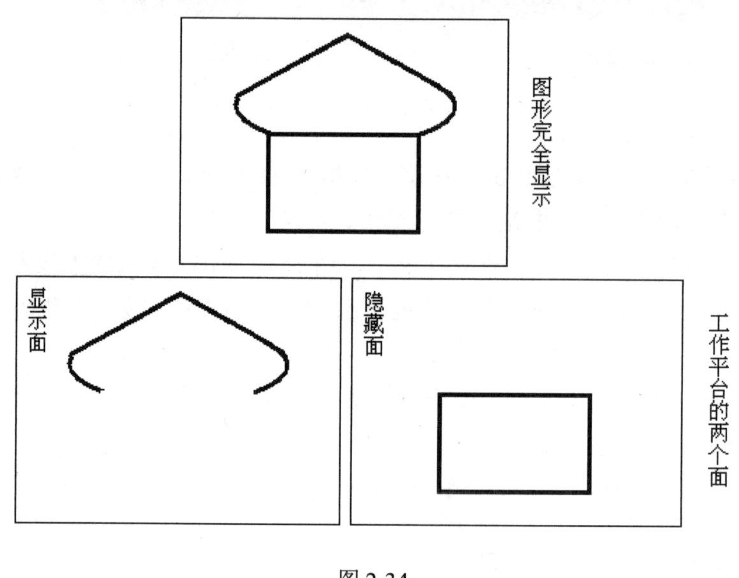


图 2-34

这两个工作面可以相互切换，即显示的面可以隐藏起来，隐藏的面也可以显示出来作为当前的工作面。

图 2-34 中上部分的图形显示的是示意图形完全显示的状态。可以通过隐藏命令将其中的一部分隐藏起来。如果将图形下部分的矩形框隐藏起来，这时显示的平面内能够看到的实体就是上半部分的蘑菇形。而如果执行切换工作平面的命令，会发现另一个平面内只有矩形框可见。

2) 隐藏

显示在当前工作平面上的任何实体都可以被隐藏起来。快捷键为 Ctrl+L。

【操作步骤】

选择“显示”→“隐藏选择对象”命令，或者在主要栏目管理工具条的高级显示中选择“隐藏选择对象”图标后，会弹出“隐藏选择对象”对话框，如图 2-35 所示。用户可以在对话框列表中选择需要隐藏的实体，或者直接在视图区域选择实体，单击“应用”按钮，就可以将选择的实体隐藏。

**注意：**

- 已经隐藏了的实体不会在隐藏对话框中出现。
- 也可以直接在实体上单击并按住鼠标右键，在弹出的浮动工具条中选择“隐藏选择对象”图标，就可以直接将它隐藏。

3) 选择性显示

只显示被选择的实体，其他的实体全部隐藏起来。快捷键为 Shift+L。

【操作步骤】

选择“显示”→“只显示选择”命令后，弹出的对话框如图 2-36 所示。在这个对话框的列表中可以选择显示的实体名称，或者从当前工作区内选择实体。单击“应用”按钮后，被选择的实体显示出来，其他的实体都被隐藏起来。

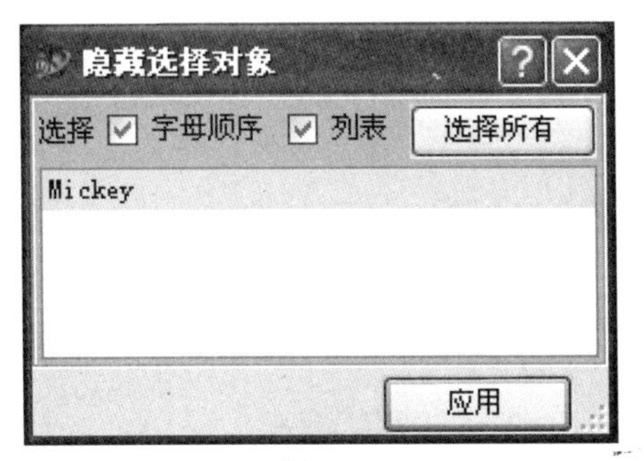

图 2-35

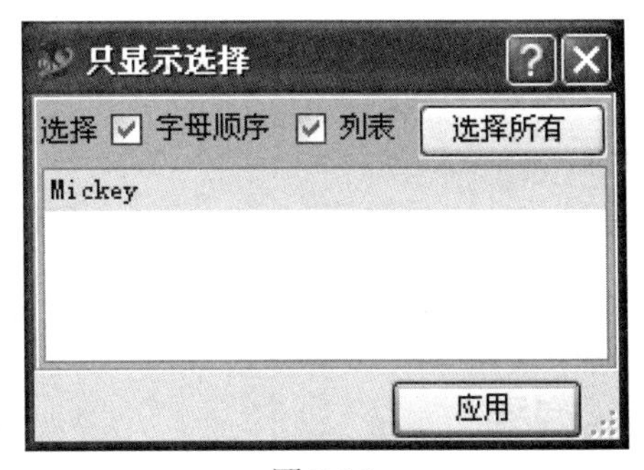

图 2-36

**注意：**

- 已经隐藏了的实体也会在选择性显示对话框中出现。
- 所有已经打开的实体名称都是可以选择的，包括隐藏的和显示的。
- 在工作平面中，只能选择处于显示状态的实体。

4) 切换工作平面

这个命令是切换工作平面，使得原来隐藏的实体显示出来，而原来显示的实体全部隐藏起来。快捷键为 Ctrl+K。

【操作步骤】

选择“显示”→“显示/隐藏切换”命令，或者在主要栏目管理工具条的高级显示图标中

选择“显示/隐藏切换”图标，即可方便地切换工作平面。

再次执行这个命令，又恢复到原来的状态。

5) 全屏显示

全屏显示是将工作平面中显示的实体，全部显示在当前的视屏范围内，并且使得实体尽量占满整个屏幕。快捷键为 Ctrl+F。

【操作步骤】

选择“视图”→“全屏幕显示”命令，或者在视图区域空白处右击，选择“全屏幕显示”图标，也可以在主要栏目管理工具条的基本显示图标中选择“全屏幕显示”图标来达到同样的全屏显示目的。

6) 按实际大小显示

在每个实体创建的时候，都会有自己的一个尺寸大小。按实际大小显示就是按照实体的尺寸大小 1∶1 地显示实体。

【操作步骤】

在主要栏目管理工具条的基本显示图标中选择“缩放到真实尺寸”图标，就可以使屏幕上所有实体按照其自身的尺寸大小来显示。

7) 非等比例显示

详见前面“放大和缩小”部分的叙述。

### 2.3.4 创建

创建是构建实体的第一步，通过这个菜单中的命令可以创建不同的曲线、实体。详见后续章节。

### 2.3.5 构建

构建是通过已有实体之间的相互关系来创建新的实体。

### 2.3.6 修改

在创建实体之后，为与预期目标相吻合，必须对创建的实体进行修改。这里提供了修改实体所要用到的命令，包括剪裁、拉伸、对齐、旋转、移动和缩放等命令。

### 2.3.7 评估

评估主要是一些分析曲线和曲面的连续性、曲率等问题的命令，在构造曲线或者曲面后，经常要先分析一下相关内容。详见第 6 章。

## 2.3.8 测量

主要功能是测试和显示各实体之间的差异，包括点、点云、曲线、曲面相互之间的差异，在以后的章节中会穿插地讲述到。详见第 6 章。

## 2.3.9 帮助

用户在使用软件时可以通过两种方式获得软件自带的系统帮助：“在线帮助”和“这是什么”。

### 1. 在线帮助

在线帮助系统中包含了软件所有图标和命令的应用说明。用下拉菜单“帮助”→“帮助主题”或者快捷键 Shift+F1，可以获得在线帮助，如图 2-37 所示。

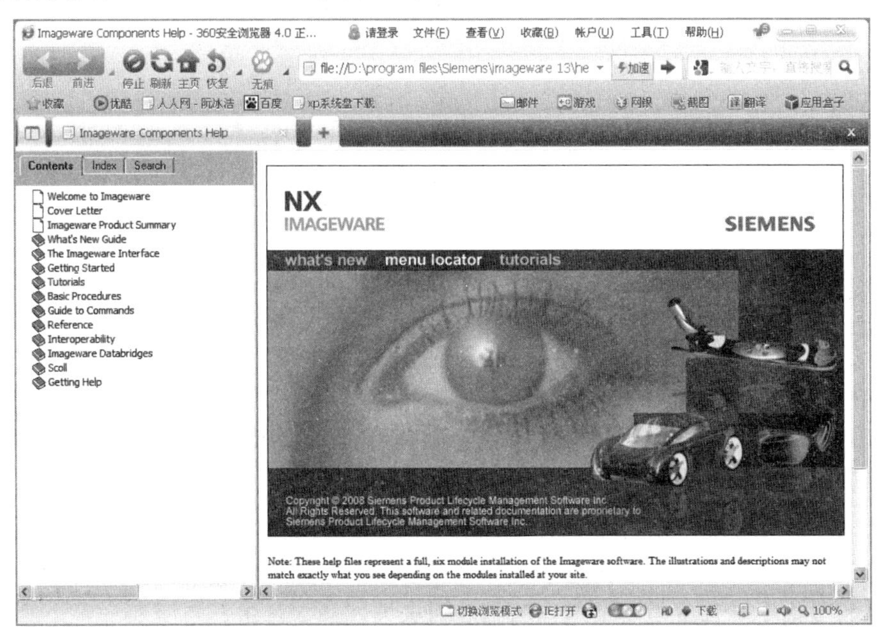


图 2-37

用户可以单击图 2-37 所示页面左侧的图标，逐页浏览软件的各项说明，也可以单击 Index 图标直接查看各项功能的说明，或者单击 Search 图标通过搜索相关命令的关键词来查看这个命令的应用说明。

### 2. “这是什么”帮助

软件自身还带有“这是什么”帮助系统，通过单击界面右上方的“？”按钮，再单击想要了解的对象图标就可以得到相关命令的说明。

通过“这是什么”帮助，可以得到关于对话框和对话框中出现的命令选择项的说明，也可以得到工具条中各个图标所包含的子命令及其说明，如图 2-38 所示。同样也可以右击对话框中想要了解的对象，得到相关信息。

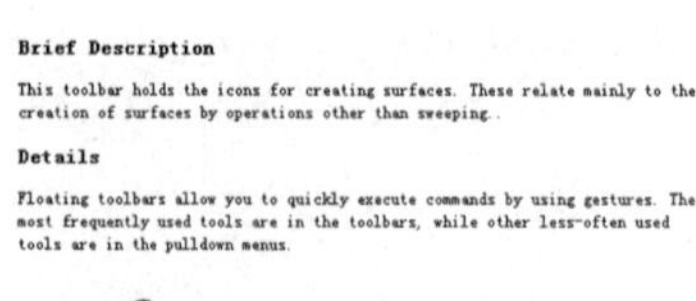

**Brief Description**

This toolbar holds the icons for creating surfaces. These relate mainly to the creation of surfaces by operations other than sweeping..

**Details**

Floating toolbars allow you to quickly execute commands by using gestures. The most frequently used tools are in the toolbars, while other less-often used tools are in the pulldown menus.

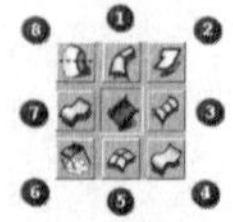

(1) Bi-Directional Loft -- (2) Plane Trimmed with Curves -- (3) Loft Curves -- (4) Surface w/4 Points -- (5) Blend UV Curve Network -- (6) Uniform Surface -- (7) Surface by Boundary -- (8) Surface of Revolution

**Tip**: To access the toolbar, LMB click on the main icon. Once the toolbar appears, while still holding down the LMB, move the cursor over the icons; the icons highlight and the tooltip text is displayed to show which command is active. When you release the mouse in the direction of the active icon, the dialog box for the command appears or the action is performed. The mouse does not need to be released directly over the icon. If you release the mouse over the grayed out icon or the center, no action is performed.

Once you select a command from one of the main icons, it is quickly accessible again by double clicking on the icon. This allows for easy access to the most commonly/recently used commands. To determine which command was last accessed, you can mouse-over the icon to view the tooltip text.

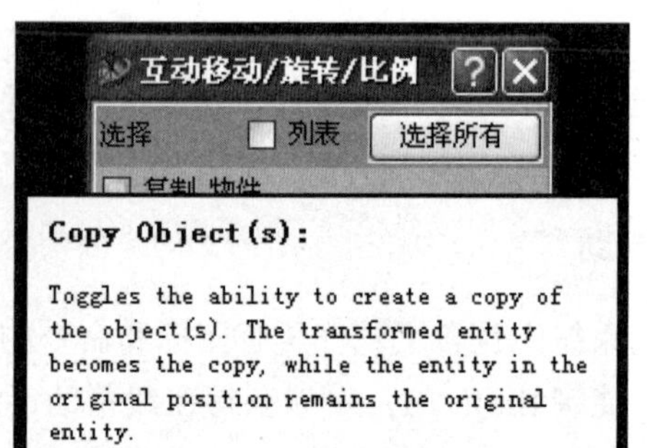


图 2-38

# 2.4 常用工具条

## 2.4.1 浮动工具条

浮动工具条是 Imageware 中比较有特色的命令图标。利用浮动工具条，Imageware 将其用户界面设计得非常简洁、方便。

Imageware 将常用命令分成几个工具条，每个工具条包含几个命令图标，这些图标是几个相类似的命令的一个集合，单击这些图标将显示出一个围绕着这个图标的具体命令图标。我们称弹出的围绕在工具条中某个图标周围的图标为浮动工具条。

这种工具条也出现在视图区域中，右击将出现相应的浮动工具条。

## 2.4.2 曲面浮动工具条

曲面浮动工具条是一组更常用的浮动工具条，它可以通过鼠标的三个键(在本书中鼠标左键定义为 MB1，鼠标中键定义为 MB2，鼠标右键定义为 MB3)与 Shift 键和 Ctrl 键配合使用来迅速访问主要的命令。曲面浮动工具条主要包括：①创建工具条，如图 2-39(a)所示，快捷键为 Shift+Ctrl+MB1；②修改工具条，如图 2-39(b)所示，快捷键为 Shift+Ctrl+MB2；③分析工具条，如图 2-39(c)所示，快捷键为 Shift+Ctrl+MB3。

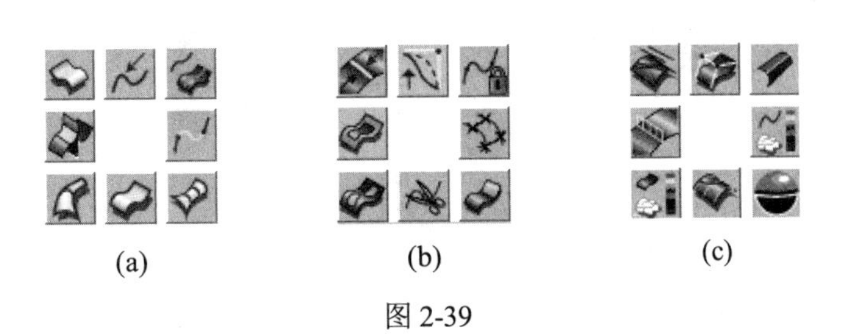


图 2-39

1. 创建工具条

同时按下 Shift+Ctrl+MB1 键得到创建工具条，其中的图标从左上角开始顺时针方向分别是沿方向拉伸、3DB-样条、曲线投影到曲面、桥接曲线、放样曲面、边界曲面、Bi-双向放样、曲面倒角。

2. 修改工具条

同时按下 Shift+Ctrl+MB2 键得到修改工具条，其中的图标从左上角开始顺时针方向分别是缝合曲面、控制点/曲线节点修改、曲线约束创建、相交曲线、延伸、截断曲线、修剪曲面区域、还原修剪曲面。

3. 分析工具条

同时按下 Shift+Ctrl+MB3 键得到分析工具条，其中的图标从左上角开始顺时针方向分别是曲面高光线、曲线/曲面控制矢量图、拔模角度图、曲线和点云偏差、应用纹理集、曲面界面切线、曲面到点云偏差、多曲面连续性。

## 2.4.3 主要栏目管理工具条

主要栏目管理工具条如图 2-40 所示。

图 2-40

图 2-40 所示图标是一个类型的管理命令图标的集合，它们所包含的命令图标以浮动工具条的形式显示，其主要栏目管理工具条中包含了 Imageware 中的文件管理工具、模型管理工具、基本显示工具、高级显示工具、位移方式(移动)工具、视图设置工具、图形边界盒状态显示(剪辑平面)工具和图层编辑(层管理器)工具等，如图 2-41(a)～(h)所示。

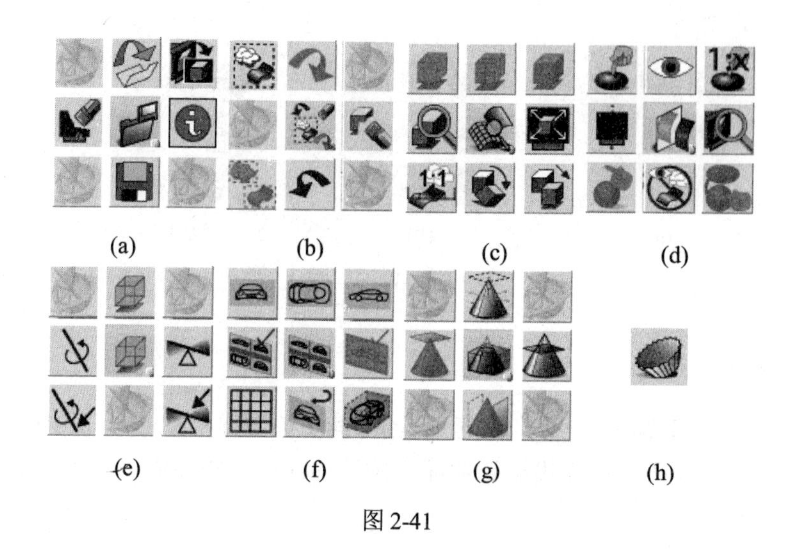


图 2-41

用户在使用时只需单击这些图标中的某一个，按住鼠标不放，然后移动鼠标到需要的命令图标上，释放鼠标，就可以执行该命令图标所代表的命令。

1. 文件管理

在这个工具条中包含的是管理视图文件的相关命令，包括开启文件、导出屏幕信息、物件信息、保存文件和删除文件等命令。

2. 模型管理

这里是共建模型时常用的命令，包括创建群组、恢复上一步操作(返回下一步)、剪切对象、取消上一步操作(返回历史)和取消群组等命令。

3. 基本显示

这个工具条中包含的是基本的显示需要用到的命令，包括仅显示曲面边界、显示参数直线、着色曲面显示、全屏幕显示、视图平行移动、旋转视图、缩放到真实尺寸和缩放到选框等命令。

4. 高级显示

这里是高级显示的工具集合，包括设置非比例缩放模式、显示/隐藏切换、设置非等比例缩放因子、创建长方体、非比例化缩放切换、隐藏实体、解除非比例化缩放和镜像显示等命令。

5. 移动模式

这里包含了控制视图显示的相关命令，包括绕实体质心旋转、绕点旋转、设置旋转点、设置旋转轴和绕旋转轴旋转等命令。

6. 视图模式

这里包含了调整视图模式的相关命令，包括前视图、上视图、单一视图、等轴侧视图、视图反转、隐藏/显示网格和标准四视图等命令。

7. 剪辑平面

这里包含了设置辅助剪辑平面的相关命令，包括设置剪辑平面、打开/关闭剪辑平面功能、显示剪辑平面和重设剪辑平面等命令。

8. 层管理器

单击层管理器图标，将弹出“层管理器”对话框，这在前面“编辑”菜单的说明中已经有了详细的阐述。

## 2.4.4 自定义工具条

为方便用户使用，Imageware 提供了自定义工具条。用户可将自己常用的工具放在这里。在默认情况下处于图形界面的右下角空白处。

1. 创建自定义工具栏

在工具条空白区域右击，在弹出的快捷菜单中选择“创建新建的工具栏”命令，可以创建一个新的工具条来自定义工具栏。

2. 删除自定义工具栏

在自定义工具栏位置右击，在弹出的快捷菜单中选择“删除工具栏”命令，以删除这个工具条。

3. 更改自定义工具栏的名称

系统默认的名称为“自定义工具栏”或者“自定义工具栏(2)”。当要改变工具栏名称时，可以右击该工具栏中的任意图标，从弹出的快捷菜单中选择“工具条和图标属性”命令，在第一行的名称中输入用户需要的名称，单击“OK 确定”按钮。

4. 添加命令图标

右击此工具条，从弹出的快捷菜单中选择“从菜单中添加项目”命令，然后在菜单中选取所需的命令即可。或者用鼠标中键按住已存在的工具条上的图标并拖动到自定义工具栏中。

5. 删除命令图标

右击此工具条，从弹出的快捷菜单中选择“删除所有的图标”命令，可以将自定义工具栏中所有的图标删除。当要删除自定义工具栏中的某一个图标时，可以右击这个图标，从弹出的快捷菜单中选择“删除这个图标”命令。

6. 改变图标属性

右击工具条中的该图标，从弹出的快捷菜单中选择“工具栏/图表设置”命令，在弹出的对话框中可以改变该图标的提示文字说明或图标图案。

# 2.5 鼠 标 操 作

在 Imageware 中需要使用三键鼠标，这样有利于提高工作效率。鼠标键从左到右分别为左键(MB1)、中键(MB2)和右键(MB3)。这里要特别提到鼠标右键的作用相当大。

## 2.5.1 鼠标左键

鼠标左键(MB1)用于选择菜单/命令、选取几何体和拖动对象等。

鼠标左键的常用功能如下。

- 当单击工具栏中的图标时，可以得到该图标包含的子功能的浮动图标，此时按住鼠标左键，移动鼠标指针到相应图标上，然后释放鼠标左键将执行该功能或者出现这个命令的对话框。
- 需要合并层或者将某一个实体移到其他层时，可以单击对象名称，然后按住鼠标左键拖动到某一层相应的名称上后释放，就可以完成上述操作需求。
- 在执行某个命令时，单击对话框中的实体名称就会在视图区域得到该实体的高亮显示。
- 单击视图区域的实体，这时该实体会高亮显示，同时相应对话框中的实体名称也会高亮显示。
- 在 Imageware 中，按住 Shift+MB1 键不放，鼠标指针变为旋转箭头，拖动鼠标即可旋转实体。

## 2.5.2 鼠标中键

鼠标中键(MB2)用于执行当前的命令。

鼠标中键的常用功能如下。

- 在对话框模式下，单击鼠标中键，相当于单击对话框上的默认按钮(如“确定”按钮或者“应用”按钮)，因此以单击鼠标中键来代替单击对话框中的默认按钮的操作可以加快操作速度。
- 在创建自定义工具栏时，可以通过鼠标中键在已存在的工具条上单击相应的图标，同时按住鼠标中键然后拖动到自定义工具栏内，释放鼠标中键就可以将该项命令添加到自定义工具栏内。

● 在 Imageware 中，按住 Shift+MB2 键不放，然后拖动鼠标即可缩放实体。默认情况下，向上拖动为缩小，向下拖动为放大。

## 2.5.3 鼠标右键

单击鼠标右键(MB3)，会弹出快捷菜单(称作“鼠标右键菜单”)，因此鼠标右键也称为鼠标菜单按键。鼠标右键的功能比较强大，其显示的菜单内容依鼠标单击位置的不同而不同。

鼠标右键的常用功能如下。

- 在工具栏上单击鼠标右键时，弹出的快捷菜单包括显示和隐藏各工具条、层管理器、创建自定义工具条以及显示和隐藏所有工具栏上的内容，如图 2-42(a)所示。
- 在层管理器上右击时，弹出的快捷菜单内容为对层的各项操作命令，如图 2-42(b)所示。
- 在对话框上右击时，其作用相当于帮助菜单中的“？”按钮。右击其中的某个位置，选择 What's This?选项会弹出对于该位置上所显示内容的详细描述，如图 2-42(c)所示。
- 在 Imageware 中，按住 Shift+MB3 键不放，然后拖动鼠标即可移动实体。

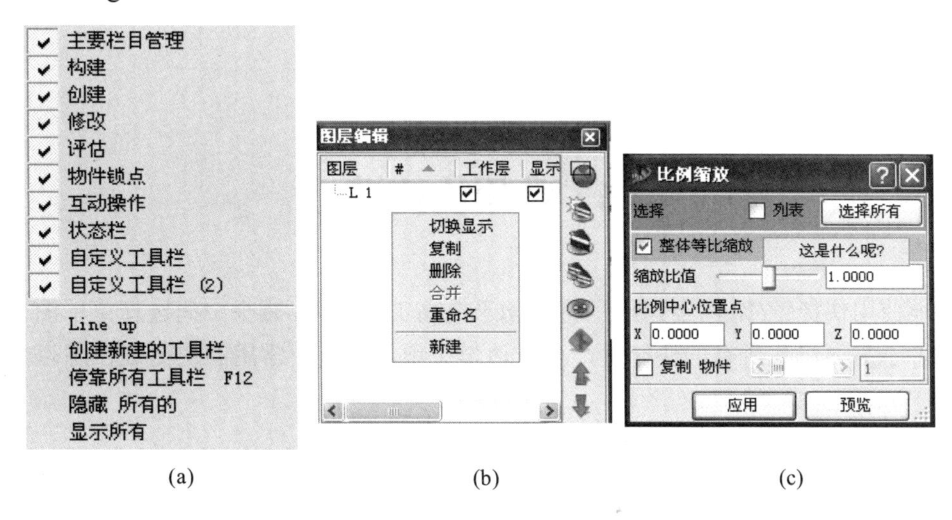


(a) (b) (c)

图 2-42

鼠标右键在视图区域时，其显示的菜单内容也会根据鼠标单击位置的不同而不同。

- 在视图的空白区域上右击时，显示的是主要栏目管理工具条中的一些常用命令的浮动图标(如图 2-43(a)所示)，如重复上一步操作、旋转视图、镜像显示、取消上一步操作、边框放大、移动视图和设置非等比例缩放等。
- 鼠标在视图的实体上右击不同的部位，如点云上、曲线上、曲面上、约束上、群组上时将得到相应实体的常用命令的浮动图标，如图 2-43(b)～(f)所示。
- 鼠标在视图的坐标系上右击时，显示的是关于坐标系的一些命令，如图 2-43(g)和(h)所示。

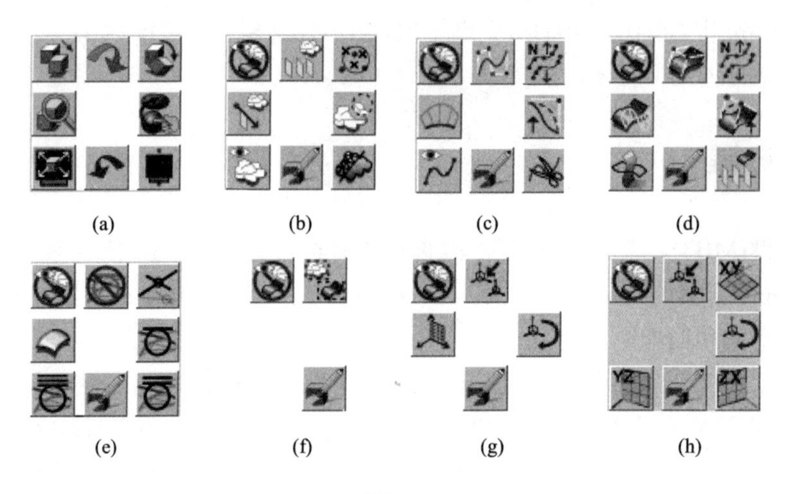


图 2-43

另外，前面已经提到，当鼠标的三个键分别与热键配合使用时，还可以得到曲面浮动工具条。

- Shift+Ctrl+MB1：创建工具条。
- Shift+Ctrl+MB2：修改工具条。
- Shift+Ctrl+MB3：分析工具条。

## 2.6 常用快捷键

熟练地使用快捷键(如表 2-1 所示)将有助于提高工作效率，减少中间选择菜单图标的时间。初学者不需要记住所有的快捷键，可以边学边用，将其中常用的快捷键在练习中熟练掌握。

**注意：**

在快捷键前标有“*”号的是经常会用到的，这些快捷键在读者刚学习 Imageware 时就应该有意识地经常使用。

表 2-1 快捷键汇总表

| 文本快捷键 | | 视图快捷键 | |
|---|---|---|---|
| 快捷键 | 功能 | 快捷键 | 功能 |
| Ctrl + O | 打开文件(Open) | *Ctrl + F | 全屏显示 |
| *Alt + S | 保存文件(Save) | Ctrl + 1 | 单一视图显示 |
| Ctrl + P | 截屏(Screen Dump) | Ctrl + 4 | 标准四视图显示 |
| Alt + X | 退出 | Alt + 4 | 汽车四视图显示 |

(续表)

**编辑快捷键**

| 快捷键 | 功能 |
|---|---|
| A | 全局捕捉器套索 开/关 |
| G | 创建组 |
| Shift + U | 打散群组 |
| *Ctrl + Z | 取消上一步操作 |
| Shift + Z | 撤销取消操作 |
| Ctrl + Shift + Z | 重复上一步操作 |
| Ctrl + Shift + U | 取消移动 |
| Ctrl + U | 删除所有(不可恢复) |
| X | 剪切 |
| C | 复制 |
| Ctrl + V | 粘贴 |
| *Ctrl + N | 改变实体名称 |

**显示快捷键**

| 快捷键 | 构建快捷键 |
|---|---|
| *Ctrl + L | 隐藏实体 |
| *Shift + L | 仅显示所选的实体 |
| *Ctrl + K | 仅显示被隐藏的实体 |
| *Ctrl + H | 隐藏所有的点 |
| *Ctrl + S | 显示所有的点 |
| Ctrl + J | 仅显示所选的点 |
| Ctrl + Shift + D | 曲线显示模式 |
| Ctrl + Shift + H | 隐藏所有的曲线 |
| Ctrl + Shift + S | 显示所有的曲线 |
| Ctrl + Shift + J | 仅显示所选的曲线 |
| Shift + D | 曲面显示模式 |
| Shift + H | 隐藏所有的曲面 |
| Shift + S | 显示所有的曲面 |
| Shift + J | 仅显示所选的曲面 |
| Alt + Shift + D | 群组显示模式 |
| Alt + Shift + H | 隐藏所有的群组 |
| Alt + Shift + S | 显示所有的点 |
| Alt + Shift + J | 仅显示所选的群组 |
| | |
| | |

**视图快捷键**

| 快捷键 | 功能 |
|---|---|
| *F1 | 上视图 |
| *F2 | 下视图 |
| *F3 | 左视图 |
| *F4 | 右视图 |
| *F5 | 前视图 |
| *F6 | 后视图 |
| *F7 | 轴侧视图 1 |
| *F8 | 轴侧视图 2 |
| *Ctrl + A | 边框放大 |
| Shift + A | 非等比例放大 |
| Ctrl + Shift + A | 重设非等比例缩放比例 |

**创建快捷键**

| 快捷键 | 功能 |
|---|---|
| *Shift + P | 创建点 |

**构建快捷键**

| 快捷键 | 功能 |
|---|---|
| Ctrl + B | 平行穿过截面 |
| Shift + B | 曲面穿过截面 |
| Shift + F | 均匀的曲面 |
| Ctrl + Shift + F | 均匀的曲线 |

**修改快捷键**

| 快捷键 | 功能 |
|---|---|
| Ctrl + Shift + K | 剪断曲线 |
| Shift + K | 剪断曲面 |
| *Ctrl + Shift + P | 选取删除点 |
| *Ctrl + R | 反向扫描线 |
| *Shift + R | 反向曲面法向 |
| *Ctrl + Shift + R | 反向曲线方向 |
| Ctrl + T | 修剪曲面 |
| Shift + T | 取消修剪曲面 |

**分析快捷键**

| 快捷键 | 功能 |
|---|---|
| Ctrl + E | 高亮显示 |
| Shift + E | 高亮显示线 |

(续表)

| 显示快捷键 | | 构建快捷键 | |
|---|---|---|---|
| 快捷键 | 功能 | 快捷键 | 功能 |
| Ctrl + Shift + M | 隐藏所有的矢量图 | Ctrl + Shift + E | 反射显示 |
| Shift + M | 隐藏所有的彩色云图 | Alt + Shift + E | 曲面与截面相切显示 |
| *Shift + N | 显示所有实体名称 | Ctrl + Shift + O | 曲线间的连续性 |
| *Ctrl + Shift + N | 隐藏所有实体名称 | Shift + O | 多重曲面间的连续性 |
| Shift + V | 透视图模式/返回 | 测量快捷键 | |
| Ctrl + W | 实体不可选 | Ctrl + Q | 点云与多重点云差异 |
| Ctrl + Shift + W | 使不可选的实体可选 | Ctrl + Shift + Q | 曲线与点云的差异 |
| Shift + W | 使所有实体可选 | Shift + Q | 曲面与点云的差异 |

## 2.7 思考与练习

1. Imageware 的主要模块和主要操作流程是什么？
2. 熟悉 Imageware 的用户界面及菜单栏的操作。
3. 如何进行实体的旋转、移动和缩放？并进行具体操作实践。
4. 练习浮动工具条、主要栏目管理工具条、自定义工具条的使用方法。
5. 鼠标的左键、中键、右键分别代表什么操作？
6. 熟悉一些常用快捷键的使用方法。

# 第3章　点云处理过程

## 本章重点内容

本章将学习关于点云的各种处理技巧，从点云的读入和显示等基本操作，到创建和编辑点云等。

## 本章学习目标

- 用各种形式显示点；
- 分割点云数据；
- 清理杂点；
- 测量点间距离；
- 用各种方法创建点。

## 3.1　预处理点云

### 3.1.1　读入点云

若要读取一个文档，必须存在一个打开的视图。打开文档时，预设值是开启 Imageware 的*.imw 格式文档，如果需要开启其他文档格式，可以在开启档案的对话框下方开启文档格式选项。Imageware 无法开启中文名称的文件夹内的文档，所以用户在整理资料时，切勿将 Imageware 的*.imw 格式文档放到中文名称文件内。

由不同的点测量工具测得的点云数据一般都可以被读入 Imageware 中。

从不同的扫描仪读取点群时，系统会根据扫描仪的类型和文档中可利用的信息，试图创建具有高度组织性(如栅格化的、圆柱的、扫描线)的点群。例如，对于 DXF 格式的直线、圆和圆弧等实体，被读成 B 样条曲线；对于 Wavefront 格式，系统将只读取多边形的数据。

如果用户输入的 trim 元素的数据，没有在指定的误差范围内形成一个封闭的圈，曲面会按 untrimmed 来创建，同时曲面上的所有曲线仍可读取。对于 DXF 格式，系统会将 POINT、3DFACE 和 POLYLINE 等实体读取成点群。DXF 所在的图层中，这些类型的实体将形成一个点群，实体 3DFACE 保持自己的多边形化。

为了保证正确地处理带有标签(Label)的 ASCII 文档，应将文档以 ASCII Delimited(LABEL)格式打开。用户可以用 Pick Location 命令查看指定点处的标签。

### 3.1.2　点云的显示

前面的章节中已经提到，可以在“编辑”→“参数设定”中设置各种参数的默认值。其中也包括点云的显示参数设置。

选择“编辑”→“参数设定”命令，在出现的对话框左侧选择“显示”选项中的“点”选项，出现如图 3-1 所示的对话框。

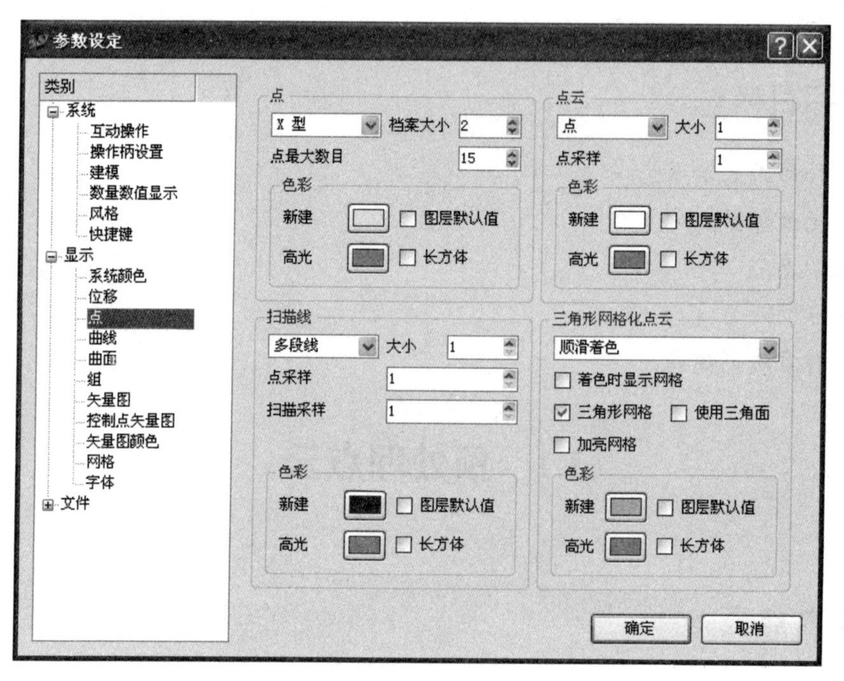


图 3-1

在图 3-1 所示的对话框中可以设定与点相关的各种参数，包括四大块内容：点参数设置、点云参数设置、扫描线参数设置和三角形网格化点云参数设置。

在这四大块内容中都包含色彩子对话栏，在这里可以设定相应实体的新建对象的颜色和高亮显示的颜色。

#### 1. 点参数设置

在“点参数”对话栏的下拉菜单中可以指定系统默认的分散的点的显示模式，这些模式只用在用户使用“分散点”方式显示点群的模式下才会有效地显示出来。这里提供了 9 种显示模式：点、十字线、X 型、圆、实心圆、空心方、实心立方体、空三角、实三角，如图 3-2 所示。

如果用户选择“分散点”方式显示点群，则可以在“档案大小”栏中选择显示点的尺寸大小。选择的范围可以为 1～32。系统初始默认值为 1，用户可以根据自己的视觉喜好设置。一般推荐在 3 以下。

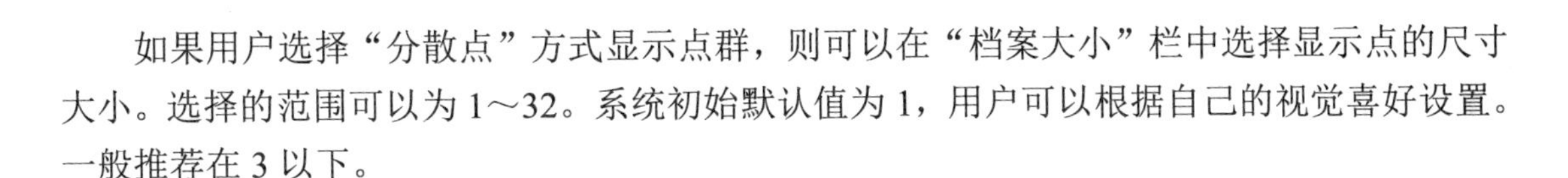

图 3-2

### 2. 点云参数设置

点云的参数设置基本和点的参数设置类似，同样可以在 9 种点显示模式中选择一种作为默认值，也可以设定点的大小。

点采样：因为测量设备扫描出来的点群资料，点数相当多，其显示密度也很大，所以在显示时，会增加显示卡的负荷，降低显示速度。此时，可以利用这项功能，选择适当的显示密度。参数值的范围为 1～100，例如，选择 2 则为每两个点显示成一个，选择 3 则为每三个点显示成一个。

### 3. 扫描线参数设置

扫描线的显示模式除了上面提到的 9 种以外，还有一种多线段显示模式。

扫描线除了点采样外，还有扫描采样，原理与点采样类似，这里选择 2 表示每两条扫描线显示成一条。

### 4. 三角形网格化点云参数设置

这里可以在 4 种模式中选择多边形点云的显示模式。

- 离散平面：点群资料以离散平面方式显示，每个离散的平面紧密连接在一起，构成整个曲面。
- 三角形网格化：在 UV 方向，以三角网格显示点群。需经过三角形网格化(Polygonize)运算(“构建”→“三角形网格化”→“点云三角形网格化”)，才能以这种方式显示。
- 着色：点云资料以三角网格的平光着色方式显示，着色是根据每个多边形的法线方向和照明设备的规格来定的。经过 Polygonize 运算后，才能使用此项功能。
- 顺滑着色：点云资料以三角网格的反光着色方式显示。经过 Polygonize 运算后，才能使用此项功能。利用此功能可以很快地分辨点群资料的外观形状，但会增加显示卡的负荷，因此执行的速度会比较慢。

除了在上述的设定系统参数中设定点的显示参数外，通常也会在下拉菜单“显示”→“点”→“显示”对话框中设定特定点(点云)的显示模式，如图 3-3 所示。同样地，在这个对话框中可以选择某个点云，然后设置它的显示模式。

在“分散点”模式下，可以在 9 种显示模式中任选一种。同样可以选择设置点云的颜色和点云的大小尺寸。

这个对话框的功能基本都与前面提到的系统参数的设置类似。这个对话框中还提供了针对所有点云数据的显示模式。

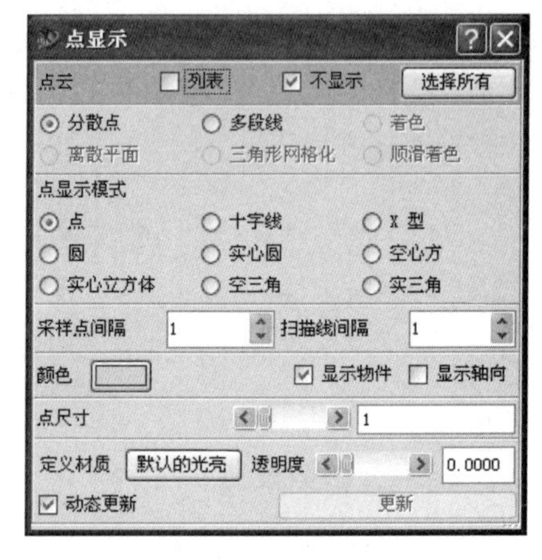


图 3-3

- 分散点：以点的方式显示点云，如图 3-4(a)所示，此项为默认值。通常，以“分散点”显示，可以降低显示卡的负荷，使得执行的速度较快，但不容易由此看出实体的外形。
- 多段线：根据点群中点的顺序，以连续的折线显示点群，如图 3-4(b)所示。所以点群的顺序性，对它有很大的影响。如果点群的顺序性较差，则以此种方式显示时会让用户目眩，分辨不出点群资料的真实情况。对于栅格化的资料，会将每条扫描线显示成一条独立的折线。

三角形网格化、着色、顺滑着色、离散平面同前所述，分别为以三角网格显示点云、以三角网格的平光着色方式显示点云、以三角网格的反光着色方式显示点云和以离散的平面显示点云资料，如图 3-4(c)～(f)所示。除了离散平面可以直接点击显示，其他三种显示模式都需要经过 Polygonize 运算，才能以这种方式显示。

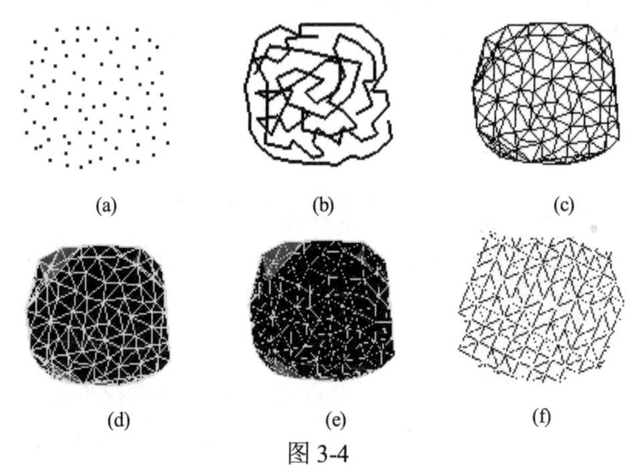


图 3-4

## 3.1.3 定位点云

### 1. 定位的目的

(1) 由于某些扫描仪器不能一次获得一件物体的各个面的点云数据，所以经常需要将一个物体的不同侧面的点云数据定位显示，以获得完整的点云数据。

(2) 定位功能也能用于 CAD 几何模型与点云之间的定位，这个时候可以检查它们之间的差异。

## 2. 定位的模式

1) 点与点对齐

选择“修改”→“定位”→“点到点的定位”命令。这种模式在有已知的参考点时非常有用，要求点云的尺寸和次序相同。

2) 约束点与点定位

选择“修改”→“定位”→“配对点”命令。这种模式在有已知的参考点时非常有用，要求点云的尺寸和次序相同，其中有一个点云不可移动时选用。

3) 321 定位模式

选择“修改”→“定位”→“321”命令。Imageware 的 321 定位方式有两种：一种是使用 6 个点的配置；另一种是仅仅使用 3 个点的配置。

- 6 点的方法：前面 3 个点用来定义一个主要的平面，这个平面用来锁定主要的轴；另外两个点用来从平面上创建一根轴，这两个点通常代表两个孔特征的中心线或两个垂直特征的中点距离；最后一个点在两个轴上定义了一个旋转度，这个点可以从一个匹配圆的圆心生成或从一系列特征的中点生成。
- 3 点的方法：第一点是三根轴(*X*、*Y* 和 *Z*)基本参考点；第二点存储了两根轴(如 *X* 和 *Y*)，这个点建立了第一点的轴，所以它又被称为轴点；第三点存储了最终的轴，这个点将建立轴点的旋转度，所以它也被称为旋转点。在第二点存储 *X* 和 *Y* 轴的情况下，第三点确定了 *Z* 轴。

4) 交互式定位模式

选择“修改”→“定位”→“交互模式”命令。这是一种常用的定位方式。当执行这个命令后将出现如图 3-5 所示的对话框。

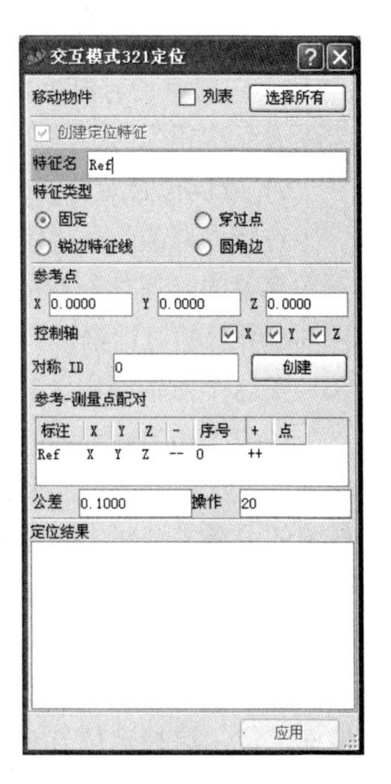

图 3-5

这种定位方式与前面提到的 321 式的 3 点法比较相似。但是它需要用到的点实际最少要 6 个。例如，可以用至少 3 个点来定义 *X* 轴，至少 2 个点来定义 *Y* 轴，至少 1 个点来定义 *Z* 轴。

在对话框的“特征类型”一栏可以选择特征类型：

- 固定(Fixed)：通常是二次曲线或者曲面的中心。这些固定点在交互式定位的过程中不会发生改变。
- 穿过点(Piercing)：是点云和直线的相交点。这些参考点在

交互过程中会更新。因为交互式定位时点云的位置会发生一定的移动，这样这些交点也会跟着移动。

- 锐边特征线(Sharp Edge)：是点云上的边与截面高度方向名义上的交点。这些点在交互过程中也会更新。
- 圆角边(Rounded Edge)：是点云的边界圆与截面高度方向名义上的点。同样在交互过程中也会更新。

5) 混合定位模式

选择“修改”→“定位”→“根据特征定位”命令。混合定位模式是将一个实体群组与另外一个实体群组通过匹配相对应的实体定位。在这种定位模式下，所有的匹配对的精确度都是取平均值，所以所有的匹配对都是近似的，每个实体对的误差也近似相等。

6) 逐步定位模式

选择“修改”→“定位”→“SPT 定位”命令。逐步定位模式是将实体对一对一对地定位，定位的次序将直接影响其精确度。第一对定位的实体的匹配精确度最高，其后的匹配对的精确度依次递减。

这是一个动态的定位过程，每选择一个匹配的实体对，单击 Add 按钮就可以看到定位的效果。

**注意：**

- 如果使用一个平面来作为第一个定位特征，定位的是这个平面的法向，其他的平面匹配对也是通过法向定位来完成的。
- 如果第一个定位特征没有任何的方向特征，如点对点或者线对线，那么当用到平面对时也不会用到它们的方向来定位。

7) 最佳拟合定位模式

选择“修改”→“定位”→“最佳拟合”命令。它是在找不到简单的几何体配对的情况下使用的。执行此命令后出现如图 3-6 所示的对话框。

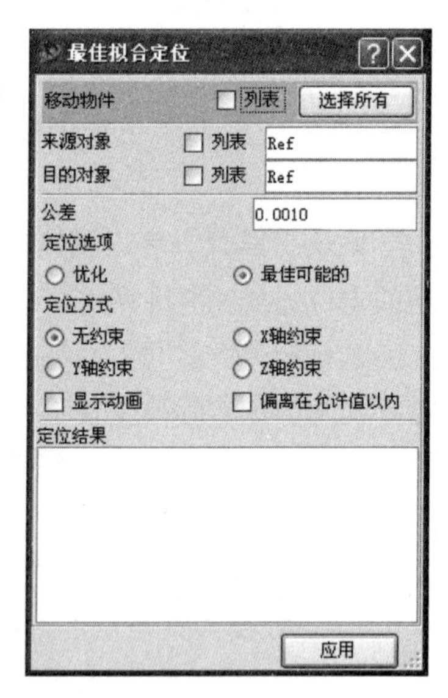


图 3-6

在这个对话框中，需要设置以下三个条件。

(1) 公差(Tolerance)：它是用来表明点云与实体之间差异的值。一般先用一个较大的公差来分析一次，然后再用一个比较小的公差来分析。

(2) 定位选项(Registration Option)：定位选项中提供了两种模式。一种是精确定位，当匹配对之间非常接近时，如已经被移动到一起，或者之前已经有定位时使用；另一种是最佳可能性定位，这种定位方式可以评估所有的匹配对的定位情况。

(3) 定位方式(Registration Mode)：在最佳拟合对齐中有 4 种定位模式。

- 无约束：它允许实体在定位过程中不受任何约束。
- *X* 轴约束：实体不能绕 *X* 轴转动，但可以绕其他两个轴转动。这种约束适用于实体对已经在 *X* 方向上定位的情况。
- *Y* 轴约束：实体不能绕 *Y* 轴转动，但可以绕其他两个轴转动。
- *Z* 轴约束：实体不能绕 *Z* 轴转动，但可以绕其他两个轴转动。

### 3. 定位信息

通过选择“评估”→“信息”→“定位”命令，可以查询到已经完成的定位的相关信息，如图 3-7 所示。

图 3-7

## 3.2 生 成 点

点的生成可以通过多种途径实现。在 Imageware 中点的生成命令主要有两个：一个是“创建”→“点”，另一个是“构建”→“点”中的命令群。

### 3.2.1 创建点(Create Point)

通过菜单命令“创建”→“点”，执行创建点的命令，快捷键为 Shift+P。得到的对话框如图 3-8 所示。

图 3-8

**注意：**

- 此时在视图的工作区内，任意单击便可以生成一些点，单击“应用”按钮，将一次生成的点作为一个点云，系统自动命名为 Cld。第二次生成的点将被系统自动命名为 Cld 2，依此类推。
- 上面这样生成的点的空间位置是随着视图的变化而变化的。例如，在上视图和下视图的模式下，点落在同一个平面 *XY* 平面内，即它们的 *Z* 坐标均为 0。选择创建点对话框中的“列表”复选框，可以看到每个选择点的空间坐标。
- 如果在单击“应用”按钮前选择的点没有改变视图方位，那么这些生成的点将在同一平面内，且都落在当前的视图平面内。

通常“创建点的命令”会和“全局捕捉器”结合起来使用。全局捕捉器如图 3-9 所示。

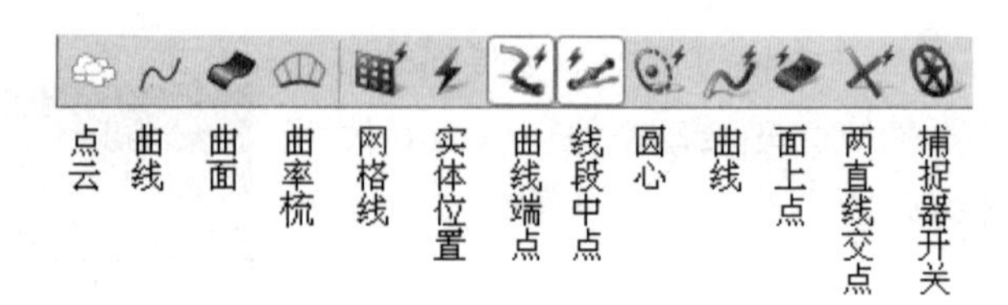


图 3-9

打开全局捕捉器开关，使得各种捕捉工具图标可选。单击需要用到的捕捉类型，使得该种功能的图标周围的方框显现出来，这时这种捕捉方式被激活。

下面以曲线端点、线段中心、圆心和曲面上的点为例说明其用法。

【操作步骤】

(1) 打开 part\ch3 文件夹中的文件 3-1.imw。

| | |
|---|---|
| | 源文件：\part\ch3\3-1.imw |
| | 操作结果文件：\part\ch3\finish\3-1_finish.imw |

(2) 通过菜单命令“创建”→“点”，或者快捷键 Shift+P，打开创建点对话框。

(3) 打开全局捕捉器开关，单击曲线端点图标、线段中点图标、圆心图标和面上点图标，激活这些捕捉功能。

(4) 选择需要创建点的位置，如图 3-10 所示。

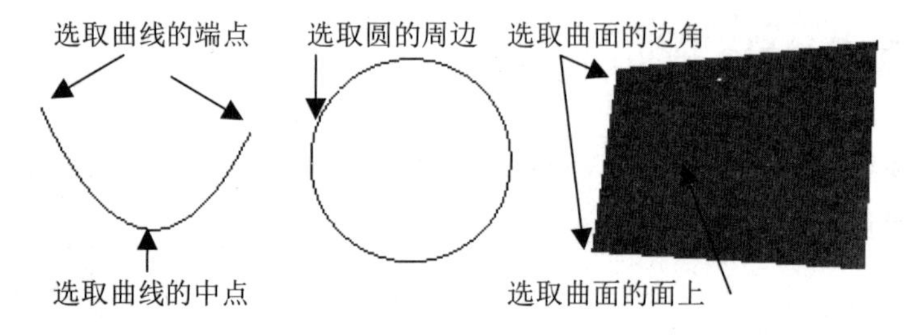


图 3-10

(5) 每次选择一个位置后，就会出现一个比较大的黄色球体，它代表将在这个球的球心部位生成一个点。选择了上述点的位置后得到如图 3-11 所示的点。

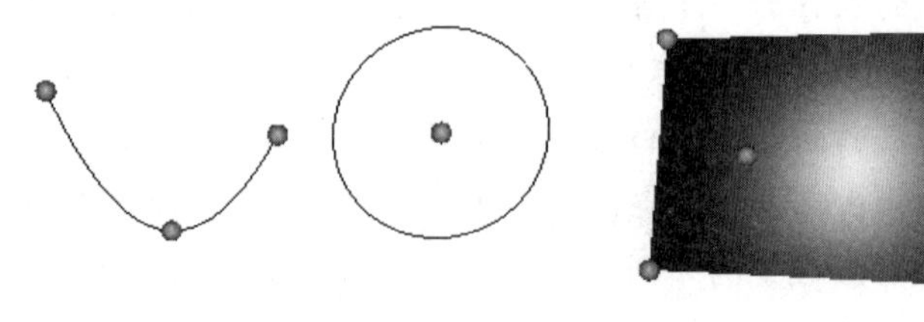

图 3-11

(6) 单击“应用”按钮。图中的黄色球体消失，球心部位生成相应的点。

**注意:**

- 选择点的位置时，这些位置不需要太精确，全局捕捉器将根据激活的选项自动选取对应点。
- 即使某些点单击后脱离了原来预想的位置，也可以使用鼠标拖动的方法将点拖动到所需位置附近，这个点就会定位在捕捉器激活类型中的位置上。
- 生成后的点的显示尺寸和颜色等对应于用户在“参数设定”点显示的设置，如前所述。
- 选择两直线的交点时，只要使选择的点位置靠近交点即可。
- 曲线捕捉器的激活可能会影响曲线端点、曲线中点和曲线交点的选择。没有必要时不要激活。

## 3.2.2　构建点(Construct Points)

Imageware 中提供了一系列构建点的功能，其命令菜单如图 3-12 所示。

构建点的方式包括采样三角形网格中心点、平均点云、从曲线采样创建点云、曲线投影到点云、点云投影到曲面、由曲面采样生成点云、探针补偿和采样矢量图等。

### 1. 采样三角形网格中心点(Sample Polygon Centers)

执行此命令，出现的对话框如图 3-13 所示。这个命令是在已经形成的三角网格面的中心创建点，形成点云。选择要三角网格化的点云，单击“应用”按钮即可。

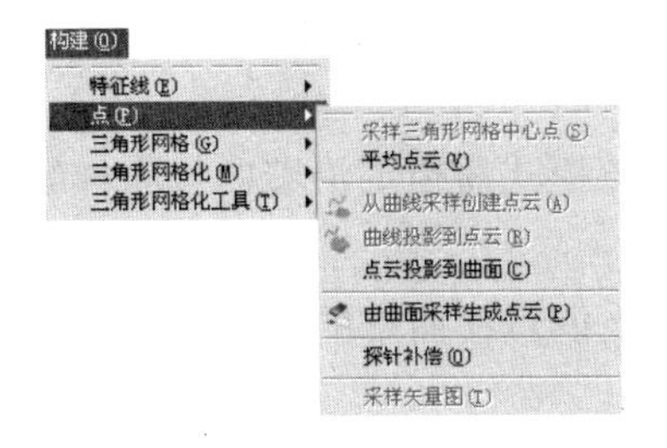


图 3-12

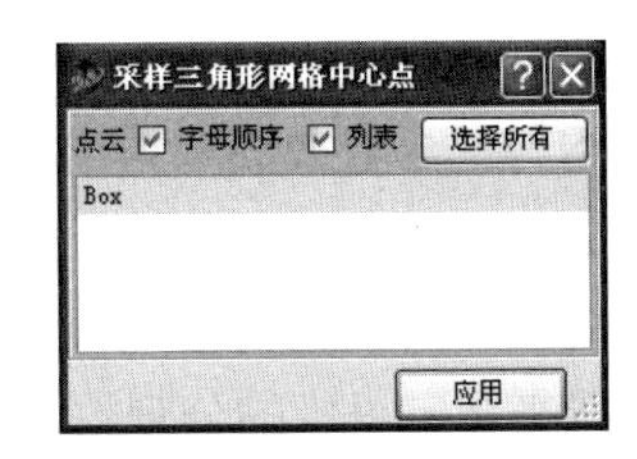


图 3-13

执行前后效果对比如图 3-14(a)和(b)所示。

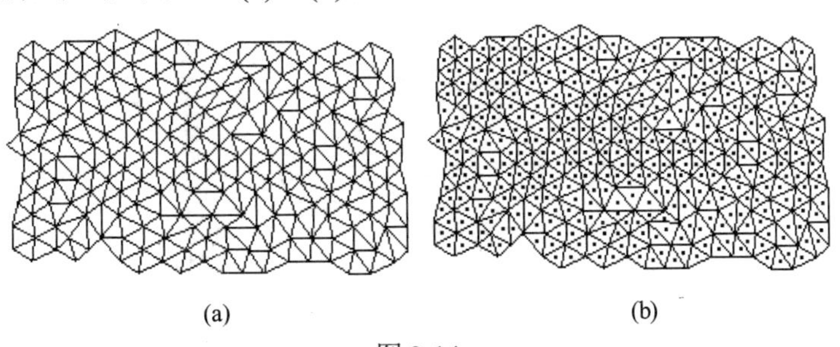

(a)　　(b)

图 3-14

### 2. 平均点云(Average Point Clouds)

在构造模型时，常常测量多个同类产品，然后取它们的平均值。

平均点云命令就是用一组点云的平均值创建新点云。其对话框如图 3-15 所示。

在“方式”选项组中提供了以下三种选择。

- 相似：由两笔点云取平均值，点云数量必须相同。
- 动态视图：两笔点云资料可以设定一笔为主要点云，由主要点云向外运算，超过设定的相邻距离的部分不运算。
- 曲面：除了点云资料，还可以设定参考的曲面形状。

### 3. 从曲线采样创建点云(Sample Curve)

由曲线生成的点云，在 Imageware 中称为“采样”，也就是通过其他的几何实体，取样后生成点云。用户只需要设定一个曲线，再设定需要生成的点数就可以了。

“从曲线采样创建点云”就是对指定的曲线取样，并为每条曲线生成独立的点云。对话框如图 3-16 所示。

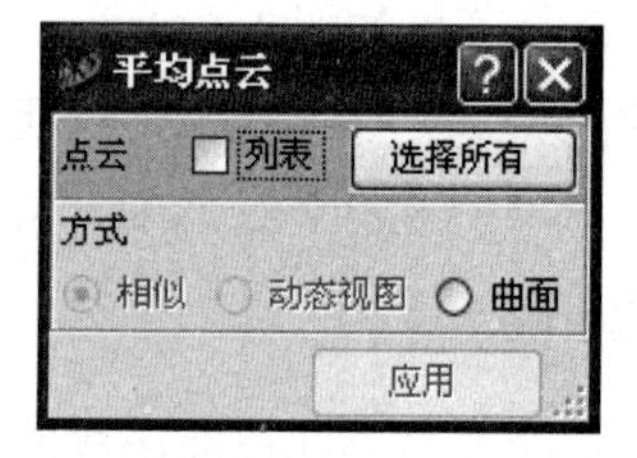


图 3-15

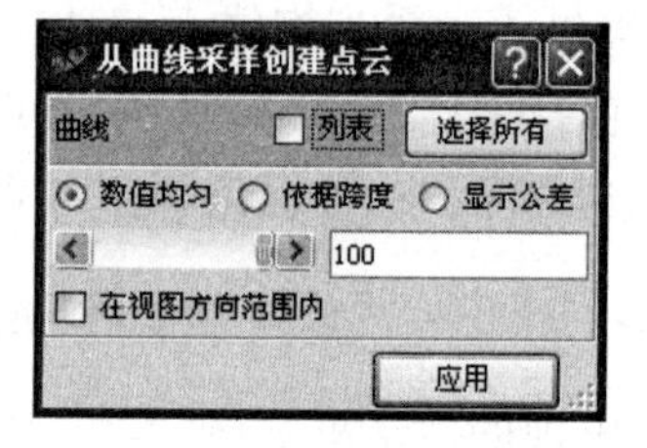


图 3-16

在“曲线”栏中，选择需要生成点的曲线，或者可以直接在视图中选择曲线。接下来可以使用以下三种方式中的一种来实现点的生成。

- 数值均匀：沿着曲线取样的样点间距相等。该模式需指定沿着曲线取样的点数，范围是 2～100。
- 依据跨度：对曲线的节点段取样，并使每段上的点在曲线的参数空间中是均匀的。该模式需指定每段的分割数，范围是 1～100。
- 显示公差：连接所有的取样点(Sampled Points)能得到分段线性线段，该模式使得到的线段在偏离曲线的角度上，不会超出指定的角度公差，范围是 0.5°～50°。

图 3-17 所示是各种效果的对比图。

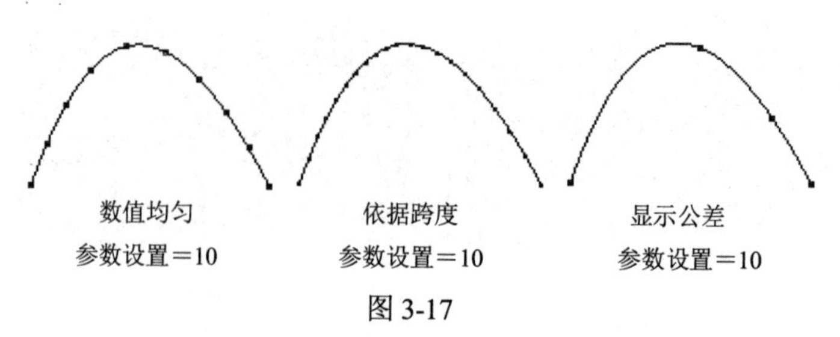


图 3-17

4. 曲线投影到点云(Project Curve on Cloud)

“曲线投影到点云”命令是在视图方向上将曲线投影到指定的点云上，并以此创建一个点云。其对话框如图 3-18 所示。

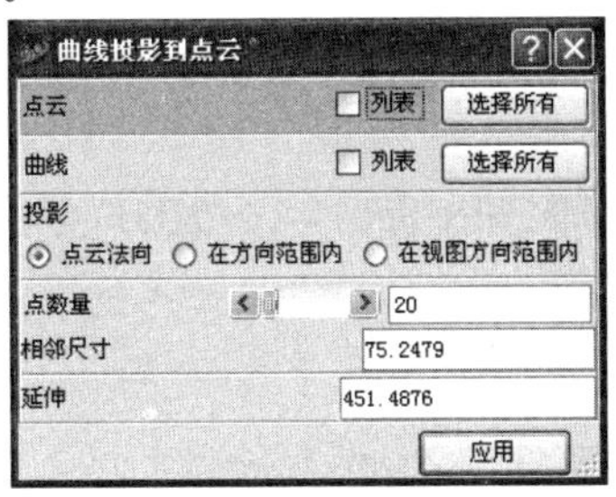


图 3-18

【操作步骤】

(1) 执行菜单命令“构建”→“点”→“曲线投影到点云”，得到的对话框如图 3-18 所示。

(2) 单击“点云”栏，使其高亮显示，选择需要投影的点云，或者在视图中单击选择。

(3) 单击“曲线”栏，使其高亮显示，选择投影的曲线，或者在视图中单击选择曲线。

(4) 在“投影”栏中选择“点云法向”模式并单击“应用”按钮确定。

(5) 重复步骤(2)、(3)，并且在“投影”栏中选择其他两种模式，单击“应用”按钮确定。

(6) 三种效果的结果对比如图 3-19 所示。其中，实心方块表示用“点云法向”选项投影，实心三角形表示用“在方向范围内”中的其他的自定义方向投影，实心的圆点表示用“在视图方向范围内”选项投影所得到的点云。

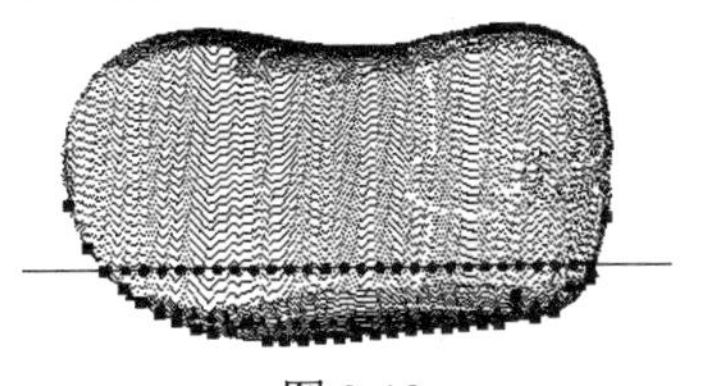

图 3-19

**注意:**

投影中提供了三种投影方式。

- 点云法向：由法线方向投影到点云上。
- 在方向范围内：沿着用户设定的方向，投影到点云上。
- 在视图方向范围内：沿着画面的视角方向，投影到点云上。
  - ◊ 方向：如果选择了“在方向范围内”投影方式，则选取一个投影方向。
  - ◊ 点数量：沿着投影曲线分布的投影点。
  - ◊ 相邻尺寸：点云中每一点与相临近点云的计算范围。

### 5. 点云投影到曲面(Project Cloud on Surface)

在某些时候，需要找出点云的边界，但是点云是空间的，尤其是立式侧壁，要手工撷取边界点云并不容易。此时，就需要利用这里的投影功能，把点云投影到某一个设定的平面上，再用 Imageware 运算点云的边界。

投影点云到曲面就是将点云投影到平面，并以投影点生成新的点云。其对话框如图 3-20 所示。

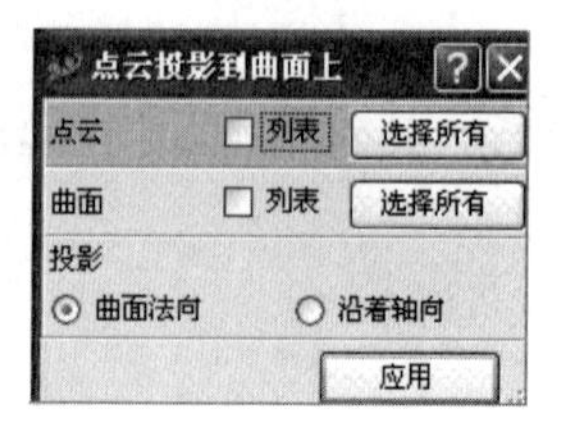


图 3-20

【操作步骤】

(1) 打开 part\ch3 文件夹中的文件 3-2.imw。

| | |
|---|---|
| | 源文件：\part\ch3\3-2.imw |
| | 操作结果文件：\part\ch3\finish\3-2_finish.imw |

(2) 执行菜单命令“构建”→“点”→“点云投影到曲面”，得到的对话框如图 3-20 所示。

(3) 单击“点云”栏，使其高亮显示，选择需要投影的点云，这里选择周边的点云 Pistonin，或者在视图中单击选择。

(4) 单击“曲面”栏，使其高亮显示，选择投影的曲面，或者在视图中单击选择曲面。

(5) 选择“曲面法向”选项，按照曲面的法向投影。

(6) 单击“应用”按钮确认。

(7) 最后结果如图 3-21 所示。

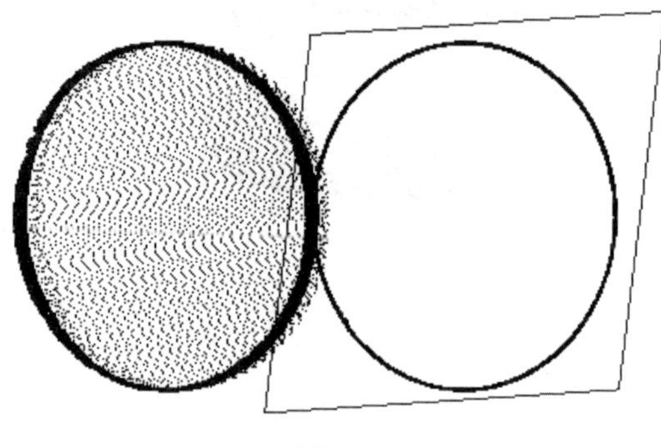

图 3-21

**注意：**

- 在投影的方向上也可以选择“沿着轴向”，然后通过某一个方向来投影点云到曲面上。
- 选择“沿着轴向”选项后，可以选择 *X*、*Y*、*Z* 轴，也可以自定义一个方向为投影方向。

### 6. 由曲面采样生成点云(Sample Surface)

取样曲面是对指定的曲面取样，并为每个曲面生成独立的点云。取样对于曲面的参数空间是均匀的。最终的点云中，每个点都有一个法线方向，对应于曲面中相同位置的点。其对话框如图 3-22 所示。

此项命令和“从曲线采样创建点云”命令差不多，只是这里需要设定两个方向的点云数量，也就是 *U* 向和 *V* 向。

- *U* 方向点数量：选择在参数 *U* 方向取样的点数，范围是 2～100。
- *V* 方向点数量：选择在参数 *V* 方向取样的点数，范围是 2～100。

其中取样的方式有两种。

- 数值均匀：沿着 *U* 或者 *V* 方向取样的样点间距相等。但是 *U* 和 *V* 方向的样点间距可以不同。这里设定的是各方向上的点的个数。
- 等距：*U* 和 *V* 方向的间距相同，这里设定的是点与点之间的间距。在曲面上点是均匀分布的。

执行此命令后的结果如图 3-23 所示。

图 3-22

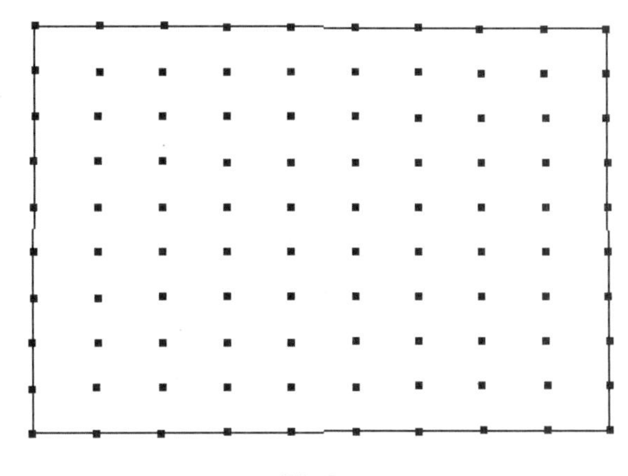

图 3-23

**注意：**

- 取样曲面所生成的点云系统默认为折线方式显示。
- 可以在“显示”→“点”→“显示”中选择“分散点”来显示。

### 7. 探针补偿(Tool Compensate)

探针补偿命令就是计算探针的补偿外形，以生成更好的部件。其对话框如图 3-24 所示。

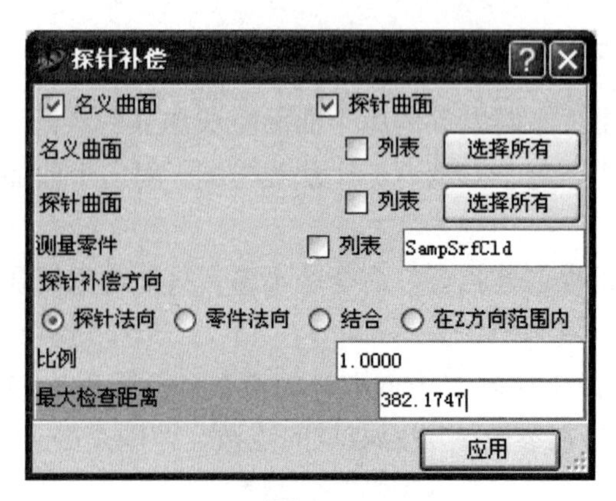


图 3-24

本功能对估算探针的改良外形非常有效，可以生成更接近名义定义的外形。

部件和探针模型是作为唯一的曲面和点云列表指定的。软件计算出测量部件(点云)到名义曲面或点云的偏差，并反转补偿探针。它创建一个新的点云，用以表示补偿探针。

补偿的数量由“比例”控制。因子 1.0 是补偿偏差的精确数量。

探针补偿还支持 4 种探针映射技术：探针法向、零件法向、结合、在 *Z* 方向范围内。这些探针映射设定了探针上需要补偿的点，以及它们的方向。

- 探针法向：探针点到部件点是最接近的，补偿方向垂直于探针。
- 零件法向：令部件上最近的上点和探针上那一点的法线相交，从而找出探针点。补偿方向沿着同一条直线。
- 结合：合并工具上最近点的方向和部件上最近的点。探针点在合并方向上补偿。
- 在 *Z* 方向范围内：在 *Z* 方向进行多种操作，映射到名义点、探针点以及补偿等。主要用于在 *XY* 平面上相对平坦的部件。

**注意：**

- 名义曲面：是否使用表示名义模型的曲面或点云。如果不选该项，用户必须拾取点云；选择代表名义模型的曲面。
- 探针曲面：是否使用表示工具模型的曲面或点云。如果不选该项，用户必须拾取点云；选择代表工具模型的曲面。
- 名义云：选择代表名义模型的点云(三角网格点云也是有效的)。
- 探针云：选择代表工具模型的点云(三角网格点云也是有效的)。
- 测量零件：选择一个表示由特定工具创建的测量部件的点云。
- 探针补偿方向：选择将部件映射到工具模型的方法。
- 比例：倍增因子。用于倍增部件到设定补偿位置的距离。
- 最大检查距离：超出该值的测量点将不和名义部件或工具比较。

8. 采样矢量图(Sample Plot)

对指定的对比特征取样，创建新的点云。点云由曲率梳的两个端点构成。
由曲率梳取样形成的点云如图 3-25 所示。

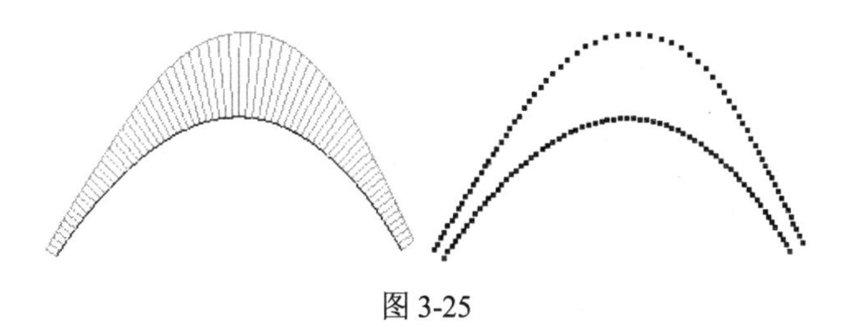

图 3-25

**注意:**

- 前面提到过创建出来的点云有些是以折线方式显示的，所以看起来像是曲线。
- 可以在“点显示”中设置点云的显示模式为“分散点”，以点的形式显示这些点。

## 3.2.3　特征提取点云(Feature Line)

Imageware 中提供了两种特征提取点云的方式：“锐边”和“根据色彩抽取点云”。菜单命令为“构建”→“特征线”→“锐边”和“构建”→“特征线”→“根据色彩抽取点云”，如图 3-26 所示。

图 3-26

1) 锐边(Sharp Edges)

锐边命令是探测“尖锐边缘”的位置，并为每个边生成一条多义线。

该选项一般用于相对稠密的点云资料，三角网格资料往往因为过于稀疏而影响效果。它以点云的曲率变化为计算依据，以内定的或用户设定的运算半径，去找寻点云与相邻的点之间的曲率变化，并以此判别点云的尖锐处。通常这些尖锐处便是建构曲面的边界，可以用来分割点云、建构曲面。

“锐边特征线”对话框如图 3-27 所示，其参数说明如下。

图 3-27

- 曲率计算：计算点云的曲率。若尚未进行曲率运算，选项“比率阈值”等不会出现。

- 曲率计算半径：输入一个用于计算初始曲率值的半径尺寸。
- 使用边缘校正：输入一个用于修正边的半径值。

**注意:**

- 比率阈值：设定点云中曲率变化较大的位置，对点云做运算时需要计算的范围。
- 笔直权重：针对点云运算过程所求得的特征，笔直权重会将特征点云尽量取直，但是会偏移原始的点云资料。
- 最小过滤：因为点云的连续性、顺序性并非与我们想象的一致，品质也因为测量设备的优劣而不同，所以计算出来的特征自然也不是我们想象中的平滑、连续，必须过滤特征点云。该功能将不连续的特征点云过滤删除。
- 使用边缘校正：由于计算出来的特征不像我们想象中的平滑、连续，所以该选项提供了一个修正的功能，对特征点云做校正和光顺的操作。

2) 根据色彩抽取点云(Color Based)

根据点的颜色抽取点云，通常用于辨认点云中的平光曲面。其对话框如图 3-28 所示。

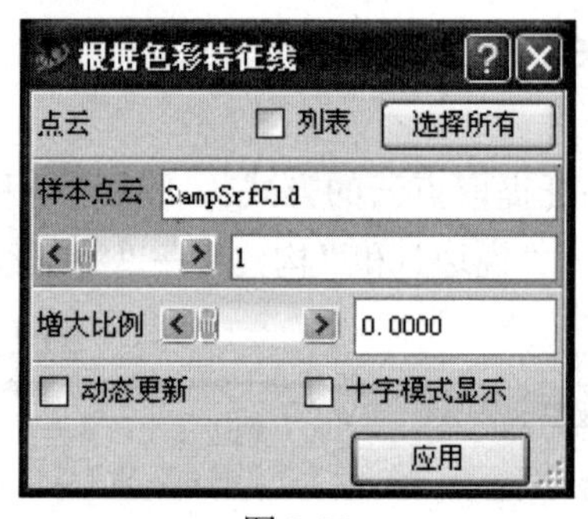


图 3-28

在执行该项操作之前，需先将点云以光源照射，点云对光源反射后，根据在点云上的着色情况来抽取点云。

**注意:**

- 样本点云：选择要分离区域的起始点。
- 增大比例：百分比设定选项，依照用户所设定的百分比多少，所抽取的点云资料也会成比例地增减。
- 动态更新：动态地及时显示，当用户在改变增大比例时，该功能会同步显示被选取的点。
- 十字模式显示：将被选取的点云部分以十字线做记号，让用户清楚哪些是被选取的点。

# 3.3　编 辑 点 云

除了创建点云数据，更重要的是对已有的点云进行必要的修正和编辑，使得点云的数据更有效地服务于下游工序，如构建曲线和曲面等。

## 3.3.1　抽取(Extract)

通常点云数据是测量后得到的，这里的点云是一个统一的整体。很多时候用户需要将其分块处理，或者删除某些不需要的部分，这时就需要用到抽取功能。抽取功能菜单如图 3-29 所示。

### 1. 圈选点(Circle-Select Points)

“圈选点”命令就是从点云中选择一组点，可以删除所选的点云，也可以删除所选点云以外所有的点云，或者同时保留两部分点云，也就是将原始的点云分割成两部分。

执行菜单命令“修改”→“抽取”→“圈选点”，得到的对话框如图 3-30 所示。

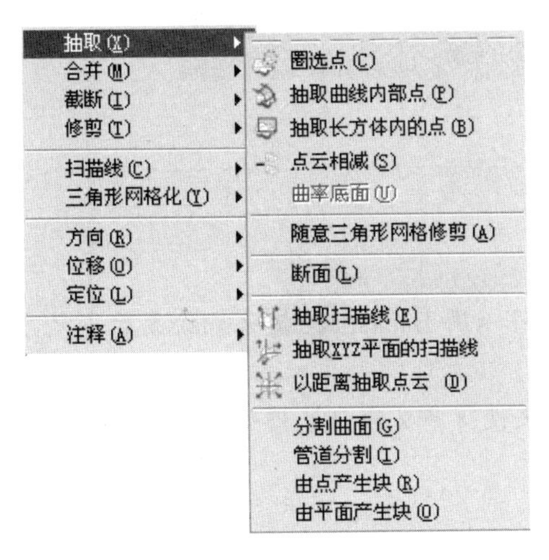


图 3-29

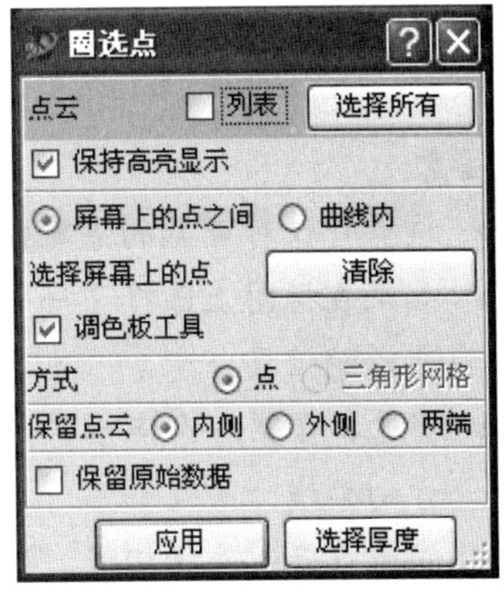


图 3-30

【操作步骤】

(1) 打开 part\ch3 文件夹中的文件 3-3.imw。

| | |
|---|---|
| | 源文件：\part\ch3\3-3.imw |
| | 操作结果文件：\part\ch3\finish\3-3_finish1.imw |

(2) 执行菜单命令“修改→抽取→圈选点”将得到圈选点对话框，如图 3-30 所示。

(3) 将视图角度设定为前视图，即在模式工具栏(Mode bar)的视图下拉框中选择“前视图”。

(4) 在“选择屏幕上的点”栏中单击“清除”按钮；在“保留点云”栏选择“内侧”模式。

(5) 在视图中依次选择如图 3-31 所示的 4 个点，然后使用鼠标中键来封闭选择框，或者单击“应用”按钮来确定。

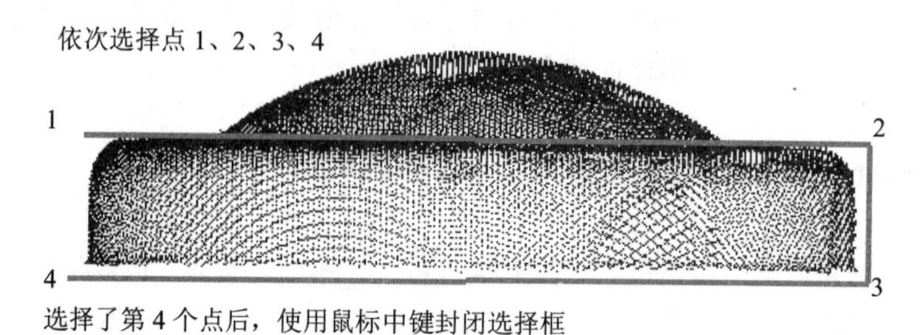


图 3-31

(6) 执行命令后的结果如图 3-32 所示。被操作点云的被框选部分的点云保留，其他部分删除。

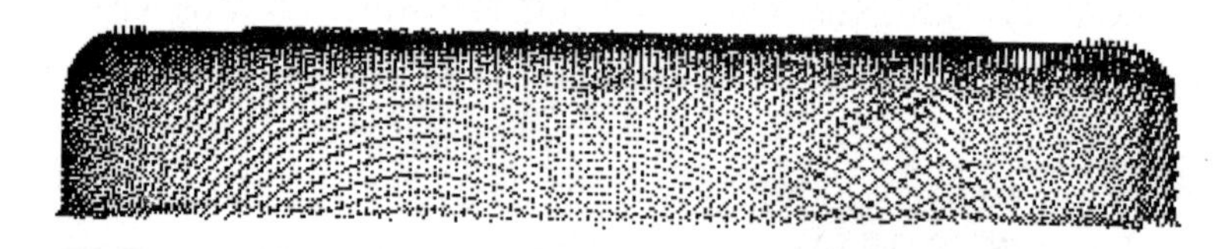

图 3-32

**注意：**

- 该操作仅对可见的点有效。
- 如果在视图上选择了一个错误的位置，可以用 Backspace 键来删除最后一次选择的位置。
- 当选择了第一个点后，可以按住 Ctrl 键来使得多义线只能沿着水平或者垂直方向画线。
- 保留点云：选择模式。
- 内侧：留下圈选区域内的点资料(删除圈选范围外的点资料)。
- 外侧：留下圈选区域外的点资料(删除圈选范围内的点资料)。
- 两端：圈选区域里和外的点资料分开，不删除任何点资料。
- 保留原始数据：选中时，保留原始的点云资料，否则删除原始点云(被删除的点云可以通过“编辑”→“粘贴”命令获得)。

#### 2. 抽取曲线内部点(Point Within Curves)

“抽取曲线内部点”命令是在当前视图中指定一条封闭曲线，并抽取包含在该曲线内的点。其对话框如图 3-33 所示。

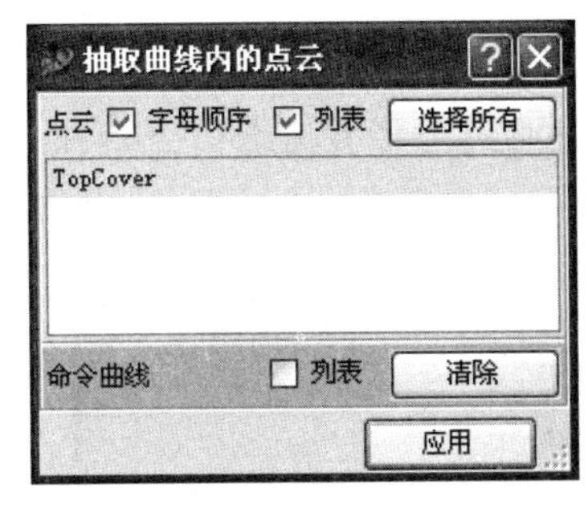


图 3-33

【操作步骤】

(1) 打开 part\ch3 文件夹中的文件 3-3.imw。

|  |  |
|---|---|
|  | 源文件：\part\ch3\3-3.imw |
|  | 操作结果文件：\part\ch3\finish\3-3_finish2.imw |

(2) 执行菜单命令“修改”→“抽取”→“抽取曲线内部点”，得到的对话框如图 3-33 所示。

(3) 将视图角度设定为上视图，即在模式工具栏(Mode bar)的视图下拉框中选择“上视图”。

(4) 单击“点云”栏，在视图中选择点云 TopCover。

(5) 单击“命令曲线”栏，在视图中选择曲线 Circle，如图 3-34 所示。

(6) 单击“应用”按钮。

(7) 将原始的点云 TopCover 隐藏(隐藏命令快捷键为 Ctrl+L)，得到如图 3-35 所示的点云，系统自动命名为 InCurveCld。

图 3-34

图 3-35

**注意：**

- 该命令使得用户可以利用画面中已有的封闭线段来圈选点云。圈选操作是沿垂直于屏幕方向进行的，所以即使同一个封闭线段，如果是在不同视图下进行的圈选，也会圈出不同的点云。
- 顺序边界曲线：选择定义一个边界的曲线。该曲线必须是封闭的，且在选取时，必须是顺序选取。
- 如果误选了某条曲线，可以在列表框中选中该曲线，然后按 Delete 键。

### 3. 抽取长方体内的点(Point in Box)

“抽取长方体内的点”命令就是撷取长方体内包含的点，并创建一个新的点云。这种方式的点云抽取方法通常用于形状比较规则的实体的各部分分割中。其对话框如图 3-36 所示。

图 3-36

【操作步骤】

(1) 打开 part\ch3 文件夹中的文件 3-4.imw。

| | |
|---|---|
| | 源文件：\part\ch3\3-4.imw |
| | 操作结果文件：\part\ch3\finish\3-4_finish.imw |

(2) 执行菜单命令“修改”→“抽取”→“抽取长方体内的点”，得到抽取长方体内的点对话框，如图 3-36 所示。

(3) 在视图中单击控制点 2，出现一个工作坐标系，拖动 *Y* 轴至-90°，如图 3-37 所示。

(4) 单击“应用”按钮，隐藏原始的点云数据后得到如图 3-38 所示的立方体抽取结果。系统自动命名为 InboxCld。

(5) 保存文件并退出。

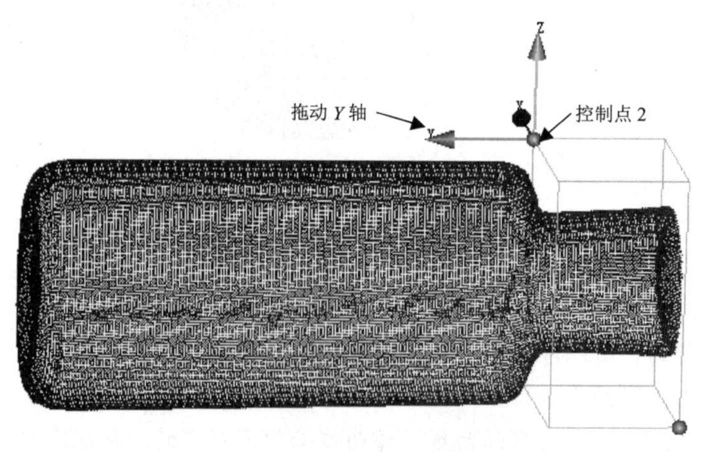


图 3-37

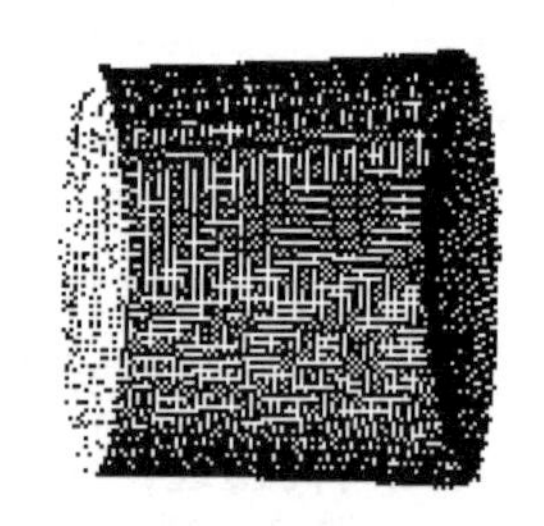

图 3-38

### 4. 点云相减(Subtract Cloud from Cloud)

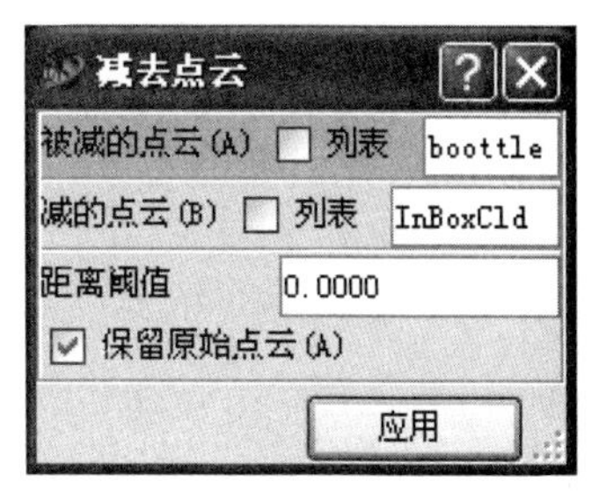


图 3-39

“点云相减”命令就是根据用户指定的距离，撷取所有第一个点云中到第二个点云的点的距离超出该设定值的点，并以此构造出新的点云。其对话框如图 3-39 所示。

为了便于理解，在点云 B 中的每一个点上都放置一个半径为“距离阈值”的球，找出点云 A 中所有不被这些球包含的点，并以此构造一个新的点云。

在测量实件时，有些部分往往会在不同的方向进行多次扫描，利用此功能可以避免由此带来的点云重叠。

【操作步骤】

(1) 打开文件 3-5.imw。或者继续使用上例中保存的文件。

| | |
|---|---|
| | 源文件：\part\ch3\3-5.imw |
| | 操作结果文件：\part\ch3\finish\3-5_finish1.imw |

(2) 执行菜单命令“修改”→“抽取”→“点云相减”，得到其对话框，如图 3-39 所示。

(3) 单击“被减的点云”栏，在视图中选择 boottle。

(4) 单击“减的点云”栏，在“列表”中选择 InBoxCld，如图 3-40 所示。

(5) 设定一个距离阈值，这里推荐工件的精度要求值。

(6) 单击“应用”按钮。

(7) 命令执行后生成的点云为 SubCld。

(8) 隐藏其他实体，仅显示 SubCld，如图 3-41 所示。

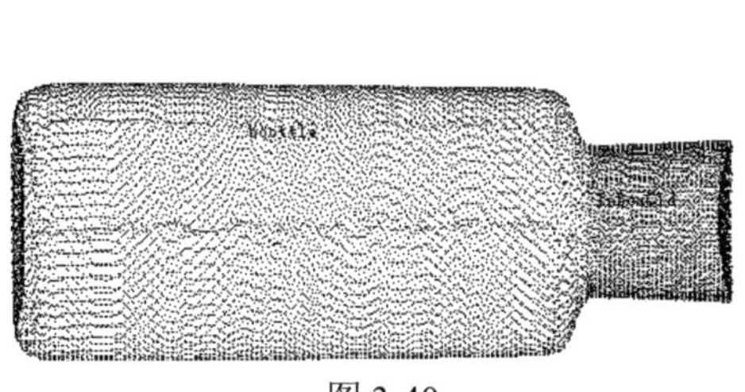

图 3-40

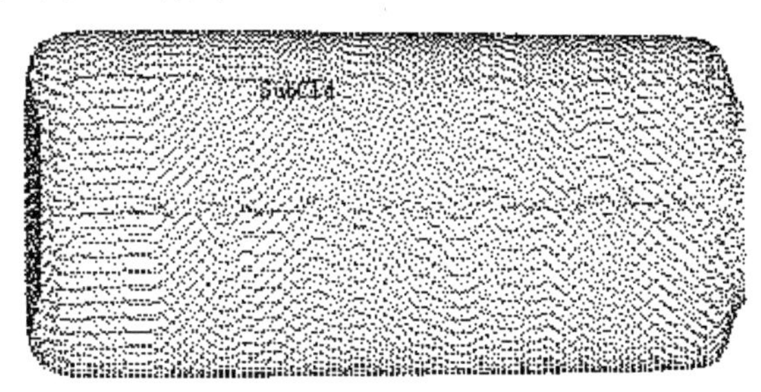


图 3-41

### 5. 断面(Slice)

“断面”命令是根据用户设定的方向，在指定的点云上切割出新的点云。它主要用于为曲线拟合或采样操作准备线性扫描数据。其对话框如图 3-42 所示。

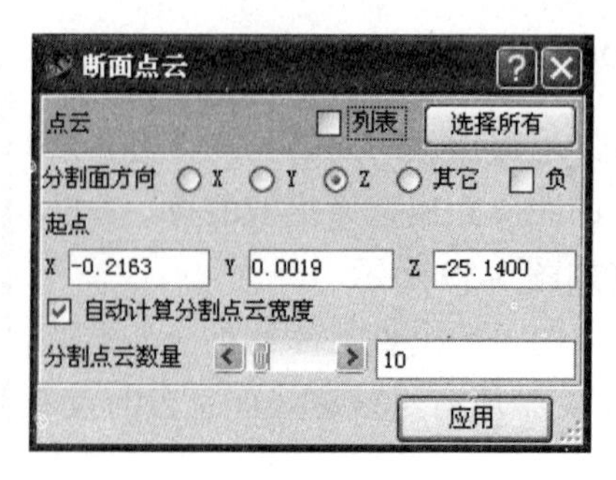


图 3-42

下面以上例中的瓶子来做两个点云切片。

【操作步骤】

(1) 打开文件 3-5.imw。

| | |
|---|---|
| | 源文件：\part\ch3\3-5.imw |
| | 操作结果文件：\part\ch3\finish\3-5_finish2.imw |

(2) 执行菜单命令“修改”→“抽取”→“断面”，得到如图 3-42 所示的对话框。

(3) 单击“点云”栏，在视图中直接选择需要的实体。或者选中“列表”复选框，在选择列表中单击需要的实体的名称。这里选择 bottle。

(4) 单击“分割面方向”选择切割的方向。这一栏中除了 $X$、$Y$、$Z$ 三个轴向外，还可选择其他项，自己定义切割方向。这里选择 $Y$ 轴作为切割方向。

(5) 单击“起点”栏，选择切割线的起点。可以直接在输入框中输入 $X$、$Y$、$Z$ 的坐标值。也可以在屏幕上单击以获得该点的坐标值。

(6) 可以选择“自动计算分割点云宽度”选项，自动计算切割的宽度。也可以不选择这个复选框，由用户自己定义切割宽度。

(7) 在“分割点云数量”中指定切割线的条数，其范围为 1～100。这里选择 2，以创建 2 的点云切片。此时视图区域的切割线呈现如图 3-43 所示的状态。

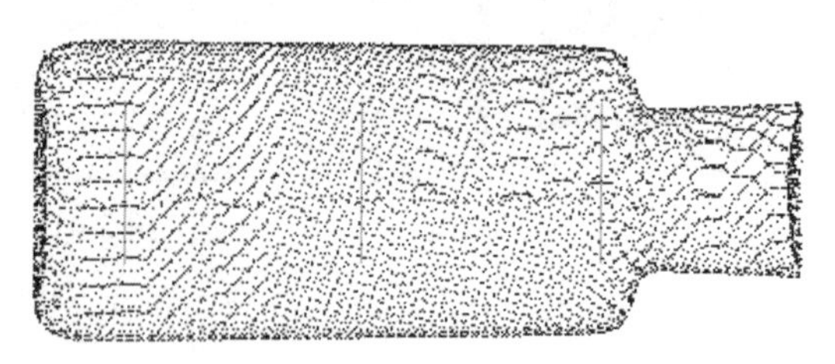

图 3-43

(8) 若没有选择“自动计算分割点云宽度”选项，则对话框显示“断面宽度”选项，在这里可以指定切割线之间的间距，取值范围视点云的尺寸而定。在这里选择 35。

(9) 单击“应用”按钮，关闭对话框。

(10) 隐藏原始的 bottle 点云。将系统自动命名的 Slice 1 of 2 和 Slice 2 of 2 断面用不同的效果显示出来，如图 3-44 所示。

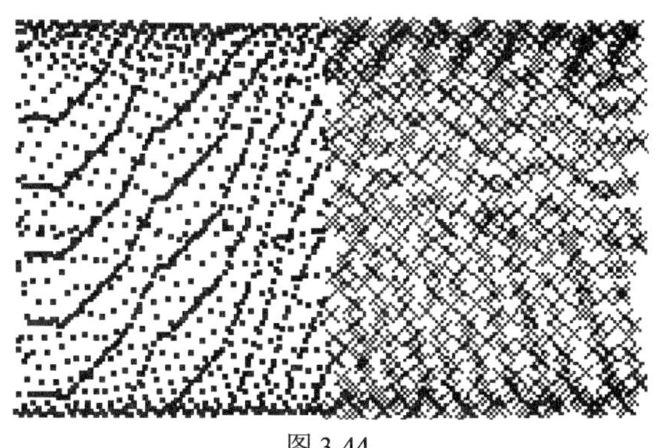

图 3-44

### 6. 抽取扫描线(Scan Lines)

“抽取扫描线”是从点云中撷取扫描线。其对话框如图 3-45 所示。

图 3-45

【操作步骤】

(1) 打开文件 3-6.imw。

| | |
|---|---|
| | 源文件：\part\ch3\3-6.imw |
| | 操作结果文件：\part\ch3\finish\3-6_finish.imw |

(2) 执行菜单命令“修改”→“抽取”→“抽取扫描线”，得到如图 3-45 所示的“抽取扫描线”对话框。

(3) 在“点云”栏，单击 Cloud 1 SectCld，选择由点云 Cloud 1 生成的断面轮廓线 Cloud 1 SectCld。

(4) 在“抽取扫描线”栏选择“冻结”选项，然后依次选择断面轮廓线，如图 3-46 所示，使得被选中的断面轮廓线呈高亮显示状态。

(5) 单击“应用”按钮。

(6) 将原始的点云和断面轮廓线隐藏，仅显示析出的扫描线。将得到的扫描线的显示状态修改为黑色，点的尺寸大小设为 3，以便更好地观察。结果如图 3-47 所示。

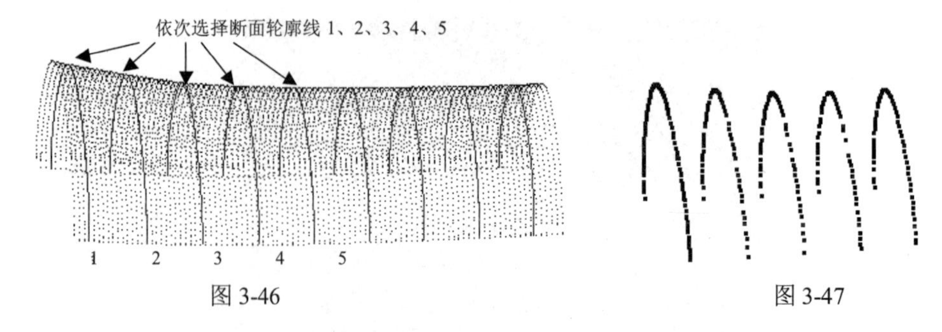


图 3-46　　图 3-47

**注意：**

- 该项命令是针对扫描数据资料的，所以如果已有的点云资料不是扫描数据，必须先用横截面命令切出一定的截面断面轮廓线点云。
- “抽取扫描线”栏是选择在点云上撷取扫描线的方法，选择“全部”选项时是将扫描线的每道切割线撷取扫描线，为了避免与原始的扫描线混淆，Imageware 将这些已经分开的独立的扫描线又建立成组，自动命名为 ExtScanGrp。
- “抽取扫描线”栏中选择“冻结”选项时，选择需要的切割线，并将其撷取成独立的扫描线；每条对应顺序的扫描线被自动命名为“Scan 1 of 9_”。其中 1 对应于选取断面轮廓线的顺序，9 对应于断面轮廓线的总数。
- “抽取扫描线”栏中选择“按编号选择”项时，出现的对话框将如图 3-48 所示。用户可以在“扫描线数量”栏中选择需要撷取扫描线的编号。随着编号的改变，可以看到视图中高亮的断面轮廓线也相应变换。

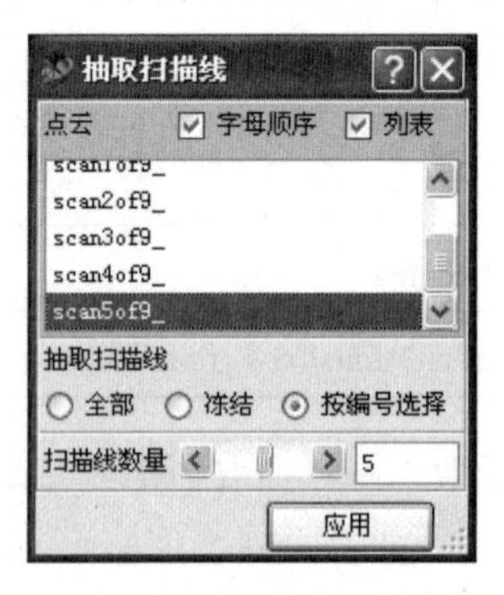


图 3-48

## 7. 抽取 *XYZ* 平面的扫描线(Break Into XYZ Scans)

“抽取 *XYZ* 平面的扫描线”命令就是从选定的点云中抽取相对独立的 *X*、*Y*、*Z* 方向的

扫描云。执行完该命令后，新的点云将取代原来的合成点云。其对话框如图 3-49 所示。

该选项将一个完整的点云分解成在 *XYZ* 方向有序的三个点云，对原始点云中，不能按要求归入三个方向的点，将被归入一个单独的任意点云。

8. 以距离抽取点云(Break Into Distinct Clouds)

根据空间距离和设定的限定值，将一个点云分离成多个点云。其对话框如图 3-50 所示。

图 3-49

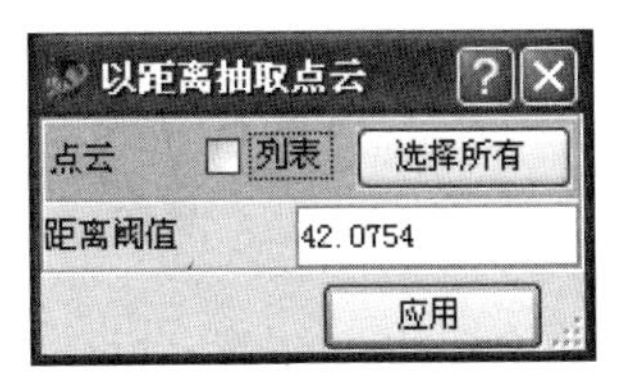


图 3-50

以距离抽取点云，在建模时，常常需要将薄壁件的内外壳分离出来，但在测量时，它们是连续的，是当成整体输入的，这时运用此功能就可以设定一个小于壁厚的距离，将内外壁分离出来。

## 3.3.2　删除杂点(Delete Points)

删除杂点命令就是从指定的点云中删除点。其快捷键为 Ctrl+Shift+P。其对话框如图 3-51 所示。

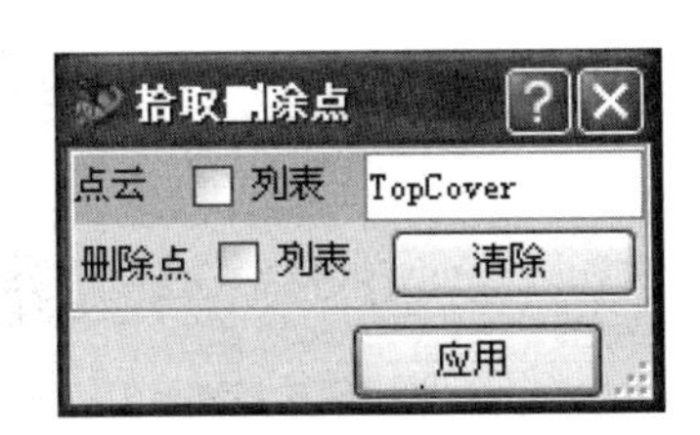


图 3-51

通常在测量过程中，会不可避免地遇到干扰，因而会产生杂点。对于大量的杂点，可以用“删除点”框选功能处理；而对于小量的杂点，或者形状不规则的杂点区域可以用“删除杂点”命令，选择杂点后删除。

【操作步骤】

(1) 打开文件 3-7.imw。

| | |
|---|---|
| | 源文件：\part\ch3\3-7.imw |
| | 操作结果文件：\part\ch3\finish\3-7_finish.imw |

(2) 执行快捷键 Ctrl+Shift+P 或者菜单命令“修改”→“扫描线”→“拾取删除点”，

得到如图 3-51 所示的命令对话框。

(3) 在视图区域选择需要删除的杂点，如图 3-52 所示。

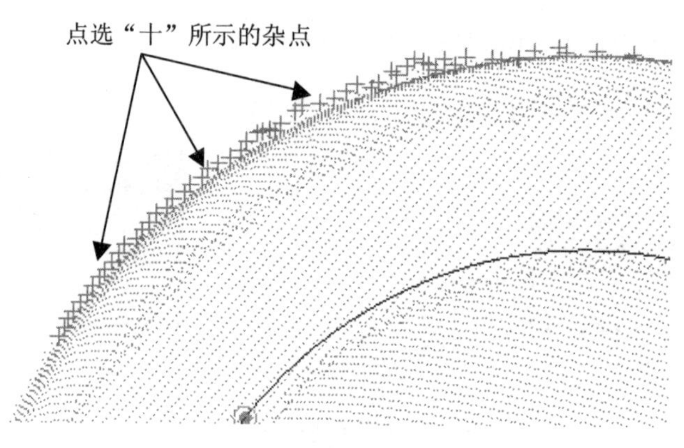


图 3-52

(4) 单击“应用”按钮，即完成杂点的删除操作。

### 3.3.3 剖面截取点云(Cross Section)

Imageware 中提供了一系列的剖面截取点云命令，如图 3-53 所示。下面将逐一介绍这些命令。

图 3-53

这一系列的命令同时适用于点云和多边形，本书统一以点云为例。

#### 1. 平行点云截面

平行点云截面就是根据用户指定的方向，用平行于该方向的剖平面在一个点云上切割出新的点云。快捷键为 Ctrl+B。其对话框如图 3-54 所示。

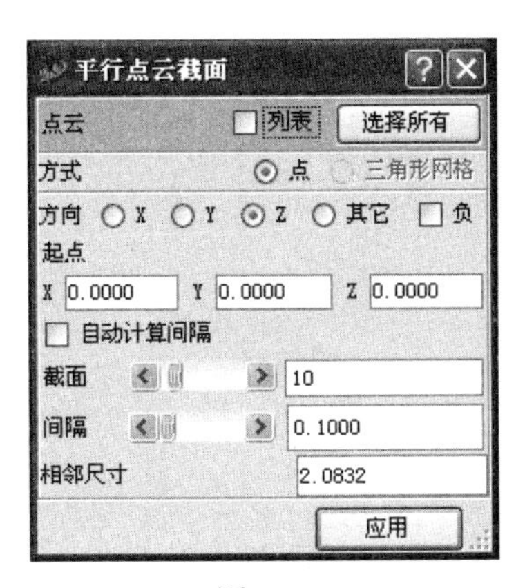


图 3-54

由该项操作得到的是扫描点云，截面线是点云的扫描线。用拉伸法构建曲面时，经常利用该功能创建一条曲线。

【操作步骤】

(1) 打开文件 3-8.imw。

| | |
|---|---|
| | 源文件：\part\ch3\3-8.imw |
| | 操作结果文件：\part\ch3\finish\3-8_finish.imw |

(2) 执行快捷键 Ctrl+B 或者菜单命令“构建”→“剖面截取点云”→“平行点云截面”，得到如图 3-54 所示的“平行点云截面”对话框。

(3) 单击“方式”栏，选择“点”，以点云为处理对象。

(4) 单击“方向”栏，选择 *X* 方向为平行剖断面的排列方向。

(5) 单击“起点”栏，可以在输入框内输入坐标的数值，也可以在视图中单击起始位置。这里在视图中单击 Cloud 1 的最左端上的一点。

(6) 选择“自动计算间隔”复选框。使得系统自动计算起始点到点云 *X* 方向上最远的距离，再根据所设定的断面数来自动计算断面间距。

(7) 在“截面”栏，设定断面数为 10。

(8) 单击“应用”按钮确定。结果如图 3-55 所示。

**注意：**

- 选择“起点”时可以选择端点，这时只需在端点附近选择即可，系统会自动捕捉最临近的点，即使第一次没有捕捉到期望的点，也可以通过移动该点来调整起始点。
- 如果点云没有明显的起始和终止面，则可以将起始点定在点云靠近起点处。
- 如果不选择“自动计算间隔”复选框，那么用户可以在“间隔”栏中自定义剖断面的间距。

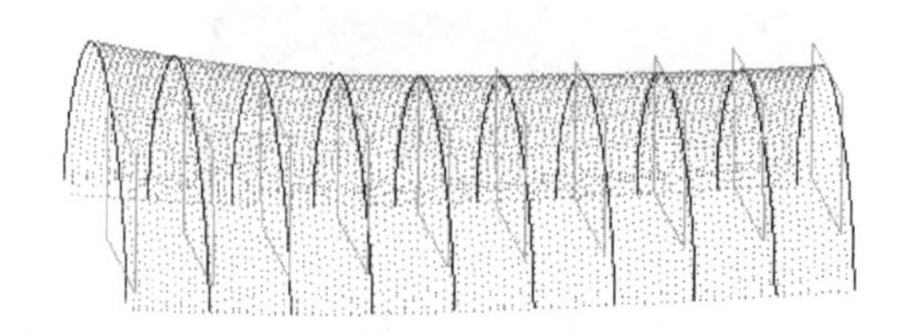

图 3-55

### 2. 环状点云截面

“环状点云截面”就是根据用户指定的圆弧，用垂直于该圆弧的剖平面在一个点云上切割出新的点云。其对话框如图 3-56 所示。

该项操作适用于旋转件的边界线提取，得到的是扫描点云，截面线是点云的扫描线。

【操作步骤】

(1) 打开文件 3-9.imw。

| | |
|---|---|
| | 源文件：\part\ch3\3-9.imw |
| | 操作结果文件：\part\ch3\finish\3-9_finish1.imw |

(2) 执行菜单命令“构建”→“剖面截取点云”→“环状点云截面”，得到如图 3-56 所示的“环状点云截面”对话框。

(3) 单击“轴位置”栏，然后在视图中选择坐标系放置的位置。可以通过坐标系的三个轴和三个旋转点来确定。

(4) 单击“起点”栏，旋转起始位置。

(5) 选择“自动计算间隔”复选框。使得系统自动计算起始点到终点的距离，再根据所设定的断面数来自动计算断面角度。

(6) 在“截面”栏选择断面数为 2。

(7) 单击“应用”按钮确认。放射状剖切面的结果如图 3-57 所示。

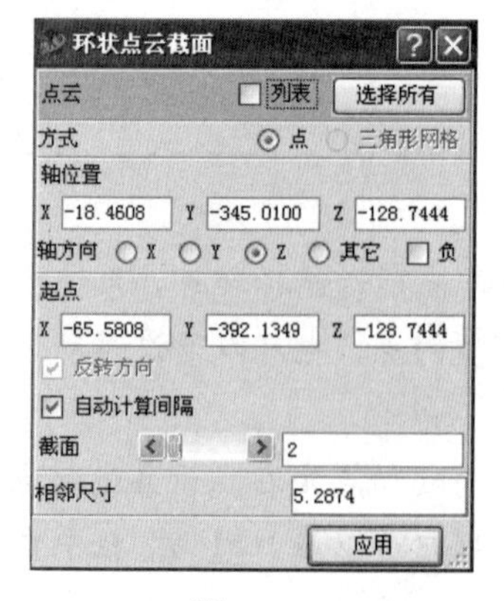


图 3-56

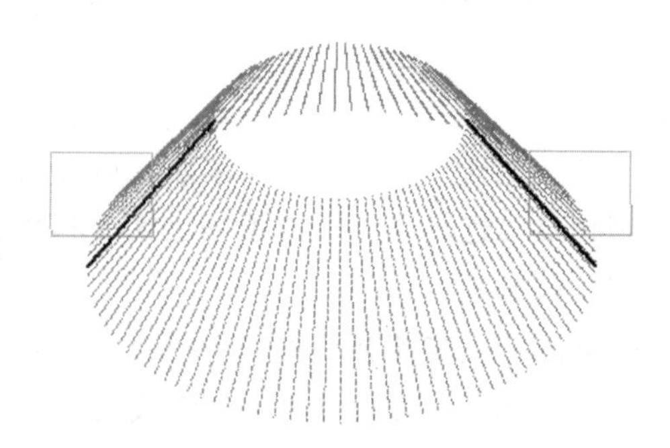

图 3-57

### 3. 交互式点云截面

“交互式点云截面”就是根据用户指定的剖断面在一个点云上切割出新的点云。其对话框如图 3-58 所示。

该命令相当简便，用户在执行菜单命令“构建”→“剖面截取点云”→“交互式点云截面”后，只需用鼠标在屏幕上选择两个点确定一条直线，便可以切割出一道剖断面。

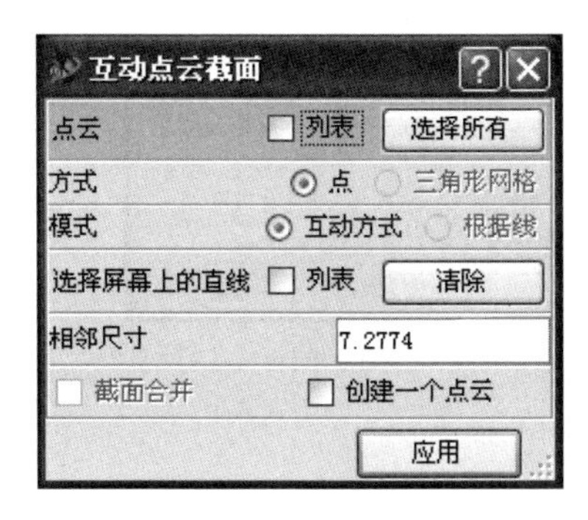


图 3-58

【操作步骤】

(1) 打开文件 3-9.imw。

| | |
|---|---|
| | 源文件：\part\ch3\3-9.imw |
| | 操作结果文件：\part\ch3\finish\3-9_finish2.imw |

(2) 执行菜单命令“构建”→“剖面截取点云”→“交互式点云截面”，得到如图 3-58 所示的“互动点云截面”对话框。

(3) 在视图区域选择剖断面的两个端点，如图 3-59 所示。

(4) 单击“应用”按钮确认，得到如图 5-60 所示的交互式剖断面。

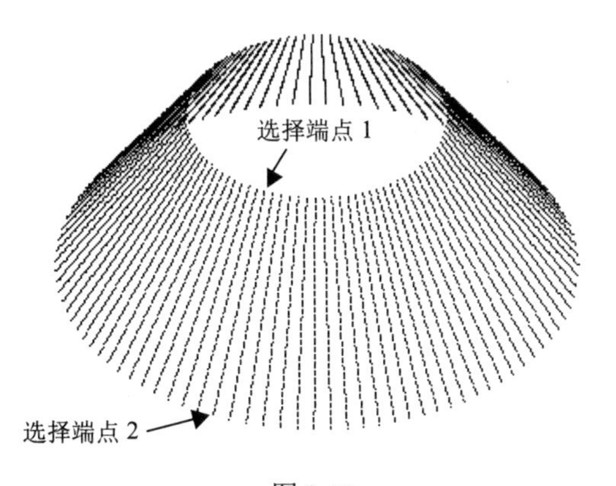


图 3-59

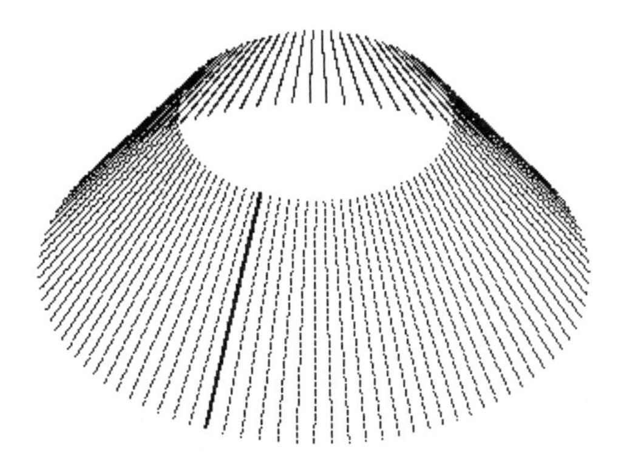

图 3-60

### 4. 沿曲线截面

“沿曲线截面”就是根据用户指定的曲线，用垂直于该曲线的剖平面在一个点云上切割出新的点云。其对话框如图 3-61 所示。

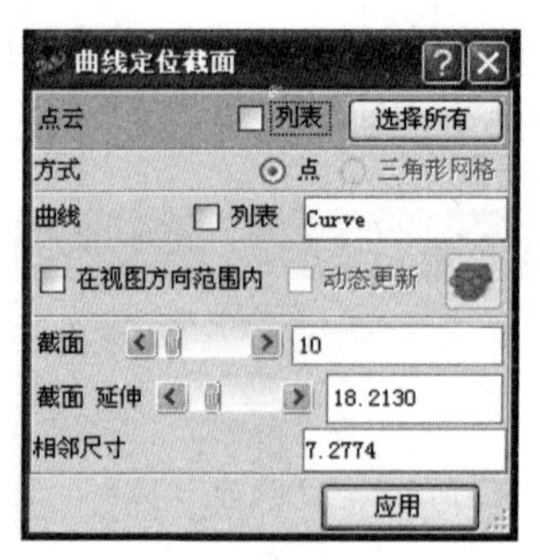


图 3-61

【操作步骤】

(1) 打开文件 3-10.imw。

| | |
|---|---|
| | 源文件：\part\ch3\3-10.imw |
| | 操作结果文件：\part\ch3\finish\3-10_finish.imw |

(2) 执行菜单命令“构建”→“剖面截取点云”→“沿曲线截面”，得到如图 3-61 所示的对话框。

(3) 单击“点云”栏选择被剖断的点云。

(4) 单击“曲线”栏选择曲线。

(5) 在“截面”栏中设定沿曲线的剖断面的个数。

(6) 在“截面延伸”栏中设定剖断面的大小。这里设定时要保证剖断面范围大于点云，如图 3-62 所示。

(7) 单击“应用”按钮确认。沿曲线剖断面的结果如图 3-63 所示。

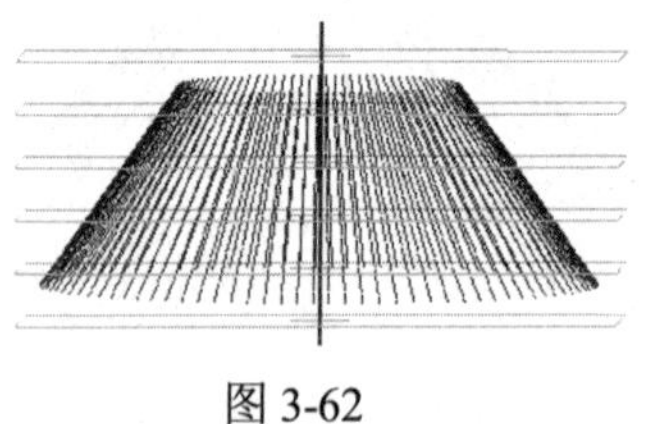

图 3-62

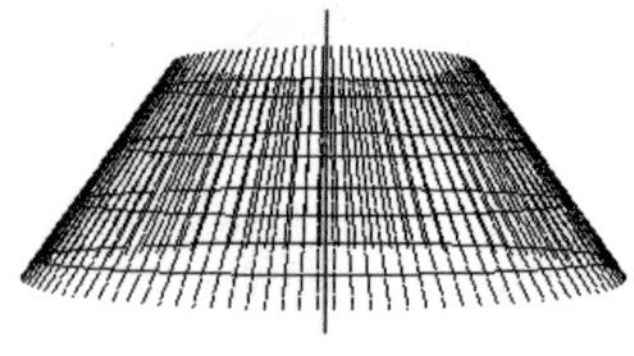

图 3-63

**注意：**

- 在沿曲线截面对话框中有一个复选框“在视图方向范围内”，当用户选择这个选项时，生成的剖断面将沿着视图方向。
- 当用户不选择这个复选框时，生成的剖断面是垂直于曲线方向的。

### 3.3.4　偏移(Offset)

“偏移”就是由偏移产生新点云。其对话框如图 3-64 所示。

【操作步骤】

(1) 打开文件 3-9.imw。

| | |
|---|---|
| | 源文件：\part\ch3\3-9.imw |
| | 操作结果文件：\part\ch3\finish\3-9_finish3.imw |

(2) 执行菜单命令“构建”→“偏移”→“点云”，得到如图 3-64 所示的“偏移点云”对话框。

图 3-64

(3) 在“偏移方向”栏中选择“已有点云法向”，即沿着点云的法线方向偏移产生新点云。

(4) 设置偏移值为 5。在系统默认的数值为 0 时，视图区域显示了原始点云的法线方向。如果希望偏移的方向与显示的法线方向相反，则可以选择“反转方向”复选框来取相反方向。

(5) 单击“应用”按钮确定。系统自动生成了用多折线显示的偏移点云。

(6) 为了方便观察生成的偏移点云，通过鼠标右键功能将原始点云的法向线删除。将鼠标放置于原始点云的法向线上，按住鼠标右键不放，将鼠标移动至删除命令图标上，释放鼠标右键，就将法向线删除了，如图 3-65 所示。

(7) 将生成的偏移点云用分散点的模式显示后的结果如图 3-66 所示。外围的点云即为偏移生成的点云。

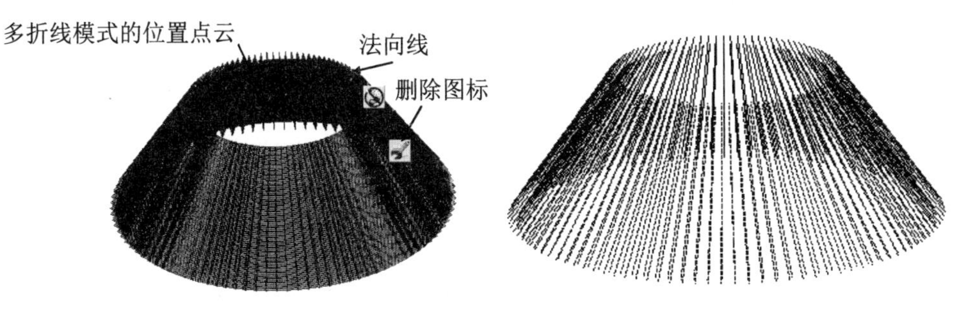


图 3-65　　　　图 3-66

**注意：**

有 4 种可用的偏移方式，每种方式都有各自的定义点偏移方向的方法。

- 3D 法向：3D 的偏移是由点云中的每一个点，计算与临近点云的关系，得到每一个点云资料的法线方向。再针对每一个法线方向偏移点云，形成偏移的点云资料。
- 2D 扫描法向：是针对扫描数据点云资料的偏移。先找到点云资料取得扫描数据时所沿着的轴向，然后依照此平面偏移点云，使得点云资料能够保持点云顺序的相关联性。
- 三角形网格化(法向)：对于该项命令，需先将点云计算成三角网格后，才能应用。这也是一种比较稳定的偏移方式，因为它是根据三角网格中每个三角形面的法向偏移的。
- 已有点云法向：选择此功能后，会自动出现点云的法线方向，用户可以检查该方向，如果没有问题，就可以直接偏移点云。

### 3.3.5 点云三角形网格化(Polygonize)

点云三角形网格化，可以更好地显示点云，帮助我们更加直观地了解点云所显示的实体的外观，从而判断后续的操作。

执行菜单命令“构建”→“三角形网格化”→“点云三角形网格化”，得到如图 3-67 所示的“点云三角形网格化”对话框。

图 3-67

执行此菜单命令后的系统直接生成的是具有渲染效果的三角形网格化点云。图 3-68 所示是文件 3-11.imw 三角形网格化前后的对比效果。

| | |
|---|---|
| | 源文件：\part\ch3\3-11.imw |
| | 操作结果文件：\part\ch3\finish\3-11_finish.imw |

**注意：**

在点云经过了三角形网格化操作以后，点云的显示模式选项被激活。用户可以通过菜单命令“显示”→“点”→“显示”，得到如图 3-69 所示的“点显示”对话框。

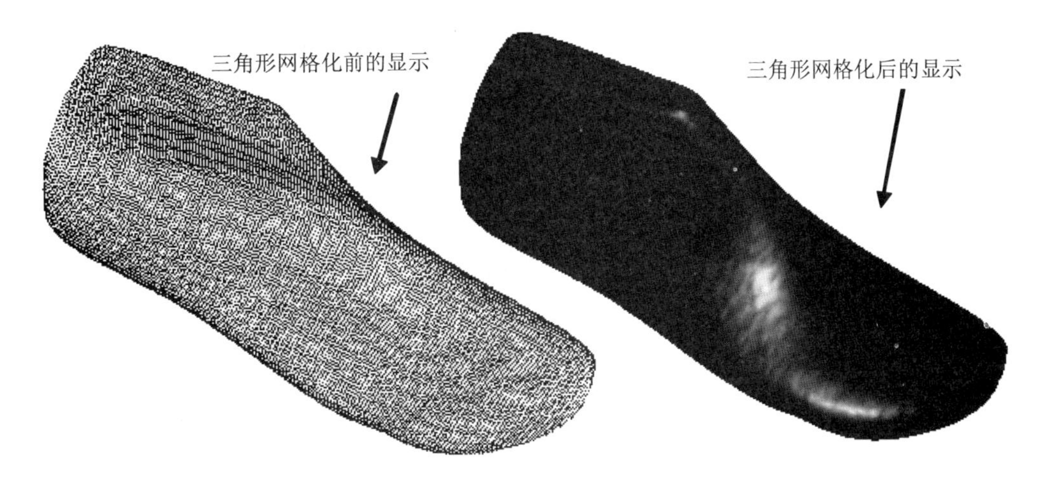


图 3-68

图 3-69

## 3.3.6　设置点标签(Label)

设置点标签就是为具有特殊意义的几个点做上标签，使得用户可以更加方便地记住这些关键点的位置。执行菜单命令“创建”→“注释”→“设置点标签”，将打开其对话框，如图 3-70 所示。

图 3-70

【操作步骤】

(1) 打开文件 3-12.imw。

| | |
|---|---|
| | 源文件：\part\ch3\3-12.imw |
| | 操作结果文件：\part\ch3\finish\3-12_finish1.imw |

(2) 执行菜单命令“创建”→“注释”→“设置点标签”，得到如图 3-70 所示的“设置点标签”对话框。

(3) 逐个单击边角的 4 个点，每次单击一个点后在“新建标签”栏中输入代表名称的数字并且单击“应用”按钮确定。这里的 4 个点分别对应名称 1、2、3、4。执行后的效果如图 3-71 所示。

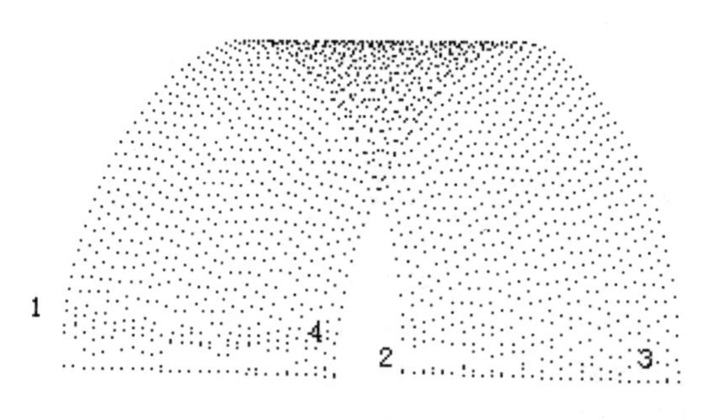


图 3-71

**注意：**

- 当选中的点是已经设置点标签的点时，“原始标注”栏将显示其名称。此时可以在“新建标签”栏中输入新的名称，替代旧名称。
- 如果想要将设置的标签去除，可以执行菜单命令“创建”→“注释”→“删除点标签”，其对话框如图 3-72 所示。
- 在“删除点标签”对话框中提供了 4 种删除模式，分别是“全部”(删除全部标签)、“拾取点”(选择删除点)、“圈选”(框选删除点)和“名称”(根据标签名称删除该标签)。

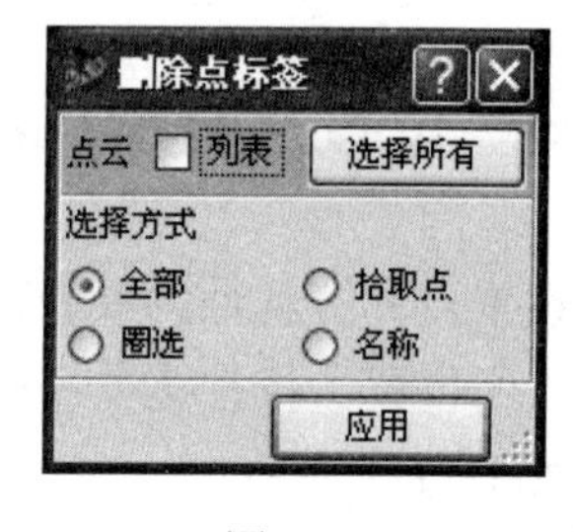


图 3-72

## 3.4 分析点云数据

在拿到点云数据时，通常会先去分析一下点云数据，如几个基准点的坐标、点到点的距离、点云的曲率连续性等，得到一个关于点云的初步概念。下面对这些功能一一进行介绍。

### 3.4.1　测量点位置(Point Location)

Imageware 提供了点坐标测量的功能，使得用户可以更加快捷地确定关键点的位置关系。选择菜单命令“测量”→“位置”→“点位置”，得到的对话框如图 3-73 所示。

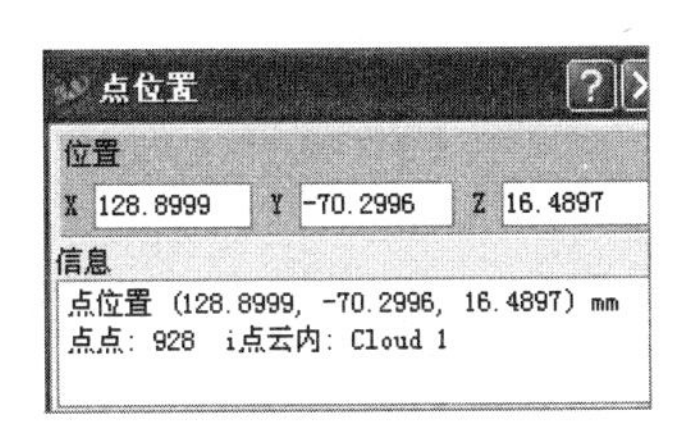


图 3-73

这一命令由于要涉及具体的点，而不是空间任意的点，所以经常需要和全局捕捉器(如图 3-74 所示)配合使用，以快速地捕捉到关键点。例如用户需要得到点云中某一点的坐标时，可以单击全局捕捉器的点云，使之激活，这样当用户将鼠标靠近点云上某一点时，系统将自动捕捉最近的点云上的点。

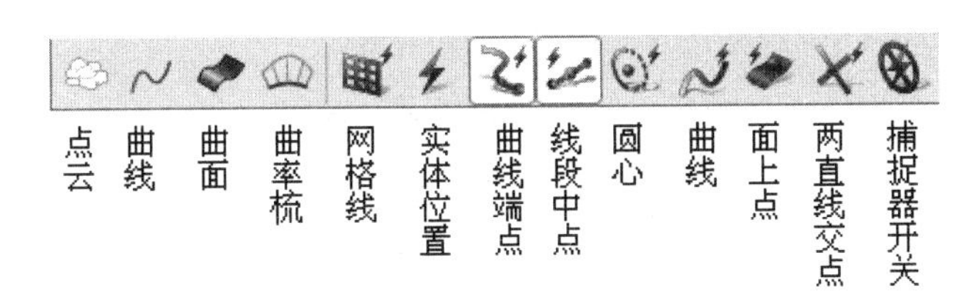


图 3-74　全局捕捉器

### 3.4.2　测量点间距离(Distance Between Points)

通常确定壁厚、长度和宽度等距离数据时，点到点距离的测量功能会经常用到。

用户可以通过选择菜单命令“测量”→“距离”→“点间”，得到如图 3-75 所示的对话框。

【操作步骤】

(1) 选择菜单命令“测量”→“距离”→“点间”，得到如图 3-75 所示的对话框。

(2) 单击“点 1”栏，配合全局捕捉器在视图区域选择第一个点。“点 1”栏即显示出该点的三维坐标。

(3) 单击“点 2”栏，配合全局捕捉器在视图区域选择第二个点。“点 2”栏即显示出该点的三维坐标。

(4) 选择两个点后，在“距离”栏就显示出了这两个点之间的距离。这里有 4 个数据，

分别是 $X$ 轴距离、$Y$ 轴距离、$Z$ 轴距离和最近距离。在选择了“在视图方向范围内”复选框后，显示视图方向上的各种平面距离。

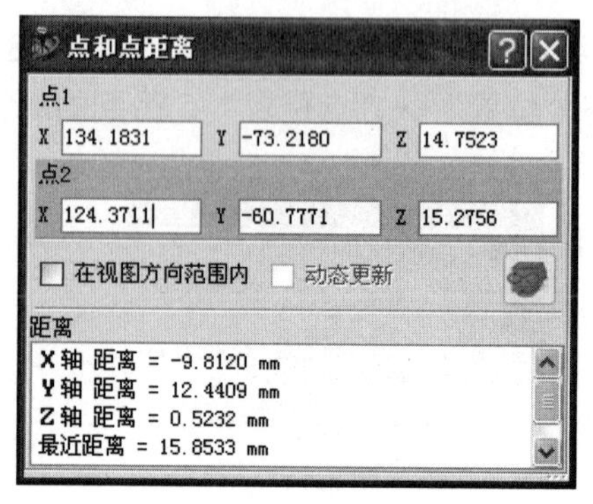


图 3-75

## 3.4.3　点云曲率(Curvature)

Imageware 中的点云曲率功能以颜色显示点云的曲率分布。通过菜单命令“评估”→“曲率”→“点云曲率”，可以得到如图 3-76 所示的对话框。

图 3-76

该功能显示点云中的大曲率和小曲率，绿色表示小曲率，红色表示大曲率，以方便用户观察点云特性。同时，存储于点云的曲率分布，可用于后面的撷取特征操作等。

【操作步骤】

(1) 打开文件 3-12.imw。

| | |
|---|---|
| | 源文件：\part\ch3\3-12.imw |
| | 操作结果文件：\part\ch3\finish\3-12_finish2.imw |

(2) 执行菜单命令“评估”→“曲率”→“点云曲率”，可以得到如图 3-76 所示的对话框。

(3) 选择点云 Cloud 1。

(4) 单击“应用”按钮确定。

## 3.5　思考与练习

1. 如何读入点云、显示点云并定位点云？

2. 构建点云有哪几种方法？并进行实践操作。

3. 描述两种特征提取点云的方式——“锐边”和“根据色彩抽取点云”，并分别进行实践操作。

4. 编辑点云的方法有哪些？并进行实践操作。

5. 简要描述点云的剖断面命令。

6. 如何设置点标签？

7. 简述分析点云数据的几种方法。

# 第4章　曲　　线

## 本章重点内容

本章主要介绍创建和构建曲线、曲线的编辑以及分析等方面的内容。

## 本章学习目标

- 创建基本曲线;
- 构建样条线;
- 混成曲线、偏置曲线、桥接曲线和剪断曲线等常用的曲线编辑功能;
- 曲线的曲率、连续性、距离的测量等分析方法。

## 4.1　曲 线 概 述

曲线的构造是 3D 造型的初始条件。这一部分的内容主要分为三部分：生成曲线、编辑曲线和分析曲线。

### 1. 生成曲线

生成曲线的命令包括创建曲线和构建曲线两部分。创建曲线一般直接通过软件本身所带有的功能新建曲线，如创建 3D 样条线、直线、圆、圆弧、长方体、椭圆等基本曲线。构建曲线是基于一定的实体类型来生成曲线，如由点拟合成不同类型的曲线、由曲面析出曲线等。

### 2. 编辑曲线

对已经存在的曲线进行编辑修改，如混成曲线、偏置曲线、桥接曲线和剪断曲线等。

### 3. 分析曲线

对生成和编辑后的曲线与 3D 造型中已知的其他数据进行分析，以确定曲线是否符合造型的要求，如曲线的曲率、连续性、曲线与点云之间的距离的测量等。

在学习如何生成曲线、编辑曲线和分析曲线之前，首先来了解一下在 Imageware 中曲线的要素和它的类型。

## 4.1.1 曲线的要素

1) 节点

节点是曲线上两个跨度相连接的位置，它们直观地显示了曲线的走向。

2) 控制顶点

Imageware 中的曲线是根据数学上的插值运算的方式产生的。控制顶点是用来影响和约束小区域内曲线形状的数学上的点，它可以在直线上也可以在直线外。可以给不同的控制点设置不同的权重，从而在小区域内改变曲线的实际位置。

3) 阶数

与前面说到的控制顶点相关联，当用 2 个控制顶点来插值运算时，得到的是 1 阶的 Bezier 样条。同理，用 3 个控制顶点时，生成的是 2 阶的 Bezier 样条。

在 Imageware 中，软件在默认情况下用 4 阶的曲线公式来描述一条曲线。用户可以自己设置曲线的阶数，最高可以为 22 阶。

常见的直线一般为 2 阶曲线，圆弧或者圆为 3 阶的曲线，其他的更加复杂的曲线可以用更高阶次的曲线来进行描述。

4) 段数

两个节点之间的曲线称为段。

5) 方向

在 Imageware 中每条曲线都有自己的方向，这些方向在生成放样曲面中非常重要。一般曲线的方向箭头会在曲线长度的 3/4 处显示出来。

6) 起始点及末点

位于曲线的两端(开放的曲线)，或者同一个点(封闭的曲线)。起始点与末点之分是相对于曲线的方向而言的，方向箭头的出发处为起始点，方向箭头所指向的方向的点为末点。

曲线的各要素如图 4-1 所示。

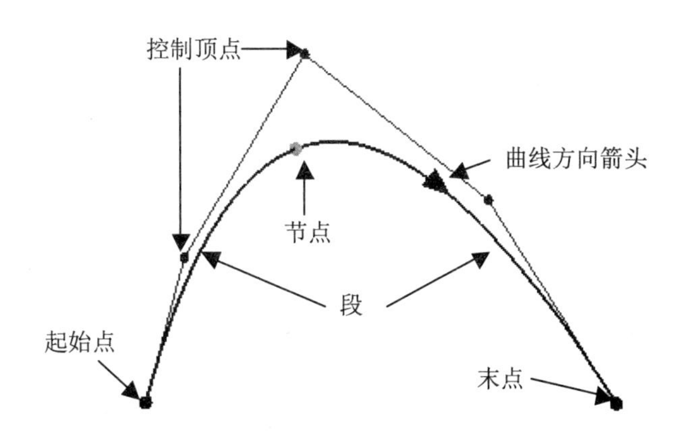


图 4-1

## 4.1.2 曲线的类型

按照曲线的特性分，曲线可以分为 Bezier 曲线和 Nurbs 曲线。

1) Bezier 曲线

Bezier 曲线是以法国人 Pierre Bezier 的名字命名的。它是由指定的控制顶点为基准进行不同阶数插值运算得到的。

例如，由下式得到的就是 2 阶的 Bezier 样条线。

$$P=(1-t)^2P_1+2(1-t)P_2+t^2P_3$$

式中，$P_1$、$P_2$、$P_3$ 分别表示 3 个控制顶点的三维坐标；$t$ 是参数，它的取值范围为 0～1。

由上述方法产生的曲线，其特点是没有内部节点，是一条平滑的曲线。它被广泛地用于创建 A 类曲面，如汽车的外形曲面等光滑曲面。

由 Bezier 曲线创建的曲面的光滑度很高，但是其相应的计算时间也要比一般的曲面高。

2) Nurbs 曲线

Nurbs 曲线是 Non-Uniform Rational Bezier Spline 的缩写，即非均匀的有理 Bezier 样条曲线。它的基本数学模型与 Bezier 曲线很相似。不同之处是它必须有一个或者多个节点。它是一种比较灵活的曲线。在实际工程中很多时候都会用到它。

## 4.1.3 曲线的显示

前面的章节中已经提到，可以在“编辑”→“参数设定”命令中设置各种参数的默认值。其中也包括曲线的显示参数设置。其对话框如图 4-2 所示。

图 4-2

- 曲线颜色的设定：在“曲线颜色”栏中，用户可以设置新建曲线颜色和被激活曲线的高亮颜色，以及无限长曲线的颜色。
- 节点颜色的设定：在“节点颜色”栏中，用户可以设定一般情况下节点显示的颜色，以及多个节点同时被选中时它们所呈现的颜色。
- 线型的设定：这里一般选择“实线”，即将直线视为实体。
- 公差设定：公差值一般默认为0.01，不用改动。
- 曲线宽度设定：在“曲线宽度”栏中，用户可以预先设置曲线显示的宽度。
- 曲线方向箭头的宽、高设定：在“轴向箭头”栏中可以设定曲线方向箭头的宽度和高度。
- 曲线显示的设定：在“显示选项”栏中可以复选显示端点、显示方向箭头和显示节点。当选择了其中的几个时，这些参数就会在系统中默认地显示出来。

除了系统参数设置中的设定，也可以根据需要在命令菜单“显示”→“曲线”→“显示”中随时更改显示方式。快捷键为Ctrl+Shift+D，其对话框如图4-3所示。

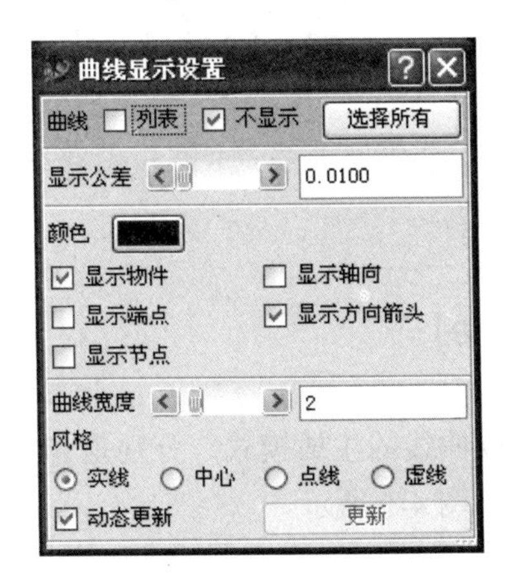


图4-3

它与系统参数设置不同，可以不针对所有的曲线，而只是更改某些曲线的参数设置，以区分不同的曲线。

- 在“曲线”栏可以选择需要改变显示的曲线。
- 在“显示公差”栏设置曲线的公差。
- 单击“颜色”栏后面的颜色图标，在跳出的颜色选择器中可以重新选择需要的颜色。
- 在复选框栏可以选择显示物件、显示轴向、显示端点、显示方向箭头、显示节点等内容。
- 在“曲线宽度”栏同样可以设置该曲线的宽度。
- 在“风格”栏设置曲线的类型。

有时候用户想要对所有的曲线改变显示模式，这时直接在菜单命令中选择相应的选项即可。曲线显示命令菜单如图4-4所示。

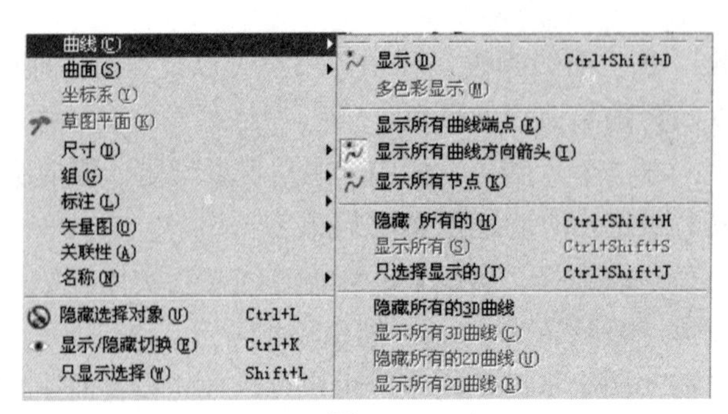


图 4-4

该命令菜单可以理解为是曲线显示对话框中的内容针对所有曲线的快捷更改方式。

在这里可以更改所有曲线端点的显示、方向的显示、节点的显示以及实体的显示信息。在实体的显示中又可以针对曲线的类型(3D 曲线和曲面上的曲线)来执行显示或者隐藏命令。

# 4.2 生 成 曲 线

对曲线的要素和类型有了一定的了解之后，下面我们逐个介绍 Imageware 提供的生成基本曲线的命令。

## 4.2.1 3D 曲线(3D Curve)

Imageware 中提供了两种 3D 曲线的生成模式，分别是 3D B-样条(3D B-Spline)和 3D 多段线(3D Polyline)。其菜单命令如图 4-5 所示。

### 1. 3D B-样条(3D B-Spline)

该命令用插值法创建曲线，即曲线依次通过用户在屏幕上拾取的点。曲线所在的平面平行于(过世界坐标原点的)视图平面。用鼠标左键在屏幕上选择顶点，当单击中键后，结束选择并创建 B 样条曲线。其对话框如图 4-6 所示。

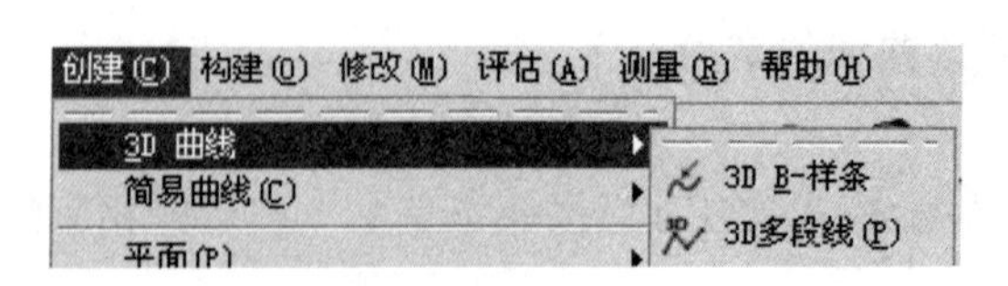


图 4-5

图 4-6

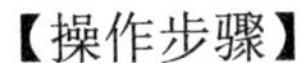
【操作步骤】

(1) 通过菜单命令“创建”→“3D 曲线”→“3D B-样条”，可以得到如图 4-6 所示的“3D B-样条”对话框。

(2) 在视图的适当位置选择曲线的节点。当选择的点有误时，可以通过拖动该点来改变它的位置。也可以在“3D B-样条”对话框中单击此点所代表的坐标，然后单击对话框右上角的“删除”按钮来删除它。

(3) 单击“应用”按钮确定，得到如图 4-7 所示的 3D B-样条线。

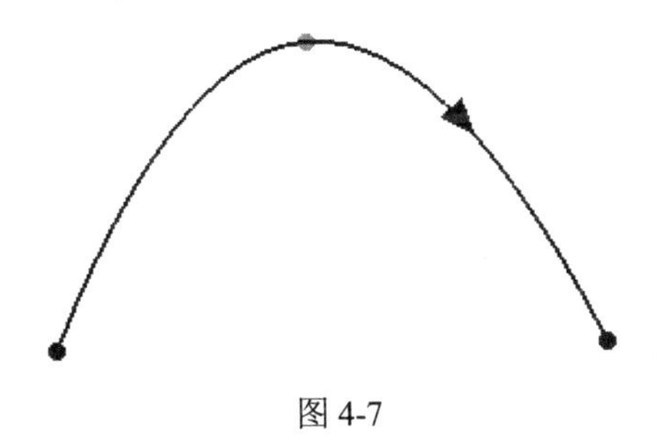

图 4-7

**注意：**

- 本操作是基于屏幕视图方向的，在构造之前，需先将视图旋转移动至适当的位置。
- 除了在视图区域选择任意点外，也可以通过和交互式工具栏(如图 4-8 所示)配合使用。
- 其中可以选择最右侧的“坐标系”图标，在如图 4-9 所示的弹出窗口中输入点的三维坐标即可。*X*、*Y*、*Z* 坐标之间用“,”隔开。

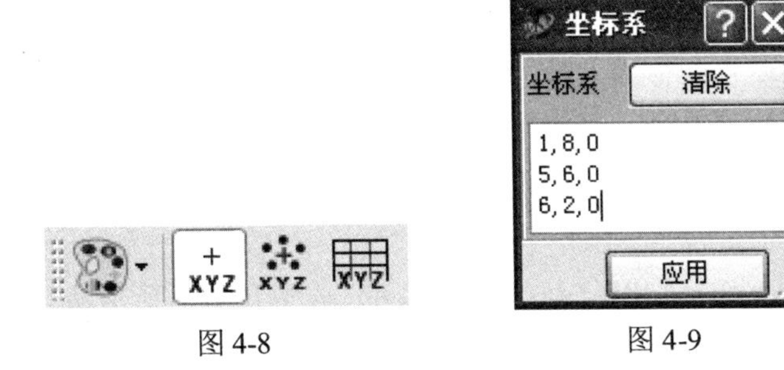


图 4-8　　图 4-9

2. 3D 多段线(3D Polyline)

多段线功能可以理解为是多段线段的创建。每两个相邻的点之间会生成一个线段。其对话框如图 4-10 所示。

图 4-10

【操作步骤】

(1) 通过菜单命令“创建”→“3D 曲线”→“3D 多段线”，可以得到如图 4-10 所示的“3D 多段线”对话框。

(2) 在视图的适当位置选择线段端点。同样，当选择的点有误时，可以通过拖动该点的移动控制轴(如图 4-11 所示)来改变它的位置。也可以在多段线对话框中单击此点所代表的坐标，然后单击对话框右上角的“删除”按钮来删除它。

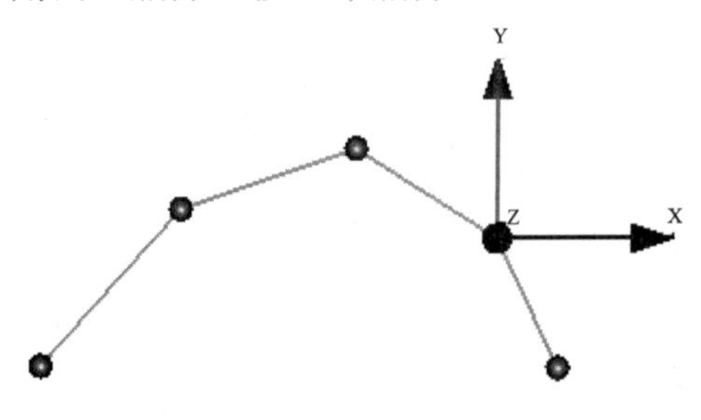


图 4-11

(3) 单击“应用”按钮确定。

**注意:**

- 与 3D B-样条线操作相似，本操作也是基于屏幕视图方向的，在构造之前，需先将视图旋转移动至适当的位置。
- 除了在视图区域选择任意点外，也可以通过和交互式工具栏(如图 4-8 所示)配合使用。
- 本命令经常与“坐标系”图标命令结合使用，在如图 4-9 所示的弹出窗口中输入点的三维坐标即可。*X*、*Y*、*Z* 坐标之间用“,”隔开。

## 4.2.2 直线(Line)

在 Imageware 13.2 中提供了多种创建直线的命令，其菜单命令如图 4-12 所示。下面一一介绍。

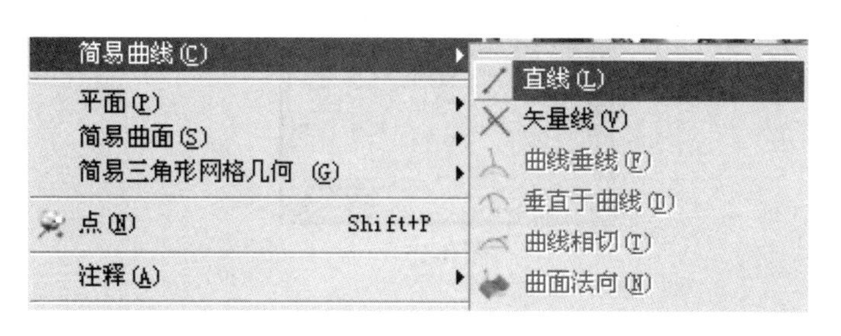


图 4-12

### 1. 无约束直线

无约束直线命令就是过空间的两点创建一个 3D 直线段，经常用于为旋转对象指定一个旋转轴。其对话框如图 4-13 所示。

【操作步骤】

(1) 通过菜单命令“创建”→“简易曲线”→“直线”，可以得到如图 4-13 所示的对话框。

(2) 在“起点”栏中输入起始点的坐标。也可以在视图中直接点取。

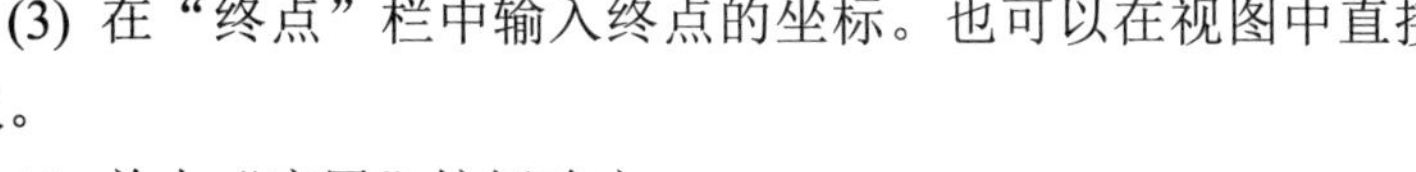

(3) 在“终点”栏中输入终点的坐标。也可以在视图中直接点取。

(4) 单击“应用”按钮确定。

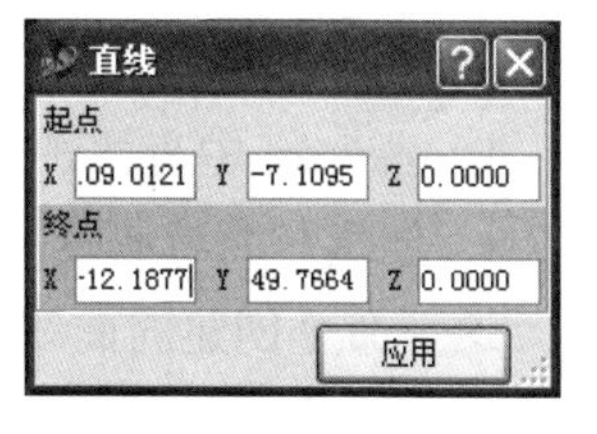


图 4-13

**注意：**

- 用户直接在视图中取点时，操作是基于屏幕视图方向的，在构造之前，需先将视图旋转移动至适当的位置。
- 直线在创建过程中系统会自动显示其长度，如图 4-14 所示。用户可以直观地看到，并且可以通过拖动点来调整直线的方向和长度。

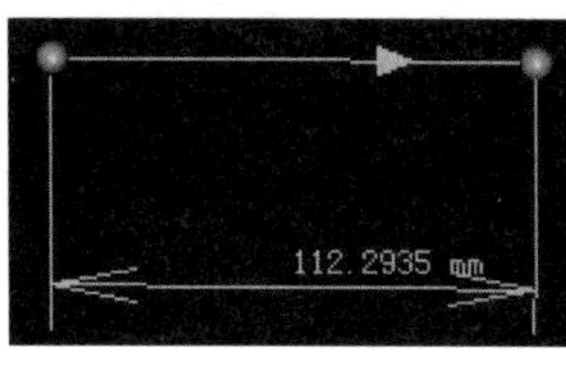


图 4-14

### 2. 矢量线

矢量线就是由起始点和直线方向两个元素来确定直线的构建方法。其对话框如图 4-15 所示。这种情况多用于平行坐标轴的直线。

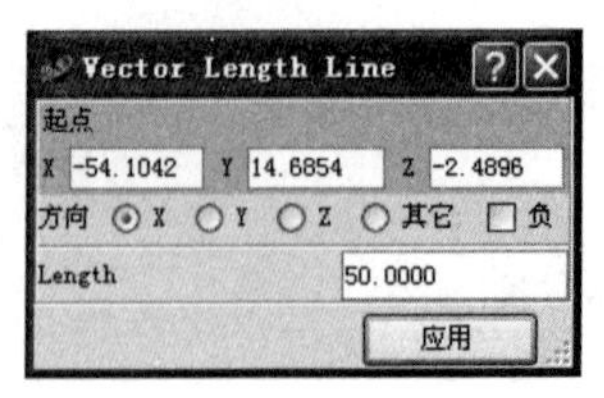


图 4-15

**注意:**

- 用户可以在“起点”栏输入起始点坐标，也可以在视图区域选择，更多时候可以配合前面介绍过的全局捕捉器和交互式工具栏来选择起始点。
- 直线的方向在“方向”栏确定，供选择的有 *X*、*Y*、*Z* 轴的正方向和它们的相反方向，用户也可以选择“其他”选项来自定义直线的方向。
- 直线的长度在 Length 栏中设定。

### 3. 垂直于曲线的直线

Imageware 中有两种垂直于曲线的直线构建方式。

- 创建→简易曲线→曲线垂线

这一命令创建的曲线是由某一曲线上的一点，以及过此点交点的垂直曲线的方向来构成曲线。曲线的长度和方向在对话框的 Length 中设定，数值是直线的长度。正负号则体现线段的方向。其对话框如图 4-16 所示。

【操作步骤】

(1) 打开文件 4-1.imw。

| | |
|---|---|
| | 源文件：\part\ch4\4-1.imw |
| | 操作结果文件：\part\ch4\finish\4-1_finish1.imw |

(2) 通过菜单命令“创建”→“简易曲线”→“曲线垂线”，可以得到如图 4-16 所示的“曲线垂线”对话框。

(3) 单击“曲线”栏，在视图中选择曲线及交点的位置，如图 4-17 所示。

(4) 在 Length 栏中输入直线的长度为 150mm。

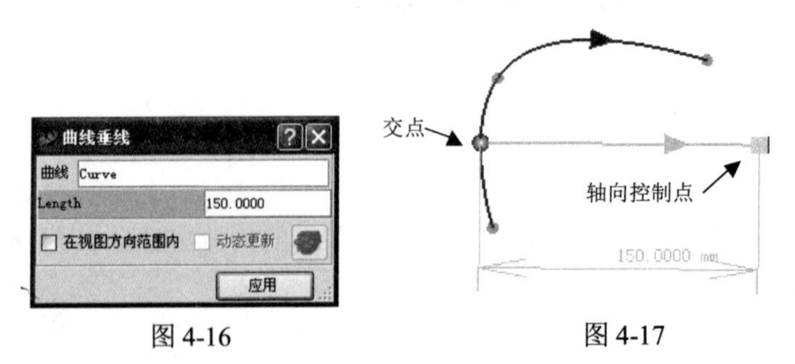


图 4-16　　图 4-17

(5) 单击“应用”按钮确定。

**注意：**

- 可以通过拖动交点来改变直线的起始点和直线的方向。
- 可以通过拖动轴向控制点来改变直线的长度。此时也可以将直线朝着反方向拖动。但是直线始终在同一直线上移动。

- 创建→简易曲线→垂直于曲线

这一命令创建的曲线与“曲线垂线”命令不同的是：这一直线确定的是直线的起始点，即直线上与两线交点相异的那个端点，而直线的另一端点就是直线与曲线的垂足。当这一垂足在曲线之外时，这一直线则无法做出。其对话框如图 4-18 所示。

【操作步骤】

(1) 打开文件 4-1.imw。

| | |
|---|---|
| | 源文件：\part\ch4\4-1.imw |
| | 操作结果文件：\part\ch4\finish\4-1_finish2.imw |

(2) 通过菜单命令“创建”→“简易曲线”→“垂直于曲线”，可以得到如图 4-18 所示的“垂直于曲线”对话框。

(3) 单击“曲线”栏，在视图中选择曲线。

(4) 在“起点”栏中输入起始点的坐标，或者在视图区域直接选取起始点。

(5) 单击“应用”按钮确定。结果如图 4-19 所示。

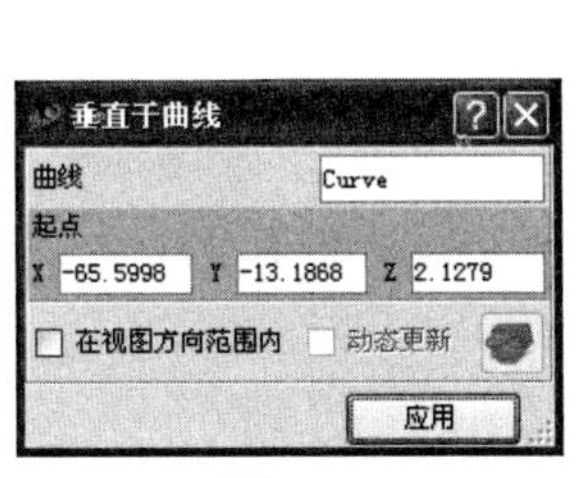

图 4-18

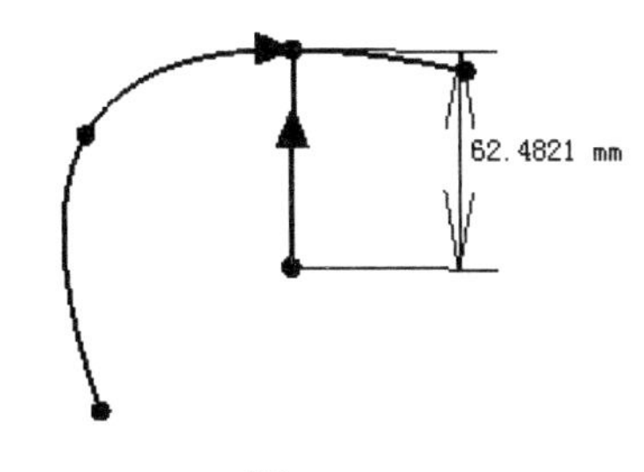

图 4-19

**注意：**

- 用户直接在视图中取点时，操作是基于屏幕视图方向的，在构造之前，需先将视图旋转移动至适当的位置。
- 可以通过拖动起始点来改变起始点的位置。
- 系统中默认的垂直是空间垂直，也可以选中“在视图方向范围内”复选框，使得直线与曲线在视图方向上呈垂直状态。

### 4. 曲线相切

“曲线相切”就是在曲线上指定一个交点，通过该交点相切于曲线的直线。直线的长度由 Length 栏中的数值确定。直线的方向由 Length 栏中数值的正负号决定。“曲线相切”对话框如图 4-20 所示。

【操作步骤】

(1) 打开文件 4-1.imw。

| | |
|---|---|
| | 源文件：\part\ch4\4-1.imw |
| | 操作结果文件：\part\ch4\finish\4-1_finish3.imw |

(2) 通过菜单命令“创建”→“简易曲线”→“曲线相切”，可以得到如图 4-20 所示的“曲线相切”对话框。

(3) 单击“曲线”栏，在视图中选择曲线上一点，即曲线与直线的交点。

(4) 在 Length 栏中输入曲线的长度。

(5) 单击“应用”按钮确定。结果如图 4-21 所示。

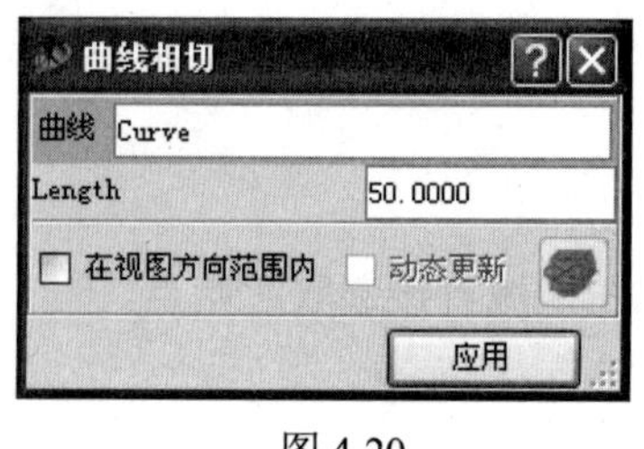


图 4-20

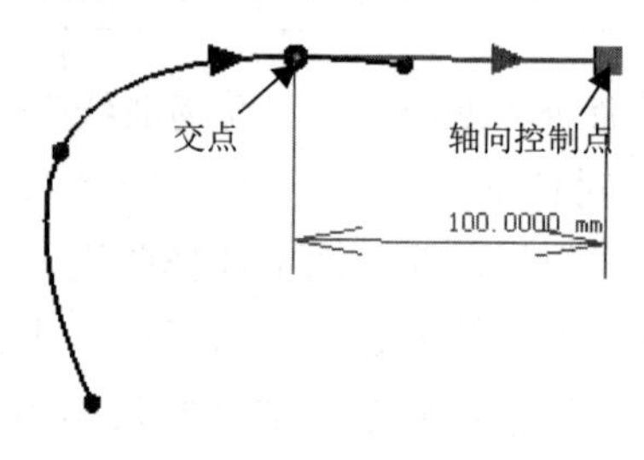


图 4-21

**注意:**

- 用户直接在视图中取点时，操作是基于屏幕视图方向的，在构造之前，需先将视图旋转移动至适当的位置。
- 可以通过拖动轴向控制点来改变直线的长度。
- 系统中默认的相切是空间相切，也可以选中“在视图方向范围内”复选框，使得直线与曲线在视图方向上呈相切状态。

### 5. 曲面法向

“曲面法向”命令是通过在曲面上任意指定一点，过此点沿着曲面法线方向作直线。其对话框如图 4-22 所示。

其操作步骤及注意点与前几个直线生成命令相似。沿曲面法线方向的直线的结果如图 4-23 所示。

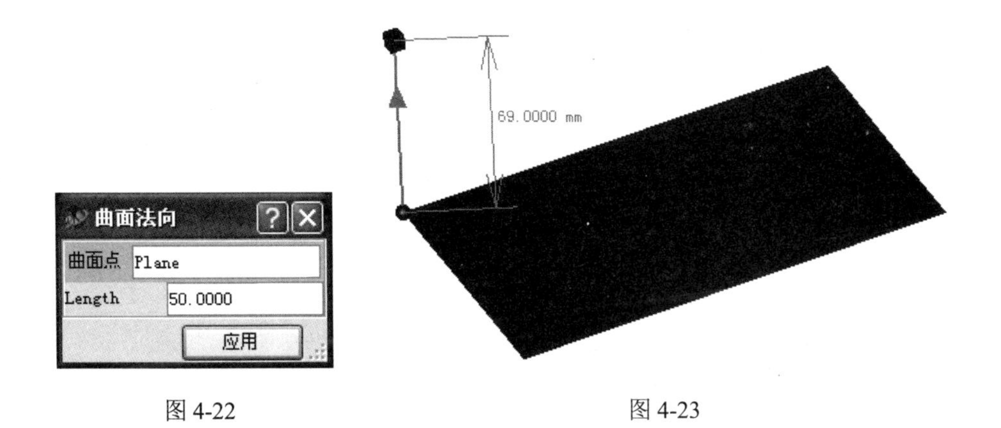


图 4-22　　　　图 4-23

## 4.2.3 圆弧(Arc)

Imageware 中提供了创建圆弧的命令，其菜单如图 4-24 所示。

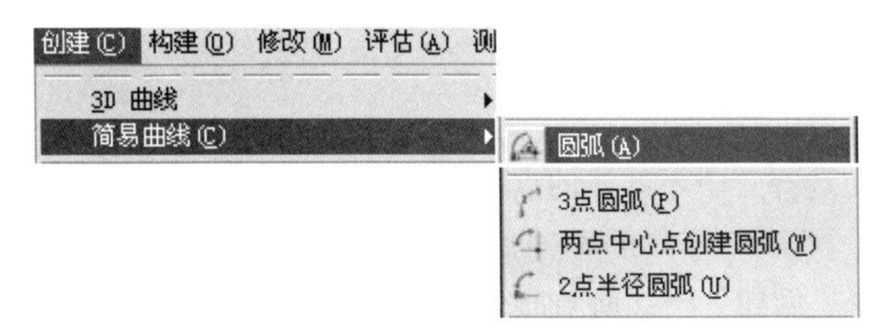


图 4-24

### 1. 圆弧(Arc)

“圆弧”命令就是根据用户指定的信息构造一段圆弧。其对话框如图 4-25 所示。

【操作步骤】

(1) 通过菜单命令“创建”→“简易曲线”→“圆弧”，可以得到如图 4-25 所示的“圆弧”对话框。

(2) 单击“中心”栏，输入圆弧中心的坐标。或者在视图区域直接选取。

(3) 单击“方向”栏，为圆弧所在的平面指定一个法线方向。这里选择 $Z$ 方向为法线方向。

(4) 在“起点角度”栏中输入起始点与 $X$ 轴正方向的交角，这里输入 0，表示起始点与 $X$ 轴正方向交角为0°。

(5) 在“终点角度”栏中输入终点与 $X$ 轴正方向的交角，这里输入 90，表示终点与 $X$ 轴正方向交角为 90°，如图 4-25 所示。

(6) 在“半径”栏中输入圆弧的半径值 100mm。

(7) 单击“应用”按钮确定。结果如图 4-26 所示。

**注意:**

- 用户直接在视图中取点时，操作是基于屏幕视图方向的，在构造之前，需先将视图旋转移动至适当的位置。
- 软件假定逆时针旋转得到的角为正角。

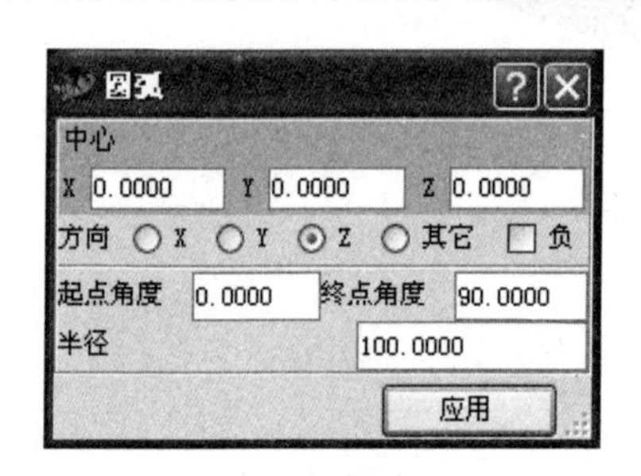


图 4-25

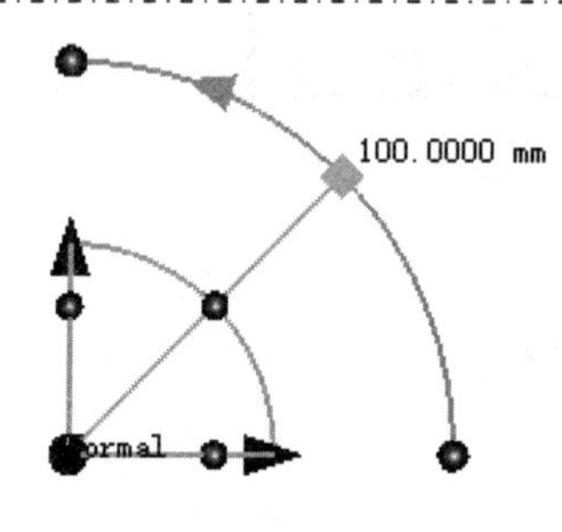


图 4-26

2. 3 点圆弧(Arc w/3 Points)

3 点圆弧在屏幕上选择三个不共线的点，构造一段圆弧。其对话框如图 4-27 所示。

【操作步骤】

(1) 通过菜单命令“创建”→“简易曲线”→“3 点圆弧”，可以得到如图 4-27 所示的“3 点圆弧”对话框。

(2) 在视图区域依次选择圆弧将经过的三个点，如图 4-28 所示。或者直接在三个点对应的空格内输入坐标值。

(3) 单击“应用”按钮确定。

图 4-27

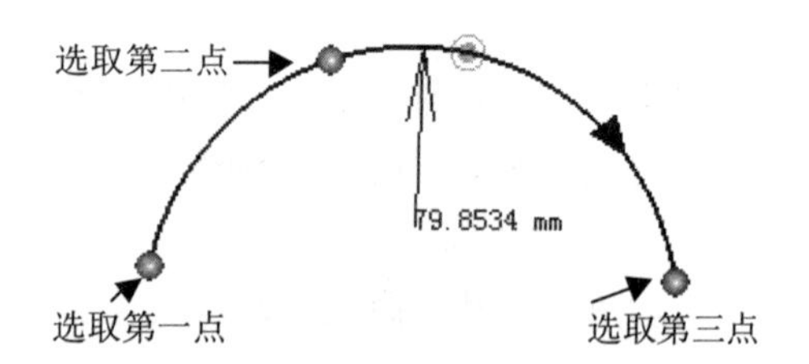


图 4-28

**注意：**

- 用户直接在视图中取点时，操作是基于屏幕视图方向的，在构造之前，需先将视图旋转移动至适当的位置。
- 所选的三个点不能是共线的，否则软件自动退出该命令。
- 点的选取结合全局捕捉器配合使用，更加方便。

### 3. 两点中心点创建圆弧(Arc w/Center and 2 Points)

“两点中心点创建圆弧”就是通过指定中心点、起始点和终点，创建一段圆弧。其对话框如图 4-29 所示。

这一命令的操作步骤和注意点与上述圆弧的创建相似，这里不再赘述。其结果如图 4-30 所示。

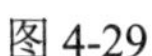
图 4-29

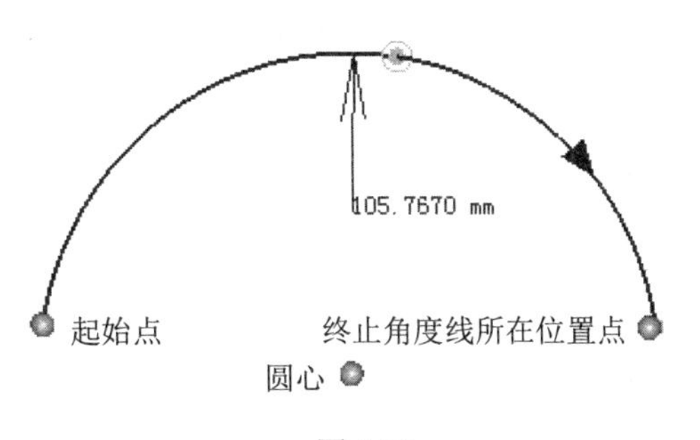


图 4-30

### 4. 2 点半径圆弧(Arc w/2 Points & Radius)

“2 点半径圆弧”就是指定两个点和一个半径，创建一段圆弧。其对话框如图 4-31 所示。这一命令的操作步骤与上述圆弧的创建相似，这里不再赘述。其结果如图 4-32 所示。

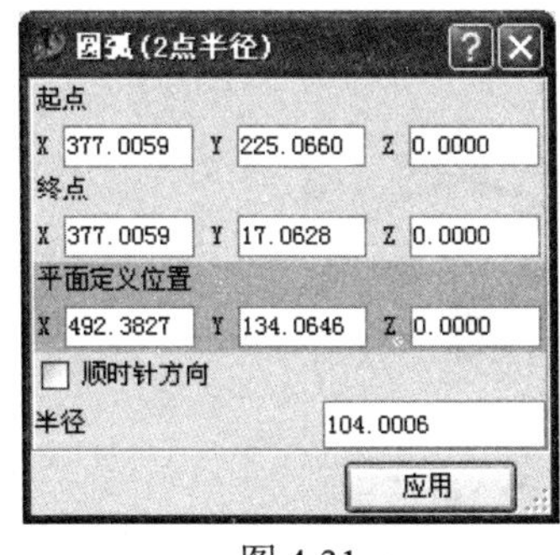


图 4-31

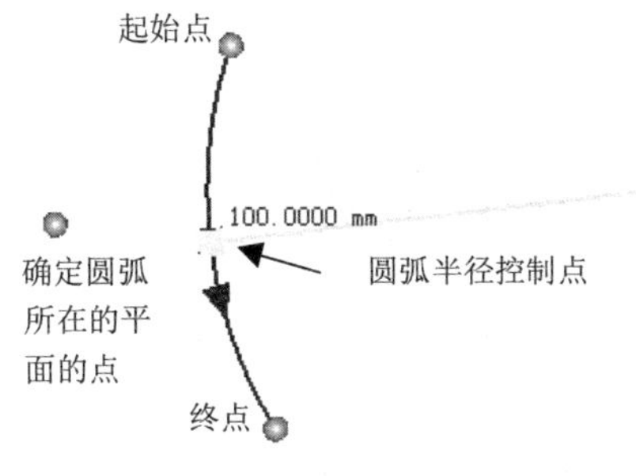


图 4-32

**注意：**

- 用户直接在视图中取点时，操作是基于屏幕视图方向的，在构造之前，需先将视图旋转移动至适当的位置。选择确定圆弧所在的平面的点来确定圆弧所在平面时要特别注意这一点。
- 圆弧的半径可以通过拖动圆弧半径控制点来实现。或者可以在半径栏中直接输入半径值。
- 点的选取结合全局捕捉器配合使用，更加方便。

## 4.2.4 圆(Circle)

Imageware 中提供了圆的构造命令。其命令菜单如图 4-33 所示。

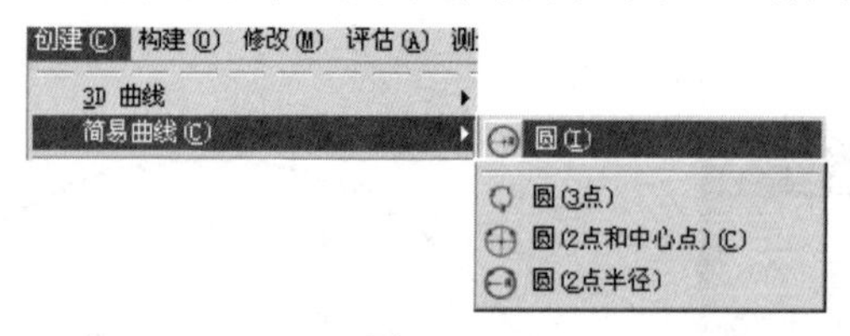


图 4-33

创建圆的命令就是根据用户指定的信息构造一个圆。其对话框如图 4-34 所示。

【操作步骤】

(1) 通过菜单命令“创建”→“简易曲线”→“圆”，可以得到如图 4-34 所示的对话框。

(2) 单击“中心”栏，在视图区域选择圆心位置，或者直接在空格内输入坐标值。

(3) 在“方向”栏中选择圆所在平面的法线方向，这里选择 $Z$。

(4) 在“半径”栏输入圆的半径，这里输入 100mm。

(5) 单击“应用”按钮确定。结果如图 4-35 所示。

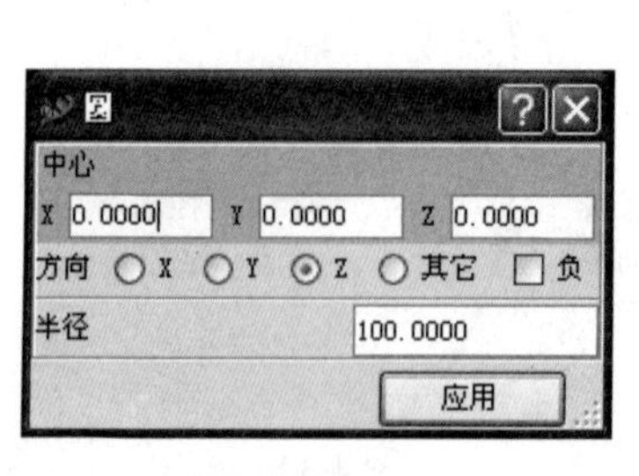


图 4-34

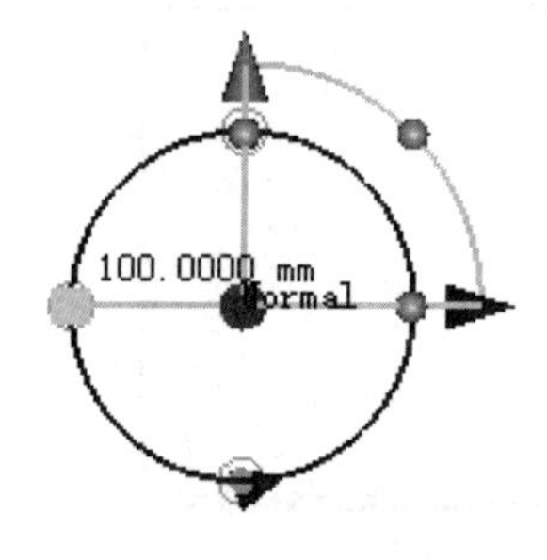


图 4-35

与圆弧的创建相似，创建圆的命令除了上面所述的命令以外，还有以下三种方式。

- 创建→简易曲线→圆(3 点)：在屏幕上选择三个不共线的点，创建一个圆。

- 创建→简易曲线→圆(2 点和中心点)：指定中心点、圆上的一点和用于定义平面的第三点，创建一个圆。
- 创建→简易曲线→圆(2 点半径)：指定中心点、圆上的一点和用于定义圆所在平面的点，创建一个 3D 圆。

## 4.2.5 椭圆(Ellipse)

椭圆构建就是根据指定的中心和长短轴半径构造一个椭圆。其对话框如图 4-36 所示。

【操作步骤】

(1) 通过菜单命令“创建”→“简易曲线”→“椭圆”，可以得到如图 4-36 所示的“椭圆”对话框。

(2) 单击“中心”栏，在视图区域选择椭圆中心所在的位置。或者直接输入椭圆中心的坐标值。

(3) 在“法向”栏选择椭圆平面的法线方向。

(4) 在“长轴”栏选择椭圆长半轴方向。

(5) 在“长轴半径”栏中输入长半轴半径，这里输入 100。

(6) 在“短轴半径”栏中输入短半轴半径，这里输入 50。

(7) 单击“应用”按钮确定。结果如图 4-37 所示。

**注意：**

- 该命令通过指定法向值，可以让生成的椭圆在任意的平面上。同时，还应指定长轴的方向。
- 可以通过拖动图中坐标轴向来调整椭圆圆心的位置。
- 可以通过拖动图中的控制轴来调整椭圆的长、短半轴的半径。
- 点的选取结合全局捕捉器配合使用，更加方便。

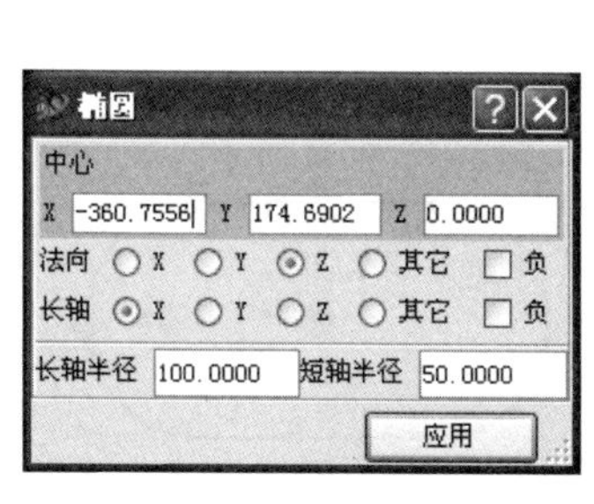


图 4-36

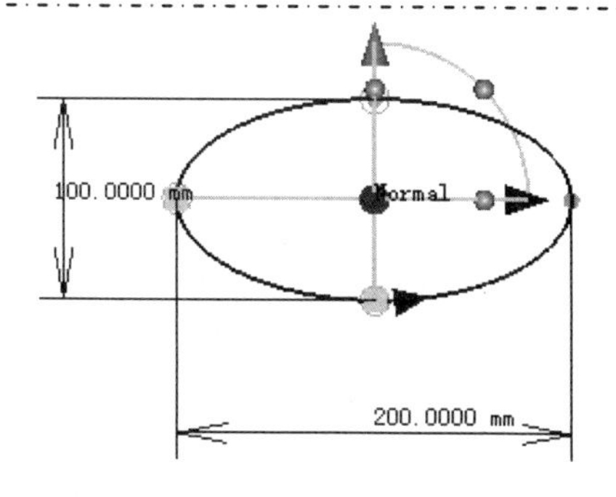


图 4-37

### 4.2.6　矩形(Rectangle)

矩形命令是通过指定矩形中心点、矩形所在平面的法线方向、矩形的长所在的方向以及矩形的长和宽等条件来确定矩形。其对话框如图 4-38 所示。

【操作步骤】

(1) 通过菜单命令“创建”→“简易曲线”→“矩形”，可以得到如图 4-38 所示的“矩形”对话框。

(2) 单击“中心”栏，输入矩形的中心点坐标。或者直接在视图区域选择矩形的中心点。

(3) 在“平面法向”栏选择矩形平面的法线方向。

(4) 在“方向”栏选择矩形的长所在的方向。

(5) 在 Length 栏中输入矩形的长，这里输入 100。

(6) 在“宽度”栏中输入矩形的宽，这里输入 50。

(7) 单击“应用”按钮确定。结果如图 4-39 所示。

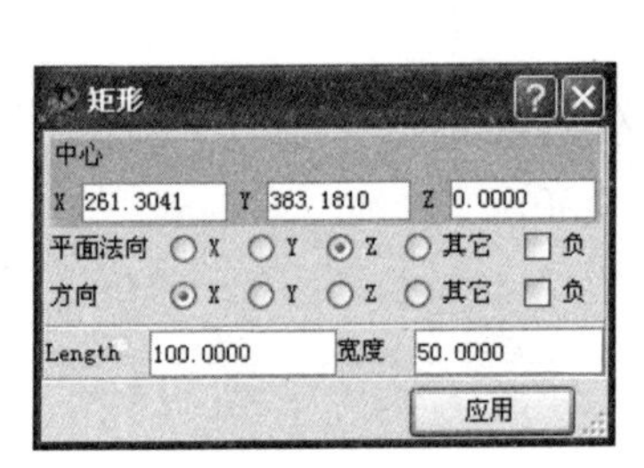


图 4-38

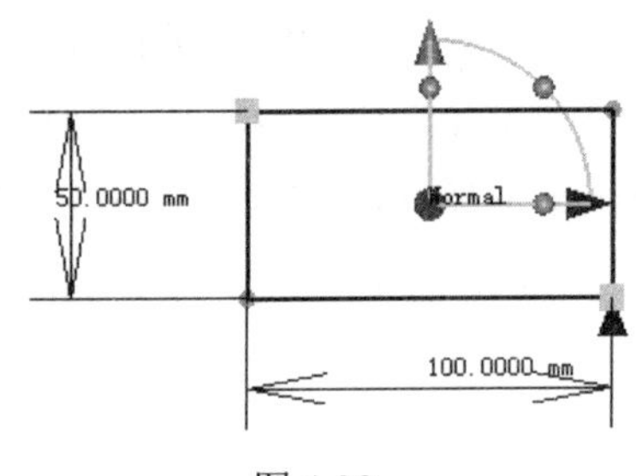


图 4-39

### 4.2.7　槽形(Slot)

槽形命令就是根据槽形中心点、槽形平面法线方向、槽形长度方向、槽形的长度和宽度等条件来创建槽形。其对话框如图 4-40 所示。

通过菜单命令“创建”→“简易曲线”→“槽形”，并且按照对话框中的数值设置槽形的各参数。结果如图 4-41 所示。

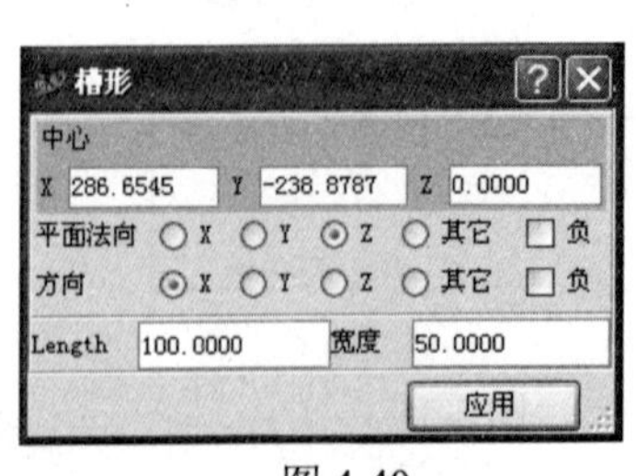


图 4-40

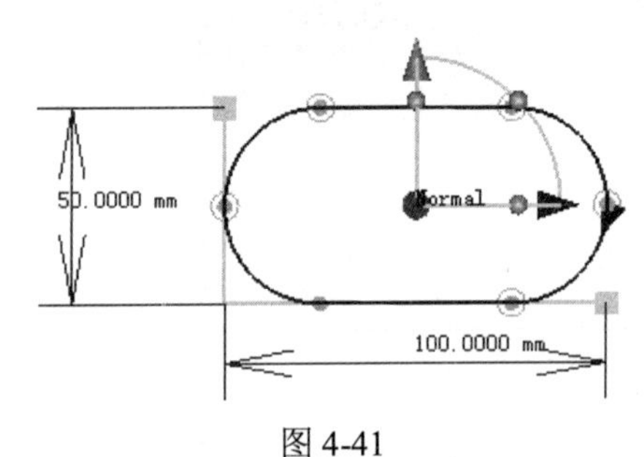


图 4-41

## 4.2.8 多边形(Polygon)

Imageware 提供了直接构建多边形的命令，这一命令可通过设定多边形的中心点、多边形的平面法线方向、多边形一边方向以及多边形的边数和半径等数值来创建多边形。其对话框如图 4-42 所示。

通过菜单命令“创建”→“简易曲线”→“多边形”，并且按照对话框中的数值设置多边形的各参数。结果如图 4-43 所示。

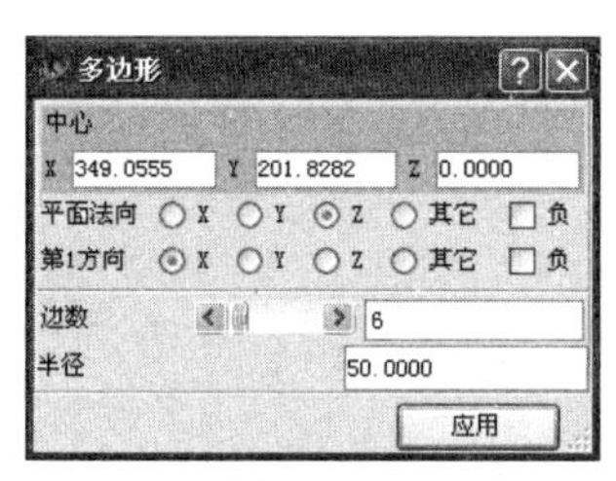


图 4-42

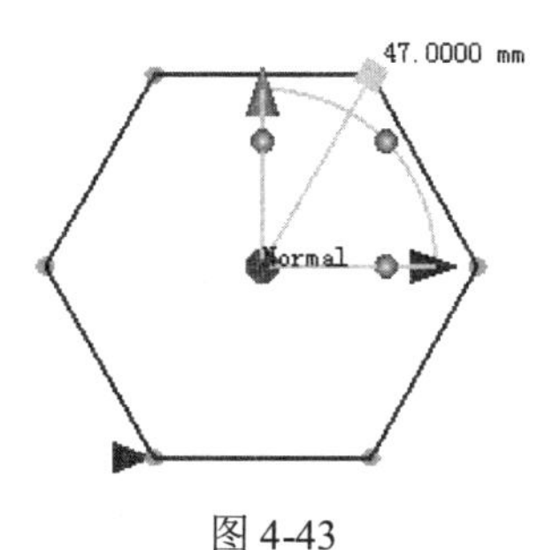


图 4-43

**注意:**

- 多边形的半径是指多边形中心到多边形顶点的距离。
- 多边形的起始点是顶视图中多边形的顶点中的最低点。
- 与其他命令一样，可以通过拖动各种控制点来调整多边形的大小和方向。

## 4.2.9 由点拟合曲线(Curve from Cloud)

前面已经学习了点云的处理方式。由点云抽取的扫描线，在这一节中可以使用如图 4-44 所示的命令菜单，拟合成曲线。

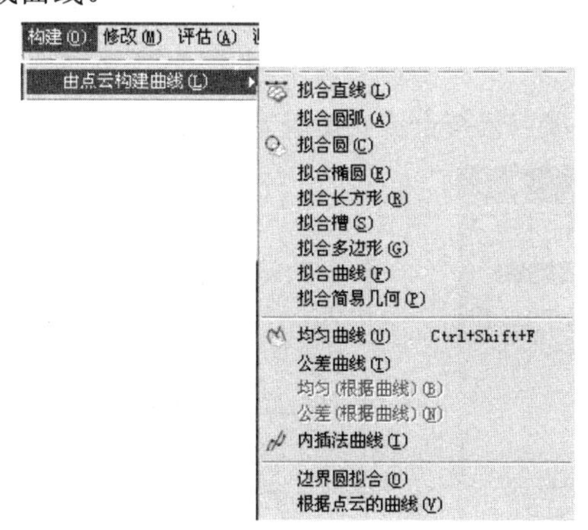


图 4-44

点云拟合成曲线时，根据点云的具体情况可以使用不同的命令来实现。

### 1. 拟合成基本曲线

拟合成基本曲线就是当点云的形状与基本曲线相近时，将它拟合成最为接近的一种基本曲线。这里总共有 7 种基本曲线类型，如图 4-45 所示。

【操作步骤】

(1) 打开文件 4-3.imw。

| | |
|---|---|
| | 源文件：\part\ch4\4-3.imw |
| | 操作结果文件：\part\ch4\finish\4-3_finish.imw |

图 4-45

(2) 通过菜单命令“构建”→“由点云构建曲线”→“拟合直线”等命令依次将曲线拟合成相应的基本曲线。这里以拟合成椭圆为例说明。其对话框如图 4-46 所示。

(3) 在“点云”栏选择要拟合成为椭圆的点云。这里选择点云 ellipse。

(4) 单击“应用”按钮确定。此时在“结果”栏中可以得到关于拟合成的椭圆的基本信息。

依照同样的方式，将每种点云拟合成相近基本曲线。其结果如图 4-47 所示。

图 4-46

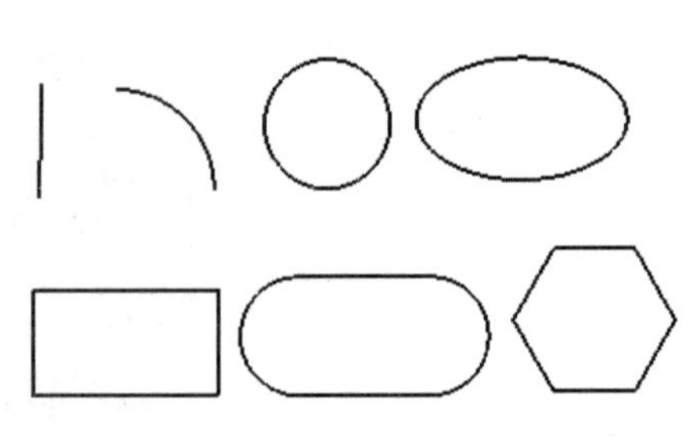

图 4-47

**注意:**

- 不同的基本曲线类型拟合后在“结果”栏中会显示各自的相关信息，这些信息在后期操作中非常有用。
- 当使用“自动排除点”时，需要指定点云上多个点，来拟合成基本曲线。

## 2. 拟合成均匀的曲线

拟合成均匀的曲线命令是一个经常用到的命令，在这个命令中通过指定均匀曲线的阶数和控制顶点数，以及使用系统默认的拟合的参数，将点云拟合成均匀的曲线。其对话框如图 4-48 所示。其快捷键为 Ctrl+Shift+F。

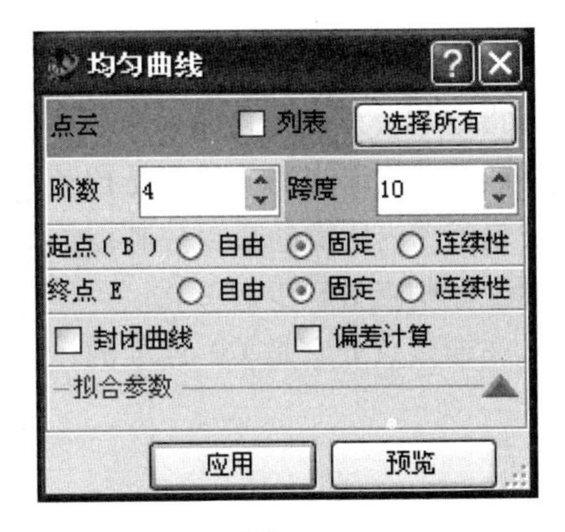


图 4-48

【操作步骤】

(1) 打开文件 4-4.imw。

| | |
|---|---|
| | 源文件：\part\ch4\4-4.imw |
| | 操作结果文件：\part\ch4\finish\4-4_finish.imw |

(2) 通过菜单命令“构建”→“由点云构建曲线”→“均匀曲线”，可以得到如图 4-48 所示的对话框。

(3) 单击“点云”栏，在视图中选择点云。

(4) 在“阶数”栏设定曲线的阶数为 4，在“跨度”栏中设定 10。

(5) 在“起点”“终点”栏中选择“固定”，使得拟合成的均匀曲线必须通过点云的起始点和终点。

(6) 在“拟合参数”栏中显示了系统设定的各类拟合参数。

(7) 单击“应用”按钮确定。结果如图 4-49 所示。

图 4-49

**注意：**

- 单击“预览”按钮可以动态地观察拟合效果。用户可以自己选择不同阶数和曲线节点数观察一下拟合的效果。
- 系统误差可以在“编辑”→“参数设定”里的系统建模中设定。

### 3. 公差曲线

“公差曲线”命令就是根据指定的公差，拟合曲线。

该命令是用误差量来拟合曲线的，构造出的曲线就是控制在公差范围之内的。此种曲线为非均匀曲线，控制点数是在公差范围内所需的最少控制点数，排列方式在曲率变化较大的位置会有较多控制点，曲率平缓处控制点数较少。

如果是拟合一条闭口曲线，在连接点处它是 C2 连续的，且阶数固定为 3。其对话框如图 4-50 所示。

【操作步骤】

(1) 打开文件 4-5.imw。

| | |
|---|---|
| | 源文件：\part\ch4\4-5.imw |
| | 操作结果文件：\part\ch4\finish\4-5_finish.imw |

(2) 通过菜单命令“构建”→“由点云构建曲线”→“公差曲线”，可以得到如图 4-50 所示的按公差拟合曲线对话框。

(3) 单击“点云”栏，在视图中选择点云。

(4) 在“阶数”栏设定曲线的阶数为 4。

(5) 单击“应用”按钮确定。结果如图 4-51 所示。

图 4-50

图 4-51

**注意：**

若要测定拟合曲线的品质，可以使用命令“测量”→“曲线”→“点云偏差”。快捷键为 Ctrl + Shift + Q。

在“偏差模式”栏中可以设定公差模式，这里有三种模式供选择。

- 最大误差：以最大误差不超过设定范围的原则来运算。
- 平均误差：以平均误差来作运算标准。
- 比例：以设定误差百分比的方式运算。选中它后，会要求输入百分比的值。

### 4. 内插法曲线

“内插法曲线”就是对点云插值构造出 B 样条曲线。其对话框如图 4-52 所示。

用上例中的点云拟合成的插值曲线如图 4-53 所示。

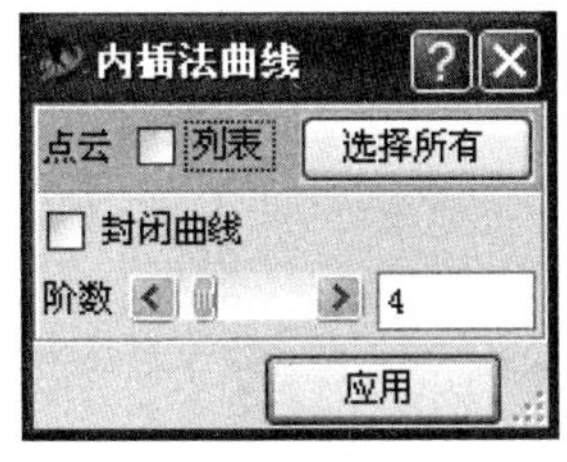


图 4-52

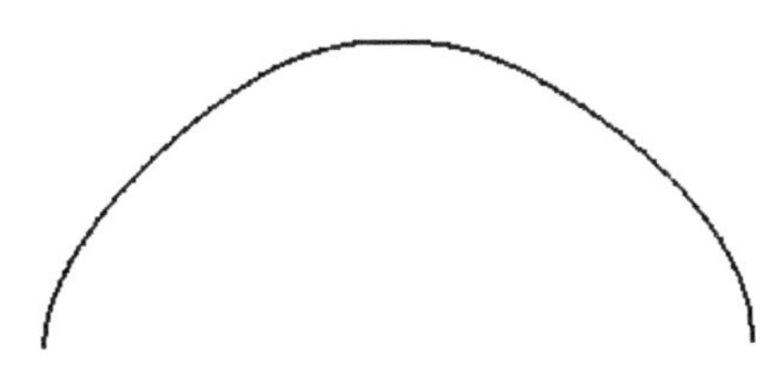

图 4-53

**注意：**

- 该命令所构造的曲线会经过所有的点，仅就误差而言，是比较小的。
- 它的控制点数(与点云中的点数相同)会偏多，往往并不是一条好的曲线。
- 这个功能比较适用于快速找出曲线或只是要将点云、断面构造成曲线，再输出到其他 CAD 系统以方便使用的场合。
- 该方法生成的曲线是非均匀曲线。

## 4.2.10 提取曲面上的曲线(Curve from Surface)

Imageware 中提供的提取曲面上的曲线的命令菜单如图 4-54 所示。

图 4-54

### 1. 取出 3D 曲线

指定曲面的 U 或 V 参数，由曲面的等参线上构造出一条 3D 曲线。该命令是将曲面中的 U、V 向量曲线撷取出来，用户可以自行设定 UV 向量的参数，系统会在相应位置创建一条 3D 曲线。其对话框如图 4-55 所示。

【操作步骤】

(1) 打开文件 4-6.imw。

| | |
|---|---|
| | 源文件：\part\ch4\4-6.imw |
| | 操作结果文件：\part\ch4\finish\4-6_finish.imw |

(2) 通过菜单命令“构建”→“提取曲面上的曲线”→“取出 3D 曲线”，可以得到如图 4-55 所示的对话框。

(3) 在“曲面”栏选择 V 向量曲线。将曲线的位置定位于曲面的边线位置，如图 4-56 所示。

(4) 单击“应用”按钮确定。

图 4-55

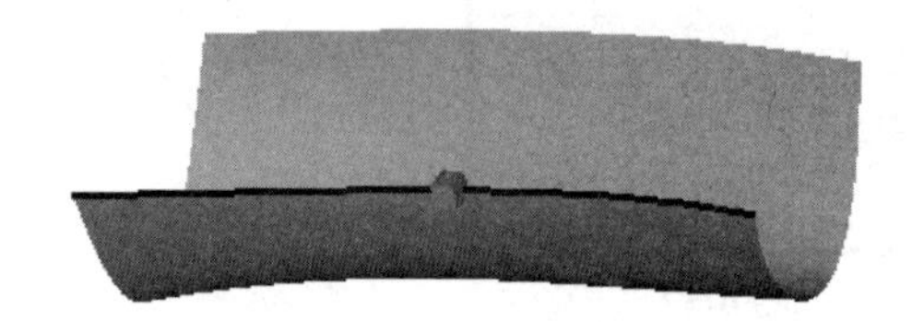

图 4-56

### 2. 创建圆柱/圆锥体轴线

圆柱或圆锥曲面的中心轴线命令可以直接找出并创建圆柱或圆锥曲面的中心轴线，阶数是 2 阶。其对话框如图 4-57 所示。

【操作步骤】

(1) 打开文件 4-7.imw。

| | |
|---|---|
| | 源文件：\part\ch4\4-7.imw |
| | 操作结果文件：\part\ch4\finish\4-7_finish.imw |

(2) 通过菜单命令“构建”→“提取曲面上的曲线”→“创建圆柱/圆锥体轴线”，可以得到如图 4-57 所示的对话框。

(3) 在“曲面”栏选择 Cylinder。

(4) 单击“应用”按钮确定。结果如图 4-58 所示。

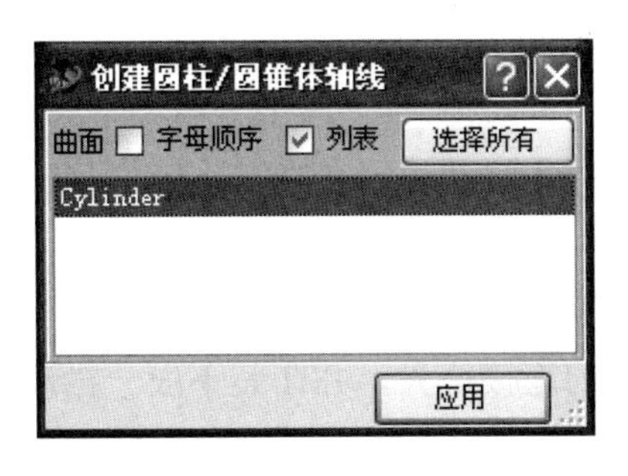


图 4-57

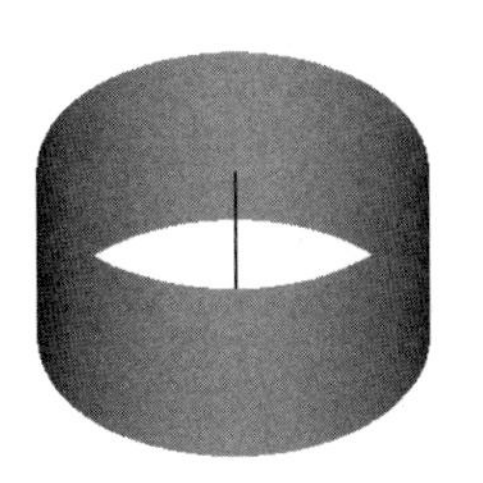

图 4-58

**注意:**

- 对于点云资料，需要先将其拟合成圆柱或圆锥曲面后，再使用本功能。
- 此轴线是 3D 曲线，即使删除曲面资料，它也会被保留下来。

# 4.3 编辑曲线

## 4.3.1 桥接曲线(Blend)

桥接曲线就是将两条不相连的曲线用第三条曲线按一定方式连接起来。在对桥接曲线操作时需注意两条曲线的相对位置和各自的走势，若一高一低，在连接后，往往效果会很差。其对话框如图 4-59 所示。

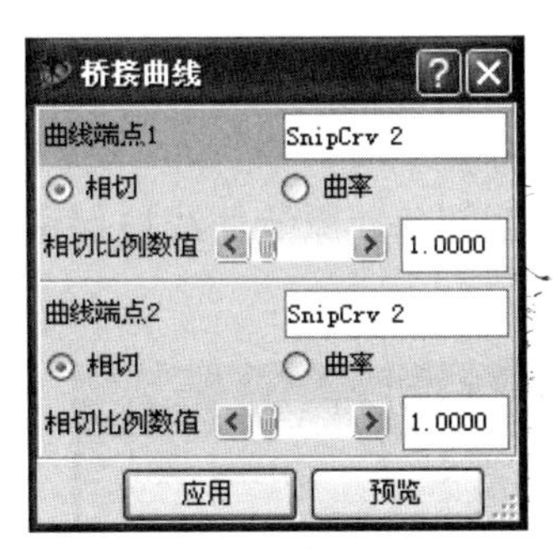


图 4-59

【操作步骤】

(1) 打开文件 4-8.imw。看到有两条不相连的曲线，如图 4-60 所示。

| | |
|---|---|
| | 源文件：\part\ch4\4-8.imw |
| | 操作结果文件：\part\ch4\finish\4-8_finish1.imw |

(2) 通过菜单命令“构建”→“桥接”→“曲线”，可以得到如图 4-59 所示的桥接曲线对话框。

(3) 在“曲线端点 1”栏指定第一条曲线的连接边界，并在其下面一栏设定该曲线边界的连续性类型为“相切”。

(4) 选择“相切比例数值”栏中的影响因子为 1。

(5) 在“曲线端点 2”栏指定第二条曲线的连接边界，并在其下面一栏设定该曲线边界的连续性类型也为“相切”。

(6) 选择“相切比例数值”栏中的影响因子为 1。

(7) 单击“应用”按钮确定。结果如图 4-61 所示。

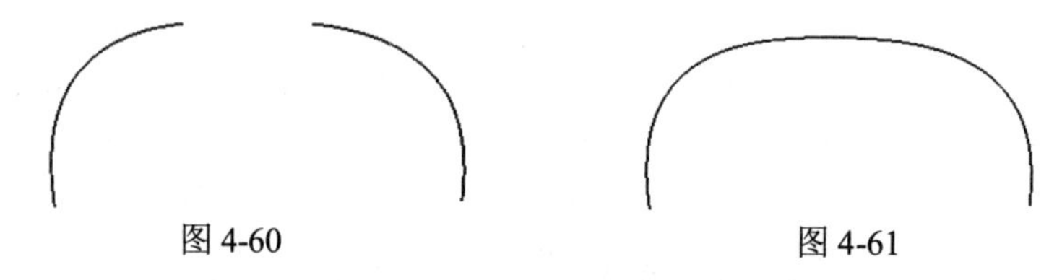

图 4-60　　图 4-61

**注意:**

- 相切连续影响前 2 个控制点。
- 曲率连续影响前 3 个控制点。
- 单击“预览”按钮可以动态地观察拟合效果。用户可以自己选择不同阶数和曲线节点数观察一下拟合的效果。

## 4.3.2 倒角(Fillet)

“倒角”命令就是为两条曲线倒圆角。原始曲线被保留，同时生成修剪的曲线。其对话框如图 4-62 所示。

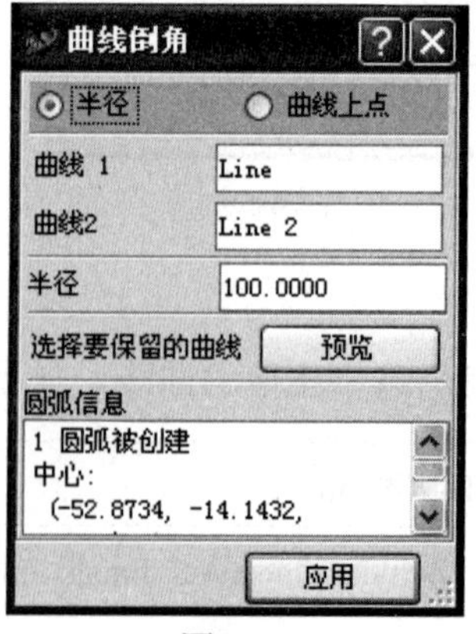


图 4-62

【操作步骤】

(1) 打开文件 4-9.imw。

| | |
|---|---|
| | 源文件：\part\ch4\4-9.imw |
| | 操作结果文件：\part\ch4\finish\4-9_finish.imw |

(2) 通过菜单命令“构建”→“倒角”→“曲线”，可以得到如图 4-62 所示的对话框。

(3) 在倒圆角的方式栏选择“半径”，给定圆角半径方式。

(4) 在“曲线 1”栏指定第一条曲线。

(5) 在“曲线 2”栏指定第二条曲线。

(6) 在“半径”栏输入倒圆角的半径值，这里输入 100mm。

(7) 单击“半径”按钮确定。结果如图 4-63(a)所示。图 4-63(b)给出了倒圆角方式为指定两个端点的方式创建圆角的结果。

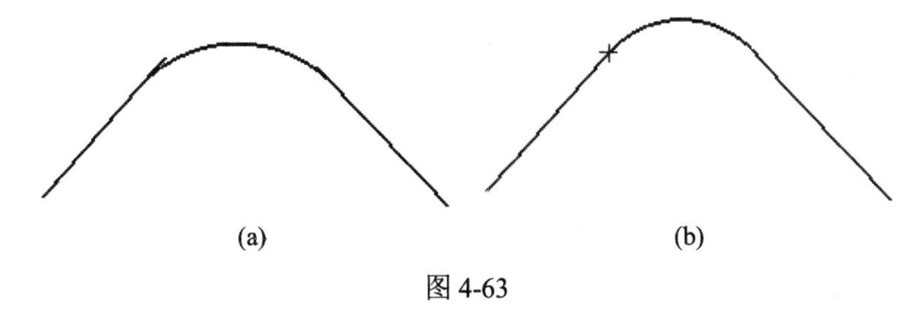

(a) (b)

图 4-63

**注意：**

- 新创建的倒角圆的起点和终点的切线方向分别与第一条和第二条曲线的切线方向同向。
- 如果原始曲线是共面的，则倒角圆就是圆弧；否则，将两条曲线先投影到同一个平面，再创建倒角圆。
- 如果两条曲线在倒角前是相交的，这时所选择的倒角是由曲线的方向和用户选取的先后顺序共同决定的。倒角后会产生新的曲线来连接，而原先的曲线则必须删除，才算完成倒角操作。
- 倒圆角方式选择“曲线上点”时的对话框如图 4-64 所示。

图 4-64

倒圆角命令除了上述方式外还可以通过以下相似的命令来完成。

- “构建”→“倒角”→“相切曲线圆弧”命令：作与已知曲线相切的圆弧，可以通过三种方式来完成这一命令，分别是指定曲线、一个过点及圆弧半径；指定曲线上的一点和圆弧半径；指定曲线上的一点以及另一个过点。
- “构建”→“倒角”→“动态拟合圆弧”命令：相当于一个圆角的修复命令，可以通过此命令在圆弧上截取需要的片段。

## 4.3.3 偏移曲线(Offset)

“偏移”命令是将曲线偏置一定的距离生成新的曲线。其对话框如图 4-65 所示。

【操作步骤】

(1) 打开文件 4-10.imw。

| | |
|---|---|
| | 源文件：\part\ch4\4-10.imw |
| | 操作结果文件：\part\ch4\finish\4-10_finish1.imw |

(2) 通过菜单命令“构建”→“偏移”→“曲线”，可以得到如图 4-65 所示的“偏移曲线”对话框。

(3) 在“3D 曲线”栏选择需要偏置的曲线。

(4) 在“距离”栏输入偏置的距离，当选中“在视图方向范围内”复选框时，这一距离指的是视图方向的最短距离。

(5) 单击“预览”按钮，并拖动轴向控制点至偏置距离为 50，观察动态的变换过程，如图 4-66 所示。

图 4-65

轴向控制点

50.0000

图 4-66

(6) 单击“应用”按钮确定。

**注意：**

- 在进行该选项的操作时，需注意，如果偏移量太大，系统会自动产生一个最大偏移量，以保证曲线不变形。
- 节减公差：偏移后新的曲线与原来的线型的误差变化量。
- 通常是选中“保持节点向量”，以使偏移后的曲线的控制点数不会与原始曲线控制点数相差太多。但可能会导致生成的曲线与原始曲线有较大的变化。
- 单击“预览”按钮可以预览效果。

## 4.3.4 相交(Intersection)

“相交”命令就是检测两曲线的交点，并用点云表示该交点。当两曲线相交时，欲求得两曲线的交点，可用此功能找出。其对话框如图 4-67 所示。

【操作步骤】

(1) 打开文件 4-11.imw。

| | |
|---|---|
| | 源文件：\part\ch4\4-11.imw |
| | 操作结果文件：\part\ch4\finish\4-11_finish.imw |

(2) 通过菜单命令“构建”→“相交”→“曲线”，可以得到如图 4-67 所示的对话框。

(3) 单击“曲线 1”栏，然后在视图区域选择一条曲线，这里选择 Line。

(4) 单击“曲线 2”栏，然后在视图区域选择另一条曲线，这里选择 Curve。

(5) 单击“选择要保留的点”栏的“预览”按钮可以预览生成的点。

(6) 单击“应用”按钮确定。结果如图 4-68 所示。

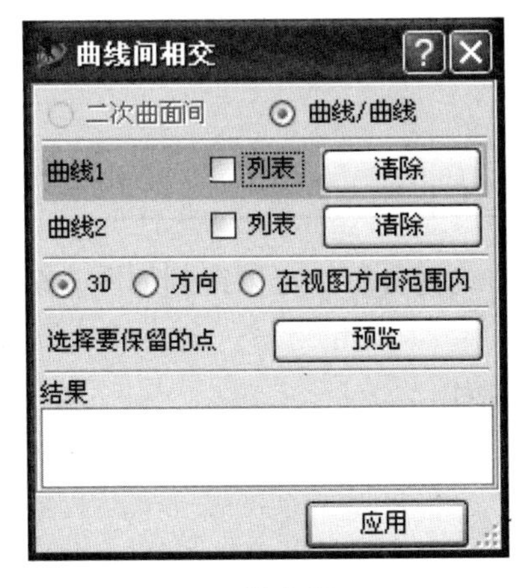


图 4-67

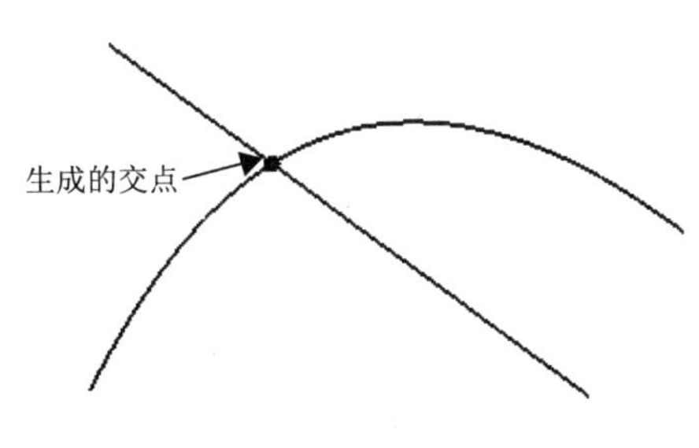


图 4-68

**注意：**

- 如果曲线相交的点不只一个，则会有多个交点产生。每个交点用一个点云表示。
- 当曲线间有多个交点而用户不是全部需要时，可以单击“选择要保留的点”栏的“预览”按钮，在视图区域将显示出所有的交点，用户只需单击想要保留的交点(高亮显示)即可，其余的交点将不生成。
- 当曲线没有显示的交点时，将生成延长线上的交点。

### 4.3.5 缝合两曲线(Match)

缝合两曲线命令是给定两条曲线，通过修改个别的曲线，生成一个光顺且连续的曲线。新生成的曲线将直接替代原来的曲线。其对话框如图 4-69 所示。

这一命令是通过修改曲线的控制点数和曲线端点的延伸线，使得缝合的两条曲线或曲线与等参数曲面满足一定连续性的要求。最后生成的曲线的阶数与两条曲线中的高者相同。

如果两条曲线中的任意一条是有理数的，则生成的曲线也是有理数的。本操作不要求两个实体有相同的参数方向。

连续性的选择取决于应用场合和缝合的类型。

如果两条曲线只需要在缝合处位置连续，就不要用切线或曲率连续，因为后者会改变曲线的外形。

另外，如果两条曲线应该保持曲率连续，就不要用位置或切线连续，否则将得不到足够光顺的连接。

【操作步骤】

(1) 打开文件 4-8.imw。

| | |
|---|---|
| | 源文件：\part\ch4\4-8.imw |
| | 操作结果文件：\part\ch4\finish\4-8_finish2.imw |

(2) 通过菜单命令“修改”→“连接性”→“2 曲线缝合”，可以得到如图 4-69 所示的对话框。

(3) 单击“曲线”栏，然后在视图区域选择一条曲线。

(4) 单击“曲线 2”栏，然后在视图区域选择第二条曲线。

(5) 在它们的“相切比例数值”栏都选择 1。

(6) 在连续性性质栏选择相切。

(7) 在修正属性栏中选择“合并”和“平均”，表示同时改变两条曲线，并且修正结果取平均值。

(8) 单击“预览”按钮，在视图区域拖动两个控制点，动态观察其变换。

(9) 调整完毕后，单击“应用”按钮确定。结果如图 4-70 所示。

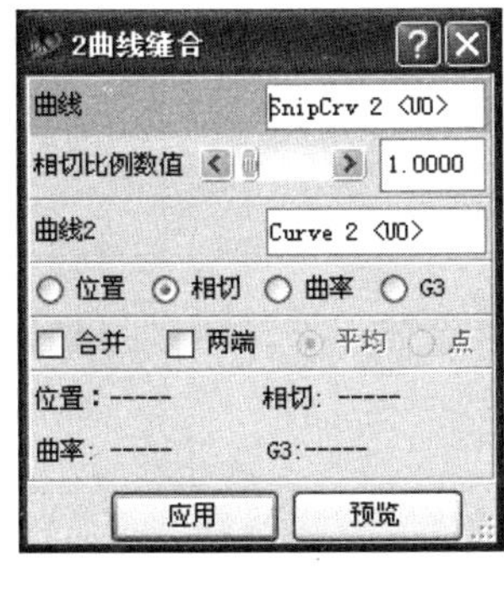


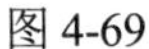
图 4-69

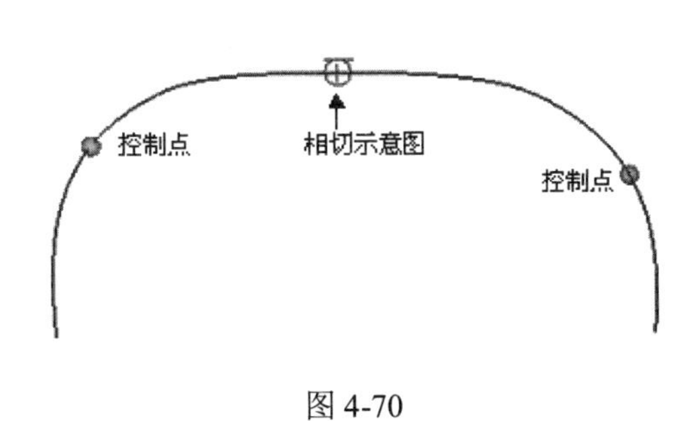


图 4-70

## 4.3.6 曲线重新建参数化(Reparameterize)

“重新建参数化”命令是对指定的曲线作均匀参数化，或依照已有的曲线作参数化。如果是均匀参数化，节点在曲线的参数方向上将均匀分布。其对话框如图 4-71 所示。

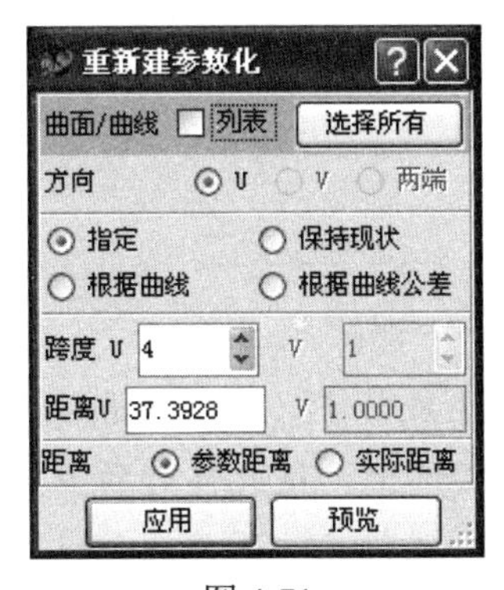


图 4-71

**注意：**

- 当指定控制点数，对话框中的节点间距相应更新，反之亦然。
- 如果选择了“保持现状”选项，软件用已有的控制点数对曲线重新参数化。
- 当指定“根据曲线”参数化方式时，需指定另一条参考曲线，软件用参考曲线的控制点数对其重新参数化。

## 4.3.7 插入和移除节点(Insert/Remove Knots)

“插入和移除节点”命令就是在曲线的指定位置插入节点，或者移除指定的节点以及与它们相关的控制点，以光顺节点所在的区域。其对话框如图 4-72 所示。

【操作步骤】

(1) 打开文件 4-10.imw。

| | |
|---|---|
| | 源文件：\part\ch4\4-10.imw |
| | 操作结果文件：\part\ch4\finish\4-10_finish2.imw |

(2) 通过菜单命令“修改”→“参数控制”→“插入/移除节点”，可以得到如图 4-72 所示的“插入/移除节点”对话框。

(3) 在修改方式栏中选择“自动”。

(4) 单击“曲线/曲面”栏选择需要修改的曲线。

(5) 将视图中的控制点移动到需要插入节点的位置。

(6) 单击“应用”按钮确定。结果如图 4-73 所示。

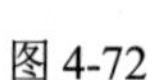
图 4-72

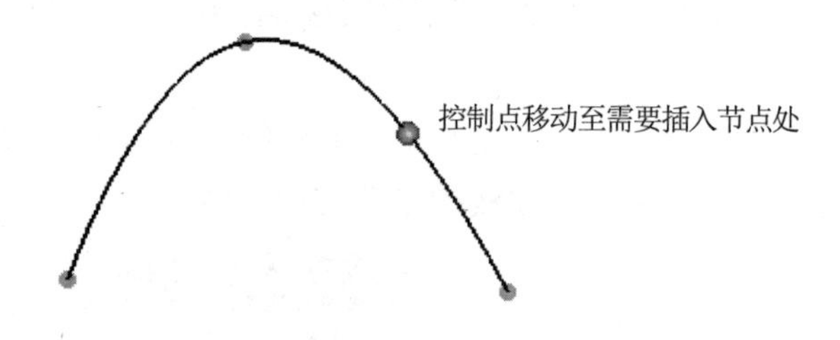


图 4-73

**注意：**

- 对曲线的许多操作都会生成节点，有些节点互相很接近，且对曲线的几何外形没有明显的用处。实际上，彼此靠近的节点会引起曲线打皱，应该清除。在删除节点时，会引入偏差，用户应注意对话框中输出的偏差值。因为单个的偏差是位于曲线上不同的位置的，所以总的偏差并不是单个偏差的简单加和。
- 若曲线的节点过少，以致无法保持曲线的外形，则可在需要的位置插入节点，这样曲线将得到较好的控制方式。
- 修改方式“自动”实际上是“插入”和“移动”的简化，当控制点所在位置原先没有节点时，系统将自动插入节点；而当控制点移动到原先有的节点的位置时，系统将移除此节点。

## 4.3.8 重新分配 B 样条线(Redistribute)

重新分配 B 样条线命令就是重新指定曲线的阶数和节点数。其对话框如图 4-74 所示。

【操作步骤】

(1) 打开文件 4-10.imw。

| | |
|---|---|
| | 源文件：\part\ch4\4-10.imw |
| | 操作结果文件：\part\ch4\finish\4-10_finish3.imw |

(2) 通过菜单命令“修改”→“参数控制”→“重新分配”，可以得到如图 4-74 所示的对话框。

(3) 单击“曲面/曲线”栏选择需要修改的曲线。

(4) 选择“显示”→“曲线”→“显示所有节点”，使得曲线的内部节点可见，以便观察。

(5) 单击“预览”按钮，将 Order 调节成 5，跨度调节成 3，观察曲线的变化，如图 4-75 所示。

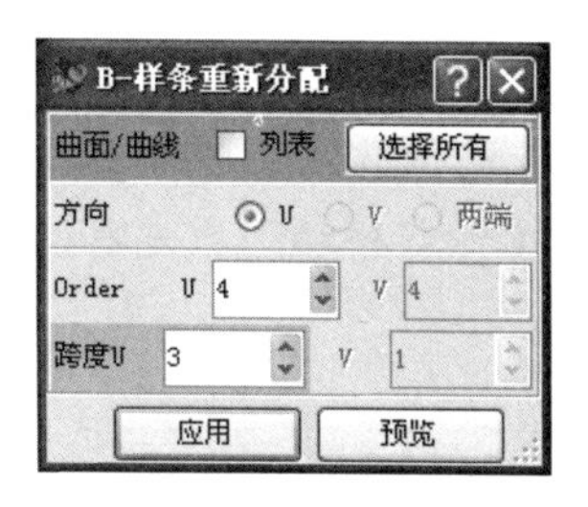


图 4-74

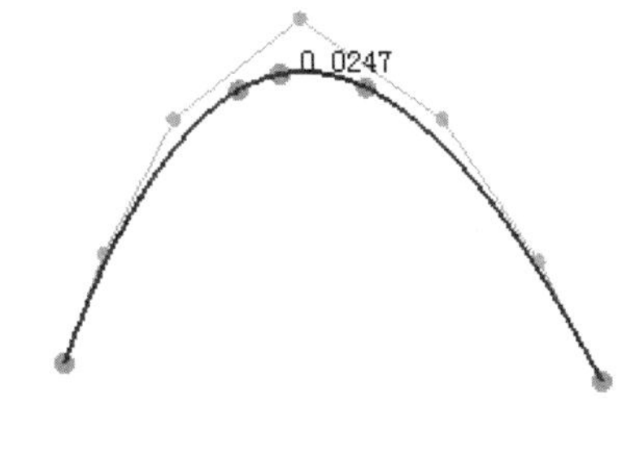


图 4-75

(6) 单击“应用”按钮确定。

## 4.3.9 插入/移除曲线控制点(Insert/Remove Control Points)

“插入/移除曲线控制点”命令与“插入/移除节点”命令相似，这一命令就是在控制点区域插入或删除控制点来修改曲线。其对话框如图 4-76 所示。

【操作步骤】

(1) 打开文件 4-10.imw。

| | |
|---|---|
| | 源文件：\part\ch4\4-10.imw |
| | 操作结果文件：\part\ch4\finish\4-10_finish4.imw |

(2) 通过菜单命令“修改”→“参数控制”→“插入/移除曲线控制点”，可以得到如图 4-76 所示的对话框。

(3) 在修改方式栏中选择“自动”。

(4) 单击“曲线”栏选择需要修改的曲线。

(5) 将视图中的控制点移动到需要插入控制点的位置，如图 4-77 所示。

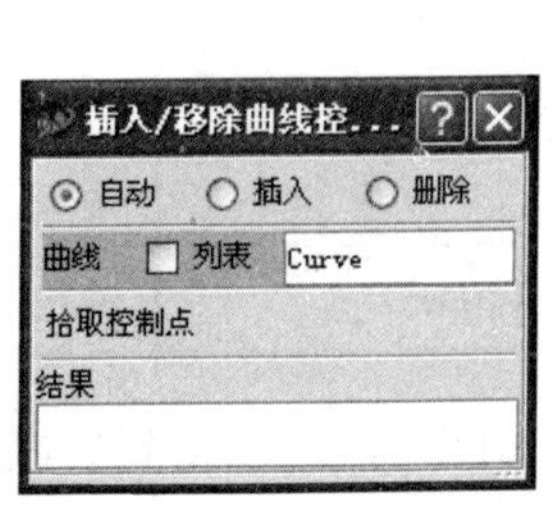


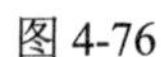
图 4-76

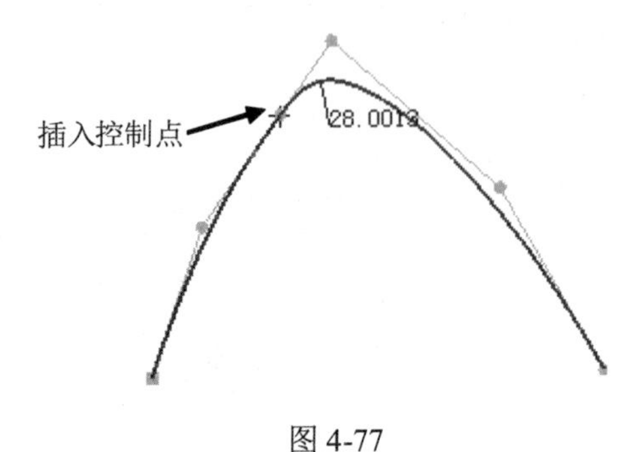


图 4-77

(6) 单击“应用”按钮确定。

**注意:**

- 修改后系统将显示生成的新的曲线与原始曲线的差异，修改后生成的曲线将替代原始曲线。
- 修改方式“自动”实际上是“插入”和“移除”的简化，当控制点所在位置原先没有节点时，系统将自动插入节点；而当控制点移动到原先有的节点的位置时，系统将删除此节点。

## 4.3.10 延伸(Extend)

延伸命令就是将曲线延伸至用户指定的点。其对话框如图 4-78 所示。

【操作步骤】

(1) 打开文件 4-12.imw。

| | |
|---|---|
| | 源文件：\part\ch4\4-12.imw |
| | 操作结果文件：\part\ch4\finish\4-12_finish.imw |

(2) 通过菜单命令“修改”→“延伸”，可以得到如图 4-78 所示的“延伸”对话框。

(3) 单击“曲面边界/曲线端点”栏，在视图中单击曲线延伸端。

(4) 在连续性栏选择“相切”。单击“预览”按钮查看预览效果。

(5) 选中“延伸到曲线”复选框，然后在视图区域选择相应曲线。这里选择 Line。

(6) 单击“应用”按钮确定。其结果如图 4-79 所示。

图 4-78

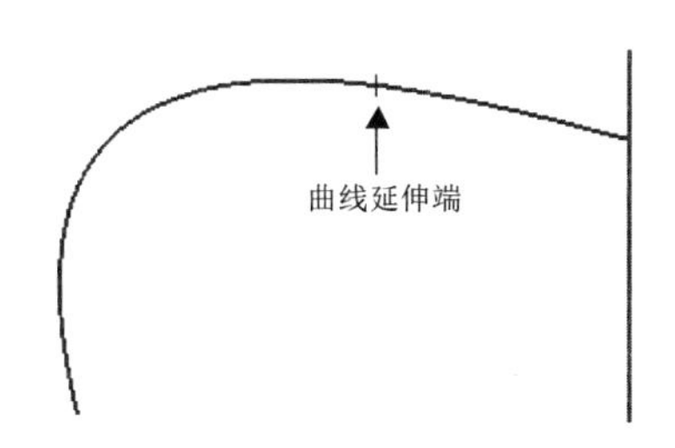


图 4-79

**注意：**

- 延长曲线的连续性除了相切也可根据需要选择曲率连续或者自然延续等。
- 除了上述延伸到某一曲线，也可以在“距离”栏中输入延长的数值来延长曲线。
- 当选中“延续为新的”复选框时，系统将把生成的新曲线分成原始曲线和延长段两部分。
- 当选中“复制物件”复选框时，系统将在生成新曲线的同时保留原始曲线。

## 4.3.11 光滑处理(Smooth)

“光滑处理”命令就是光顺曲线上指定的区域。其对话框如图 4-80 所示。

图 4-80

【操作步骤】

(1) 打开文件 4-13.imw。

| | |
|---|---|
| | 源文件：\part\ch4\4-13.imw |
| | 操作结果文件：\part\ch4\finish\4-13_finish.imw |

(2) 通过菜单命令“修改”→“光滑处理”→“B 样条”，可以得到如图 4-80 所示的对话框。

(3) 单击“物件”栏，在视图中单击曲线。

(4) 在连续性栏选择“相切”。单击“预览”按钮查看预览效果。

(5) 将“步距”调到 8。

(6) 单击“应用”按钮确定。原始曲线与执行平顺命令后的曲线的对比图如图 4-81(a)和(b)所示。

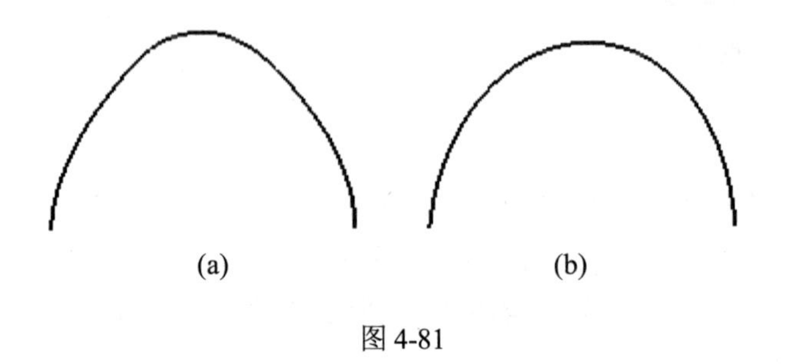

(a)　　(b)

图 4-81

**注意：**

- 曲线若不平顺，由此曲线延伸出来的曲线，或构造出来的曲面，其品质也不会太平顺，本命令可以对曲线做平顺化的操作。
- 如果选中了“最大偏差报告”选项，则会在下面的“结果”栏中输出曲线变化最大的误差。
- 由点云拟合出的曲线，在光顺后，会偏离原始的点云，同时，拟合时获取的特征也可能会丧失。

## 4.3.12　截断曲线(Snip)

截断曲线命令就是用一条参考曲线将一组曲线打断，并为每条曲线生成两条新的曲线。快捷键为 Ctrl+Shift+K。其对话框如图 4-82 所示。

【操作步骤】

(1) 打开文件 4-14.imw。

| | |
|---|---|
| | 源文件：\part\ch4\4-14.imw |
| | 操作结果文件：\part\ch4\finish\4-14_finish.imw |

(2) 通过菜单命令“修改”→“截断”→“截断曲线”，可以得到如图 4-82 所示的“截断曲线”对话框。

(3) 在截断类型栏选择“曲线”，用一条参考曲线剪断曲线。

(4) 单击“曲线”栏，在视图区域选择需要剪断的曲线。这里选择 Curve 2。

(5) 单击“截断曲线”栏，在视图区域选择参考曲线。这里选择 Curve。

(6) 在“相交”栏中选择 3D。

(7) 在“保留”栏中选择“框选”，表示曲线选择的部分保留，超出参考曲线的部分将被剪掉。

(8) 单击“应用”按钮确定。其结果如图 4-83 所示。

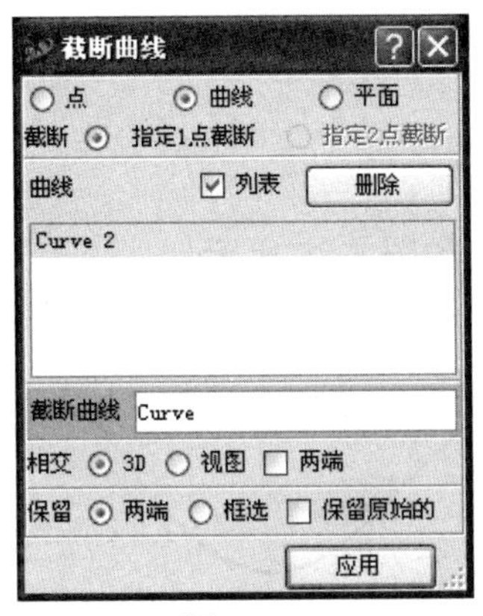

图 4-82

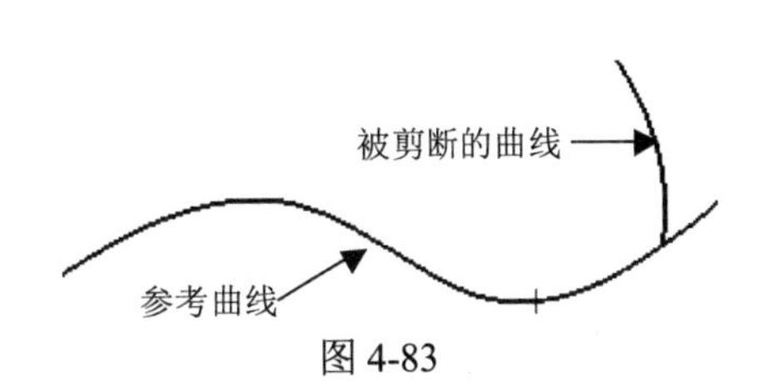


图 4-83

**注意:**

- 如果曲线在 3D 空间中相交，选择 3D 相交类型。如果曲线的投影在某个视角上相交，但在 3D 空间中不相交，选择视图相交类型，曲线将在相交点被打断，否则，软件将找出曲线到参考曲线的最近点，并在该点处将曲线打断。
- 除了用曲线作剪断的参考物之外也可以选择“点”，即在曲线上指定一点来剪断曲线，还可以选择“平面”选项，用曲面来剪裁曲线。

## 4.3.13 反转曲线方向(Reverse Curve Direction)

“反转曲线方向”命令就是反转曲线的参数方向。其快捷键为 Ctrl+Shift+R。其对话框如图 4-84 所示。

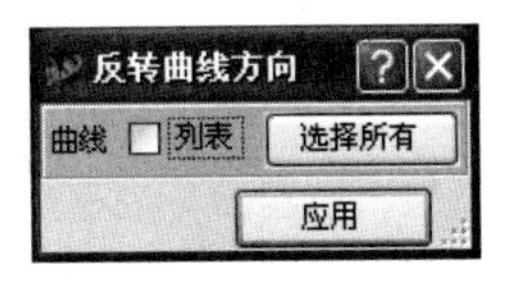


图 4-84

曲线的方向在作图中也是一个非常重要的因素，有时曲线方向不对会造成错误的结果。例如，以正确的顺序剪切曲线，或以相同的方向拉伸曲线以构造曲面等。

反转后的曲线，除了其方向(即起始点和终点的位置)与原始曲线不同外，其他的属性不会改变。

【操作步骤】

(1) 打开文件 4-15.imw。

| | |
|---|---|
| | 源文件：\part\ch4\4-15.imw |
| | 操作结果文件：\part\ch4\finish\4-15_finish.imw |

(2) 通过菜单命令“修改”→“方向”→“反转曲线方向”，可以得到如图 4-84 所示的对话框。

(3) 单击“曲线”栏，在视图中单击曲线。

(4) 单击“应用”按钮确定。结果与原始曲线的对比如图 4-85 所示。

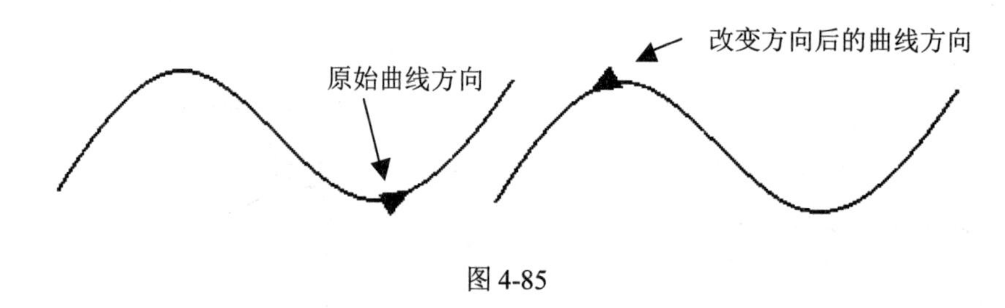


图 4-85

# 4.4 分析曲线

## 4.4.1 控制点矢量图(Control Plot)

“控制点矢量图”命令用来显示指定曲线的控制顶点。其对话框如图 4-86 所示。

图 4-86

【操作步骤】

(1) 打开文件 4-16.imw。

| | |
|---|---|
| | 源文件：\part\ch4\4-16.imw |
| | 操作结果文件：\part\ch4\finish\4-16_finish.imw |

(2) 通过菜单命令“评估”→“控制点矢量图”，可以得到如图 4-86 所示的对话框。

(3) 在视图中单击曲线。

(4) 单击“应用”按钮确定。结果如图 4-87 所示。

**注意：**

- 为了方便用户使用，一些常用的命令可以使用右键浮动工具条来执行。这一点在以后的几个命令中有类似之处，这里做说明后，以后将不再赘述。
- 当需要显示曲线的控制顶点时，只需将鼠标移动到曲线上，单击右键得到如图 4-88 所示的浮动工具条，然后继续按住鼠标右键并移动到显示控制顶点的命令图标上后释放鼠标即可。

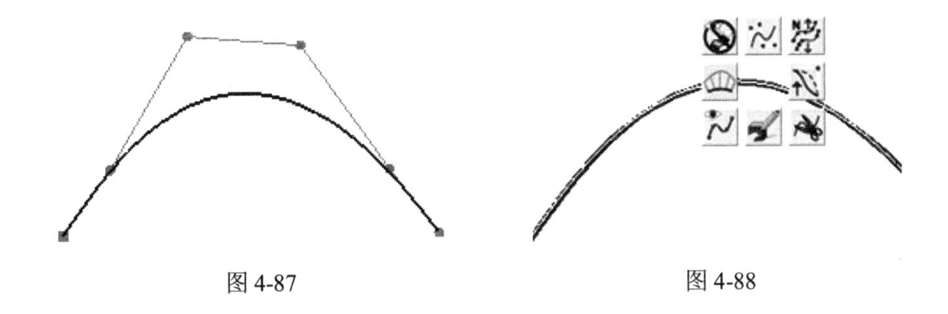

图 4-87　　　　图 4-88

## 4.4.2 曲率(Curvature)

曲率命令用来显示曲线的曲率图。其对话框如图 4-89 所示。

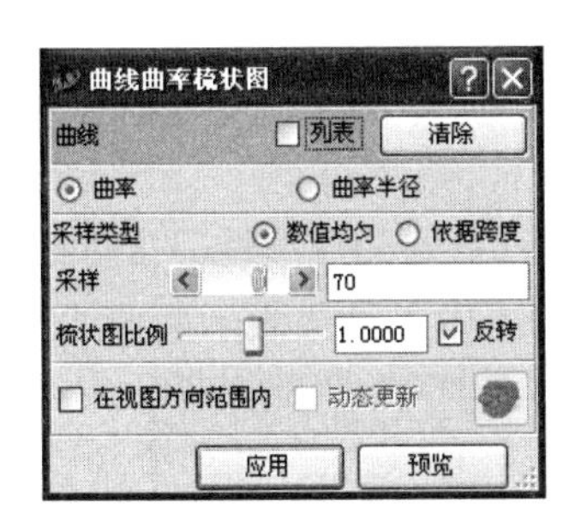


图 4-89

曲率图反映了切线方向沿着曲线变化的速率，是曲率半径的倒数。在视图中以一组不同半径的圆弧表示不同位置的曲率，半径和曲率值的大小成正比例关系。

【操作步骤】

(1) 打开文件 4-17.imw。

| | |
|---|---|
| | 源文件：\part\ch4\4-17.imw |
| | 操作结果文件：\part\ch4\finish\4-17_finish.imw |

(2) 通过菜单命令“评估”→“曲率”→“曲线曲率”，可以得到如图 4-89 所示的对话框。

(3) 在视图中单击曲线。

(4) 选择曲率的类型为“曲率”。

(5) “采样”栏设置成 70。

(6) 单击“应用”按钮确定。结果如图 4-90 所示。

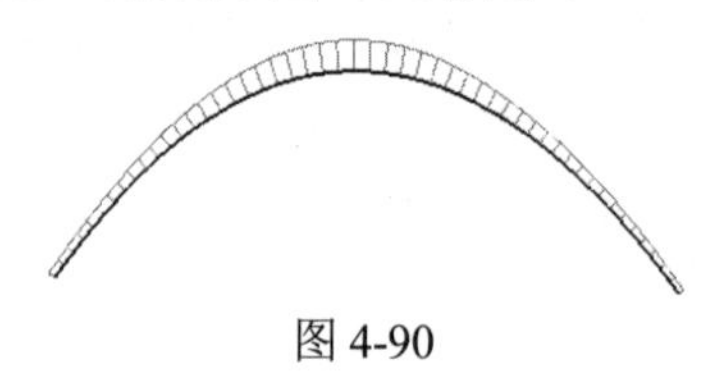

图 4-90

**注意：**

- 如果单击“预览”按钮，对话框的“动态更新”将以高亮显示，此时调节曲率显示的比例因子，可以看到屏幕上的曲率尺寸同步变化。
- 选择“曲率半径”时，将创建曲线的曲率半径分布图。
- 在“动态更新”栏中可以设定显示曲率半径尺寸的比例因子。
- “采样”栏设定的数值表示每段曲线显示的曲率半径的个数。
- 直线的曲率半径是无限长的，而超过系统定义的线段长度将被剪除。为便于用户查看，曲线上的直线部分的曲率半径将在曲线的两端都画出线段。

## 4.4.3 连续性(Continuity)

连续性命令用来诊断两条曲线间的连续性。其快捷键为 Ctrl+Shift+O。其对话框如图 4-91 所示。

该命令检测两曲线相接是否具有良好的连续性。在对话框中可以设定连续的方式，结果显示在“连续性报告”栏中。图 4-91 中的结果表示两曲线相切不连续。

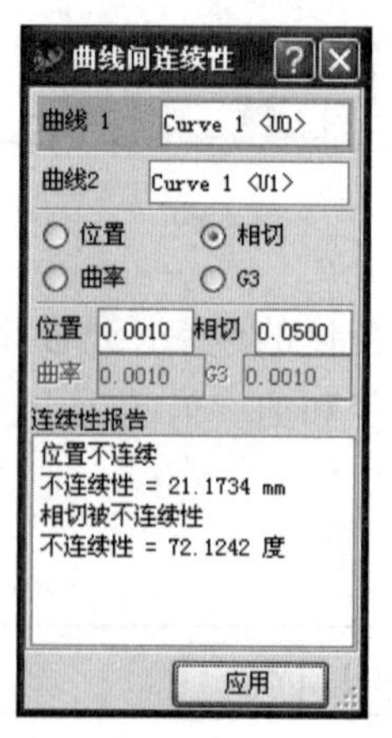


图 4-91

### 4.4.4 曲线—点云偏差(Curve-Cloud Difference)

“曲线—点云偏差”命令就是根据指定的检查范围，计算并报告曲线与点云之间的差值。其快捷键为 Ctrl+Shift+Q。其对话框如图 4-92 所示。

【操作步骤】

(1) 打开文件 4-18.imw。

| | |
|---|---|
| | 源文件：\part\ch4\4-18.imw |
| | 操作结果文件：\part\ch4\finish\4-18_finish.imw |

(2) 通过菜单命令“测量”→“曲线”→“点云偏差”，可以得到如图 4-92 所示的对话框。

(3) 在显示方式栏中选择“数量数值矢量图”。

(4) “采样”栏设置成 12。

(5) “梳状图比例”栏设置成 50，以方便观察。

(6) 单击“应用”按钮确定。结果如图 4-93 所示。

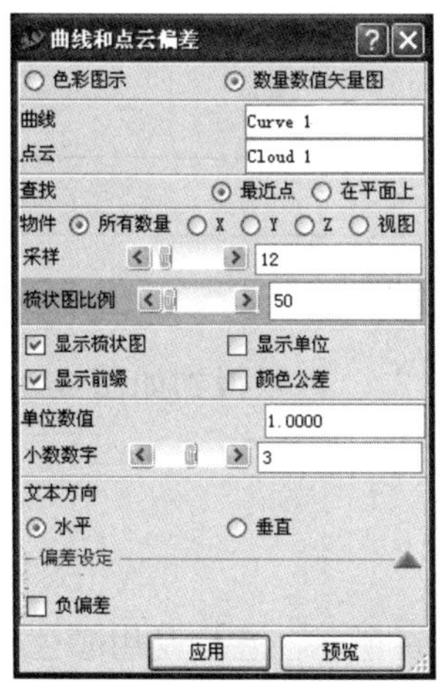


图 4-92

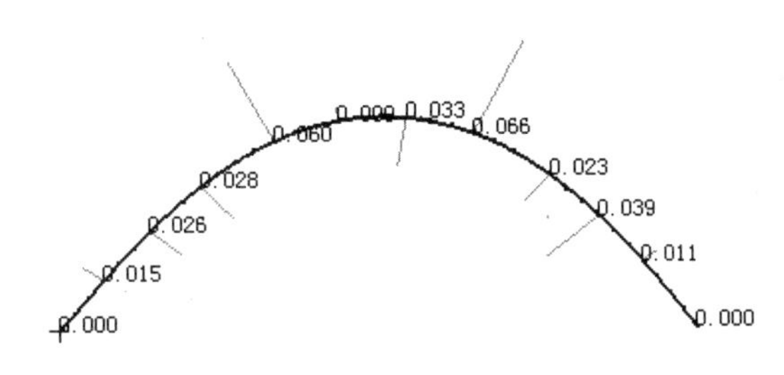


图 4-93

**注意：**

- 曲线—点云差异也可以用“色彩图示”的形式显示出来。
- 当选用“色彩图示”时，曲线与点云每点的差异将用一条彩色曲线表示出来，各种颜色代表的误差范围将在屏幕上给出，同时给出误差报告，用户对照以后得到一个误差的大概值。
- 在“偏差设定”栏设定了误差范围，该值可以排除噪音点的干扰。如果不能确定值的大小，可以先在适当的位置查询点到点的距离，然后再确定该值。

## 4.4.5 曲线—曲线偏差(Curve to Curve Difference)

“曲线—曲线偏差”命令就是根据指定的检查范围，计算并报告曲线与曲线之间的差值。其对话框如图 4-94 所示。

对于第一组曲线上的每一点，软件分别计算它们到其他曲线的距离，并显示分析的数据。最后的统计数据包括最大和平均的正负偏差。

软件将只计算两条曲线公共区域的偏差。因为这个问题没有很好的定义，一些不该被用于计算偏差的区域如果被利用，会引起统计的数据不能精确反映曲线间的偏差。通常的做法是，在执行该操作之前，将多余的部分修剪掉。

图 4-94

【操作步骤】

(1) 打开文件 4-19.imw。

| | |
|---|---|
| | 源文件：\part\ch4\4-19.imw |
| | 操作结果文件：\part\ch4\finish\4-19_finish.imw |

(2) 通过菜单命令“测量”→“曲线”→“曲线偏差”，可以得到如图 4-94 所示的对话框。

(3) 在“曲线组 1”栏中选择一条曲线。

(4) 在“曲线组 2”栏中选择另一条曲线。

(5) 单击“应用”按钮确定。结果如图 4-95 和图 4-96 所示，它们是用颜色表示的误差和一份误差报告。

**注意：**

- 当选用“色彩图示”时曲线与点云每点的差异将用一条彩色曲线表示出来，各种颜色代表的误差范围将在屏幕上给出，同时给出误差报告，用户对照以后得到一个误差的大概值。
- 误差报告中显示了最大误差和平均误差。

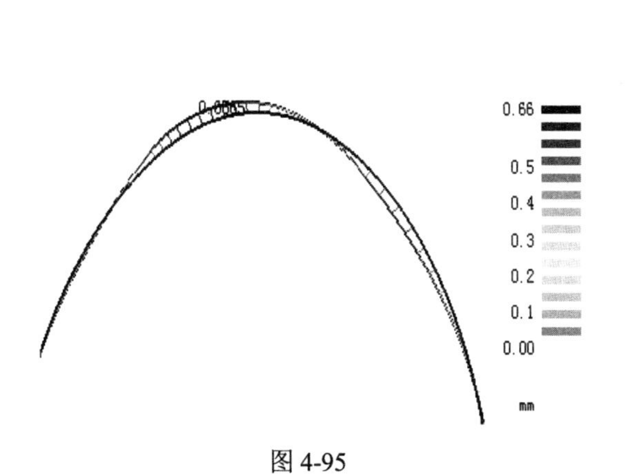


图 4-95

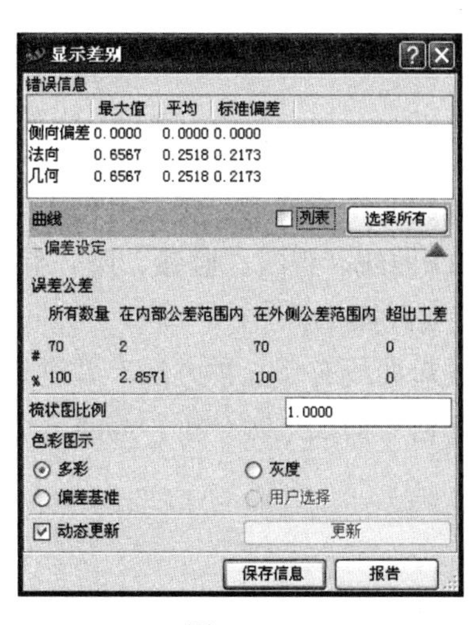


图 4-96

## 4.4.6 测量曲线–点距离(Point to Curve Closest)

测量曲线—点距离命令用来显示一点到曲线上最近点的距离。其对话框如图 4-97 所示。

【操作步骤】

(1) 打开文件 4-20.imw。

| | |
|---|---|
| | 源文件：\part\ch4\4-20.imw |
| | 操作结果文件：\part\ch4\finish\4-20_finish.imw |

(2) 通过菜单命令“测量”→“距离”→“点至曲线最小距离”，可以得到如图 4-97 所示的对话框。

(3) 在“曲线”栏中选择一条曲线。

(4) 在“点”栏中选择一个点。

(5) 单击“应用”按钮确定。结果显示于“距离”栏中，如图 4-97 所示。

图 4-97

## 4.5 思考与练习

1. 曲线的组成要素、类型是什么？如何显示？

2. 3D 曲线、直线、圆弧、圆、椭圆、矩形、槽形、多边形、点拟合的方法有哪些？并分别进行实践操作。

3. 编辑曲线有哪几种方法？并进行实践操作。

4. 如何对曲线进行分析？与点云分析进行比较，异同点是什么？

# 第5章 曲 面 造 型

**本章重点内容**

本章将介绍创建曲面、编辑曲面和基本的曲面分析方法三部分内容。

**本章学习目标**

- 生成曲面的基本方式;
- 由点云拟合曲面;
- 由曲线构建曲面;
- 编辑曲面的基本方法，如混成、修剪、延伸和偏置曲面等;
- 了解初步的曲面分析方法，如检查曲面与点云的差异、曲面的连续性分析等。

## 5.1 曲 面 概 述

### 5.1.1 曲面的要素

曲面的要素主要包括曲面法向、*U* 和 *V* 方向、节点、控制顶点和阶次。

1) 曲面法向

曲面有正法向和负法向，正法向用彩色显示，而负法向用灰色显示。正法向和负法向是曲面的一个朝向趋势，在曲面的不同的点上，法向方向可以是不一样的。

通常曲面的法向和构造曲面的方法有关。例如由边界曲线来构造曲面时，如果用户沿顺时针选取 4 个边界，则生成曲面的法向是对着用户的，即用户看到的曲面的那一面是用彩色显示的。反之，如果用户逆时针选取 4 个边界，生成曲面是负法向对着用户的。

用户可以使用改变曲面法向的菜单命令“修改”→“方向”→“反转曲面法向”或者快捷键 Shift+R，使曲面的正负法向对调。

2) *U* 和 *V* 方向

每个曲面都有 4 条边，每两条边相互垂直的地方被分成为 *U* 和 *V* 方向。*U* 和 *V* 方向也有正负之分。有了这样定性的方向，给以后的修改、编辑带来了很大的方便。

3) 节点

曲面的节点与曲线的节点相似，当曲面由曲线创建时，曲面与曲线有相同的节点。

4) 控制顶点

与曲线的控制顶点相似，曲面的控制顶点也是数学概念上的点，用来控制曲面的形状。通过编辑控制顶点可方便地修改曲面。

5) 阶次

与曲线的阶次相似，阶次可以标明一个曲面的复杂程度。在默认情况下，曲面是 4 阶的。曲面的阶次也是可以调节的，调节范围为 2～22 阶次。曲面阶次越低光顺性越好。较为复杂的曲面需要用到较高的阶次。

### 5.1.2 生成曲面的一般方法

Imageware 中主要提供了以下四种常用的曲面生成方法。

- 直接构建基本曲面。
- 基于曲线的曲面构建。
- 基于测量点直接拟合的曲面构建。
- 基于曲线和测量点的曲面构建。

在以下几节中将一一介绍各种方法。

### 5.1.3 曲面的显示

与点云和曲线的显示相似，曲面的显示也可以通过以下几种方式，包括参数设置中的设置曲面的默认显示状态、对话框中设置某些曲面的显示状态、命令菜单中针对所有曲面的显示命令以及工具条中的显示命令快捷方式。

1) 参数设置

前面的章节中已经提到，可以在“编辑”→“参数设定”中设置各种参数的默认值。其中也包括曲线的显示参数设置。其对话框如图 5-1 所示。

- 曲面颜色的设定：在“曲面颜色”栏可以设定新建的曲面和曲面被激活时的高亮显示颜色。
- 节点和裁剪曲线的显示：在“显示选项”栏中可以设定是否显示曲面的节点，以及是否隐藏曲面的裁剪后自动生产的裁剪曲面。
- 采样类型：可以设置为数值均匀，也可以设置成依据跨度。
- 节点颜色的设置：这里的设置和曲线的一样，包括标准状态下的节点颜色和同时多个节点被激活时的颜色。
- 新建曲面显示方式：可以选择网格显示状态，也可以选择着色模式。
- 渲染模式的参数：可以在“默认着色设置”栏中设定。

2) 对话框

除了系统参数设置中的设定，用户也可以根据需要在命令菜单“显示”→“曲面”→“显示”中随时更改显示方式。其快捷键为 Shift+D。其对话框如图 5-2 所示。

图 5-1

图 5-2

它与系统参数设置不同，可以不针对所有的曲面，而只是更改某些曲线的参数设置，以区分不同的曲面。

与参数设置类似，这里也可以设置显示模式、显示的颜色，以及是否显示实体、实体的坐标和实体的节点等信息。不同的是，这里在“曲面”栏可以指定具体的曲面针对它来做出显示的更改。

3) 命令菜单

有时用户想要对所有的曲面的参数进行显示模式的更改，这时可以直接在菜单命令中选择相应的选项。曲面显示命令菜单如图 5-3 所示。

在这里可以直接选择曲面的显示模式、曲面的可见性、曲面节点的可见性等内容。当命令菜单栏前的图标呈现凹凸效果时，说明这一命令是当前激活状态。

4) 工具条中的显示命令

如果仅需要改变曲面的显示模式，那么还可以直接在主工具条的“基本显示”命令集图标中选择需要的显示模式。它们位于浮动工具条的上部分，如图 5-4 所示。

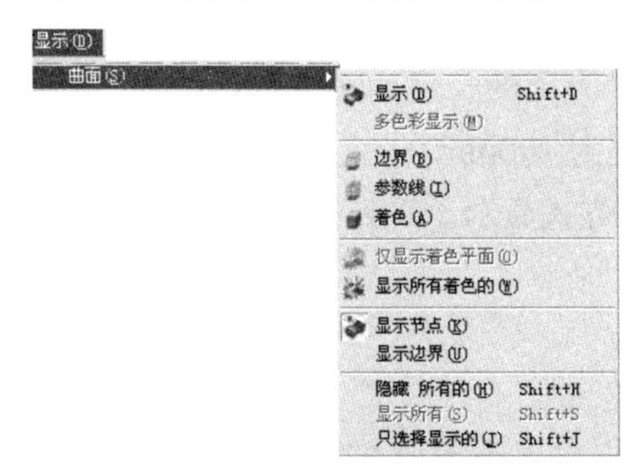


图 5-3

边界线 参数线 渲染

图 5-4

在这里单击基本显示命令图标，按住鼠标左键移动鼠标至需要的显示模式命令图标上，释放鼠标左键，就可以将曲面的显示模式更改成相应的模式。

这里可以有三种模式选择，分别是仅显示曲面的边界线、显示曲面的参数线和渲染模式显示曲面等。

# 5.2 生成曲面

## 5.2.1 平面(Plane)

Imageware 提供了多种创建平面的方法，其菜单命令如图 5-5 所示。其中包括用中心和法向确定平面、过三点作平面、在视图方向范围内的平面、平面组、创建工作平面等。

### 1. 用平面中心和法向确定平面(Center/Normal)

这一平面创建命令是通过确定平面的中心点坐标和法向，以及曲面 *U* 和 *V* 方向的长度来确定一张平面。其对话框如图 5-6 所示。

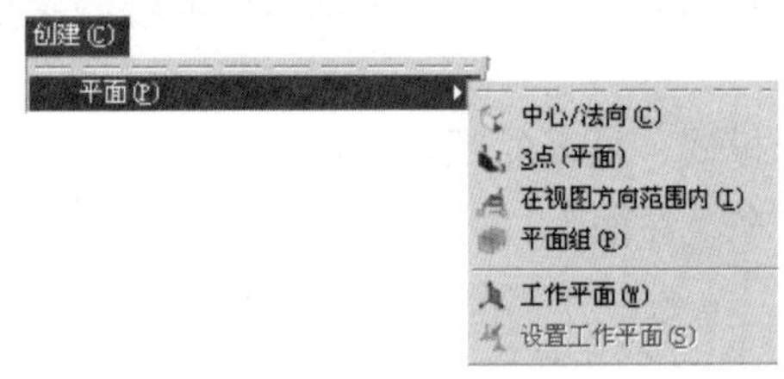


图 5-5

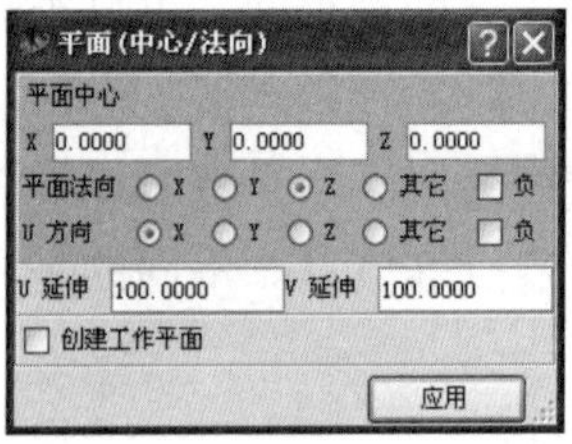

图 5-6

【操作步骤】

(1) 通过菜单命令“创建”→“平面”→“中心/法向”，可以得到如图 5-6 所示的对话框。

(2) 在视图的适当位置选择平面的中心点。当选择的点有误时，可以通过拖动该点来改变它的位置。也可以在对话框中直接输入平面中心点的坐标。

(3) 在“平面法向”栏，选择平面的法向，可以选择 *X*、*Y* 或 *Z* 方向为平面法向，也可以选择“其他”，然后在视图区域自定义平面法向。选择“负”复选框可以取负方向为平面法向。

(4) 在“*U* 延伸”栏输入 100，使得平面 *U* 方向的长度为 100mm；在“*V* 延伸”栏输入 100，使得平面 *V* 方向的长度为 100mm。

(5) 单击“应用”按钮确定。将平面用渲染方式显示，得到如图 5-7 所示的平面。

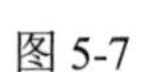

图 5-7

**注意：**

- 在“*U* 延伸”和“*V* 延伸”栏中可以输入不同的数值使得平面的长宽符合用户需要。
- 选择“创建工作平面”复选框，可以在平面的位置同时创建一个工作平面。

### 2. 过三点作平面

另一个平面创建的方式就是过三点作平面，这三点分别是一个点确定一个边界交点，另外两点确定 *U* 和 *V* 方向。其对话框如图 5-8 所示。

【操作步骤】

(1) 通过菜单命令“创建”→“平面”→“3 点(平面)”，可以得到如图 5-8 所示的对话框。

(2) 在视图的适当位置选择三个点，如图 5-9 所示。当选择的点有误时，可以通过拖动该点来改变它的位置。也可以在对话框中直接输入平面中心点的坐标。

(3) 单击“应用”按钮确定。

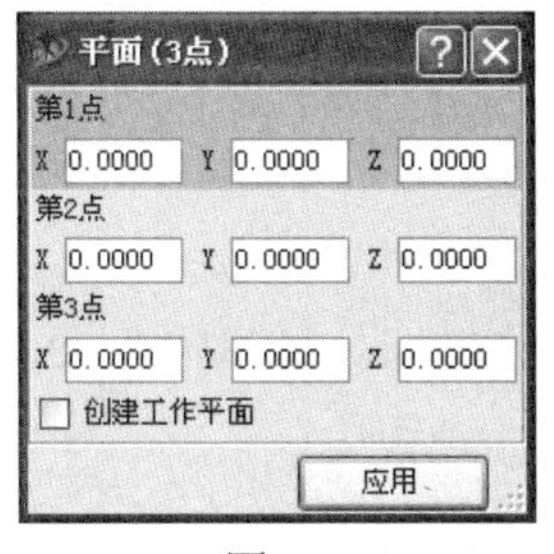


图 5-8

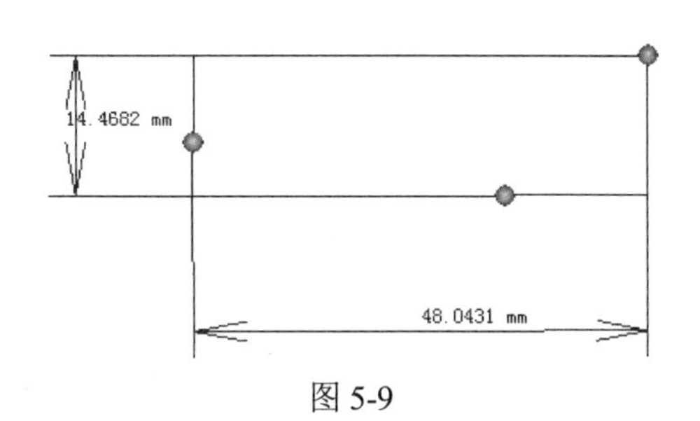


图 5-9

**注意:**

- 当调整三个控制点时，这些点可以自由移动，平面的形状大小会随着控制点的移动自动调整。这时三个控制点没有等效。
- 选择“创建工作平面”复选框，可以在平面的位置同时创建一个工作平面。
- 平面的长度、宽度会同时动态地显示在屏幕上，作为用户选定控制点的参考。

### 3. 在视图方向范围内的平面

“在视图方向范围内”命令是在视图方向取定两个点，创建的平面是过这两个点同时又垂直视图方向的平面。其对话框如图 5-10 所示。

【操作步骤】

(1) 通过菜单命令“创建”→“平面”→“在视图方向范围内”，可以得到如图 5-10 所示的对话框。

(2) 在视图的适当位置选择平面的两个过点。也可以在相应的输入框内输入两个点的坐标值。

(3) 单击“应用”按钮确定。将所得平面选择一个角度，可观察到如图 5-11 所示的平面。

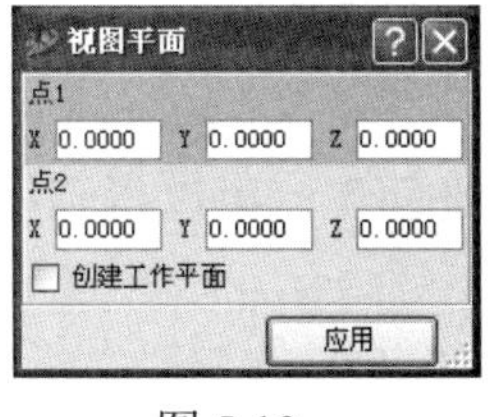


图 5-10

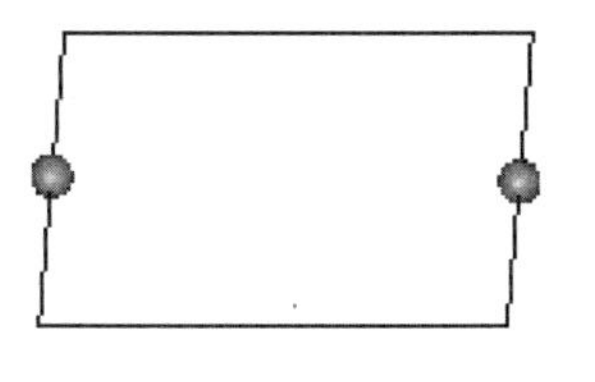

图 5-11

**注意：**

- 这一命令所创建的平面适合于对方向要求较高而对边界要求较模糊的平面。
- 选择“创建工作平面”复选框，可以在平面的位置同时创建一个工作平面。

### 4. 平面组

“平面组”命令通常在创建一系列的参考平面时使用，其对话框如图 5-12 所示。

【操作步骤】

(1) 通过菜单命令“创建”→“平面”→“平面组”，可以得到如图 5-12 所示的“平面组”对话框。

(2) 在“平面”栏选择平面的法向，这里选择 Z 轴方向。

(3) 在“平面”栏的输入框内输入起始平面的法线方向的坐标。这里输入 0，表示第一个平面的 Z 坐标值为 0。

(4) 在“间隔”栏输入 10，表示沿法向的平面的间隔为 10mm。

(5) 在“平面数量”栏输入 3，表示沿法向总共创建 3 个平面。

(6) 单击“应用”按钮确定，得到如图 5-13 所示的等间距的 3 个平面。

图 5-12

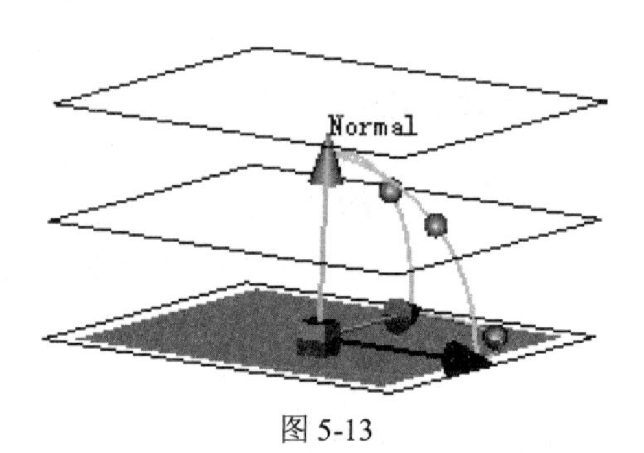


图 5-13

### 5. 创建工作平面

前面的几个命令中都已经提到同时创建工作平面的选项。这一命令也可以单独实现，其对话框如图 5-14 所示。

【操作步骤】

(1) 通过菜单命令“创建”→“平面”→“工作平面”，可以得到如图 5-14 所示的“创建工作平面”对话框。

(2) 在“平面”栏选择工作平面的法向，并在输入框内输入平面在法线方向的坐标。

(3) 单击“应用”按钮确定，得到如图 5-15 所示的工作平面。

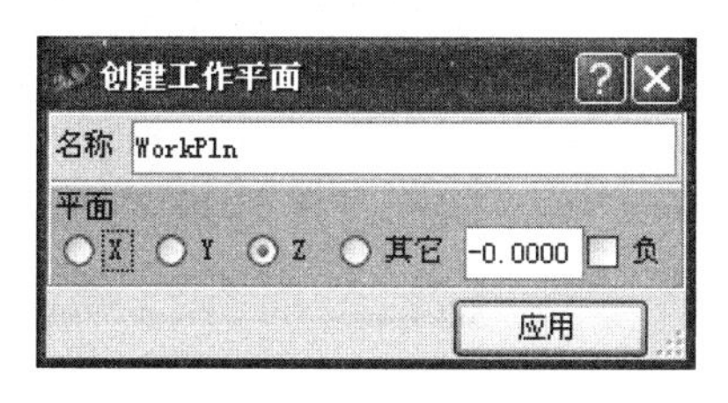


图 5-14

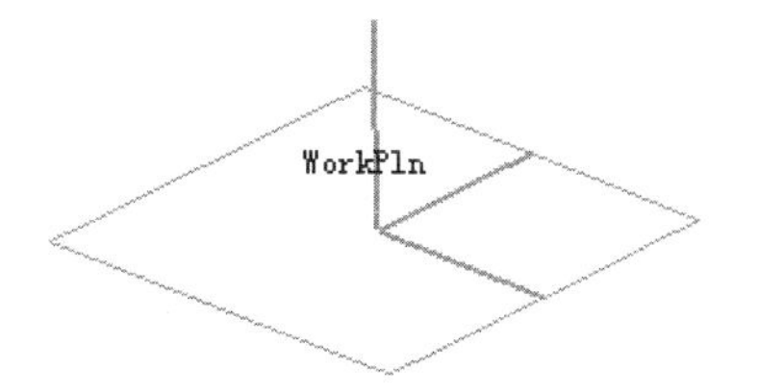


图 5-15 工作平面

**注意：**

- 工作平面的颜色有别于其他平面，是用浅灰色表示的。系统自动命名为 WorkPln。
- 执行菜单命令“创建”→“平面”→“设置工作平面”，得到如图 5-16 所示的设置工作平面的对话框。在这个对话框中可以选中“无工作平面”，使得该工作平面不可见；也可以选中“只显示平面上对象”，仅使得工作平面上的实体可见。
- 将上述这两个命令结合使用可以方便地让用户将重要的平面单独显示出来。

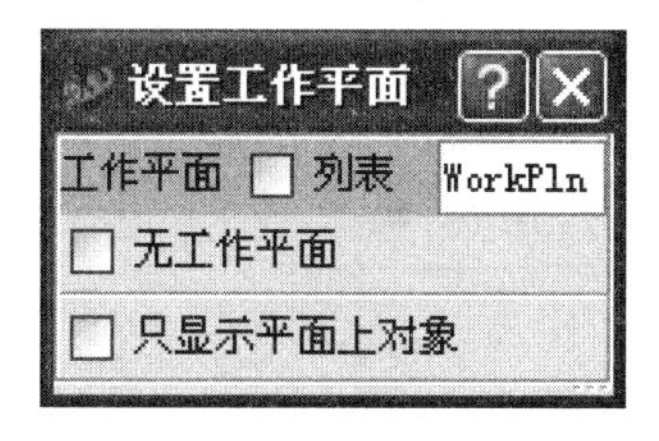


图 5-16

## 5.2.2 简易曲面(Surface Primitive)

Imageware 中提供了几个基本曲面的直接创建命令，包括圆柱、球体、圆锥曲面和一般性曲面的创建命令及其衍生命令(由中心点和曲面上一点来创建圆柱面、由 4 点来创建球面、由中心点和面上一点来创建球面、由中心点和 2 个其他点来创建圆锥面等)。

执行菜单命令“创建”→“简易曲面”，得到如图 5-17 所示的“创建基本曲面”命令菜单。

### 1. 圆柱

创建“圆柱”命令用于生成圆柱，用户只需要输入圆柱底面的中心位置，设定拉伸方向、底面半径和圆柱高度后，就可以生成圆柱了。其对话框如图 5-18 所示。

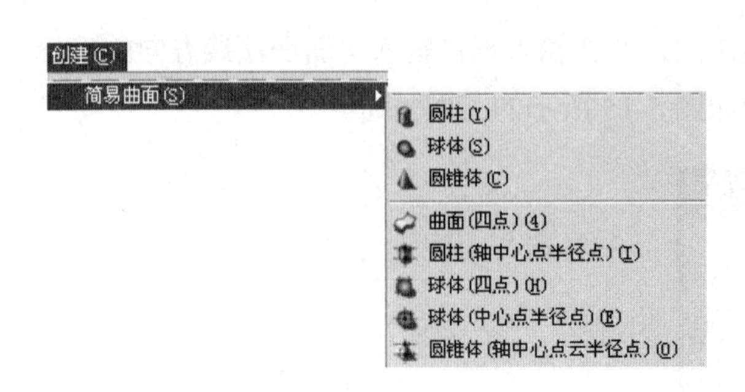


图 5-17

图 5-18

【操作步骤】

(1) 通过菜单命令“创建”→“简易曲面”→“圆柱”，可以得到如图 5-18 所示的“圆柱”对话框。

(2) 在视图的适当位置选择圆柱的中心点。也可以在相应的输入框内输入中心点的坐标值。

(3) 在“方向”栏选择圆柱面的轴向方向。这里选择 *Z* 轴方向。

(4) 在“半径”栏中输入圆柱的半径。这里输入 100mm。

(5) 在“高度”栏中输入圆柱的高度。这里输入 200mm。

(6) 单击“应用”按钮确定。结果如图 5-19 所示。

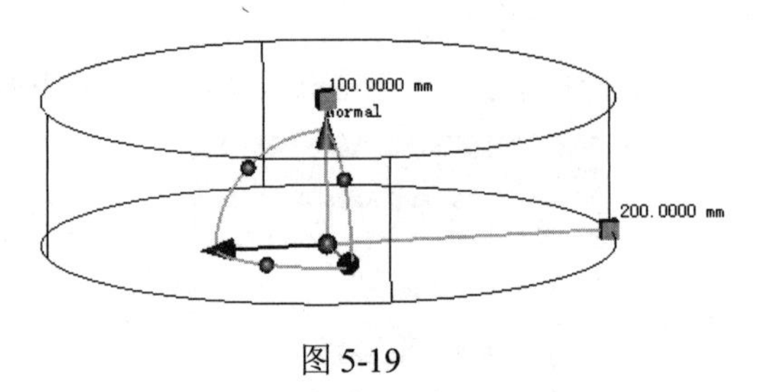


图 5-19

**注意:**

- 圆柱的方向可以在“方向”栏中选择“其他”，然后自定义。
- 创建圆柱对话框中各主要参数可以在视图区域中直接拖动鼠标修改。

## 2. 球体

“球体”命令用于生成球，用户只需要设定球心坐标和半径就可以了。其对话框如图 5-20 所示。

【操作步骤】

(1) 通过菜单命令“创建”→“简易曲面”→“球体”，可以得到如图 5-20 所示的“球体”对话框。

(2) 在视图的适当位置选择球体的中心点。也可以在相应的输入框内输入中心点的坐标值。

(3) 在“半径”栏中输入球体半径。

(4) 单击“应用”按钮确定，得到如图 5-21 所示的球体。

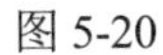
图 5-20

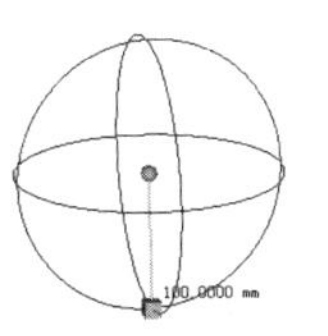


图 5-21

### 3. 圆锥体

“圆锥”命令用于生成圆锥。在设定中心位置、拉伸方向、底面半径、顶面半径和高度后，就可以生成圆锥了。其对话框如图 5-22 所示。

【操作步骤】

(1) 通过菜单命令“创建”→“简易曲面”→“圆锥体”，可以得到如图 5-22 所示的“圆锥体”对话框。

(2) 在视图的适当位置选择圆锥的中心点。也可以在相应的输入框内输入中心点的坐标值。

(3) 在“方向”栏输入圆锥的轴向方向。这里选择 *Z* 轴方向。

(4) 在“基本 *R* 度半径”栏中输入圆锥的底面半径。这里输入 120mm。在“顶面半径”栏输入圆锥的顶面半径。这里输入 60mm。在“高度”栏中输入圆锥的高度。这里输入 100mm。

(5) 单击“应用”按钮确定。结果如图 5-23 所示。

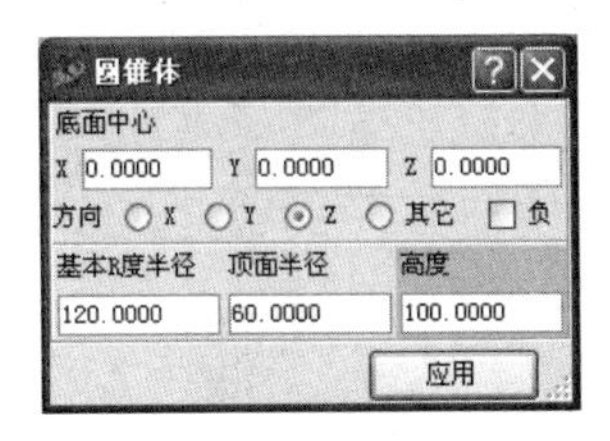


图 5-22

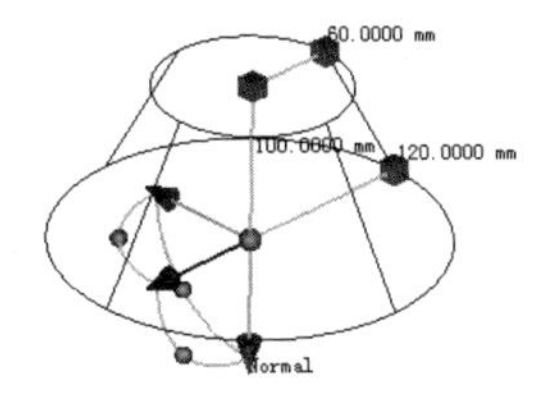


图 5-23

### 4. 过 4 点作曲面

“过 4 点作曲面”命令就是用 4 个点作为曲面的四个角落的点位置。其对话框如图 5-24 所示。

【操作步骤】

(1) 通过菜单命令“创建”→“简易曲面”→“曲面(四点)”，可以得到如图 5-24 所示的对话框。

(2) 在视图的适当位置选择曲面的 4 个过点。也可以在相应的输入框内输入 4 个点的坐标值。

(3) 单击“应用”按钮确定。结果如图 5-25 所示。

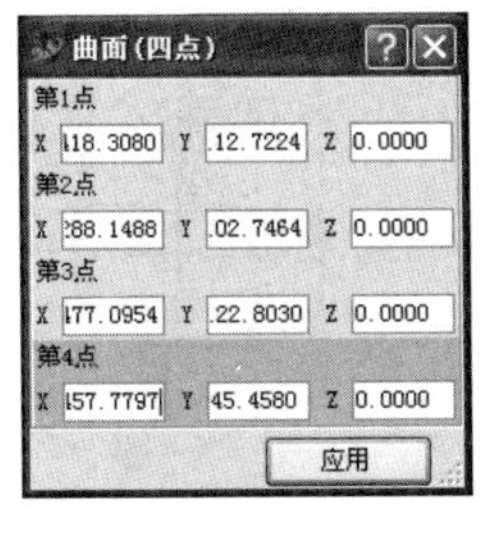


图 5-24

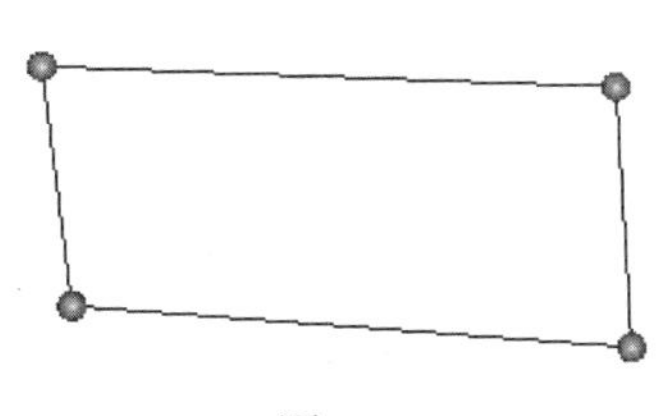

图 5-25

> **注意：**
>
> 在视图上直接取点时，是在过坐标原点的当前平面上取点，也就是不转换视图时 4 个点在同一平面上。

### 5. 中心点和半径点确定圆柱

中心点和半径点确定圆柱命令就是通过确定圆柱的上下底面的中心点和圆柱面上的一点来确定圆柱。其对话框如图 5-26 所示。

【操作步骤】

(1) 通过菜单命令“创建”→“简易曲面”→“圆柱(轴中心点半径点)”，可以得到如图 5-26 所示的对话框。

(2) 在视图的适当位置选择圆柱上下面的中心点和一个圆柱面上的点。也可以在相应的输入框内输入这些点的坐标值。

(3) 单击“应用”按钮确定。结果如图 5-27 所示。

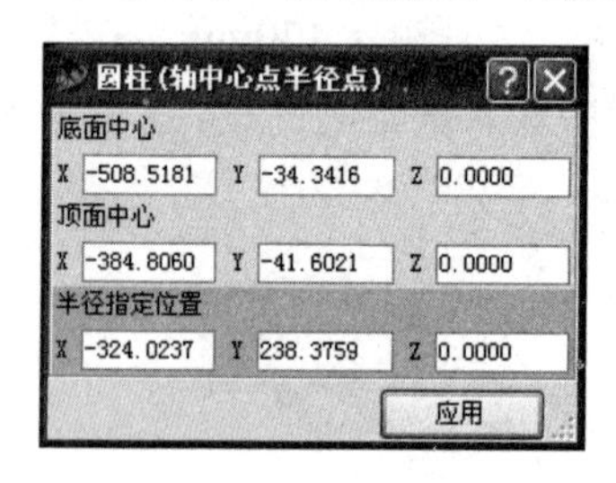


图 5-26

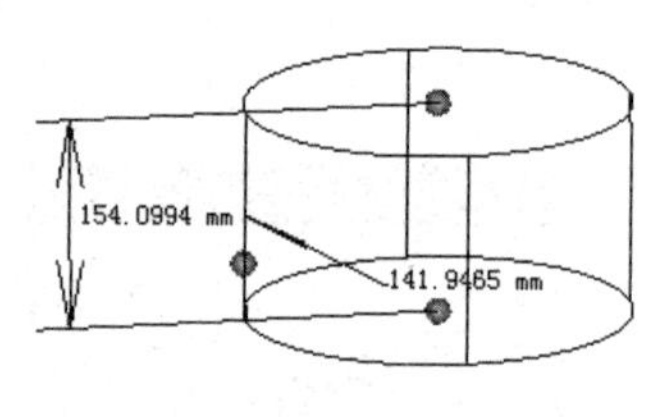


图 5-27

### 6. 过 4 点作球体

“过 4 点作球体”命令就是用空间的 4 个点构造一个圆球面。其对话框如图 5-28 所示。

【操作步骤】

(1) 通过菜单命令“创建”→“简易曲面”→“球体(四点)”，可以得到如图 5-28 所示的对话框。

(2) 在视图的适当位置选择球体表面的 4 个过点。也可以在相应的输入框内输入 4 个点的坐标值。

(3) 单击“应用”按钮确定。结果如图 5-29 所示。

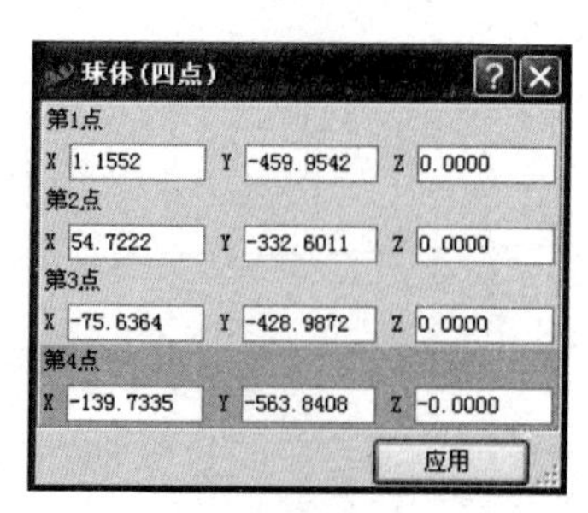


图 5-28

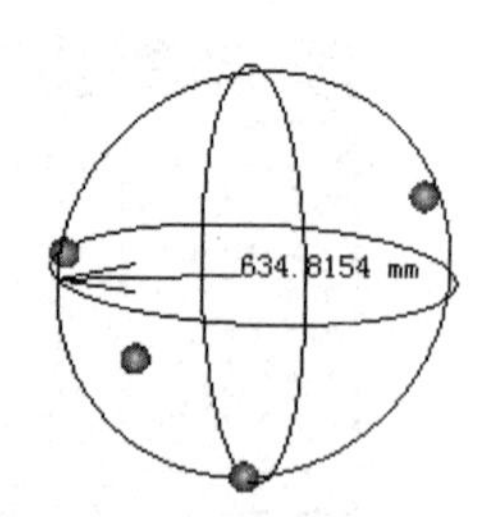


图 5-29

### 7. 中心点和半径点确定球体

中心点和半径点确定球体命令就是让用户输入球心和球面上一点的坐标，构造一个球体。这一命令的应用场合主要是用户已经创建了球心或者知道球心的坐标位置，并且知道球面上的任意一点时来创建球面。

其对话框如图 5-30 所示。

【操作步骤】

(1) 通过菜单命令“创建”→“简易曲面”→“球体(中心点半径点)”，可以得到如图 5-30 所示的对话框。

(2) 单击“中心”栏，输入球心点坐标。或者直接在视图区域单击一点作为球体的中心点。

(3) 单击“点”栏，输入球面上的一个过点的坐标。或者直接在视图区域单击一点作为过点。

以上两个步骤选取点时，可以配合全局捕捉器的特定的点捕捉功能，以达到精确点位置的效果。

(4) 单击“应用”按钮确定。结果如图 5-31 所示。

图 5-30

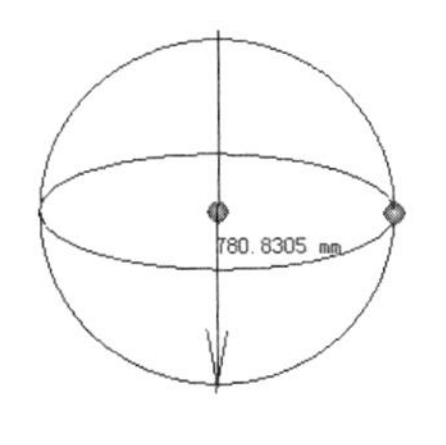


图 5-31

### 8. 中心点和半径点确定圆锥体

“中心点和半径点确定圆锥体”命令让用户指定轴心及圆锥顶面半径与底面半径，构造一个圆锥体。其对话框如图 5-32 所示。

使用这一命令的前提是用户已经得到了圆锥(台)面上下底面的中心点的位置或者坐标，以及上下圆台面的半径等信息。

【操作步骤】

(1) 通过菜单命令“创建”→“简易曲面”→“圆锥体(轴中心点云半径点)”，可以得到如图 5-32 所示的对话框。

(2) 在视图的适当位置选择上下底面的中心点。确定圆锥的对称轴及上下平面的位置。

(3) 在视图的适当位置再次选择两个点。分别用来确定下底面半径和上底面半径。

(4) 单击“应用”按钮确定。结果如图 5-33 所示。

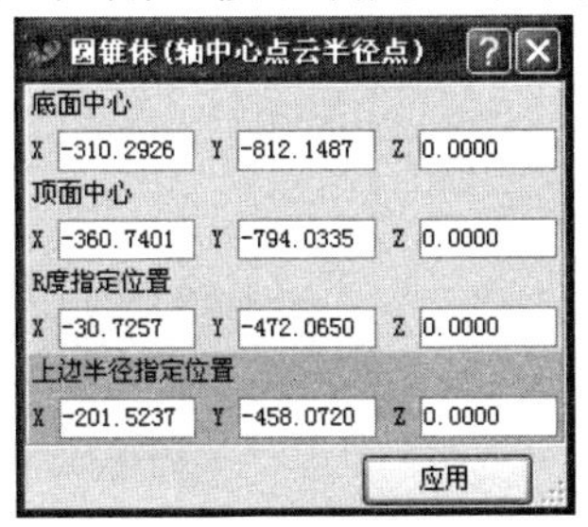


图 5-32

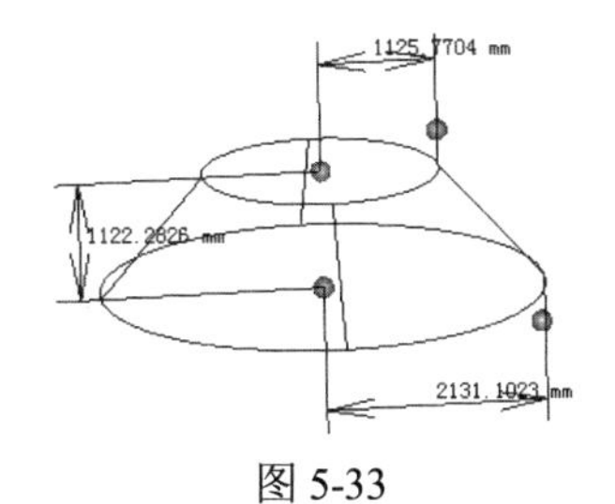


图 5-33

**注意：**

- 下底面半径是取下底面中心点和“*R* 度指定位置”栏输入的点之间垂直圆锥对称轴的方向上的距离。
- 上底面半径的原理同下底面半径。

## 5.2.3 由点云构建曲面(Surface from Cloud)

Imageware 提供直接由点云构建曲面的一系列功能，包括自由曲面、圆柱曲面(曲线)、插值曲面，此外还可以直接拟合成平面和基本曲面。其命令菜单如图 5-34 所示。

### 1. 自由曲面

“自由曲面”命令就是生成指定阶数的 3D 的 B 样条曲面。其快捷键为 Shift+F。其对话框如图 5-35 所示。

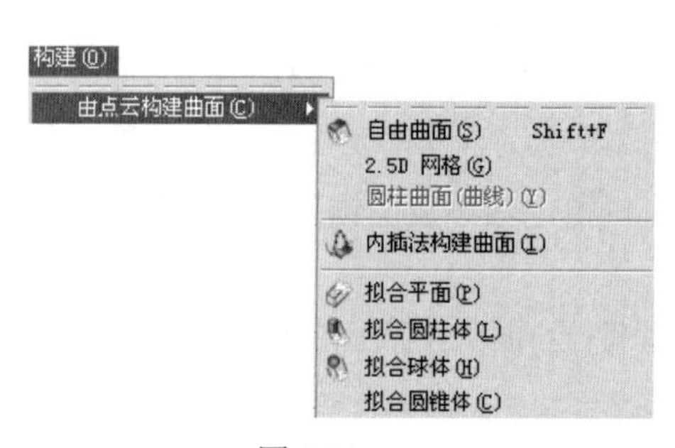


图 5-34

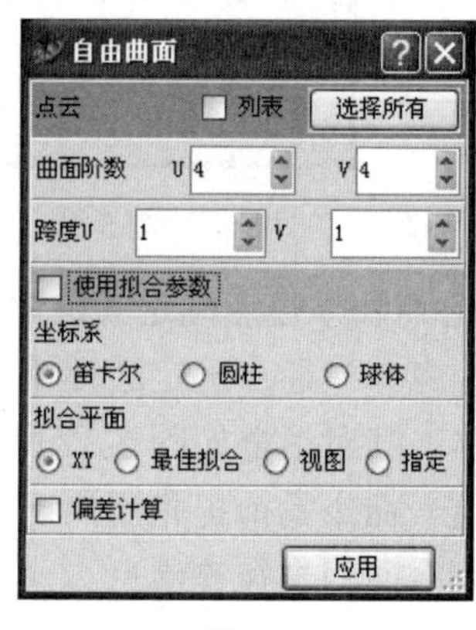


图 5-35

【操作步骤】

(1) 打开文件 5-1.imw。

| | |
|---|---|
| | 源文件：\part\ch5\5-1.imw |
| | 操作结果文件：\part\ch5\finish\5-1_finish.imw |

(2) 通过菜单命令“构建”→“由点云构建曲面”→“自由曲面”，可以得到如图 5-35 所示的“自由曲面”对话框。

(3) 按照对话框中的数据设置参数。

(4) 单击“应用”按钮确定。结果如图 5-36 所示。图中显示的是原始点云，以及由点云生成的均匀曲面。

图 5-36

**注意：**

- 当点群形状为均匀的曲面时，用户可以利用此功能生成一个均匀曲面。在此功能中，用户可以依点群形状、复杂程度设定曲面的 *U*、*V* 阶数。
- 可在选中“使用拟合参数”的情况下，自行输入参数来使得构造出的曲面更符合要求。其中选项有：张力、光顺度、标准偏差。该值取决于测量数据点时的环境状况。如果环境比较嘈杂，该值应取大；否则，可以取得小些。
- 此功能提供了三种坐标系统供用户选择，一般而言，如点群形状为一平缓曲面，即当用户正视点群时，可大致看到点群的最外围，则可使用笛卡尔坐标系、最佳拟合或 *XY* 平面来逼近点群，以求得曲面。曲面的大小，即是用户正视点群时的最大范围。
- 若点群外观类似于球的表面或圆柱的表面形状，则可分别用球体坐标与圆柱坐标来构造曲面，这样可获得较好的曲面品质。

### 2. 由点云构建圆柱面

由点云构建圆柱面命令就是利用一条 3D 脊线，将点群拟合成指定度数的圆柱状 B 样条曲面。其对话框如图 5-37 所示。

【操作步骤】

(1) 打开文件 5-2.imw。

| | |
|---|---|
| | 源文件：\part\ch5\5-2.imw |
| | 操作结果文件：\part\ch5\finish\5-2_finish1.imw |

(2) 通过菜单命令“构建”→“由点云构建曲面”→“圆柱曲面(曲线)”，可以得到如图 5-37 所示的“圆柱曲面”对话框。

(3) 单击“点云”栏，选择点云。

(4) 单击“曲线”栏，选择脊线。

(5) 在“曲面阶数”栏设置曲面的 *U* 和 *V* 方向的阶数为 10。

(6) 选中“*U* 方向封闭曲面”复选框，使得曲面在 *U* 方向上闭合。

(7) 单击“应用”按钮确定。结果如图 5-38 所示。图中显示的是原始点云，以及由点云构建的圆柱曲面。

图 5-37

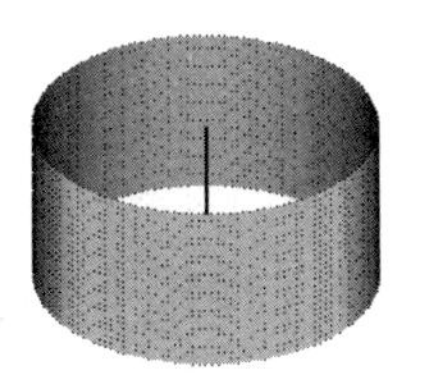

图 5-38

**注意:**

- 用户指定一条脊线和曲面的阶数，该命令将在选定的点群上拟合一个 B 样条曲面。
- B 样条曲面可以看成是这样生成的：沿着脊线扫掠一个垂直的横截面，同时允许横截面的外形逐渐变化。
- 选取的脊线一定要完全包含于点群，否则拟合成的曲面可能不是最佳的。

### 3. 插值曲面

“插值曲面”命令就是通过插值运算创建指定阶数的 B 样条曲面。其对话框如图 5-39 所示。

【操作步骤】

(1) 打开文件 5-2.imw。

| | |
|---|---|
| | 源文件：\part\ch5\5-2.imw |
| | 操作结果文件：\part\ch5\finish\5-2_finish2.imw |

(2) 通过菜单命令“构建”→“由点云构建曲面”→“内插法构建曲面”，可以得到如图 5-39 所示的对话框。

(3) 在“点云”栏中选中“列表”复选框，在弹出的点云列表中选择需要进行插值运算的点云。

(4) 按照需要确定曲面的 *UV* 阶数。这里设定 *U* 方向阶数为 4，*V* 方向阶数也为 4。

(5) 单击“应用”按钮确定。结果如图 5-40 所示。图中显示的是原始点云，以及由插值曲面命令构建的插值曲面。

图 5-39

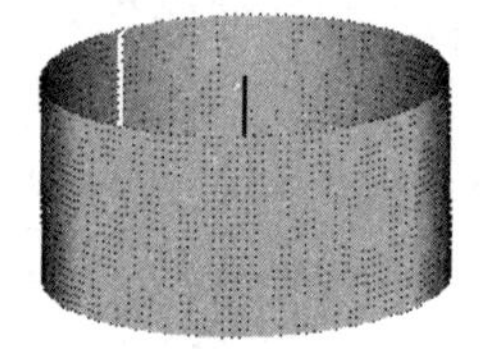
图 5-40

**注意:**

- 点数据可以是任何有序的 m 乘以 n 阶点集(笛卡尔或圆柱坐标系)。由于插值运算的特性，该操作生成的曲面为非均匀参数化的 B 样条曲面。
- 插值曲面是非封闭的曲面。
- 在 *U*、*V* 方向的阶数(度数加 1)可以取 1 ~ 21 间的任意数，经常用到的是 1 ~ 12 间的数值。阶数越高，实体自由变化的范围就越大，因而也越逼近其下的点群，但是会引入更多的控制顶点。

#### 4. 直接拟合成平面和基本曲面

点群在有些情况下，可以被分割成由多个几何形状组成的部分，如平面、圆柱、圆球、圆锥等。在这些情况下，可以用点群趋近成以上所述的几何形状。这一部分的命令操作与前面的命令操作相似，下面对这些命令作简要的介绍，并以拟合成圆锥面为例对操作步骤进行说明。

- 构建→由点云构建曲面→拟合平面：将指定的点群最大程度的拟合成一个平面曲面。
- 构建→由点云构建曲面→拟合圆柱体：将指定的点群最大程度的拟合成一个圆柱曲面。
- 构建→由点云构建曲面→拟合球体：将指定的点群最大程度的拟合成一个球形曲面。
- 构建→由点云构建曲面→拟合圆锥体：将指定的点群最大程度的拟合成一个圆锥曲面。

【操作步骤】

(1) 打开文件 5-3.imw。

| | |
|---|---|
| | 源文件：\part\ch5\5-3.imw |
| | 操作结果文件：\part\ch5\finish\5-3_finish.imw |

(2) 通过菜单命令“构建”→“由点云构建曲面”→“拟合圆锥体”，可以得到如图 5-41 所示的“拟合圆锥体”对话框。

(3) 单击“点云”栏，选择需要拟合成圆锥的点云。

(4) 单击“应用”按钮确定。结果如图 5-42 所示。

图 5-41

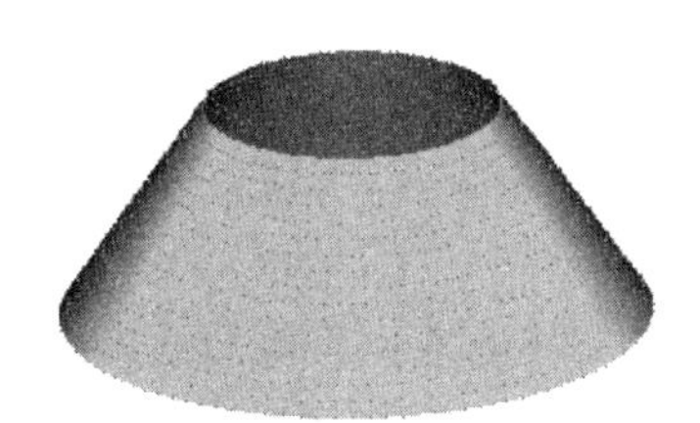

图 5-42

**注意：**

- 利用“自动排除点”选项可以对最佳拟合下的点进行控制，即由软件根据用户指定的公差自动判断点的取舍。结果中保留的所有点到最佳拟合曲面的偏差都小于等于用户指定的公差。
- 拟合生成的曲面的主要参数将显示在对话框的“结果”栏中。

### 5.2.4 由点云和曲线拟合曲面(Fit w/Cloud and Curves)

“由点云和曲线拟合曲面”命令就是根据用户指定的四条边界曲线和一个点群，创建一个 B 样条曲面。其对话框如图 5-43 所示。

【操作步骤】

(1) 打开文件 5-4.imw。

| | |
|---|---|
| | 源文件：\part\ch5\5-4.imw |
| | 操作结果文件：\part\ch5\finish\5-4_finish1.imw |

(2) 通过菜单命令“构建”→“曲面”→“依据点云和曲线拟合”，可以得到如图 5-43 所示的对话框。

(3) 单击“点云”栏，选择需要拟合成圆锥的点云。

(4) 顺时针或者逆时针选择 4 条边界曲线。

(5) 单击“应用”按钮确定。结果如图 5-44 所示。

图 5-43

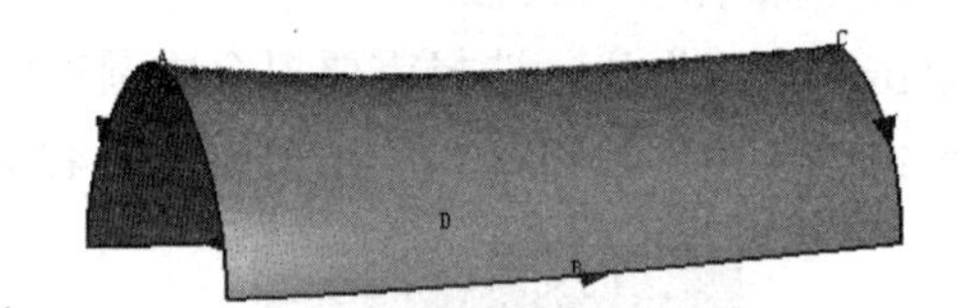

图 5-44

**注意：**

- 该命令通常在由边界拟合曲面结果与点云差异比较大时使用。
- 为使得所构造的曲面能够逼近点群，可以在点群上找出四条边界线，利用边界线与边界线范围内的点群来构造曲面，以使得曲面与点群的误差值能够最小。
- 如果用户沿顺时针选取 4 个边界，则生成曲面的法向是对着用户，即用户看到的曲面的那一面是用彩色显示的。反之，如果用户逆时针选取 4 个边界，生成曲面是负法向对着用户。
- 必须注意，这种非常逼近点群的曲面，其曲面控制点有可能较多，会造成曲面品质变差，因此，用户须自定义 *U*、*V* 控制点数量与控制点排列方式来改善曲面品质。
- 为了得到最佳的结果，需确保两条曲线在一个公共点相交。如果两条相邻的曲线不相交，软件将计算出一个相交点。
- 在视图方向，点群必须是单值的，否则将生成不可预知的结果。

## 5.2.5 由边界曲线创建曲面(Surface by Boundary)

“由边界曲线创建曲面”命令就是由用户指定曲面的 4 个边界曲面来构造一个曲面。其对话框如图 5-45 所示。

使用上例中的文件，作由边界曲线创建的曲面，用户可以对比一下两者的结果。

【操作步骤】

(1) 打开文件 5-4.imw。

| | |
|---|---|
| | 源文件：\part\ch5\5-4.imw |
| | 操作结果文件：\part\ch5\finish\5-4_finish2.imw |

(2) 通过菜单命令“构建”→“曲面”→“边界曲面”，可以得到如图 5-45 所示的边界曲面对话框。

(3) 顺时针或者逆时针选择 4 条边界曲线。

(4) 单击“应用”按钮确定。结果如图 5-46 所示。

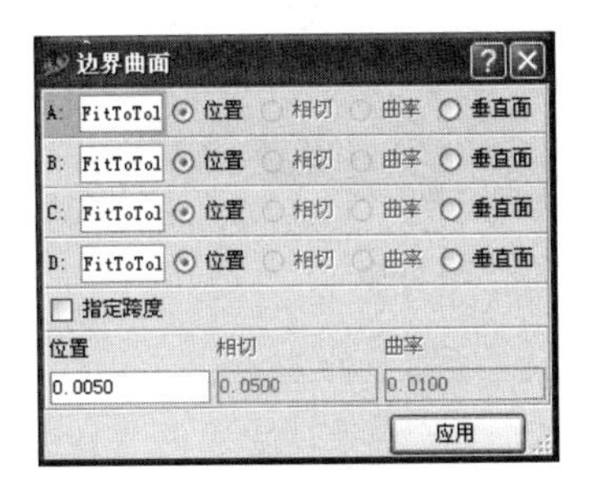


图 5-45

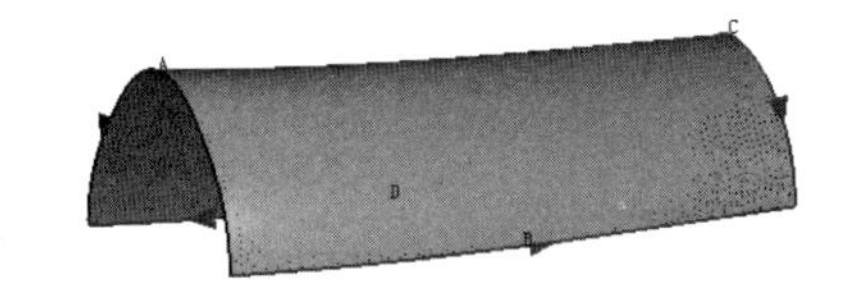

图 5-46

**注意：**

- 该命令的约束条件只有 4 条边界，所以一般情况下不能很好地与点云数据重合，只有在点云比较平滑时才适合用。
- 边界线可为曲面边界或 3D 曲线，若为曲面边界，则同样可自定义与邻近曲面的连续性。另外同样可设定控制点数量与排列方式，这是常用的构造曲面的方式。
- 在使用本命令时，应尽可能设定曲面的控制点数，如果让系统自己运算，有

## 5.2.6 UV 向量线构建曲面(Blend UV Curve)

“UV 向量线构建曲面”命令就是通过指定 2 条 $U$ 向量线和 2 条 $V$ 向量线来构建曲面。其对话框如图 5-47 所示。

【操作步骤】

(1) 打开文件 5-5.imw。

| | |
|---|---|
| | 源文件：\part\ch5\5-5.imw |
| | 操作结果文件：\part\ch5\finish\5-5_finish.imw |

(2) 通过菜单命令“构建”→“曲面”→“桥接 UV 曲线网格”，可以得到如图 5-47 所示的对话框。

(3) 单击“*U* 曲线”栏，然后在视图区域选择两条 *U* 方向的曲线。这里选择 top Curve 和 down Curve。

(4) 单击“*V* 曲线”栏，然后在视图区域选择两条 *V* 方向的曲线。这里选择 left Curve 和 right Curve。

(5) 单击“边界”栏，选择“延伸到最长”选项，使得生成最大限度的曲面。

(6) 单击“应用”按钮确定。结果如图 5-48 所示。

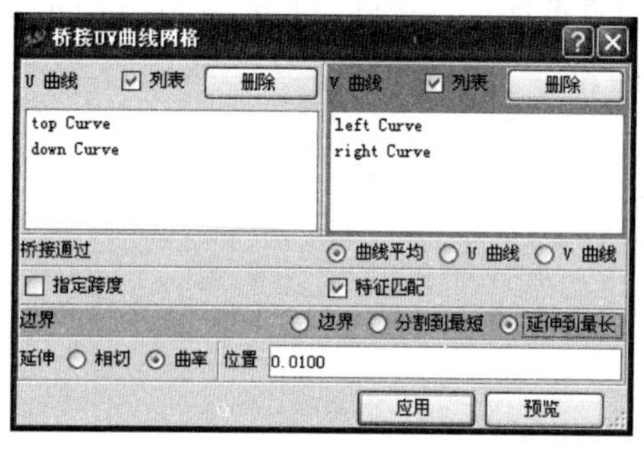
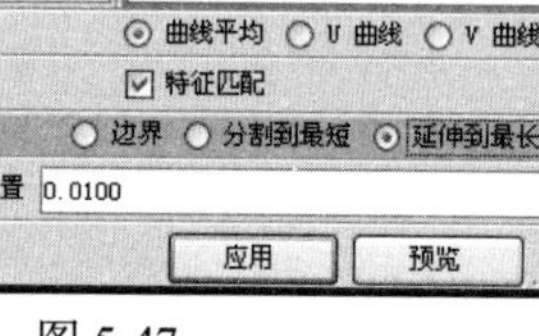


图 5-47

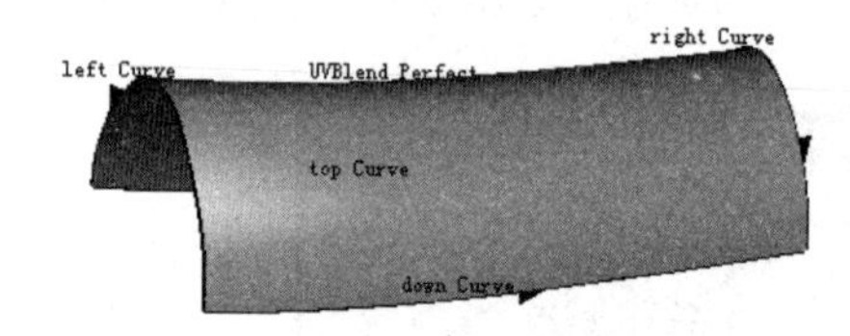


图 5-48

**注意:**

- 选择“指定跨度”复选框，可以具体指定 *U*、*V* 向量方向的控制点数。在使用本命令时，应尽可能设定曲面的控制点数。如果让系统自己运算，有时候控制点数量会比较多，导致后续工作中还要再编辑，过程比较烦琐。
- 选择“特征匹配”复选框时，利用特征固定构造的曲面边界连续性，以位置、相切、曲率等方式连续。
- UV 向量线段可由点资料取得，或自行绘制线段。
- “延伸”的类型可以根据需要选择相切或者曲率连续。

## 5.2.7 通过曲线的曲面(Loft)

### 1. Bi-双向放样

Bi-双向放样命令通过指定两条路径曲线、轮廓曲线来定义一个曲面。其对话框如图 5-49 所示。

【操作步骤】

(1) 打开文件 5-6.imw。

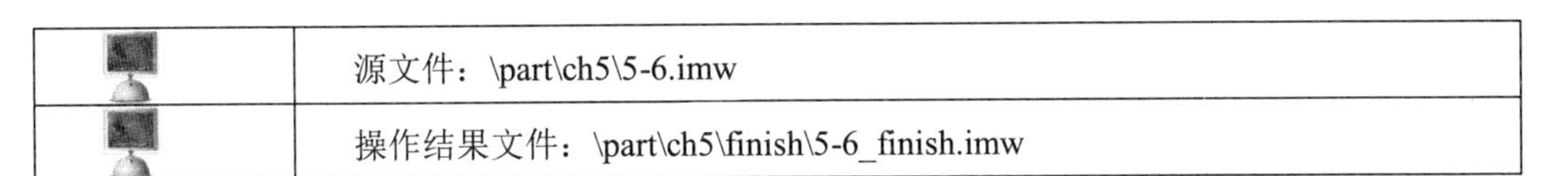

| | |
|---|---|
| | 源文件：\part\ch5\5-6.imw |
| | 操作结果文件：\part\ch5\finish\5-6_finish.imw |

(2) 通过菜单命令“构建”→“曲面”→“Bi-双向放样”，可以得到如图 5-49 所示的“Bi-双向放样”对话框。

(3) 单击“路径曲线”栏，选择 2 选项，定义路径曲线为 2 条。

(4) 单击“路径曲线 1”栏，在屏幕上选择路径 1 曲线。这里选择 Curve 1。

(5) 单击“路径曲线 2”栏，在屏幕上选择路径 2 曲线。这里选择 Curve 2。

(6) 单击“轮廓曲线”栏，在屏幕上选择曲线 Line。

(7) 单击“应用”按钮确定。结果如图 5-50 所示。

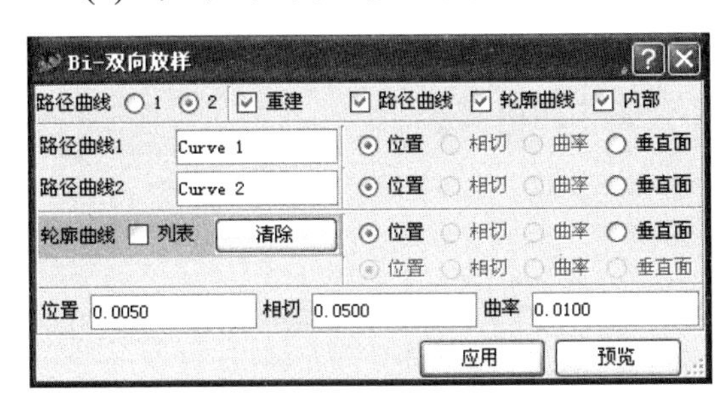


图 5-49

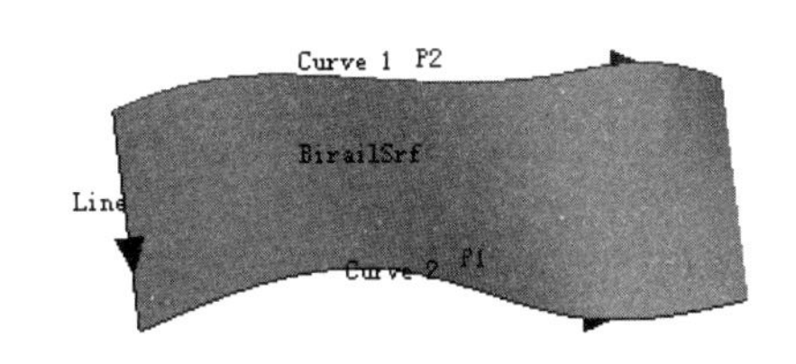


图 5-50

**注意：**

- “路径曲线 1”和“路径曲线 2”如果与其他曲面相连，则可以指定生成曲面与相邻曲面之间的关系。
- 如果曲线的方向不当，曲面有可能发生扭转。
- 曲线的起始位置(针对封闭曲线)不同，曲面也会扭转。
- 曲线控制点数量平均且位置相似可获得较好的曲面。
- 此功能在单击“预览”按钮时才可动态调整特征线数量，移动特征线就会改变 *U*、*V* 排列方向。

## 2. 放样

“放样”命令通过指定一个系列同走向的曲线来定义一个曲面。其对话框如图 5-51 所示。

【操作步骤】

(1) 打开文件 5-7.imw。

| | |
|---|---|
| | 源文件：\part\ch5\5-7.imw |
| | 操作结果文件：\part\ch5\finish\5-7_finish.imw |

(2) 通过菜单命令“构建”→“曲面”→“放样”，可以得到如图 5-51 所示的“放样曲线”对话框。

(3) 单击“命令曲线”栏，在屏幕上依次选择曲面通过的曲线。这里依次选择 Curve 1、Curve 2 和 Curve 3。

(4) 保持其他数据如对话框所示。

(5) 单击“应用”按钮确定。结果如图 5-52 所示。

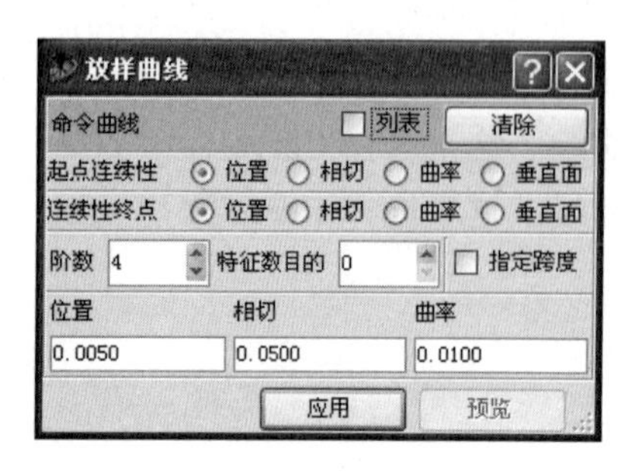


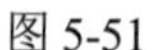
图 5-51

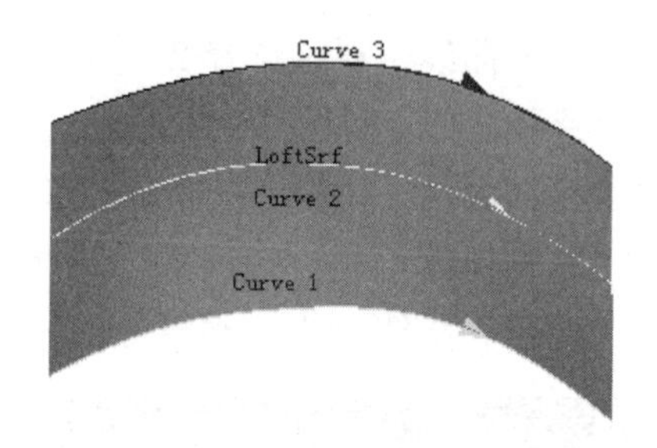


图 5-52

## 5.2.8 旋转曲面(Revolution)

“旋转曲面”命令就是选取一条曲线和一根旋转中心轴线，设定旋转起始角度和终止角度，应用后，即可扫掠出一个曲面。其对话框如图 5-53 所示。

【操作步骤】

(1) 打开文件 5-8.imw。

| | |
|---|---|
| | 源文件：\part\ch5\5-8.imw |
| | 操作结果文件：\part\ch5\finish\5-8_finish.imw |

(2) 通过菜单命令“构建”→“曲面”→“旋转曲面”，可以得到如图 5-53 所示的“旋转曲面”对话框。

(3) 单击“曲线”栏，在屏幕上选择旋转曲面的轮廓线。这里选择 Curve。

(4) 单击“轴位置”栏，取定坐标原点位置。这里选择 Line 的一端。

(5) 在“轴方向”栏选择 *Y* 轴作为旋转轴。

(6) 在“起点角度”栏输入 0，在“终点角度”栏输入 180。表示轮廓线绕旋转轴从 0°转到 180°。

(7) 单击“应用”按钮确定。结果如图 5-54 所示。

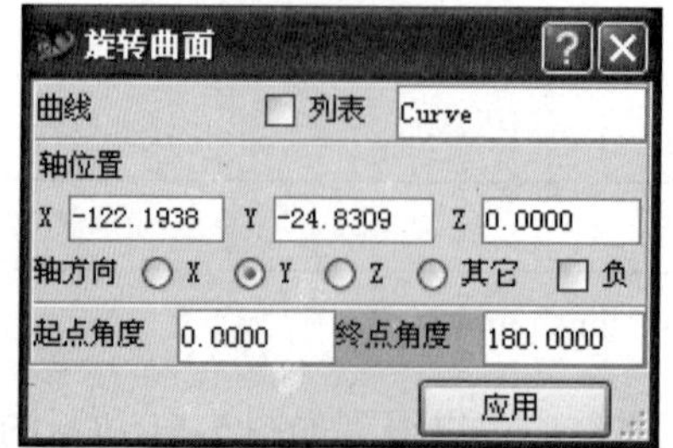


图 5-53

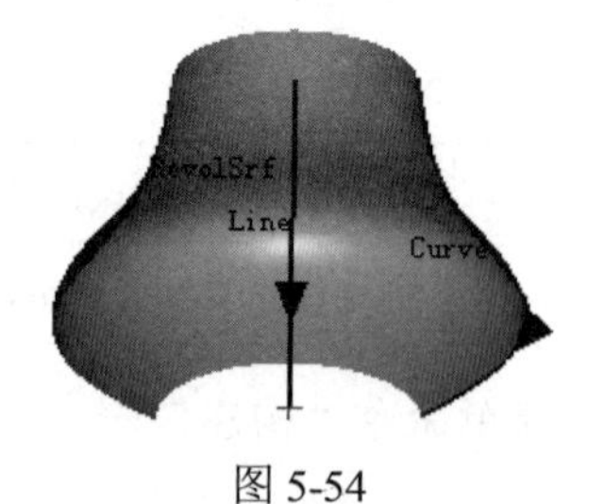


图 5-54

**注意：**

- 旋转轴可以通过在“轴方向”栏选择“其他”来自定义。
- 旋转的角度从轮廓线出发为 0°，绕旋转轴服从右手螺旋法则。

## 5.2.9　边界平面(Plane Trimmed)

“边界平面”命令就是选择形成封闭圈的若干条 3D 曲线，应用后，就会生成一个平面。其对话框如图 5-55 所示。

【操作步骤】

(1) 打开文件 5-9.imw。

| | |
|---|---|
| | 源文件：\part\ch5\5-9.imw |
| | 操作结果文件：\part\ch5\finish\5-9_finish.imw |

(2) 通过菜单命令“构建”→“曲面”→“边界平面”，可以得到如图 5-55 所示的“边界平面”对话框。

(3) 单击“命令曲线”栏，在屏幕上选择平面的边界线和轮廓线。这里选择 Curve 和 Curve 2。

(4) 单击“应用”按钮确定。结果如图 5-56 所示。

图 5-55

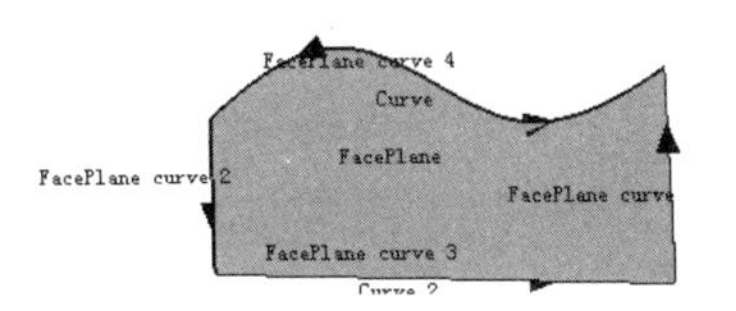


图 5-56

**注意：**

- 如果选择的曲线不封闭，系统将自动生成直线来生成封闭曲线。
- 如果曲线不在同一平面内，系统将自动计算生成均分曲线的平面。

## 5.2.10　直纹面(Ruled)

“直纹面”命令就是在两条给定直线间做指定方向的连接形成直纹面。其对话框如图 5-57 所示。

【操作步骤】

(1) 打开文件 5-10.imw。

| | |
|---|---|
| | 源文件：\part\ch5\5-10.imw |
| | 操作结果文件：\part\ch5\finish\5-10_finish.imw |

(2) 通过菜单命令“构建”→“扫掠曲面”→“直纹”，可以得到如图 5-57 所示的“直纹曲面”对话框。

(3) 单击“曲线”栏，在视图区域选择曲线。这里选择 Curve。

(4) 单击“路径曲线”栏，在视图区域选择路径曲线。这里选择 Curve 2。

(5) 在“方向”栏选择“路径曲线定位”。

(6) 单击“应用”按钮确定。结果如图 5-58 所示。

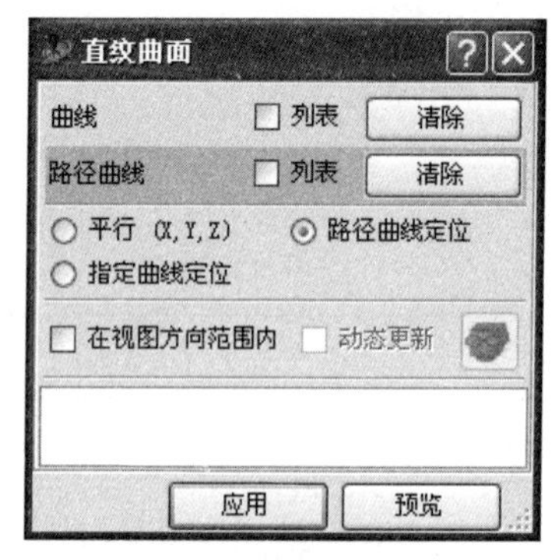


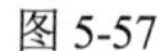
图 5-57

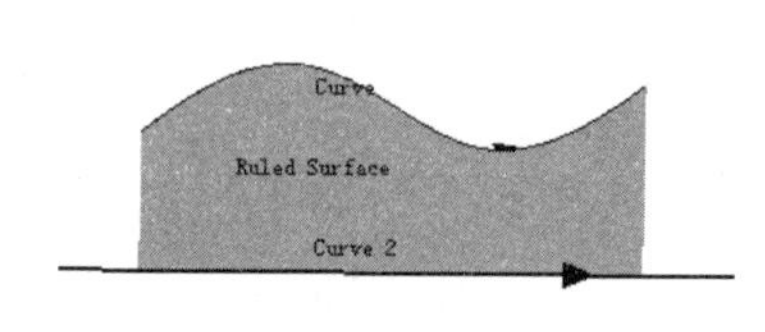


图 5-58

**注意：**

- 当选择的平面走向的垂直方向与路径曲线垂直时，将没有直纹面产生。所以要注意不要使得“方向”栏选择的方向与路径曲线的方向相同。
- 生成的直纹面是“曲线”栏曲线和“路径曲线”栏曲线沿某一方向连接的交集。

## 5.2.11 扫掠曲面(Swept)

“扫掠曲面”命令就是根据指定的扫掠线和扫掠的路径曲线来生成曲面。其对话框如图 5-59 所示。

【操作步骤】

(1) 打开文件 5-11.imw。

| | |
|---|---|
| | 源文件：\part\ch5\5-11.imw |
| | 操作结果文件：\part\ch5\finish\5-11_finish.imw |

(2) 通过菜单命令“构建”→“扫掠曲面”→“扫掠”，可以得到如图 5-59 所示的“扫掠曲面”对话框。

(3) 单击“路径曲线”栏，选择 2 选项，定义路径曲线为 2 条。

(4) 单击“路径曲线 1”栏，在视图区域选择路径 1 曲线。这里选择 Curve 2。

(5) 单击“路径曲线 2”栏，在视图区域选择路径 2 曲线。这里选择 Line。

(6) 单击“轮廓曲线 1”栏，在视图区域选择曲线 Curve。

(7) 单击“应用”按钮确定。结果如图 5-60 所示。

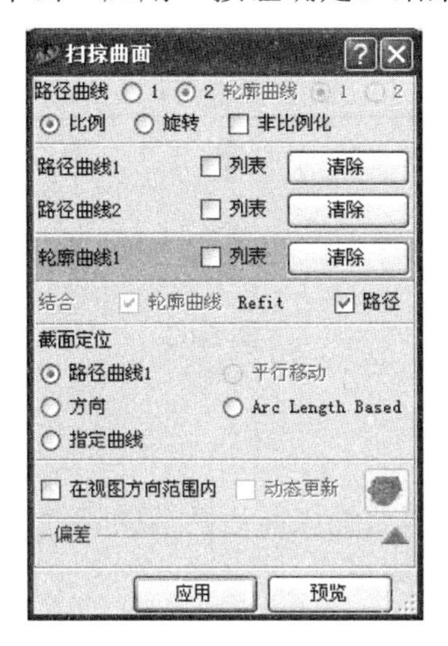


图 5-59

图 5-60

**注意：**

用该方式构造出来的曲面，其控制点排列通常会比其他方式要好，曲面也较为平顺，但有可能与点数的误差会较大，因而需要做进一步的调整。

## 5.2.12 拉伸曲面(Extrub)

拉伸曲面命令就是选取曲线，给定伸展方向、伸展距离和角度。其对话框如图 5-61 所示。

【操作步骤】

(1) 打开文件 5-12.imw。

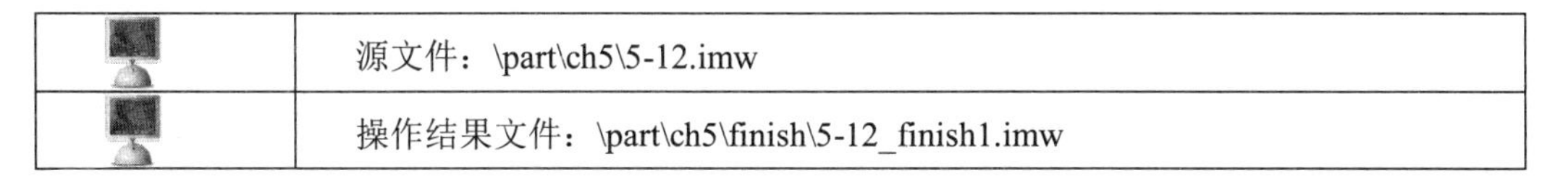

| | |
|---|---|
| | 源文件：\part\ch5\5-12.imw |
| | 操作结果文件：\part\ch5\finish\5-12_finish1.imw |

(2) 通过菜单命令“构建”→“扫掠曲面”→“沿方向拉伸”，可以得到如图 5-61 所示的“沿方向拉伸”对话框。

(3) 单击“曲线”栏，在视图区域选择曲线。这里选择 Line。

(4) 在“方向”栏选择拉伸方向。这里选择 *Y* 轴负方向，即选择 *Y* 选项和“负”复选框。

(5) 在“正向”栏输入 100，表明拉伸长度为 100mm。

(6) 在“常量角度”栏输入拉伸曲面绕拉伸曲线的旋转角度，这里输入 40。或者直接拖动视图左侧黄色圆圈上的控制点。

(7) 单击“应用”按钮确定。结果如图 5-62 所示。

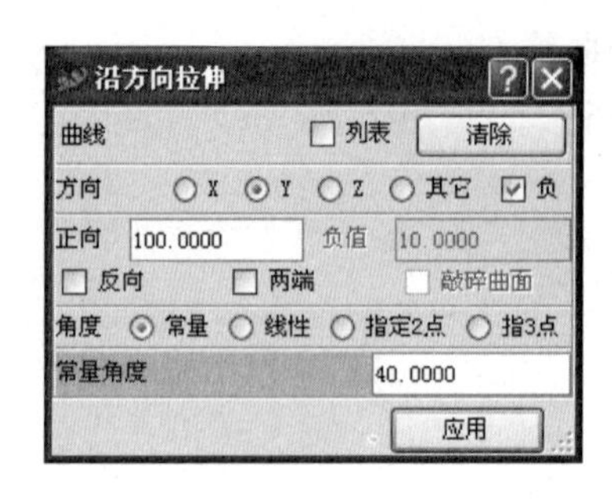


图 5-61

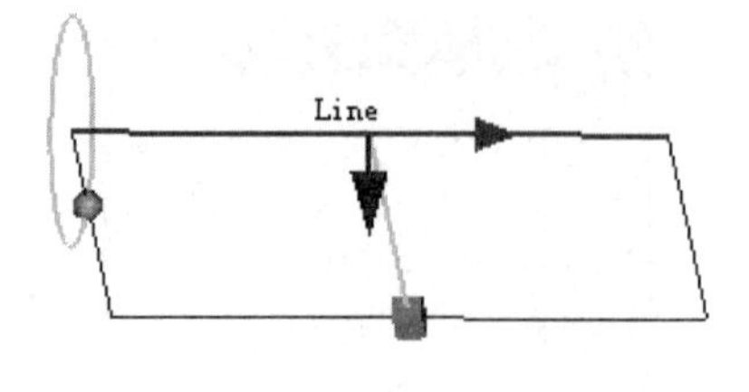


图 5-62

## 5.2.13 管状曲面(Tube)

“管状曲面”命令是“扫掠”命令的一种变形，只需要输入前后两端的管径值，软件会自动构造一个直径渐变的平顺圆管。其对话框如图 5-63 所示。

【操作步骤】

(1) 打开文件 5-12.imw。

| | |
|---|---|
| | 源文件：\part\ch5\5-12.imw |
| | 操作结果文件：\part\ch5\finish\5-12_finish2.imw |

(2) 通过菜单命令“构建”→“扫掠曲面”→“管状”，可以得到如图 5-63 所示的“管状曲面”对话框。

(3) 单击“曲线中心”栏，在视图区域选择曲线。这里选择 Line。

(4) 在“半径”栏，输入管状曲面的半径。这里输入 10。

(5) 单击“应用”按钮确定。结果如图 5-64 所示。

图 5-63

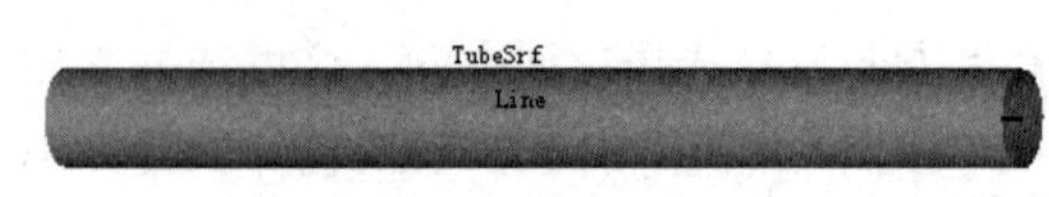


图 5-64

# 5.3 编辑曲面

## 5.3.1 凸缘面(Flange)

“凸缘面”命令就是根据曲面边界生成新的曲面的过程。其对话框如图 5-65 所示。

【操作步骤】

(1) 打开文件 5-13.imw。

| | 源文件：\part\ch5\5-13.imw |
|---|---|
| | 操作结果文件：\part\ch5\finish\5-13_finish.imw |

(2) 通过菜单命令“构建”→“凸缘曲面”→“凸缘曲面”，可以得到如图 5-65 所示的“凸缘曲面”对话框。

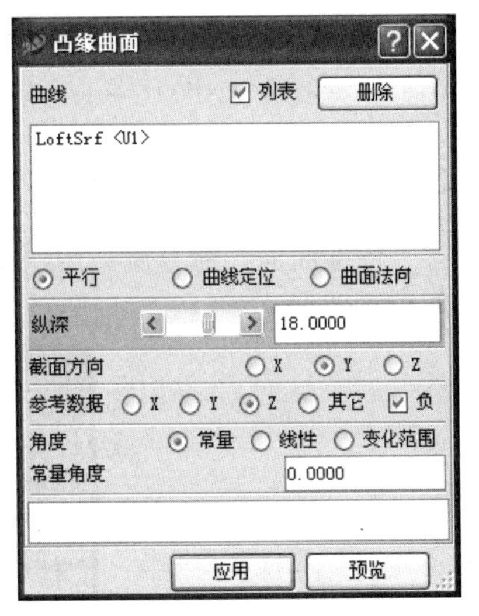


图 5-65

(3) 单击“曲线”栏，然后在视图区域靠近曲面大边沿处单击曲面。边沿处即出现高亮线条。选中“列表”复选框可以看到它的名称为 LoftSrf<U1>。如果选中的不是用户希望的边界，可以在“列表”栏中，单击这条曲线的名称，然后单击“删除”按钮删除。

(4) 在凸缘面生成方式栏，选择“平行”选项。平行为所选边界的方式。

(5) 单击“预览”按钮，动态观察变化过程。

(6) 在“截面方向”栏选择剖断面方向为 *Y* 方向。

(7) 在“参考数据”栏选择拉伸方向为 *Z* 方向，并选中“负”复选框选择其相反方向。

(8) 拖动“纵深”栏观察变化。这里使得数值为 18。

(9) 单击“应用”按钮确定。生成了从曲面大边沿出发沿 *Z* 轴负方向拉伸 18mm 的一个曲面，系统自动命名为 FlangeSrf。不关闭对话框，继续对上边沿进行编辑。

(10) 单击“曲线”栏，然后在视图区域靠近曲面小边沿处单击曲面。边沿处即出现高亮线条。选中“列表”复选框可以看到它的名称为 LoftSrf<U0>。

(11) 在凸缘面生成方式栏，选择“曲线定位”选项。沿曲线所在平面平行曲线方向生成新的曲面。

(12) 单击“预览”按钮，动态观察变化过程。

(13) 拖动“纵深”栏观察变化。这里使得数值为 18。

(14) 在“常量角度”栏输入生成曲面与曲线所在平面的夹角，这里输入 15。

(15) 单击“应用”按钮确定。将生成曲面用渲染模式显示，结果如图 5-66 所示。

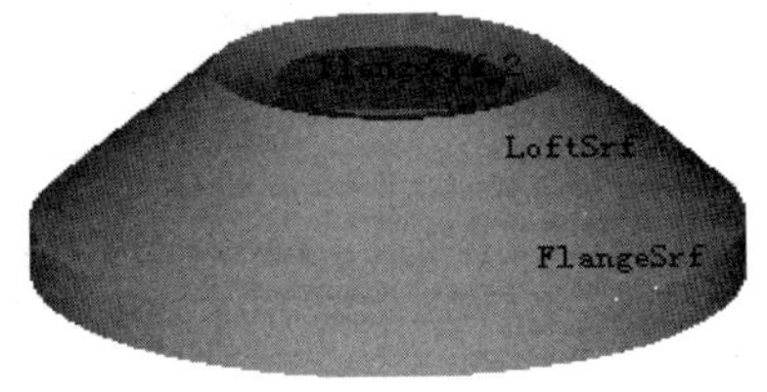


图 5-66

**注意：**

- 有些工件的凸缘面非常小，以致点资料无法完整地表达，此时可借助本功能自动产生。
- 刚生成的曲面可能正法线方向与原始曲面不相同，可以通过改变曲面的法线向方向来使他们一致。
- 在这个命令中也可以选择“曲面法向”选项，生成沿曲面法向的曲面。
- 当需要生成的凸缘面与原始曲面要求相切时，可以通过执行菜单命令“构建”→“凸缘曲面”→“凸缘曲面(相切)”得到相应的对话框来实现。
- 该命令与“沿方向拉伸”类似，只是“凸缘曲面”命令是以曲面的边缘为延伸的原始的资料，而后者是以曲线为延伸的资料。另外“凸缘曲面”命令可以设定延伸时与轴向的夹角。

## 5.3.2 桥接曲面(Blend)

“桥接曲面”命令就是用一个曲面通过特定方式来连接两个不相连的曲面。其对话框如图 5-67 所示。

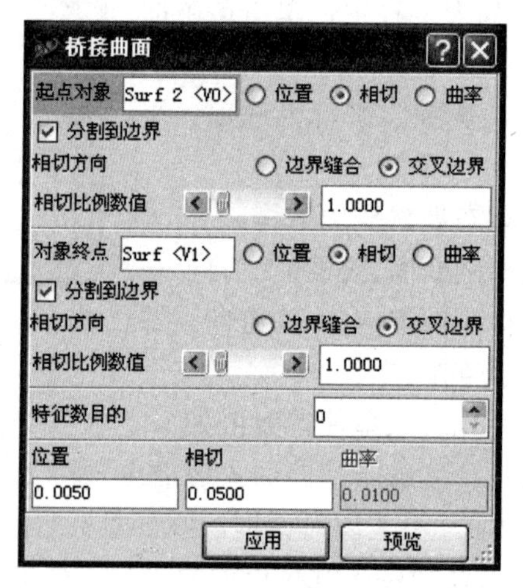


图 5-67

【操作步骤】

(1) 打开文件 5-14.imw。

| | |
|---|---|
| | 源文件：\part\ch5\5-14.imw |
| | 操作结果文件：\part\ch5\finish\5-14_finish.imw |

(2) 通过菜单命令“构建”→“桥接”→“曲面”，可以得到如图 5-67 所示的“桥接曲面”对话框。

(3) 单击“起点对象”栏，在视图区域选择曲面 Surf 2 上靠近 Surf 的边界。其后的输入框中显示曲线的名称为 Surf 2 <V0>。在其连接方式中选择“相切”，表示生成的桥接曲面与曲面 Surf 2 相切连接。

(4) 选中“分割到边界”复选框，表示将 Surf 的多余部分删除。

(5) 单击“对象终点”栏，在视图区域选择曲面 Surf 上靠近 Surf 2 的边界。其后的输入框中显示曲线的名称为 Surf <V1>。在其连接方式中选择“相切”，表示生成的桥接曲面与曲面 Surf 相切连接。

(6) 选中“分割到边界”复选框，表示将 Surf 的多余部分删除。

(7) 在视图区域拖动曲面 Surf 2 上边界线的控制点，到如图 5-68 所示的位置。可以根据需要拖动这个控制点来扩展桥接面范围到合适的位置。

(8) 单击“应用”按钮确定。结果如图 5-69 所示。

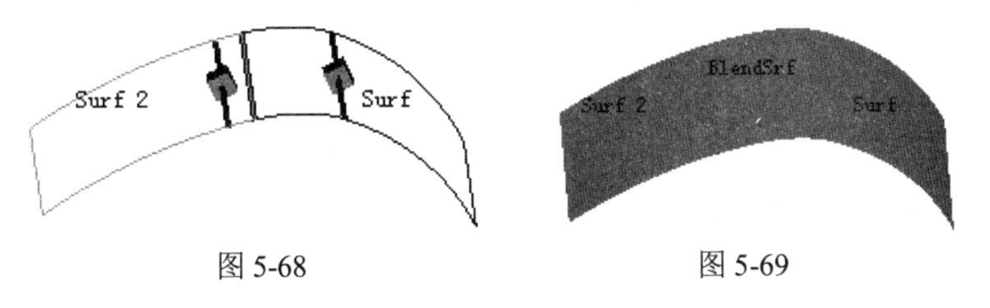


图 5-68　　图 5-69

## 5.3.3 倒圆角(Fillet)

“倒圆角”命令就是在两个曲面之间连接一个指定半径的圆弧面。其对话框如图 5-70 所示。

【操作步骤】

(1) 打开文件 5-15.imw。

| | |
|---|---|
| | 源文件：\part\ch5\5-15.imw |
| | 操作结果文件：\part\ch5\finish\5-15_finish1.imw |

(2) 通过菜单命令“构建”→“倒角”→“模式”，可以得到如图 5-70 所示的“曲面倒角”对话框。

(3) 在“曲面 1”栏和“曲面 2”栏分别选择两个需要倒圆角的曲面。通过“反转”复选框来确定倒圆角面的生成方向，如图 5-71 所示。这里倒圆角曲面生成在两个曲面的下方。

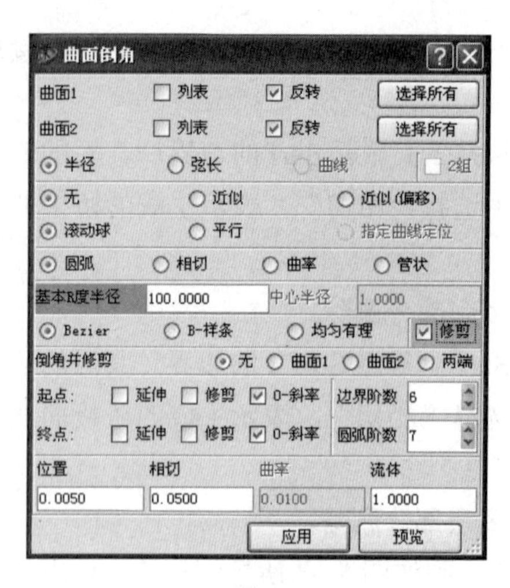


图 5-70

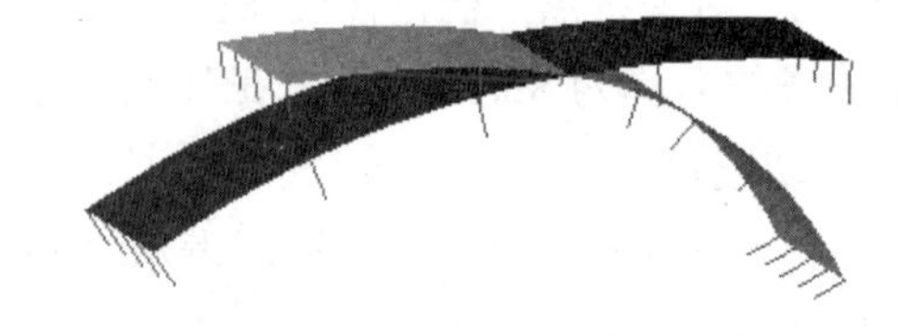

图 5-71

(4) 单击“预览”按钮动态观察变化。同时可以拖动 1 栏和 2 栏中的数值来实现变半径倒圆角。

(5) 在“基本 *R* 度半径”栏输入半径为 100。在 1 栏和 2 栏中保持 100。

(6) 在曲面类型栏选择 Bezier，选择后面的“修剪”复选框，表示裁剪掉多余的曲面。

(7) 保持其他设置。

(8) 单击“应用”按钮确定。结果如图 5-72 所示。

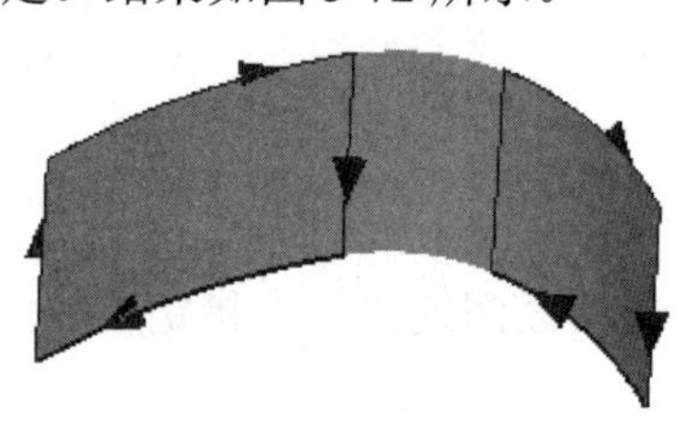

图 5-72

**注意:**

- 倒圆角的生成方式除了按照半径生成还可以选择“弦长”，按圆弧的弦长进行倒角。或者选择“曲线”，沿着曲面上的曲线倒角。
- 在倒圆角与原始曲面的关系栏有四种选择：圆弧(倒角曲面与原始曲面间的连续性是一种简单的圆弧面关系)、相切(倒角曲面与原始曲面间的连续性是相切的关系)、曲率(倒角曲面与原始曲面间的连续性是曲率连续的关系)、管状(构成圆管)。
- 延伸：主要是将曲面边界不相等的部分，以延伸的方式生成曲面倒角部分。
- 修剪：将曲面倒角之后多余的部分修剪掉。
- 阶数：将倒角曲面的阶数改变到用户所设定的数值。

## 5.3.4 偏置曲面(Offset)

图 5-73

偏置曲面命令就是根据基准曲面沿某一方向移动一个距离生成新的曲面。其对话框如图 5-73 所示。

【操作步骤】

(1) 打开文件 5-16.imw。其中显示了三个曲面，这里将用这三个曲面以不同的方式来偏置它们，以说明偏置的各种方式。

| | |
|---|---|
| | 源文件：\part\ch5\5-16.imw |
| | 操作结果文件：\part\ch5\finish\5-16_finish.imw |

(2) 通过菜单命令“构建”→“偏移”→“曲面”，可以得到如图 5-73 所示的“偏移曲面”对话框。

(3) 在“曲面”栏选中“列表”复选框，在列表中选择曲面 Surf。

(4) 单击“预览”按钮动态地观察变化过程。

(5) 生成方式选择“常量”，即平行移动。

(6) 在“距离”栏输入 50。

(7) 单击“应用”按钮。这样创建了第一个偏置面 OffsetSrf。

(8) 继续单击“曲面”栏，在列表中选择曲面 Surf 2。

(9) 生成方式选择“线性”，即线性变化移动。

(10) 此时可以观察到两个控制点和两个方向的选择项 *U* 和 *V* 方向。这里选择 *U* 方向。

(11) 可以通过拖动这两个控制点来设定边界的变化，或者在 A 栏和 B 栏中输入偏置量。这里输入 30 和 80。

(12) 单击“应用”按钮。这样就创建了第二个偏置面 OffsetSrf 2。

(13) 继续单击“曲面”栏，在列表中选择曲面 Surf 3。

(14) 生成方式选择“均匀且连续的”。

(15) 拖动四个角落的控制点到如图 5-74 所示的位置。

(16) 单击“应用”按钮确定。结果如图 5-74 所示。

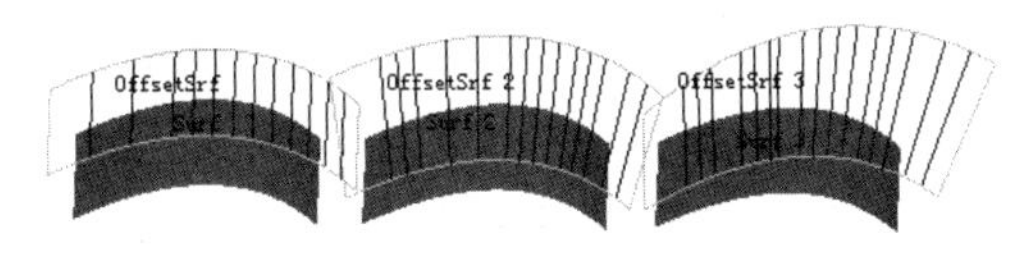


图 5-74

**注意:**

由该功能生成的曲面，其阶数可选择是否维持与外观曲面一样，但通常是会增加控制点数的，因为偏移曲面必须保持在设定误差范围之内。如果外观形状过于复杂，会使偏移后的曲面产生自交的情况，或无法生成曲面。

## 5.3.5 剖断面(Cross Section)

剖断面命令用于在曲面上画出截面线。其对话框如图 5-75 所示。

【操作步骤】

(1) 打开文件 5-17.imw。

| | |
|---|---|
| | 源文件：\part\ch5\5-17.imw |
| | 操作结果文件：\part\ch5\finish\5-17_finish.imw |

(2) 通过菜单命令“构建”→“剖面截取点云”→“曲面”，或者用快捷键 Shift+B，可以得到如图 5-75 所示的“曲面截面”对话框。

(3) 在剖断面方向中选择 $X(A)$选项。

(4) 单击“预览”按钮。

(5) 在视图区域通过拖动如图 5-75 所示的旋转控制点，将 $A$ 轴方向调整到用户需要的位置，以便创建均匀的剖断面。

(6) 在“间隔”栏设置剖断面的间距。这里输入 30。

(7) 单击“应用”按钮确定。结果如图 5-76 所示。

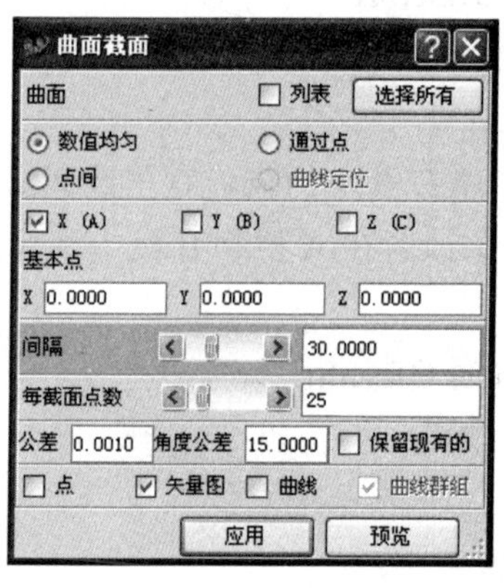


图 5-75

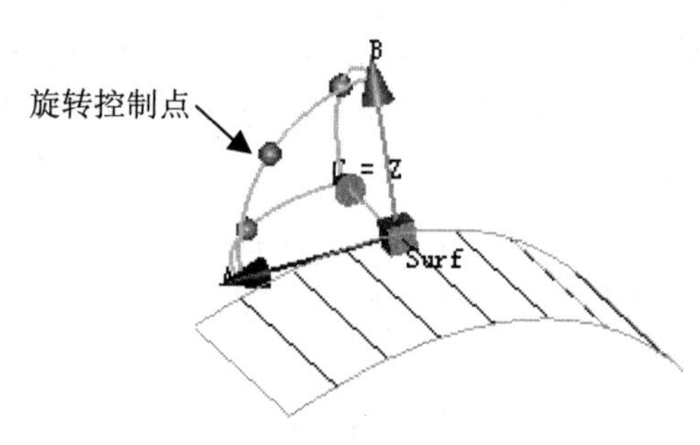


图 5-76

**注意：**

- 在剖断面的属性栏可以选择生成的剖断面以“通过点”点云的形式生成，也可以选择“点间”对比特征和“曲线定位”曲线的形式。
- 在选择“曲面”选项时，还可以选择“曲面群”来将生成的曲线创建为一个群组。

## 5.3.6 曲面交线(Intersection)

“曲面交线”命令可以求出两曲面的交线，或曲面与曲线的交点。其对话框如图 5-77 所示。

【操作步骤】

(1) 打开文件 5-15.imw。

| | |
|---|---|
| | 源文件：\part\ch5\5-15.imw |
| | 操作结果文件：\part\ch5\finish\5-15_finish2.imw |

(2) 通过菜单命令“构建”→“相交”→“曲面”，可以得到如图 5-77 所示的“曲面交线”对话框。

(3) 单击“曲面 1”栏，选择曲面 Surf。

(4) 单击“曲面 2”栏，选择曲面 Surf 2。

(5) 在“输出”栏，选择“2D 曲线”，使得生成的交线为面上的曲线。

(6) 在“阶数”栏，输入 4，表示生成的曲线的阶数为 4。

(7) 单击“应用”按钮确定。结果如图 5-78 所示。

图 5-77

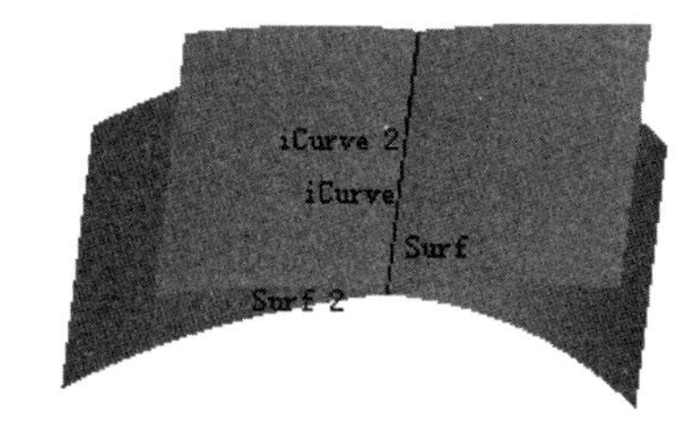


图 5-78

**注意：**

- 生成的交线的类型也可以为“3D 曲线”或者“矢量图”。
- 生成交线的信息显示在“结果”栏中。两个曲面的交线会有两条曲线。

## 5.3.7 缝合曲面(Match)

“缝合曲面”命令就是将两个曲面的边界通过某种联系连接起来。其对话框如图 5-79 所示。

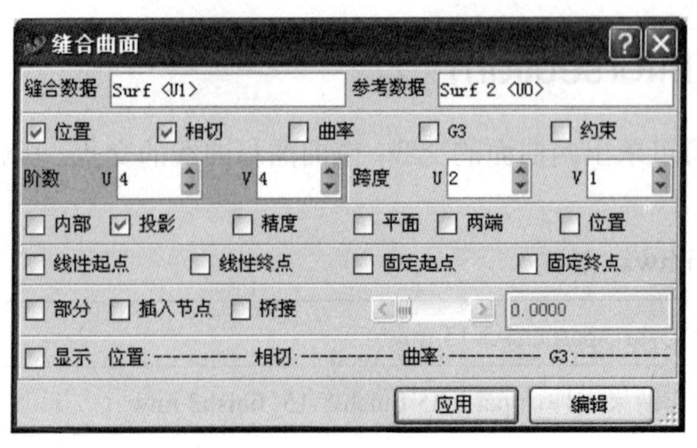


图 5-79

【操作步骤】

(1) 打开文件 5-18.imw。

| | |
|---|---|
| | 源文件：\part\ch5\5-18.imw |
| | 操作结果文件：\part\ch5\finish\5-18_finish.imw |

(2) 通过菜单命令“修改”→“连续性”→“缝合曲面”，可以得到如图 5-79 所示的“缝合曲面”对话框。

(3) 单击“缝合数据”栏，选择曲面 Surf 上靠近 Surf 2 的边界。

(4) 单击“参考数据”栏，选择曲面 Surf 2 靠近 Surf 的边界。

(5) 单击“应用”按钮确定，查看生成的缝合面。

(6) 单击“编辑”按钮进行缝合面的再编辑。此时视图区域显示了缝合面的控制顶点。

(7) 将“阶数”栏的 $U$ 值设为 4，$V$ 值也设为 4，使得缝合面与原始面阶数相等。

(8) 单击“应用”按钮确定。结果如图 5-80 所示。

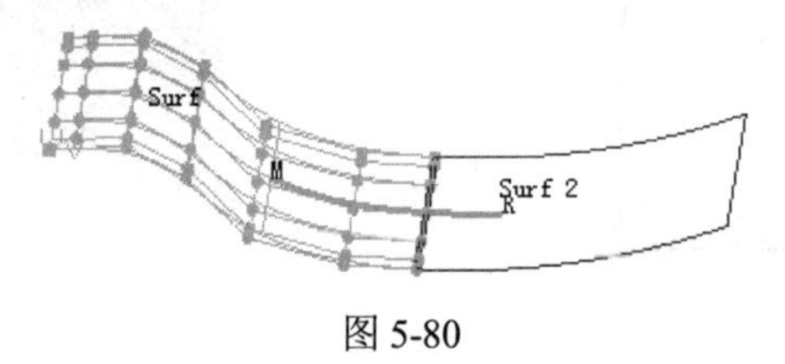


图 5-80

**注意:**

- 将两曲面的边界缝合起来并保持两曲面间的连续性是该命令的最大功能，通过这项命令能让用户在构造过程中，时时确保曲面的连续性。当用户把较大范围曲面构造出来之后，便可以把这些分散的曲面连接起来。
- “缝合数据”为欲缝合的曲面(会改变边界位置的曲面)，“参考数据”为缝合的参考曲面(也就是边界位置固定的曲面)。
- 选择“显示”复选框可以显示两曲面的连续性(位置、相切、曲率)。

## 5.3.8　曲面重新建参数化(Reparameterize)

“重新建参数化”命令用于重新定义曲面控制点数。其对话框如图 5-81 所示。

【操作步骤】

(1) 打开文件 5-19.imw。这里是两个相同的曲面，对其中一个曲面重新参数化，读者可以比较一下重新参数化的结果。

| | |
|---|---|
| | 源文件：\part\ch5\5-19.imw |
| | 操作结果文件：\part\ch5\finish\5-19_finish1.imw |

(2) 通过菜单命令“修改”→“参数控制”→“重新建参数化”，可以得到如图 5-81 所示的“重新建参数化”对话框。

(3) 单击“曲面/曲线”栏，选择曲面 Surf 2。

(4) 将“跨度”栏的 $U$ 值设为 2，$V$ 值也设为 2。

(5) 单击“应用”按钮确定。不进行变化与重新参数化的对比图如图 5-82(a)和(b)所示。

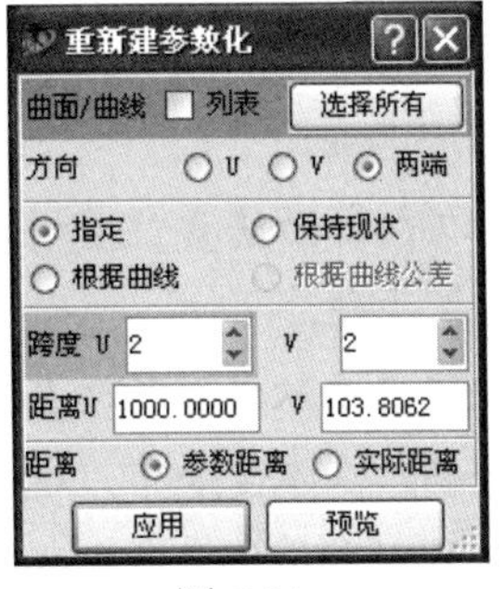


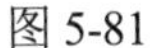
图 5-81

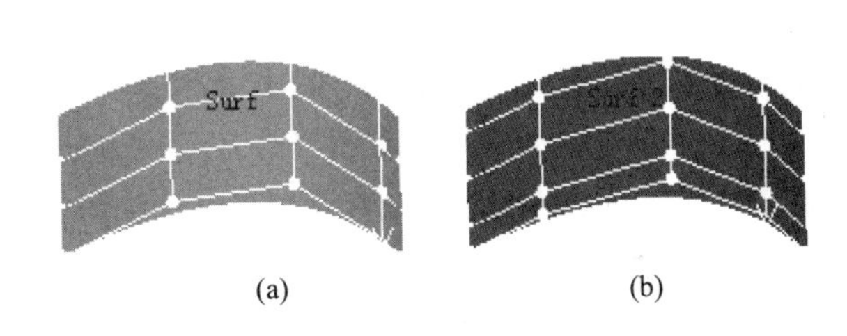


图 5-82

**注意:**

- 此功能针对需要增加或减少控制点数量的曲面。
- 控制点排列方式可为参数距离(即控制点排列会在曲面上平均排列)，或以实际距离(即控制点依曲面实际范围做最佳化排列，也就是在曲面较复杂处控制点排列会较密)方式排列。

## 5.3.9　插入曲面节点(Insert Surface Knots)

“插入曲面节点”命令用于插入节点。其对话框如图 5-83 所示。

【操作步骤】

(1) 打开文件 5-19.imw。这里是两个相同的曲面，对其中一个插入曲面节点，用户可以比较一下插入曲面节点的结果。

| | |
|---|---|
| | 源文件：\part\ch5\5-19.imw |
| | 操作结果文件：\part\ch5\finish\5-19_finish2.imw |

(2) 通过菜单命令“修改”→“参数控制”→“插入/移除节点”，可以得到如图 5-83 所示的“插入/移除节点”对话框。

(3) 单击“曲线/曲面”栏，选择曲面 Surf 2。

(4) 在“方向”栏选择 *U*，选择 *U* 方向需要插入节点的位置。这里选择点 1 和点 2。然后选择 *V*，选择 *V* 方向需要插入节点的位置。这里选择点 3 和点 4。

(5) 单击“应用”按钮确定。结果如图 5-84 所示。

图 5-83

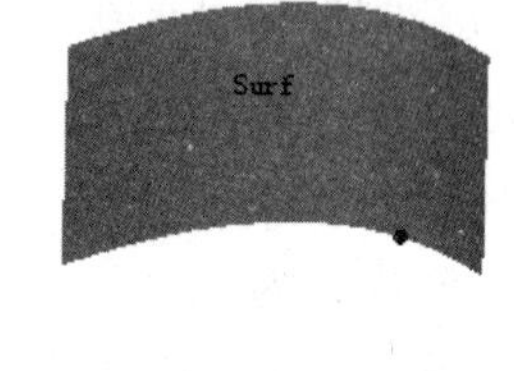


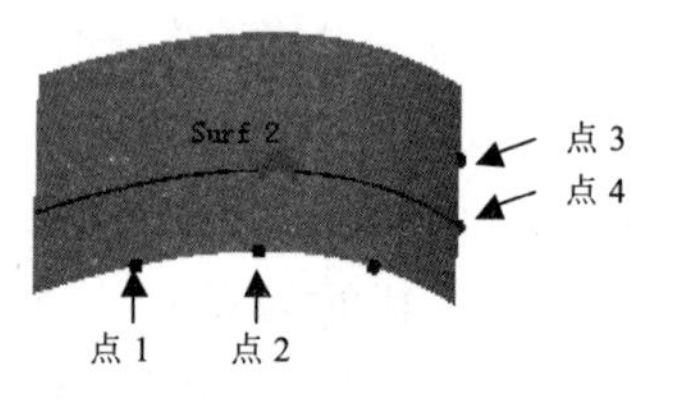


图 5-84

**注意：**

- 曲面所生成的节点数目不足以定义一个自由曲面时，可以在曲面任意位置增加一排节点，增加的形式有用户自定义和由软件自行运算两种。
- 由于软件在执行改变控制点数量命令时，控制点增加的位置是由软件自行运算的，所以想要增加某一排控制点在特定的位置，是不允许的。在本命令中，增加一个节点时，同时也会增加一排曲面控制点，因此用户可以利用这个命令，增加几排控制点在特定的位置。但必须是该排控制点位置接近于节点位置。

## 5.3.10 延伸曲面(Extend)

“延伸曲面”命令就是将曲面延伸某一个长度。它的用法与曲线延长较相似。其对话框如图 5-85 所示。

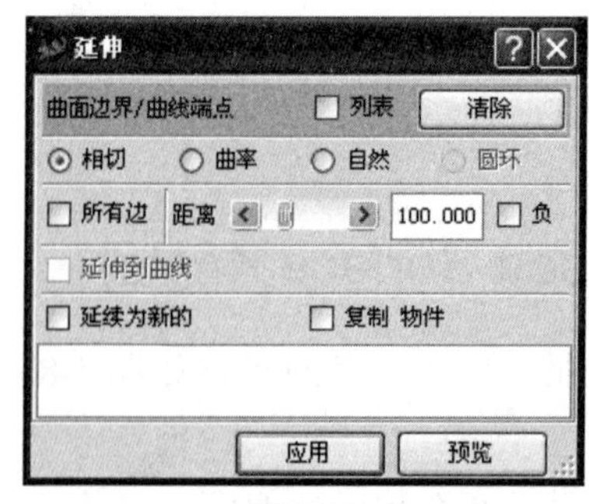


图 5-85

【操作步骤】

(1) 打开文件 5-20.imw。

| | |
|---|---|
| | 源文件：\part\ch5\5-20.imw |
| | 操作结果文件：\part\ch5\finish\5-20_finish.imw |

(2) 通过菜单命令“修改”→“延伸”，可以得到如图 5-86 所示的“延伸”对话框。

(3) 单击“曲面边界/曲线端点”栏，选择曲面 Surf 需要延长的一边。

(4) 在延长方式栏选择“相切”，相切延长。

(5) 在“距离”栏输入延长的距离。这里输入 100。

(6) 单击“应用”按钮确定。结果如图 5-86 所示。

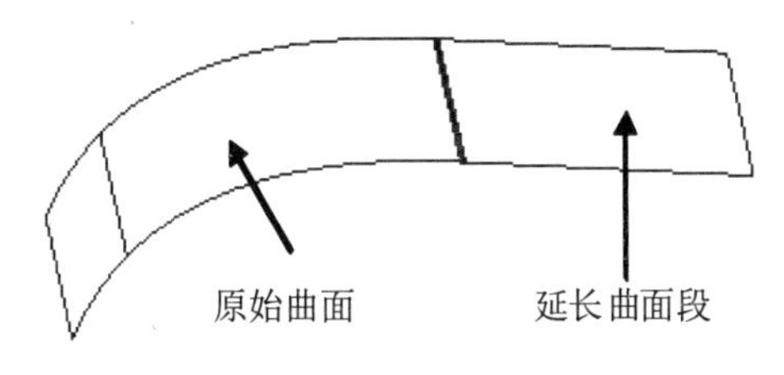


图 5-86

**注意：**

- 延伸的目的在于两曲面相交，而后找出交线来修剪；或是当所构造的曲面大小无法满足需求时，将曲面延伸；另外倒角时有时也需要将曲面做延伸以利于倒角的进行。
- 可由曲面的四个边界一起延伸某一个距离(选择“所有边”复选框)，也可以单独延伸某一边界，同样也可沿“相切”或“曲率”延伸曲面，延伸时可选择以曲面边界形状或以整体曲面造型做延伸。

## 5.3.11 清理曲面(Clean Surface)

“清理曲面”命令用于清除曲面多余的控制点。其对话框如图 5-87 所示。

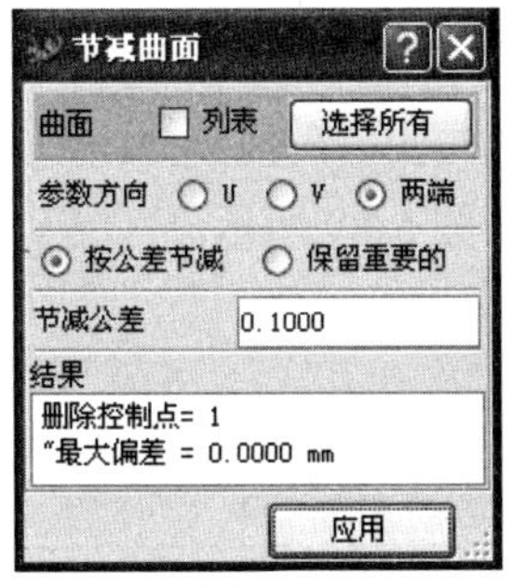


图 5-87

【操作步骤】

(1) 打开文件 5-21.imw。这里有两个相同的曲面 Surf 和 Surf 2，我们将对 Surf 2 执行清理曲面命令，Surf 作为不处理的对比。

| | |
|---|---|
| | 源文件：\part\ch5\5-21.imw |
| | 操作结果文件：\part\ch5\finish\5-21_finish.imw |

(2) 通过菜单命令“修改”→“数据简化”→“节减曲面”，可以得到如图 5-87 所示的“节减曲面”对话框。

(3) 单击“曲面”栏选择曲面 Surf 2。

(4) 单击“应用”按钮确定。未处理的曲面与执行清理曲面命令后的曲面对比图如图 5-88 (a)和(b)所示。

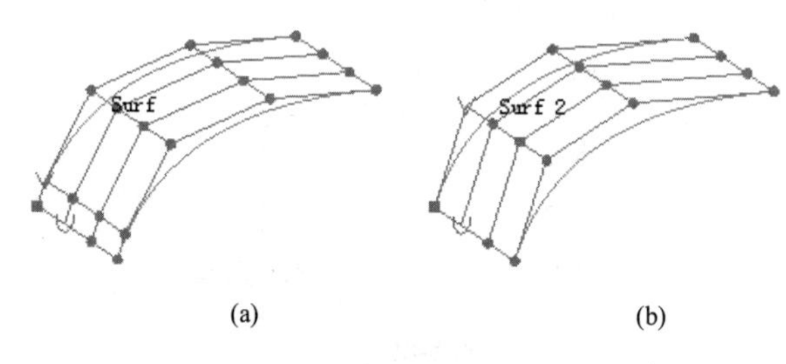


(a) (b)

图 5-88

**注意:**

- 若曲面有过多不需要的控制点，较易造成曲面不够平顺或调整的困难。利用此功能，软件可自动计算曲面所需的最少控制点数量。
- 清除时，可单独对任一个 *U*、*V* 方向或同时对两个方向操作，在此需要设定清除时所允许的公差范围。
- 该命令执行后，在“结果”框中会显示删除的控制点数和曲面的变形量。删除控制点的命令应用在控制点过多的曲面上，如经过偏移的曲面、某些软件自动绘出的曲面资料。可以用这个命令，在误差范围之内删除不需要的控制点。

## 5.3.12 合并曲面(Merge)

“合并曲面”命令用来合并两个曲面，在两个曲面中间按一定的连接方式生成第三个曲面，来搭接这两个曲面。其对话框如图 5-89 所示。

【操作步骤】

(1) 打开文件 5-22.imw。

| | |
|---|---|
| | 源文件：\part\ch5\5-22.imw |
| | 操作结果文件：\part\ch5\finish\5-22_finish.imw |

(2) 通过菜单命令“修改”→“合并”→“曲面”，可以得到如图 5-89 所示的“曲面合并”对话框。

(3) 单击“参考边”栏，选择曲面 Surf 上靠近 Surf 2 的边界。

(4) 单击“连接边界”栏，选择曲面 Surf 2 上靠近 Surf 的边界。

(5) 选择“指定阶数”复选框，自定义生成的合并曲面的阶数。这里使得 *U*、*V* 方向的阶数均为 4。

(6) 单击“应用”按钮确定。

(7) 隐藏原始曲面 Surf 和 Surf 2，结果如图 5-90 所示。

图 5-89

图 5-90

**注意:**

- 欲连接的两个曲面的趋势非常重要，若是两个边界一高一低，则连接的曲面为了与两曲面顺接，势必会高低不平。所以需注意尽量将欲合并的两曲面边界调整至可使中间连接的曲面能够很平顺的状态。
- 合并曲面与原始曲面的差异将显示在“结果”栏中。

## 5.3.13 截断曲面(Snip)

为了方便构造曲面，通常会将曲面建得比点群范围稍大，当需修剪至点群形状大小时，可以使用“截断曲面”命令。其快捷键为 Shift+K。其对话框如图 5-91 所示。

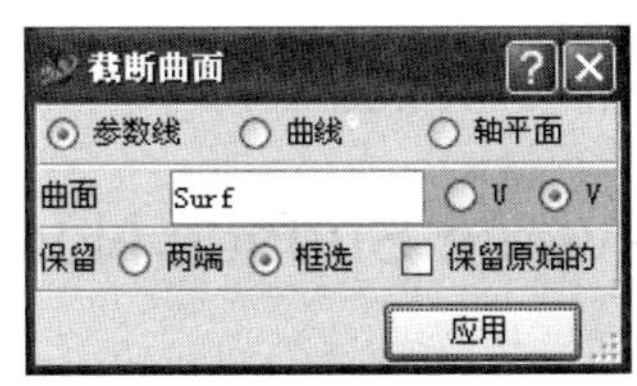


图 5-91

【操作步骤】

(1) 打开文件 5-23.imw。

| | |
|---|---|
| | 源文件：\part\ch5\5-23.imw |
| | 操作结果文件：\part\ch5\finish\5-23_finish1.imw |

(2) 通过菜单命令“修改”→“截断”→“截断曲面”，或者使用快捷键 Shift+K，可以得到如图 5-91 所示的“截断曲面”对话框。

(3) 在截断方式栏选择“参数线”。用自定义的参数剪断。

(4) 单击“曲面”栏，选择需要截断的曲面。曲面上被保留的部分将有黄色圆球在曲面的角落表示。用户可以根据需要单击需要保留的一边。

(5) 选择 *V* 选项，表明将沿着 *V* 方向剪断曲面。

(6) 双击视图中的方块控制点，在弹出的对话框中，拖动滑动条来取定需要截断的位置。这里输入 0.3，记载曲面 *V* 方向 30%的地方截断，如图 5-92 所示。

(7) 在“保留”栏选择“框选”，表示将保留选择的部分。

(8) 单击“应用”按钮确定。结果如图 5-93 所示。

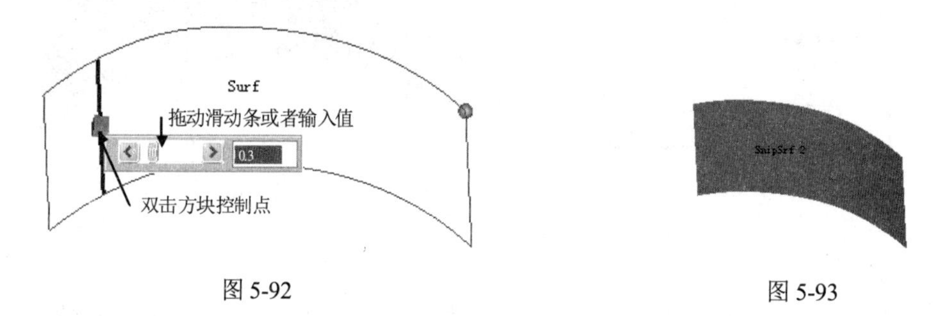


图 5-92　　　　图 5-93

**注意:**

- 可以在曲面 *U*、*V* 参数的任意位置打断曲面，也可通过一些邻近相关的位置来打断曲面。
- 选择“保留原始的”复选框可以保留原始曲面数据。

## 5.3.14　修剪曲面(Trim)

“修剪曲面”命令的功能是自动修剪曲面。根据点群的外围轮廓，自动将曲面修剪至与点群轮廓类似的形状。

一般是不会使用该命令的，只针对欲快速得到曲面外形的时候。

## 5.3.15　反转曲面法向(Reverse Surface Normal)

“反转曲面法向”命令通常用于曲面的法向不一致的情况下，反转某些曲面的法向。其快捷键为 Shift+R。其对话框如图 5-94 所示。

【操作步骤】

(1) 打开文件 5-23.imw。

| | 源文件：\part\ch5\5-23.imw |
|---|---|
| | 操作结果文件：\part\ch5\finish\5-23_finish2.imw |

(2) 通过菜单命令“修改”→“方向”→“反转曲面法向”，或者使用快捷键 Shift+R，可以得到如图 5-94 所示的“反转曲面法向”对话框。

(3) 单击“曲面”栏，选择需要改变曲面法向的曲面。

(4) 单击“应用”按钮。结果如图 5-95 所示。原来高亮的一面变成灰色的。

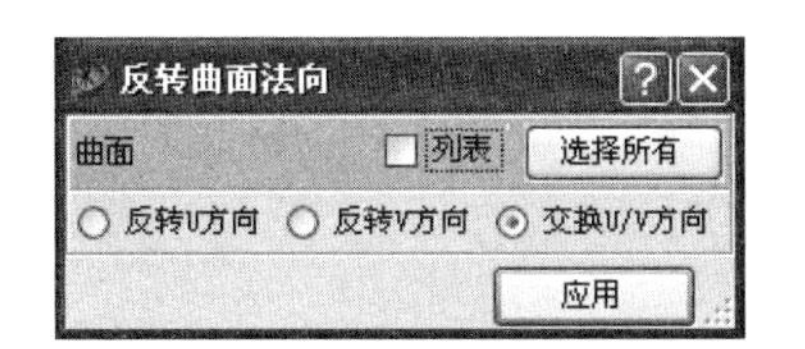


图 5-94

图 5-95

**注意：**

- 在曲面与点群的误差比对中，若曲面的法线方向不一致，将造成比对的数值正负值不正确，造成误判，因此必须将曲面的法线方向转到正确的方向。
- 也可以选择“反转 *U* 方向”或者“反转 *V* 方向”选项来仅改变其中的一个方向。

## 5.3.16 曲面的自由编辑(Edit Surface)

曲面的自由编辑是 Imageware 的一个特色功能，用户可以使用这一功能自由地调整曲面，同时又可以保证曲面的光顺性。

在用户已经使用“评估”→“控制点矢量图”命令显示了曲面的控制顶点的情况下，可以通过“修改”→“控制点”命令来打开“曲面”编辑对话框。

用户可以使用鼠标右键的浮动工具条，找到 Edit Surface 图标，如图 5-96 所示。

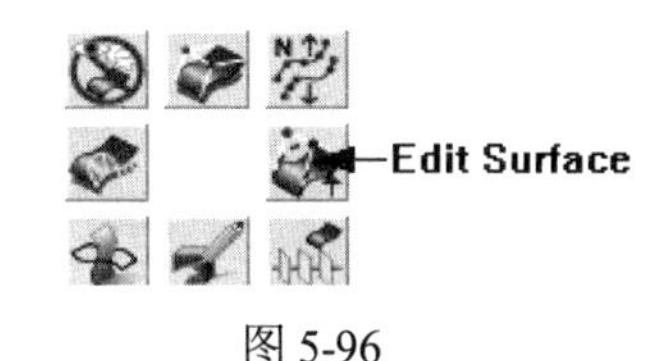


图 5-96

【操作步骤】

(1) 打开文件 5-24.imw。在这里使用最简单的 4 点构面法后，使用自由曲面编辑命令来手动编辑一张曲面。

| | 源文件：\part\ch5\5-24.imw |
|---|---|
| | 操作结果文件：\part\ch5\finish\5-24_finish.imw |

(2) 通过菜单命令“创建”→“简易曲面”→“曲面(4 点)”，得到由 4 点构面的对话框，如图 5-97(a)所示。配合全局捕捉器的点云捕捉功能，依次选择点云的 4 个边界点，如图 5-97(b)所示。

(a)

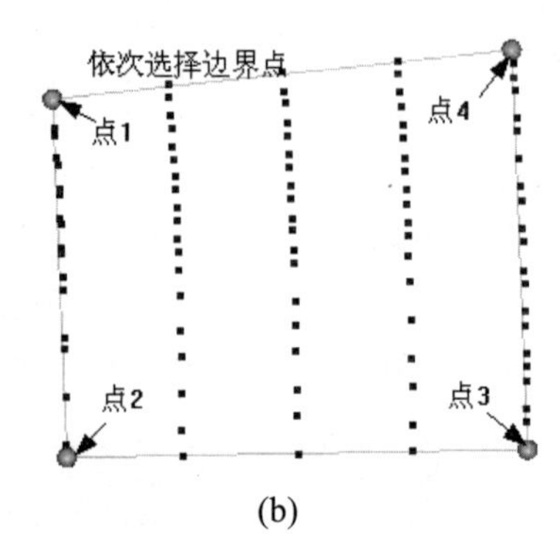


(b)

图 5-97

(3) 单击“应用”按钮，得到过 4 点的曲面。

(4) 通过菜单命令“修改”→“参数控制”→“变更阶数”，将曲面修改成 4×4 阶次的曲面。

(5) 将鼠标放置在曲面上，右击，按住鼠标右键将鼠标移动至弹出的浮动工具条中的 Edit Surface 图标上(见图 5-96)，释放鼠标右键得到如图 5-98 所示的对话框。

图 5-98

(6) 在对话框的“编辑”栏中选择 *Y*，也就是只希望控制顶点在 *Y* 方向上移动而不要偏离。

(7) 由于曲面的 4 个端点和点云吻合较好，只需调整其他的控制顶点。为了使得曲面保持高度的平滑光顺性，用户需要对 *U* 方向和 *V* 方向上的节点采取一排节点同时编辑的操作。即选择 *U* 方向的某一排(非端点那一排)，单击其中一个节点，然后按住 Ctrl 键继续单击这一排的其他节点，这时整一排的节点呈高亮的绿色显示。这时随意拖动这一排上的任意一个节点将会产生一排节点同时移动的效果。

(8) 依次拖动 *U* 方向上和 *V* 方向上非端点的两排节点，使得曲面的边缘位置与点云重合。这个需要人为判断，多试几次，就会比较准确。

(9) 整体调整感觉差不多时，可以针对某些误差较大的节点进行微调。这时可以在“控制点/曲线节点修改”对话框中选择“步距范围微调”复选框，然后在其后的步长中选择合适的步长，一般可以选择 0.1 为步长。也就是说，用户每次拖动节点，该节点就在指定的方向上移动一个单位步长。

(10) 当节点基本调整到用户满意的程度时，可以通过“测量”→“曲面偏差”→“点云偏差”菜单命令，打开曲面与点云差异的检测命令来检测它们之间的差异(这一命令的使用详见 5.4.2 节)。

(11) 通过检测可以直观地看到点云与曲面的差异，这时可以不关闭检测差异命令，而再次使用曲面编辑功能来动态地编辑曲面。

用户在编辑时，差异的颜色对比也会随之动态地改变。这样就可以很方便又直观地做最后的微调工作。

(12) 当用户再次使用曲面和点云差异命令来检测两者的差异时，如果已经达到如图 5-99 所示的结果，即最大误差在 0.2mm 以内时，这个曲面的编辑就算成功了。根据客户的要求这里点云与曲面之间的误差也可以最大放宽到 0.5mm。

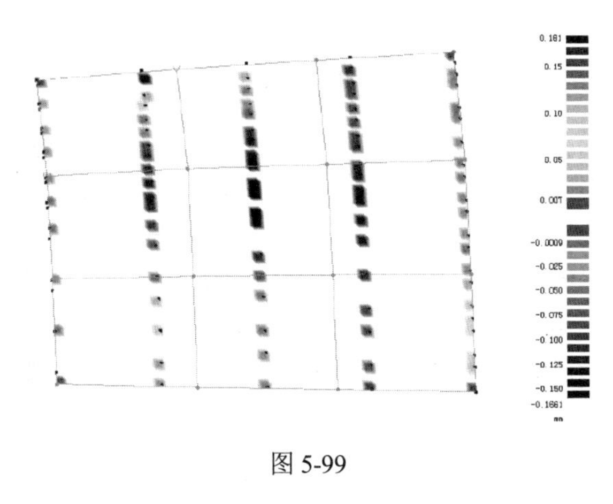

图 5-99

# 5.4 分析曲面

曲面的分析是一个比较关键的技术，在这一章中先简要地介绍一下常用的两个命令，在第 6 章中将详细地介绍各种元素之间的分析方法。

## 5.4.1 曲面连续性(Continuity)

曲面的连续性功能用来检查曲面之间的连接处的连接属性。其对话框如图 5-100 所示。

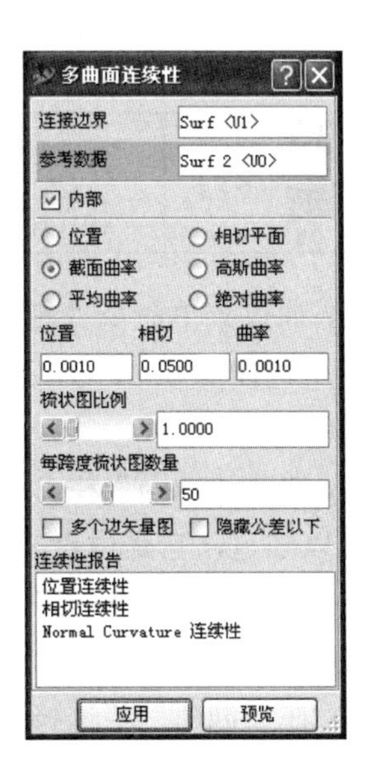


图 5-100

【操作步骤】

(1) 打开文件 5-25.imw。

| | |
|---|---|
| | 源文件：\part\ch5\5-25.imw |
| | 操作结果文件：\part\ch5\finish\5-25_finish.imw |

(2) 通过菜单命令“评估”→“连续性”→“多曲面”，

或者使用快捷键 Shift+O，可以得到如图 5-100 所示的“多曲面连续性”对话框。

(3) 选择“内部”复选框。

(4) 单击“连接边界”栏，选择曲面 Surf 上与 Surf 2 相连的边界。

(5) 单击“参考数据”栏，选择曲面 Surf 2 上与 Surf 相连的边界。

(6) 选择“截面曲率”选项，使得结果能显示两曲面的位置关系、相切关系和曲率连续性关系。

(7) 单击“应用”按钮。结果显示在图 5-100 所示的“连续性报告”栏中，这里说明两个曲面之间满足这三种连续方式(位置、相切和曲率)的完全连续。

**注意:**

- 当所选两个曲面的某种连续出现不连续时，在“连续性报告”栏中将显示这种连续性的偏差。
- 当选择“位置”选项时，命令只检查两曲面的位置关系。
- 当选择“相切”选项时，命令将检查两曲面的位置关系和相切关系。
- 在曲率相关性方式栏，可以有四种选择：“截面曲率”“高斯曲率”“平均曲率”和“绝对曲率”。无论选择其中的哪一种，命令都将检查两曲面的位置关系、相切关系和所选择的曲率连续关系。

## 5.4.2 曲面与点云的差异(Surface to Cloud Difference)

“曲面与点云的差异”命令让用户选择欲检测的曲面与点群，设定好最大检查距离与最大角度值，作为检测时的上限，系统会把检测的结果按指定的显示方式显示出来。其快捷键为 Shift+Q。其对话框如图 5-101 所示。

【操作步骤】

(1) 打开文件 5-26.imw。

| | |
|---|---|
| | 源文件：\part\ch5\5-26.imw |
| | 操作结果文件：\part\ch5\finish\5-26_finish.imw |

(2) 通过菜单命令“测量”→“曲面偏差”→“点云偏差”，或者使用快捷键 Shift+Q，可以得到如图 5-101 所示的“曲面到点云偏差”对话框。

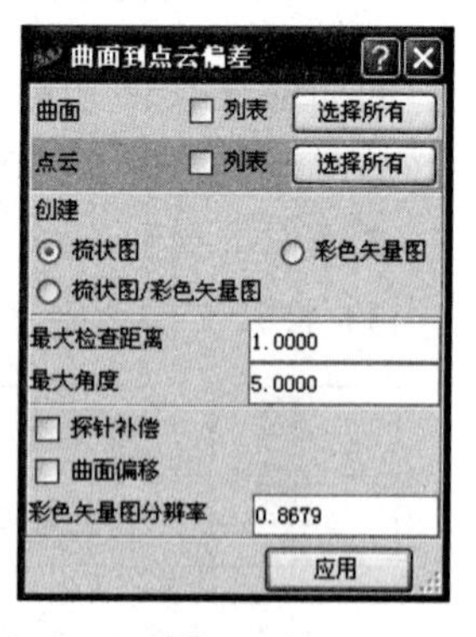


图 5-101

(3) 单击“曲面”栏，选择曲面 CldCrvFitSrf。从这个曲面的名称可以知道，它是由点云和边界条件拟合的曲面。这里用这个曲面与原始点云进行对比分析。

(4) 单击“点云”栏，选择点云 AddCld。

(5) 在“创建”栏选择“梳状图”选项。

(6) 单击“应用”按钮。结果如图 5-102 和图 5-103 所示的误

差报告和彩色图。如果希望此时在视图区域的实体上也显示彩色分区块，只需在图 5-101 中选择“彩色矢量图”复选框即可。

在曲面与点云的误差报告中，显示了曲面与点云之间的 4 个参考值：侧向偏差、负法向偏差、几何和正法向偏差。每种误差都显示了最大误差、平均误差和标准偏差等信息。

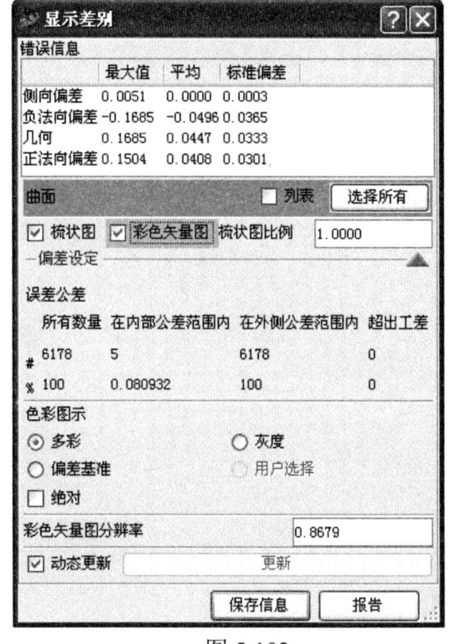

图 5-102

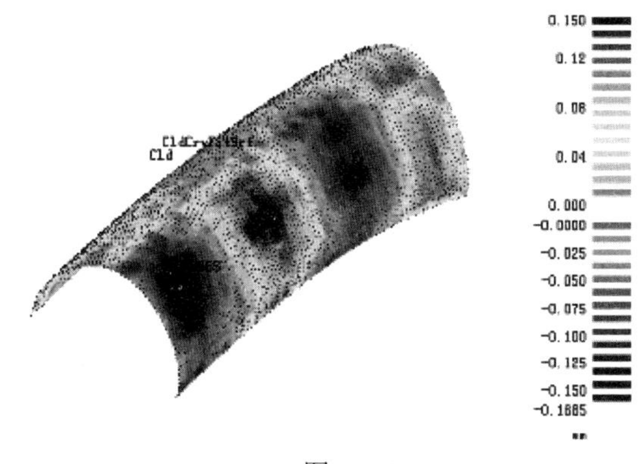


图 5-103

**注意：**

- 最大角度：设定最大计算角度，超出此角度的点群不予计算。
- 误差显示方式有梳状图、彩色矢量图及梳状图/彩色矢量图 3 种。

## 5.5　思考与练习

1. 生成曲面有哪 4 种常用方法？
2. 描述“用中心和法向确定平面”“过三点作平面”“在视图方向范围内的平面”“平面组”“建立工作平面”和“创建工作平面”的方法，并进行实践操作。
3. 如何编辑曲面？并进行实践操作。
4. 怎样进行曲面的分析？并进行实践操作。

# 第6章　分析与测量

## 本章重点内容

本章将学习 Imageware 的分析和测量命令。

## 本章学习目标

- 控制顶点的调整方法;
- 曲率的分析;
- 连续性分析的方法;
- 点云、曲线和曲面的差异测量。

## 6.1　分　　析

在前面的章节中，穿插介绍了一些比较重要的分析和测量命令，在这一章中将系统地介绍各种分析和测量命令。前面已经学过的命令，请读者再回顾一下，这里就不再一一赘述了。

由于分析和测量是用户在使用软件的过程中经常需要用到的命令，所以在这里推荐用户使用快捷方式。在这一章中将着重介绍各种快捷方式的使用。

### 6.1.1　控制顶点(Control Plot)

在 4.4.1 节中已经学习了曲线的控制顶点的显示方式。这里介绍一下曲面控制顶点的显示方式。其对话框如图 6-1 所示。

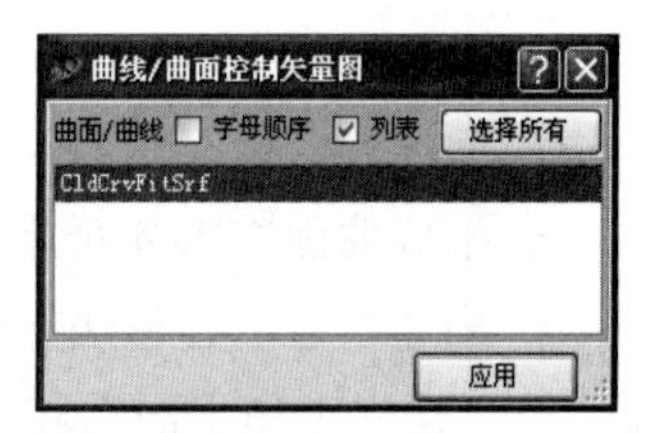


图 6-1

【操作步骤】

(1) 打开文件 6-1.imw。

| | |
|---|---|
| | 源文件：\part\ch6\6-1.imw |
| | 操作结果文件：\part\ch6\finish\6-1_finish1.imw |

(2) 按快捷键 Shift+L，在弹出的仅显示选择的物体对话框中选择曲面 CldCrvFitSrf，使

得视图区域仅显示曲面。

(3) 通过菜单命令“评估”→“控制点矢量图”，打开图 6-1 所示的命令对话框。

(4) 在“曲面/曲线”栏，选择曲面 CldCrvFitSrf。

(5) 单击“应用”按钮。结果如图 6-2 所示。

(6) 或者使用快捷方式：将鼠标指针放置在曲面位置，右击并保持按住右键状态，这时弹出浮动工具条，如图 6-3 所示。将鼠标指针移至显示控制顶点的图标上，然后释放鼠标右键，可以看到与上述操作方式同样的结果。

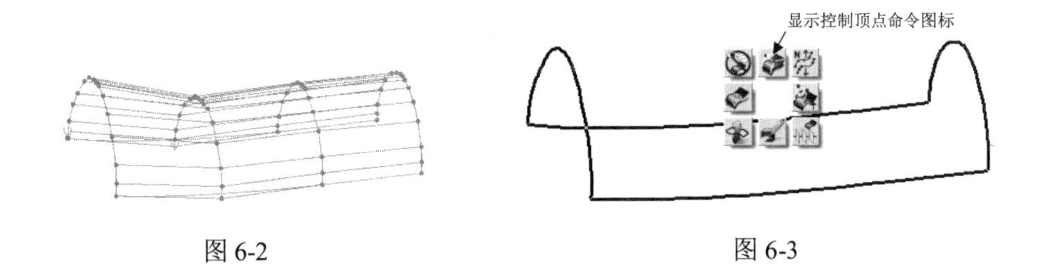


图 6-2　　　　图 6-3

**注意：**

- 显示控制点命令没有非常实质的应用作用。但是它对于用户判断后续工作是非常重要的。
- 用户根据显示的控制顶点的情况，可以判断是否需要删除和插入控制顶点，进而有利于后续工作的微调操作。

如果要将显示的控制顶点去掉，可以通过以下两种方式实现。

- 将控制顶点暂时隐藏起来。使用快捷键 Ctrl+L，在弹出的仅使所选的不可见对话框中选择 CldCrvFitSrf Ctrl，并确定即可。
- 将控制点删除。将鼠标指针放置于控制顶点上，右击并移动到如图 6-4 所示的浮动工具条中的删除命令图标上释放鼠标右键即可。

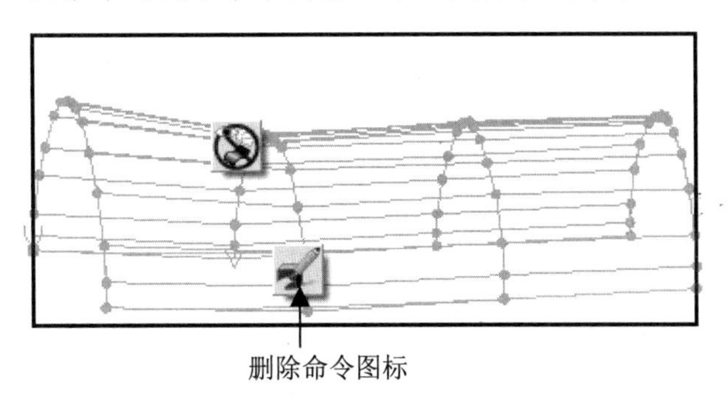


图 6-4

## 6.1.2 法线(Normals)

法线命令用于显示点云和曲面的法线图。其对话框如图 6-5 所示。

【操作步骤】

(1) 打开文件 6-1.imw。

| | |
|---|---|
| | 源文件：\part\ch6\6-1.imw |
| | 操作结果文件：\part\ch6\finish\6-1_finish2.imw |

(2) 按快捷键 Shift+L，在弹出的仅显示选择的物体对话框中选择点云 Cloud out，使得视图区域仅显示点云 Cloud out。

(3) 通过菜单命令“评估”→“相切/法向”→“点云法向矢量图”，可以得到图 6-5 所示的对话框。

(4) 在“采样比率”文本框中，设置点云法向线的显示比例。这里设置为 20，即显示法向线的 1/20。

(5) 单击“应用”按钮。结果如图 6-6 所示。

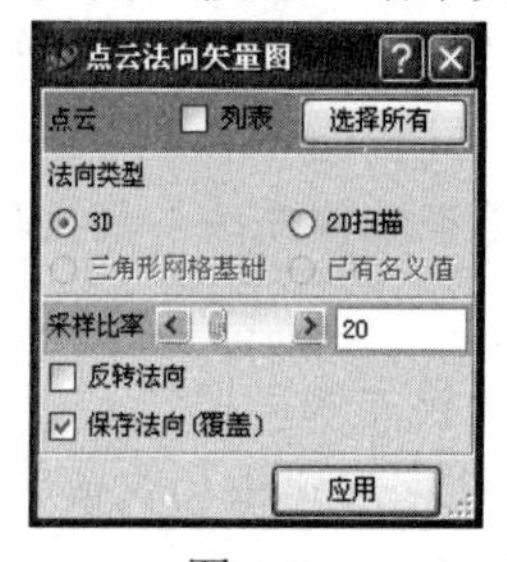


图 6-5

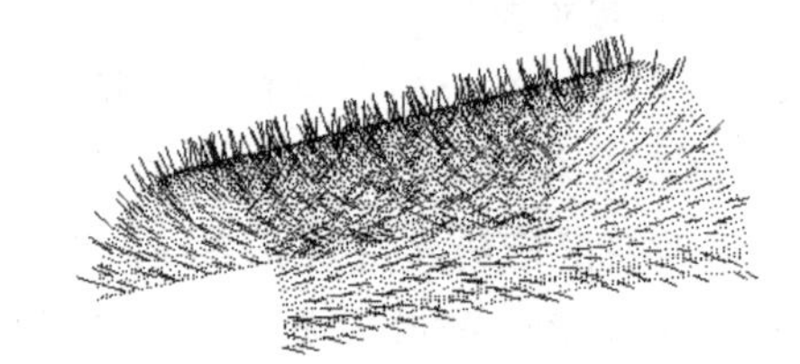

图 6-6

(6) 继续使用这个文件来显示一下曲面的法线。使用快捷键 Shift+L，在弹出的仅显示选择的物体的对话框中，选择曲面 CldCrvFitSrf，使得视图区域仅显示曲面。

(7) 通过菜单命令“评估”→“相切/法向”→“曲面法向”，可以得到如图 6-7 所示的对话框。

(8) 在“每跨度梳状密度”栏，设置曲面法线的数量。这里设置为 8，即显示法向线的 8 组。

(9) 单击“应用”按钮。其结果如图 6-8 所示。

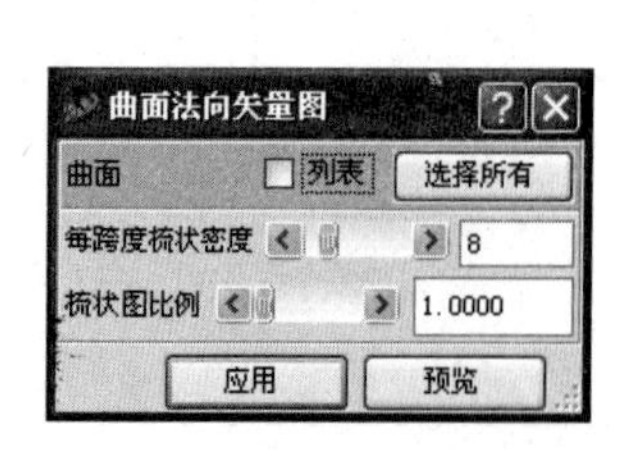


图 6-7

图 6-8

**注意:**

- 可以选择“反转法向”复选框来使得点云的法线方向进行反向变化，从而调整整个点云的法线方向为一致状态。
- 在曲面的法向对话框中，用户需要根据曲面的复杂程度来确定“每跨度梳状密度”栏中的数值，以便显示合适的曲面法线。
- “梳状图比例”栏用来设置曲面法线的长度，数值越大，法线越长。

## 6.1.3　曲率(Curvature)

点云的曲率和曲线的曲率分析详见 3.4.3 和 4.4.2 节。这里介绍一下曲面的曲率分析。其对话框如图 6-9 所示。

【操作步骤】

(1) 打开文件 6-1.imw。

| | |
|---|---|
| | 源文件：\part\ch6\6-1.imw |
| | 操作结果文件：\part\ch6\finish\6-1_finish3.imw |

(2) 按快捷键 Shift+L，在弹出的仅显示选择的物体对话框中选择曲面 CldCrvFitSrf，使得视图区域仅显示曲面。

(3) 通过菜单命令“评估”→“曲率”→“曲面梳状图”，可以得到如图 6-9 所示的对话框。

(4) 单击“起点位置”栏，在视图区域的曲面上选择起始点。其他的设置参照对话框中的设置。

(5) 单击“应用”按钮。其结果如图 6-10 所示。

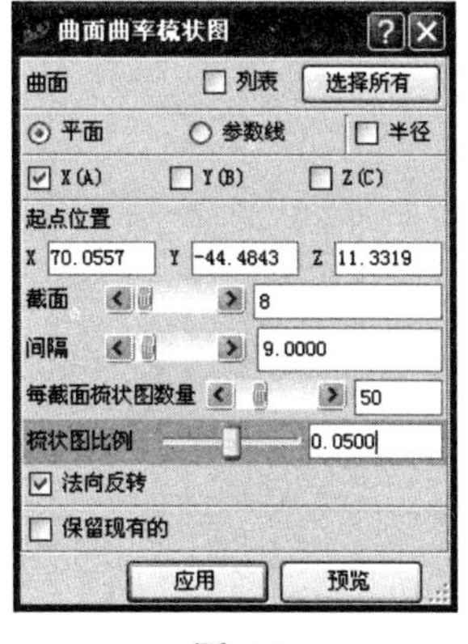


图 6-9

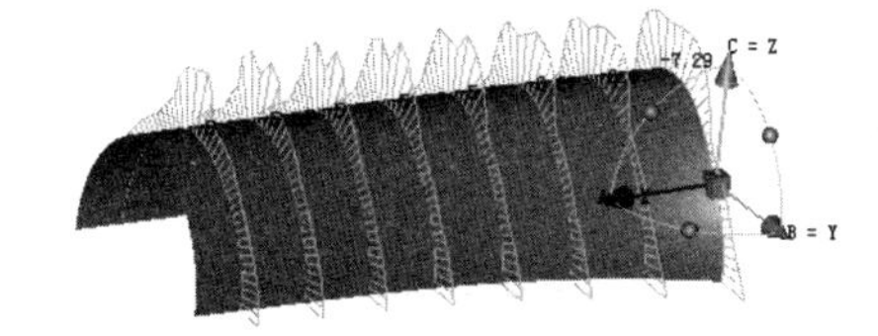

图 6-10

**注意:**

- 在“截面”栏设置的是曲面曲率沿指定方向的个数。
- “间隔”栏设置的是曲面曲率梳的间隔距离。
- “每截面梳状图数量”栏用来设定一条曲率梳上曲率半径的条数。
- “梳状图比例”用来设定曲面曲率梳的显示范围大小。
- 选择“法向反转”复选框可以改变曲率梳的显示方向。

## 6.1.4 连续性(Continuity)

详见 4.4.3 节曲线的连续性分析和 5.4.1 节曲面的连续性分析。

## 6.1.5 偏差(Deviation)

偏差命令用于显示点云、曲线和曲面之间的位置差异。用区域最大误差的数值显示方法来直观地表现偏差。这里只说明曲面与点云之间的差异，其他两个命令用户可以自己学习一下，它们的使用方法比较类似。其对话框如图 6-11 所示。

【操作步骤】

(1) 打开文件 6-1.imw。

| | |
|---|---|
| | 源文件：\part\ch6\6-1.imw |
| | 操作结果文件：\part\ch6\finish\6-1_finish4.imw |

(2) 通过菜单命令“评估”→“偏差”→“到曲面”，可以得到如图 6-11 所示的对话框。

(3) 单击“点云”栏，在列表中选择点云 Cloud out。

(4) 单击“曲面”栏，在列表中选择曲面 CldCrvFitSrf。

(5) 其他设置参照对话框。

(6) 单击“应用”按钮。其结果如图 6-12 所示。

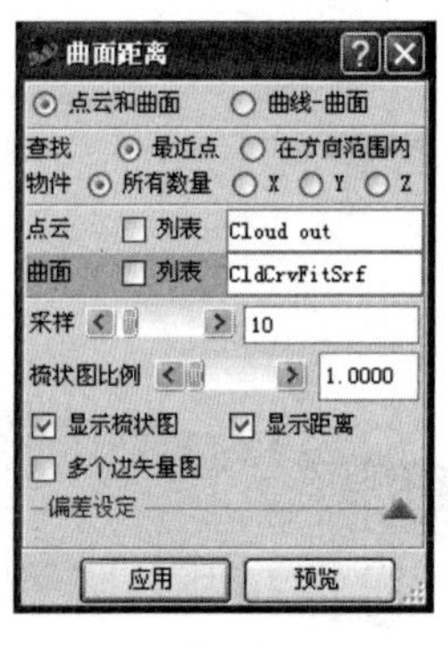


图 6-11

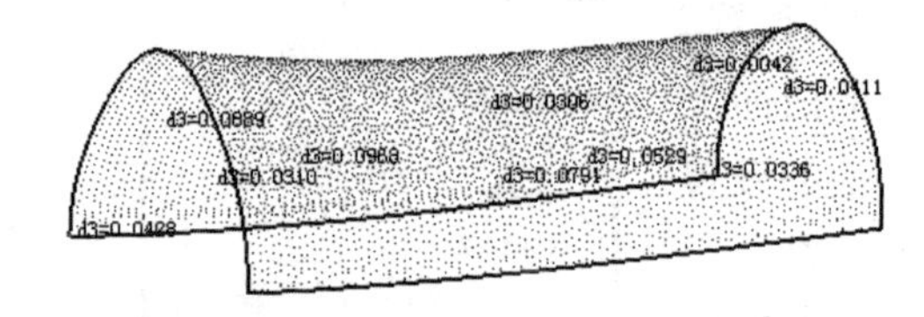

图 6-12

**注意：**

- 在“查找”栏设置的是误差测量的方式，一般选择“最近点”，即空间最短距离。
- “采样”栏设置的是曲面与点云之间的偏差最大数值的显示个数。
- “梳状图比例”用来设定曲面曲率梳的显示范围大小。
- 选择“显示梳状图”复选框可以显示偏差的方向。
- 选择“显示距离”复选框可以显示具体的偏差数值。

### 6.1.6　点云特性(Cloud Characteristics)

点云特性的分析命令使得用户在构建和拟合操作之前的判断显得相对简单，它可以判断出点云的形状是否与肉眼观察所得到的结果一致，并且报告出点云实际形状与想象中的形状之间的差异。

点云特性命令提供了点云直线度、平滑度、真圆度、圆柱度、同心度和同轴度的分析。其命令菜单如图 6-13 所示。

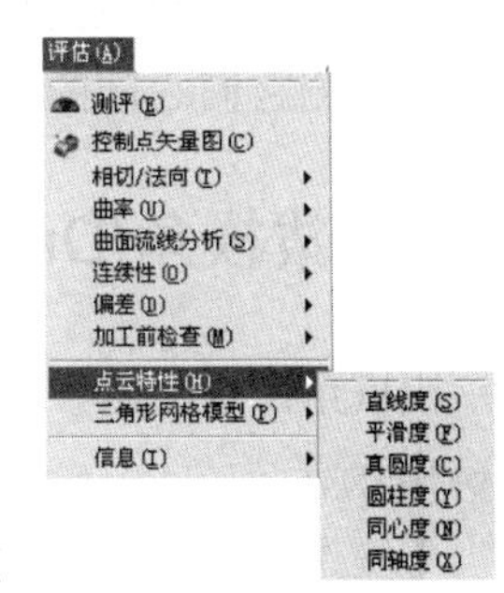


图 6-13

1) 点云的直线度

点云的直线度将计算并显示由点云表示的形状的直线度。

该功能计算和显示点云的笔直程度，并用一个包含整个点云的边界圆柱的半径来表示。软件自动将边界圆柱放置在最佳位置，以使圆柱的半径值最小。圆柱的半径值反映了点云的直线度。半径越小，点云越直；若半径为 0，则表明是一条直线点云。

2) 点云的平滑度

点云的平滑度将计算并显示由点云表示的形状的平面度。

该功能计算和显示点云的平坦程度，并用两个平行且包含点云的边界平面的距离值来表示。软件自动将边界平面放置在最佳位置，以使两平面间的距离值最小。该距离值反映了点云的平滑度。距离越小，点云越平坦；若距离为 0，则表明是一个平面点云。

3) 点云的真圆度

点云的真圆度将计算并显示由点云表示的形状的圆形度。

该功能计算和显示点云的圆形程度，并用两个共面的同心且包含点云的内外圆的半径差值来表示。软件自动将内外圆放置在最佳位置，以使两圆的半径差值最小。该半径差值反映了点云的真圆度。差值越小，点云越接近圆形；若差值为 0，则表明是一个圆形点云。

4) 点云的圆柱度

点云的圆柱度将计算并显示由点云表示的形状的圆柱度。

该功能计算和显示点云的圆柱度，并用两个同心且包含点云的内外圆柱的半径差值来表示。软件自动将内外圆柱放置在最佳位置，以使两圆柱的半径差值最小。该半径差值反映了点云的圆柱度。差值越小，点云越接近圆柱；若差值为 0，则表明是一个圆柱点云。

5) 点云的同心度

点云的同心度就是用户指定点云的中心后，计算并显示由点云表示的形状的同心度。

该功能计算和显示点云的同心度，并用计算的形状中心与指定的点云中心的 3D 距离值来表示。软件自动拟合出点云的最佳圆。返回的距离是计算中心与指定中心坐标的差值。差值越小，点云同心度越好；若差值为 0，则表明完全同心。

当将点云拟合成圆后，并不清楚点云是否有偏差。利用该命令可以检测出点云与圆之间的同心度。

6) 点云的同轴度

点云的同轴度就是用户指定点云的中心轴后，计算并显示由点云表示的形状的同轴度。

该功能计算和显示点云的同轴度，并用计算的形状中心轴与指定的点云中心轴的 3D 距离值来表示。软件自动拟合出点云的最佳圆柱。返回的距离是沿形状延伸的轴与指定轴最大差值。差值越小，点云同轴度越好；若差值为 0，则表明完全同轴。

当将点云拟合成圆柱曲面后，并不知道圆柱曲面与点云的轴心是否有偏差。利用该命令则可以检测它们之间的同轴度。

## 6.1.7 拔模角(Draft Angle Plot)

拔模角命令使用户可以清楚地检测出所构造的曲面在拔模时会产生的问题。其对话框如图 6-14 所示。

【操作步骤】

(1) 打开文件 6-1.imw。

| | 源文件：\part\ch6\6-1.imw |
|---|---|
| | 操作结果文件：\part\ch6\finish\6-1_finish5.imw |

(2) 按快捷键 Shift+L，在弹出的仅显示选择的物体对话框中选择曲面 CldCrvFitSrf，使得视图区域仅显示曲面。

(3) 通过菜单命令“评估”→“加工前检查”→“曲面拔模角度检查”，可以得到如图 6-14 所示的对话框。

(4) 单击“拔模角度”栏，输入最小拔模角。这里使用 0 拔模角。

(5) 单击“方向”栏，选择拔模方向。这里选择 Z 轴为拔模方向。

(6) 选择“斑马线矢量图”和“彩色矢量图”复选框，显示轮廓线和色图。

(7) 单击“应用”按钮。其结果如图 6-15 所示。

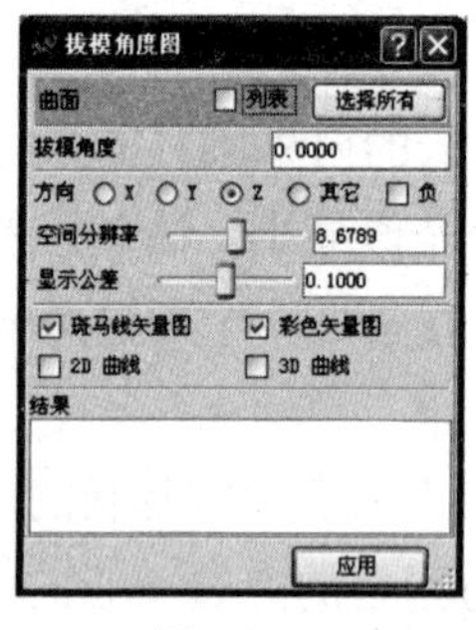


图 6-14

图 6-15

**注意：**

在检测结果的显示中，红色表示曲面为反拔模的曲面，绿色表示可以正常拔模的曲面。

## 6.1.8　三角形网格模型(Polygon Model)

三角形网格模型分析的命令是基于多边形化点云的一个操作。用户使用菜单命令“构建”→“三角形网格化”→“点云三角形网格化”将点云多边形化以后，可以在不创建曲线、曲面信息的条件下，得到该实体的多种信息。它是一个快速得到实体整体信息的有效方法，作为开始创建工作之前的信息采集手段。

通过这一系列命令可以来校验模型、验证 RP 模型、查找自干涉、计算点云的体积、曲面表面积、点云的重心、断面面积、工件体积、查找干涉、显示外形突出区域等。

三角形网格模型分析命令菜单如图 6-16 所示。

这里仅详细介绍几个常用的命令，用户在碰到相关的问题时可以使用。

1) 校验模型

使用菜单命令“评估”→“三角形网格模型”→“校验模型”，可以打开“校验三角形网格模型”对话框，如图 6-17 所示。

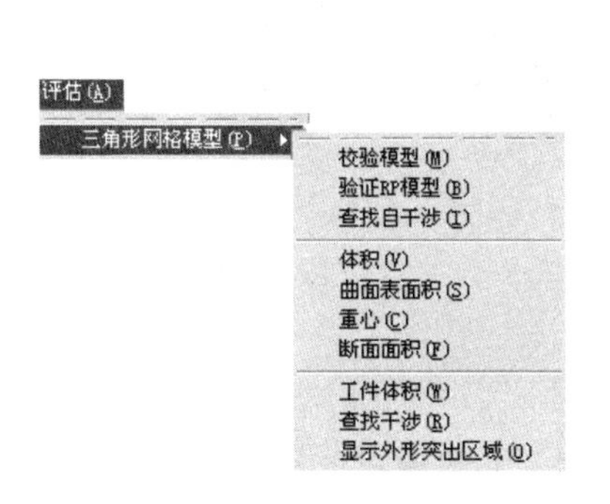


图 6-16

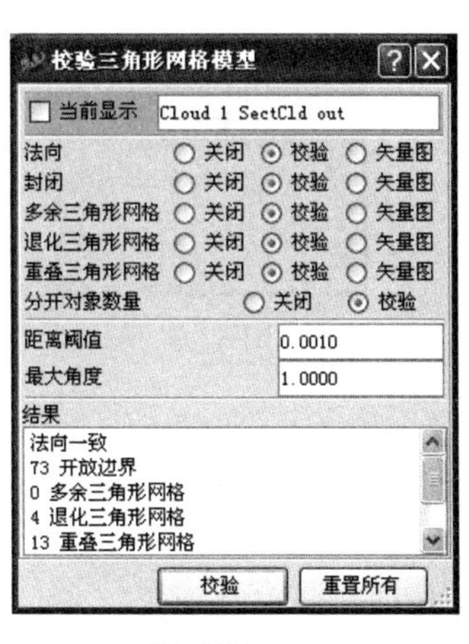


图 6-17

通过对话框用户可以看到模型的法向连续性、是否封闭、有多少多余三角形网格、有多少退化的三角形网格、有多少重叠的三角形网格、是否公开对象数量等信息。

2) 计算点云的体积

使用菜单命令“评估”→“三角形网格模型”→“体积”，可以打开计算点云体积的对话框，如图 6-18 所示。

通过在该对话框中指定点云，并单击“应用”按钮确认后，在对话框的“结果”栏中将显示出该点云的体积。这个命令可以计算出不规则形状的体积，在实际应用中比较重要。

3) 计算点云面的面积

使用菜单命令“评估”→“三角形网格模型”→“曲面表面积”，可以打开计算点云面的面积的对话框，如图 6-19 所示。

图 6-18

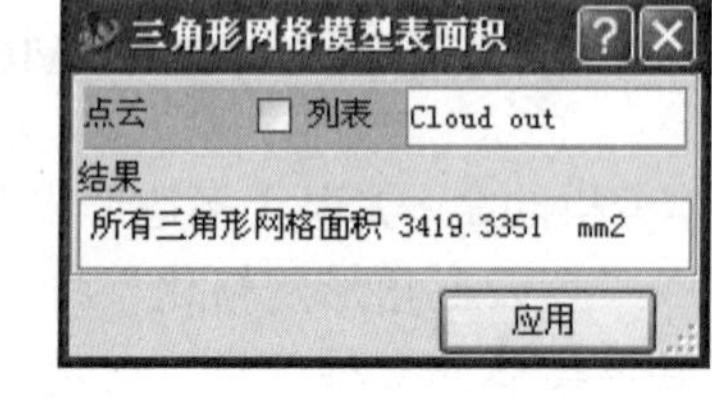


图 6-19

通过在该对话框中指定点云，并单击“应用”按钮确认后，在对话框的“结果”栏中将显示出该点云面的面积。

4) 点云的重心

使用菜单命令“评估”→“三角形网格模型”→“重心”，可以打开计算重心的对话框，如图 6-20 所示。

通过在该对话框中指定点云，并单击“应用”按钮确认后，在对话框的“结果”栏中将显示重心点的坐标。在视图区域可以发现如图 6-21 所示的重心点标志。

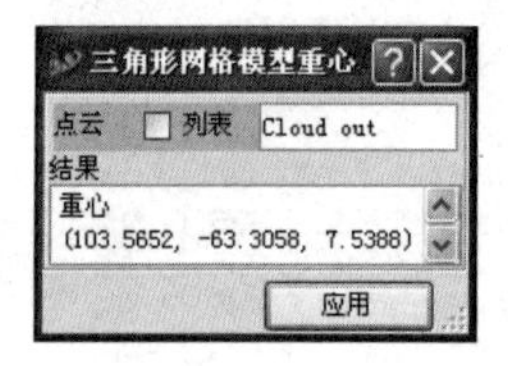


图 6-20

图 6-21

## 6.1.9 实体信息(Object Information)

Imageware 软件自动记录实体的各个操作步骤，并将信息储存于系统中。用户可以通过实体信息命令将其调出查看，这在工作的交接过程中非常有用。其对话框如图 6-22 所示。

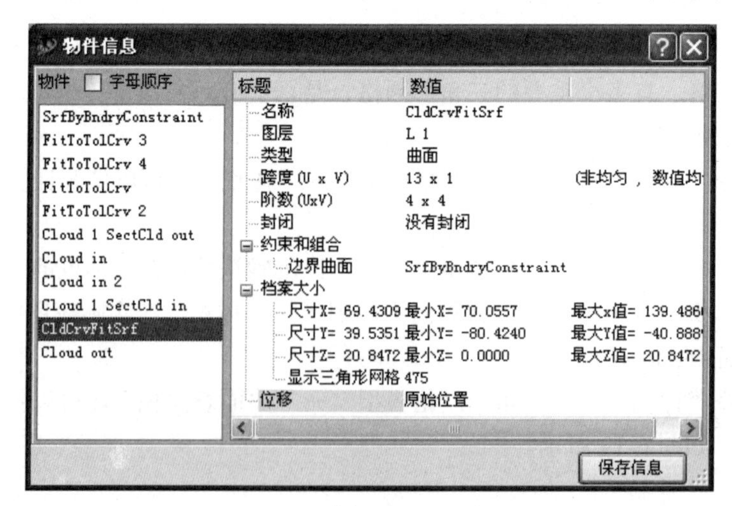


图 6-22

【操作步骤】

(1) 打开文件 6-1.imw。

| | |
|---|---|
| | 源文件：\part\ch6\6-1.imw |
| | 操作结果文件：\part\ch6\finish\6-1_finish6.imw |

(2) 通过菜单命令“评估”→“信息”→“物件”，或者快捷键 I，得到如图 6-22 所示的“物件信息”对话框。

(3) 单击左边“物件”栏任意一个实体名称，即可在对话框右边的显示区域得到该实体的相关信息。这里选择 CldCrvFitSrf。

(4) 可以查看右边列表框内的信息，从中可知 CldCrvFitSrf 位于第一层，类型为曲面；控制顶点为 *U* 方向 13 个，*V* 方向 1 个；曲面的阶数为 4×4 阶；这个曲面是由“边界曲面”命令拟合而成的；“档案大小”选项中显示了这个曲面在 *X*、*Y*、*Z* 方向上的跨度空间；最后一栏显示这个曲面的移动历史记录，“原始位置”表示它处于被创建的位置，没有移动。

**注意：**

- 根据左边栏选择的实体的不同，如点云、曲线、曲面或者群组等，右边栏所显示的内容有所不同，但是基本相似，用户可以自己验证一下。
- 快捷键的使用原则：点云为 Ctrl + 热键；曲线为 Ctrl + Shift + 热键；曲面为 Shift + 热键；群组为 Alt + Shift + 热键。例如，只想得到有关点云的信息，则可以使用快捷键 Ctrl + I 来打开点云的信息对话框，如图 6-23 所示。其使用方法与上述命令相似。

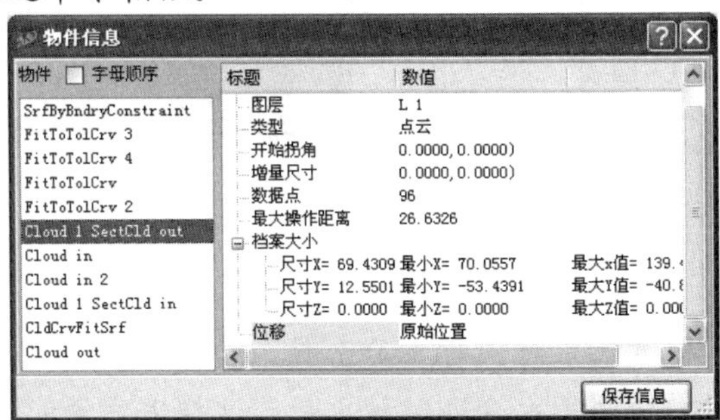


图 6-23

## 6.1.10　曲面流线分析(Surface Flow)

对于高品质的曲面如 Class A 曲面，必须对其曲面的品质进行一个直观的检查，Imageware 提供了检查曲面品质的一系列的命令。其命令菜单如图 6-24 所示。

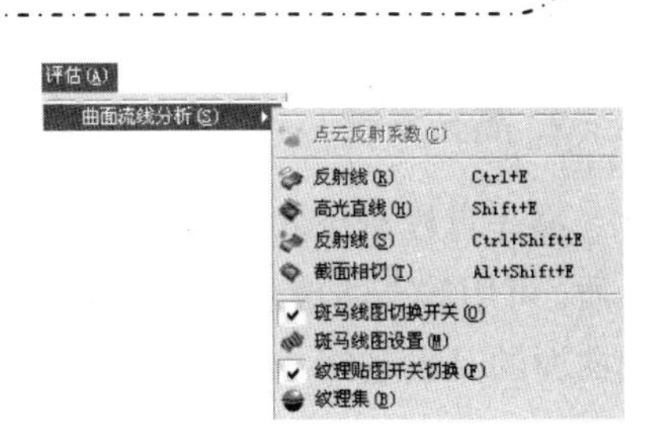


图 6-24

### 1. 反射线

反射线命令就是用灯光照射在曲面上，用反射出来的等高流线来判断曲面品质。此功能所展现出的反射线，比“高光直线”光线更加细致。等高流线越平顺且流线间的距离越平均，则曲面品质越好。其快捷键为 Ctrl+E。其对话框如图 6-25 所示。

【操作步骤】

(1) 打开文件 6-1.imw。

| | |
|---|---|
| | 源文件：\part\ch6\6-1.imw |
| | 操作结果文件：\part\ch6\finish\6-1_finish7.imw |

(2) 通过菜单命令“评估”→“曲面流线分析”→“反射线”，或者使用快捷键 Ctrl+E，得到如图 6-25 所示的对话框。

(3) 在“曲面”栏选择曲面 CldCrvFitSrf。

(4) 选择“分布图”复选框，显示等高线，将其后的输入框调到 15。

(5) 单击“预览”按钮，在视图中看到等高线，在对话框中拖动控制点来调整光源位置，使得能够最大限度地检查曲面。

(6) 单击“应用”按钮。结果如图 6-26 所示。

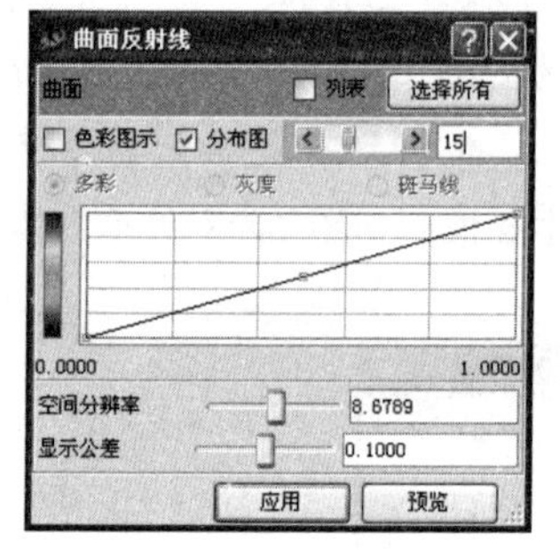


图 6-25

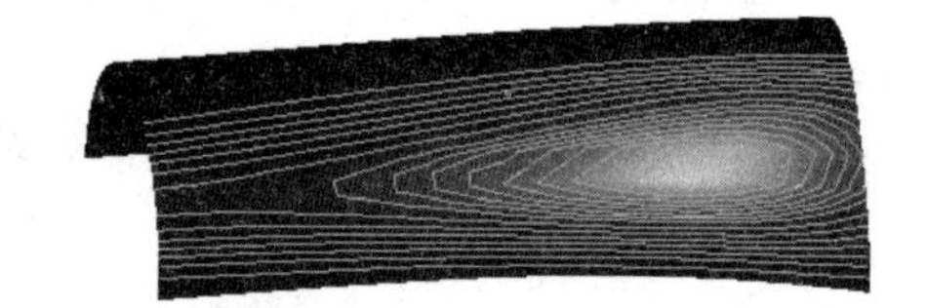

图 6-26

**注意:**

- 选择“色彩图示”复选框时同时显示色图。
- 在做曲面调整时，流线图也会即时被更新，这样用户便能即时掌握住曲面的连续性，也可以用本命令来检测。

### 2. 高光直线

高光直线命令就是把参考平面上的直线投影到指定曲面，由投影线的形状来判断曲面的品质。可用等高线或彩色等高环状的方式来表示，同样的流线越平顺且流线间的距离越平均，则曲面的品质越好。其快捷键为 Shift+E。其对话框如图 6-27 所示。

【操作步骤】

(1) 打开文件 6-1.imw。

| | |
|---|---|
| | 源文件：\part\ch6\6-1.imw |
| | 操作结果文件：\part\ch6\finish\6-1_finish8.imw |

(2) 通过菜单命令“评估”→“曲面流线分析”→“高光直线”，或者使用快捷键 Shift+E，得到如图 6-27 所示的对话框。

(3) 参数设置参照对话框。

(4) 单击“应用”按钮，结果如图 6-28 所示。用户可以对比一下这两种方法检查的效果，根据曲面需要使用不同的方法来检查曲面的品质。

图 6-27

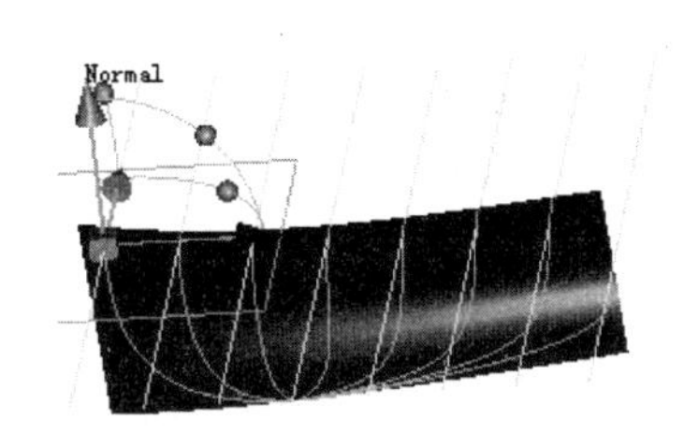


图 6-28

# 6.2 测　　量

Imageware 提供了一系列的测量命令，包括基于点云、曲线和点云的差异、距离、面积、角度、位置和曲率半径等的测量命令。本节就逐一介绍这些命令。

## 6.2.1 基于点云的差异(Cloud Difference)

基于点云的差异包括网格化点云与非网格化点云之间的差异、多个点云之间的差异、点数相同的点云之间的差异和多点点云之间的差异。这里着重介绍多个点云之间的差异，简要介绍其他几个测量方式，以备用户需要时参考。

### 1. 网格化点云与非网格化点云之间的差异

网格化点云与非网格化点云之间的差异就是计算并报告网格化点云和非网格化点云之间的误差。其快捷键为 Ctrl+Q。其对话框如图 6-29 所示。

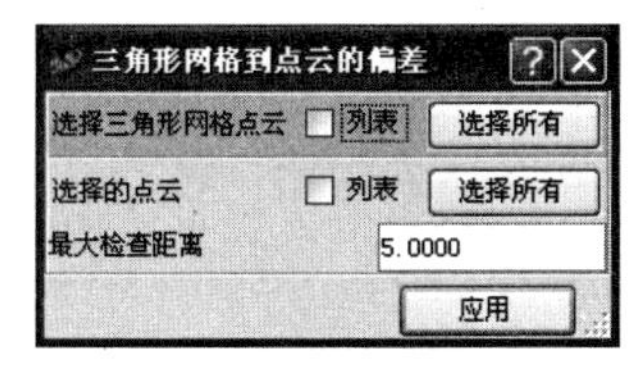


图 6-29

这个命令的分析结果和曲面与点云比对误差的结果类似，但是在此命令中，是以三角网格为基准的(类似以曲面为基准)。三角网格在比对之后，不会有任何改变，其他以三角网格为基准作比对的点云，则会设置不同的颜色以供区别。

### 2. 多个点云之间的差异

多个点云之间的差异就是计算并报告多个点云间的误差。其对话框如图 6-30 所示。

【操作步骤】

(1) 打开文件 6-2.imw。

| | |
|---|---|
| | 源文件：\part\ch6\6-2.imw |
| | 操作结果文件：\part\ch6\finish\6-2_finish.imw |

(2) 通过菜单命令“测量”→“点云”→“点云偏差”，得到如图 6-30 所示的“点云间偏差”对话框。

(3) 单击“A 点云”栏，选择基准点云。这里选择点云 Cloud A。

(4) 单击“B 点云”栏，选择比对点云。这里选择点云 Cloud B。

(5) 单击“应用”按钮。结果包括如图 6-31 所示的误差报告和如图 6-32 所示的色图。

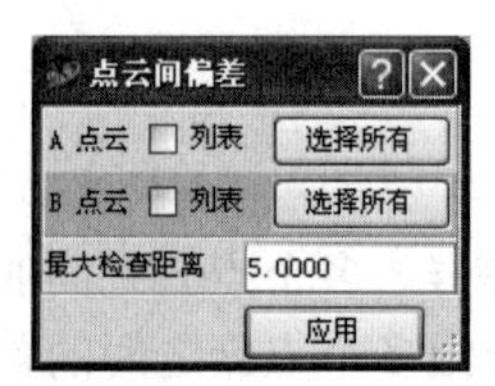


图 6-30

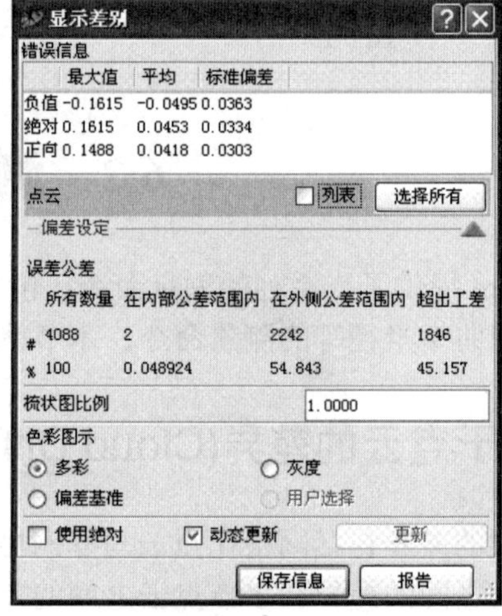


图 6-31

**注意：**

- 作为基准的点云，在操作中是不会被改变的，而被选为比对的点则会被设置为一定的颜色。
- 本操作的结果和第二组点云一起保存，任何时候若要再次得到结果，可以用“测量”→“重新建显示检查点云结果”选项。

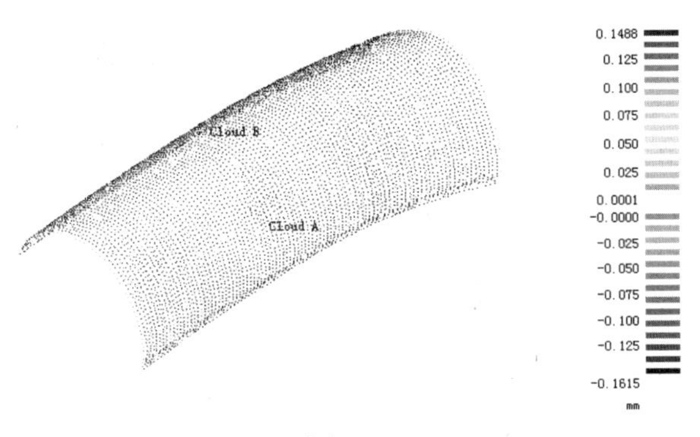


图 6-32

### 3. 点数相同的点云之间的差异

这个命令用来比较两组点的数量相同的点云。其对话框如图 6-33 所示。

图 6-33

在该命令中，两组点云需要有相同的点数，而且其顺序性也需要同向。它是一种点对点的比对，限制比较多。软件会计算在相应点之间的误差，并弹出“差异显示”对话框显示结果。

因为在一般的测量数据中，即使同一个物体也无法保证两次测量获得的数据点数是一样的，所以这个命令比较适合于用在由 CAD 曲线、曲面采样出来的点云。

如果两组点云不满足要求，会出现如图 6-34 所示的信息提示。

### 4. 多点点云之间的差异

多点点云之间的差异就是计算并报告多个点云之间的误差。其对话框如图 6-35 所示。

图 6-34

图 6-35

如果两组点云中的任意一组同时包含有网格化与非网格化点云，在计算误差时，所有网格点云中的三角形都将被忽略。

选择点云的顺序是非常重要的，因为它将影响最终的结果。在这两组点云中，A 组是基准点云，B 组是比对点云。作为基准的点云，在操作中是不会被改变的，而被选为比对的点云则会被设置为一定的颜色。

该命令和“点比较”命令有相同的对话框，所以它们的功能也是差不多的。不同之处在于，该命令对两组点云没有点数必须相同的要求。而且在误差的色阶中，也只出现正向的绝对误差。

### 6.2.2　基于曲线的差异(Curve to Curve Distance)

在 4.4.4 节和 4.4.5 节中分别学习了曲线与点云的差异和曲线与曲线的差异。本节将介绍曲线与曲线的最短距离的测量。其对话框如图 6-36 所示。

图 6-36

【操作步骤】

(1) 打开文件 6-3.imw。

| | |
|---|---|
| | 源文件：\part\ch6\6-3.imw |
| | 操作结果文件：\part\ch6\finish\6-3_finish1.imw |

(2) 通过菜单命令“测量”→“曲线”→“曲线最小距离”，得到如图 6-36 所示的对话框。

(3) 单击“曲线 1”栏，选择曲线 Crv 2。

(4) 单击“曲线 2”栏，选择曲线 Crv。

(5) 单击“应用”按钮。结果见对话框的“结果”栏。

**注意：**

在视图区域也同时显示了表示两曲线之间的最短距离的线段。

### 6.2.3　基于曲面的差异(Surface Difference)

在 5.4.2 节中介绍了曲面与点云的差异。本节将介绍两个曲面间的差异。这一命令用来检测两个曲面间的误差值，比较简单。其对话框如图 6-37 所示。

【操作步骤】

(1) 打开文件 6-4.imw。

| | |
|---|---|
| | 源文件：\part\ch6\6-4.imw |
| | 操作结果文件：\part\ch6\finish\6-4_finish.imw |

(2) 通过菜单命令“测量”→“曲面偏差”→“曲面偏差”，得到如图 6-37 所示的“曲

面到曲面偏差”对话框。

(3) 单击“曲面集 1”栏，选择曲面 Srf 2。

(4) 单击“曲面集 2”栏，选择曲面 Srf。

(5) 其他数值参照对话框中的设定。

(6) 单击“应用”按钮。结果包括如图 6-38 所示的误差报告和如图 6-39 所示的色图。

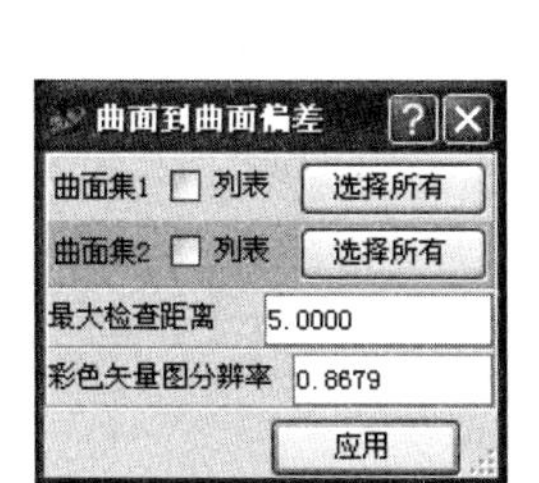


图 6-37

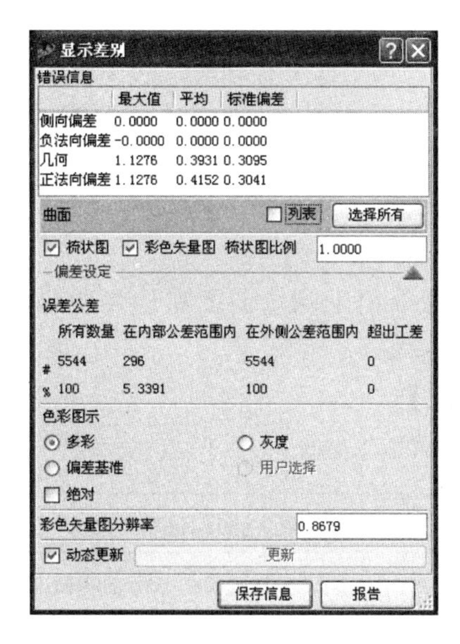


图 6-38

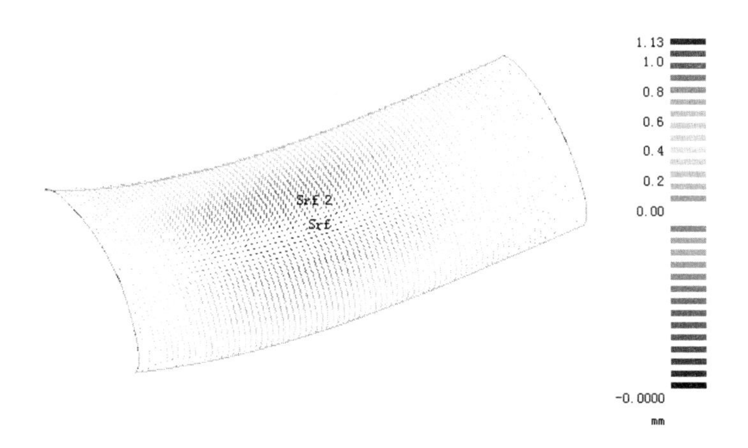


图 6-39

**注意:**

各种差异的检查结果都包含了误差报告和对比色图，用户可以参照前几章中对这两个误差结果的用法。

## 6.2.4 距离(Point to Surface Closest)

在 3.4.2 节和 4.4.6 节中分别学习了点－点距离的测量和曲线－点距离的测量方法。这一节将学习曲面－点的最小距离的测量。其对话框如图 6-40 所示。

当选择了需要的曲面和点以后，单击“应用”按钮，即可在对话框的“距离”栏中看到点云的坐标、曲面上离点最近的点的坐标，以及点到曲面的最小距离值。

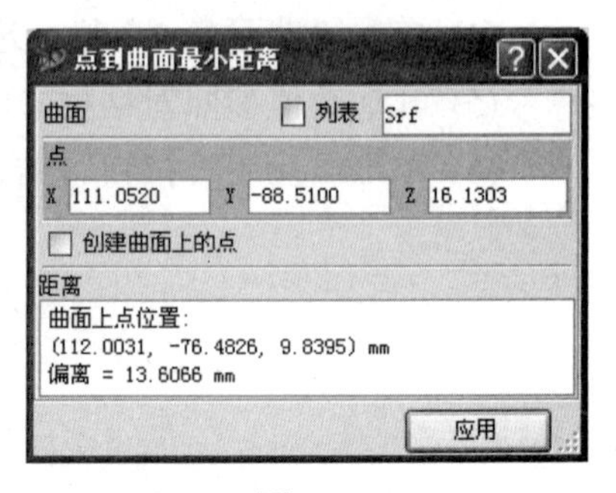


图 6-40

## 6.2.5 面积(Area)

面积测量命令用于测量曲面和边界所包含的面积。其中测量曲面表面积的对话框如图 6-41 所示。

【操作步骤】

(1) 打开文件 6-1.imw。

| | |
|---|---|
| | 源文件：\part\ch6\6-1.imw |
| | 操作结果文件：\part\ch6\finish\6-1_finish9.imw |

(2) 通过菜单命令“测量”→“面积”→“曲面表面积”，得到如图 6-41 所示的测量曲面表面积的对话框。

(3) 单击“曲面”栏，选择曲面。

(4) 单击“应用”按钮。结果显示于对话框的“曲面表面积信息”栏中。可以看到曲面的面积为 3484.2503 平方毫米。

边界所包含的面积的测量命令与曲面面积的测量命令比较相似，其对话框如图 6-42 所示。只需选择边界曲线，就可以计算出这些曲线所包含部分的面积。

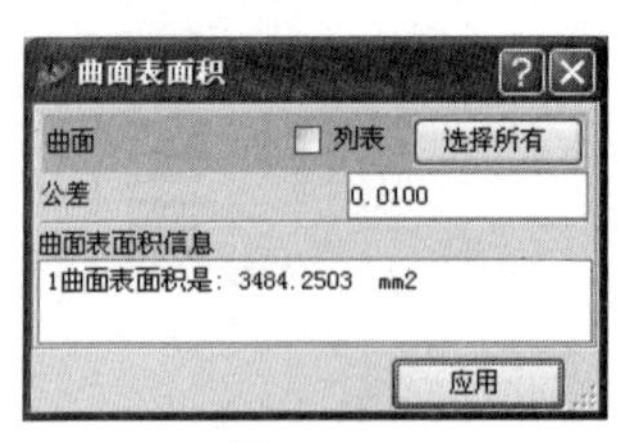


图 6-41

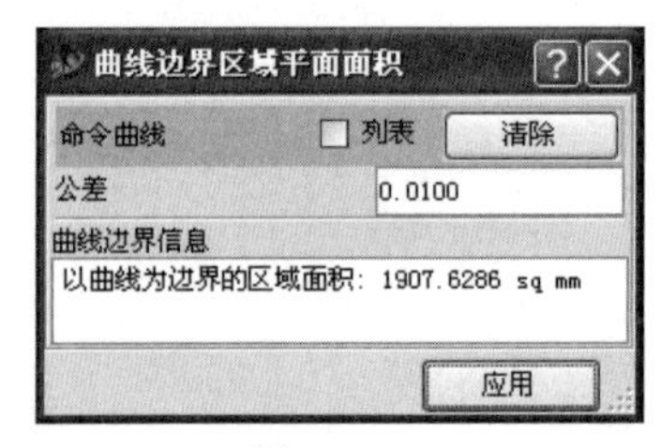


图 6-42

## 6.2.6 角度(Angle/Tangent Direction)

角度测量命令包括三点所成角度、曲面和曲线的角度以及曲面与曲面所成的角度等。这

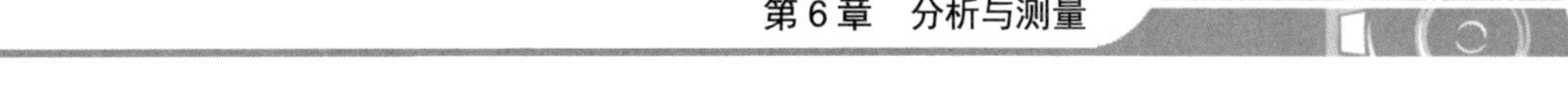

里以“三点所成角度”为例进行详细讲解，其余几个仅作简要介绍。

### 1. 三点所成角度

三点所成角度的测量命令就是连接三个指定的点，显示其空间的角度值。其对话框如图 6-43 所示。

【操作步骤】

(1) 打开文件 6-1.imw。

| | |
|---|---|
| | 源文件：\part\ch6\6-1.imw |
| | 操作结果文件：\part\ch6\finish\6-1_finish10.imw |

(2) 使用快捷键 Shift+L，仅显示点云 Cloud Out。

(3) 通过菜单命令“测量”→“角度/相切方向”→“点间”，得到如图 6-43 所示的“点之间角度”对话框。

(4) 依次在点云上选择三个点，如图 6-44 所示。

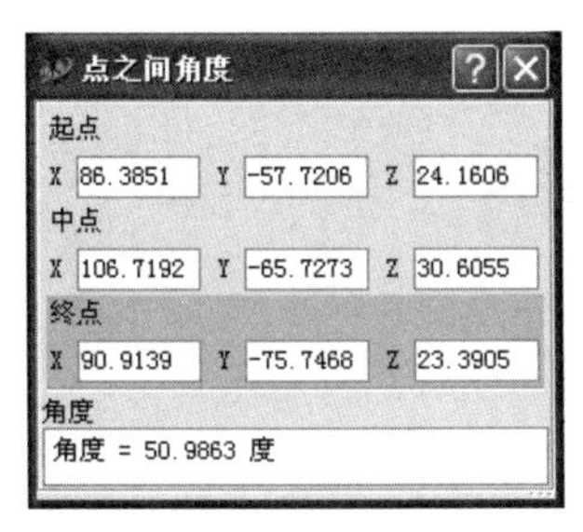


图 6-43

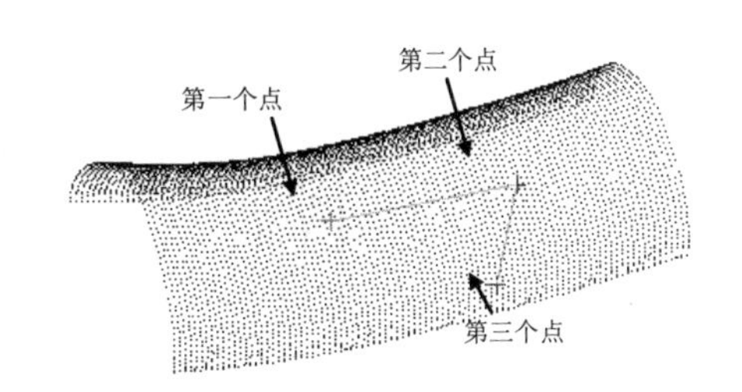


图 6-44

(5) 三点所成的角度结果显示于“角度”栏中。

> **注意:**
> 该选项是用三个点来确定一个角，这三个点按顺序分别为起点、中点和终点。

### 2. 曲面与曲线的夹角

曲面与曲线的夹角命令用来检测曲面与曲线的夹角。用户分别选取曲面与曲线的位置就可得知两者之间的夹角。其对话框如图 6-45 所示。

曲面与曲线所成的角度显示在“结果”栏中。

### 3. 曲面与曲面的夹角

曲面与曲面的夹角命令用来检测曲面与曲面的夹角。用户分别选取两个曲面上的位置就可得知两者之间的夹角。其对话框如图 6-46 所示。

图 6-45

图 6-46

曲面与曲面所成的角度显示在“结果”栏中。

## 6.2.7 位置坐标(Location)

在 3.4.1 节中已经学习了点云的位置坐标测量方式。在这里介绍一下曲面的位置坐标测量命令。其对话框如图 6-47 所示。

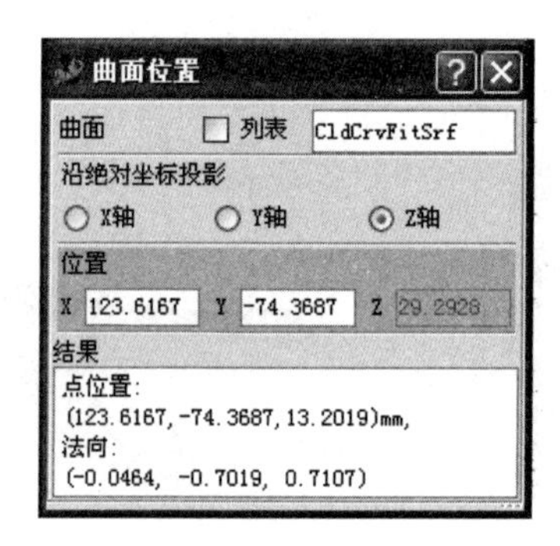


图 6-47

该命令用来检测曲面上任一点位置的坐标。用户设定要投影的轴向坐标，然后对于每个单击的位置，如果在指定的平面上，系统就会在“结果”栏中显示该点的坐标和该点位置的法线方向。

## 6.2.8 曲率半径(Radius of Curvature)

Imageware 提供了一系列的曲率半径的测量命令，可以用来测量点云、曲线和曲面上任意一点的曲率半径。其命令菜单如图 6-48 所示。

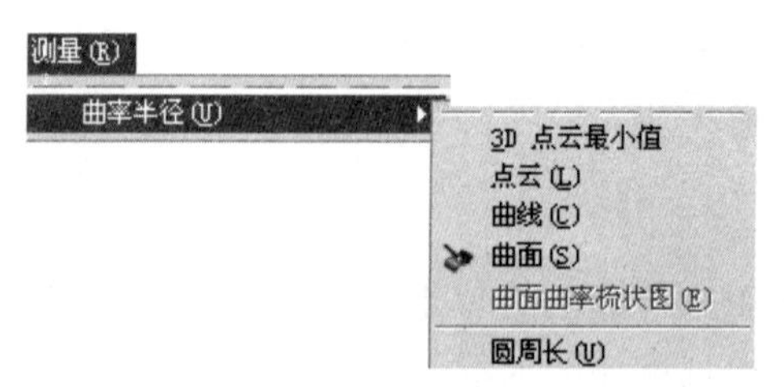


图 6-48

### 1. 点云的曲率半径

点云的曲率半径测量命令用来检测点云上任意一点位置处的曲率半径。其对话框如图 6-49 所示。

图 6-49

使用时，在视图区域选择点云上的相应的点，在对话框的“结果”栏中就会显示出点云在该处的曲率半径。在点云的不同位置单击，相应的“结果”栏中的数据也会即时变成点云该点处的曲率。

### 2. 曲线的曲率半径

曲线的曲率半径测量命令用来检测曲线上任意一点位置处的曲率半径。其对话框如图 6-50 所示。

图 6-50

### 3. 曲面的曲率半径

曲面的曲率半径测量命令用来检测曲面上任意一点位置处的曲率半径。其对话框如图 6-51 所示。

【操作步骤】

(1) 打开文件 6-1.imw。

| | |
|---|---|
| | 源文件：\part\ch6\6-1.imw |
| | 操作结果文件：\part\ch6\finish\6-1_finish11.imw |

(2) 通过菜单命令“测量”→“曲率半径”→“点云”，得到如图 6-49 所示的“点云曲率半径”对话框。

(3) 选择点云上任意点，点云的曲率半径即显示在对话框的“结果”栏。

(4) 通过菜单命令“测量”→“曲率半径”→“曲线”，得到如图 6-50 所示的“曲线曲率半径”对话框。

(5) 在曲线上选择相应点，曲线在该点的曲率半径就显示在视图区域，如图 6-52 所示。

(6) 通过菜单命令“测量”→“曲率半径”→“曲面”，得到如图 6-51 所示的曲面“曲率半径”对话框。

(7) 在曲面上选择相应点，曲面在该点的曲率半径就显示在视图区域，如图 6-52 所示。

图 6-51　　　　图 6-52

## 6.2.9　交互式(Interactive)

交互式命令就是用户指定若干个点的坐标位置，然后直接拟合成二次基本曲线(直线、圆弧、圆和椭圆等)或者二次曲面(平面、球面、圆柱面和圆锥面等)。其对话框如图 6-53 所示。

图 6-53

在屏幕上选择的点的坐标将直接显示于对话框的“拾取点云”列表框中，用户可以单击列表框中的点的坐标，然后单击“删除”按钮将其删除。

不同的二次曲线或者曲面需要不同个数的点，复杂的二次曲面需要多个点才能拟合。这里以圆锥面为例加以说明。和前面介绍的由点云拟合成圆锥面不同，交互式命令不需要全部的点云作为拟合的元素，用户只需选择合适的点云即可。

【操作步骤】

(1) 打开文件 6-5.imw。

| | |
|---|---|
| | 源文件：\part\ch6\6-5.imw |
| | 操作结果文件：\part\ch6\finish\6-5_finish1.imw |

(2) 通过菜单命令“测量”→“互动方式”，得到如图 6-53 所示的对话框。

(3) 在“二次曲面类型”栏选择需要拟合成为的二次曲面类型。这里选择“圆锥体”，即拟合成为一个圆锥面。

(4) 单击全局捕捉器的点云捕捉开关，激活捕捉点云功能，在视图区域选择点云上若干个点，如图 6-54 所示。

(5) 如果不小心选择了点云以外的点，可以通过在“拾取点云”栏中单击这些点的坐标值，然后单击“删除”按钮删除它们。

(6) 单击“应用”按钮，结果如图 6-55 所示。对话框中的“结果”栏提示已经有一个几何体被创建出来。

(7) 保存并退出程序。

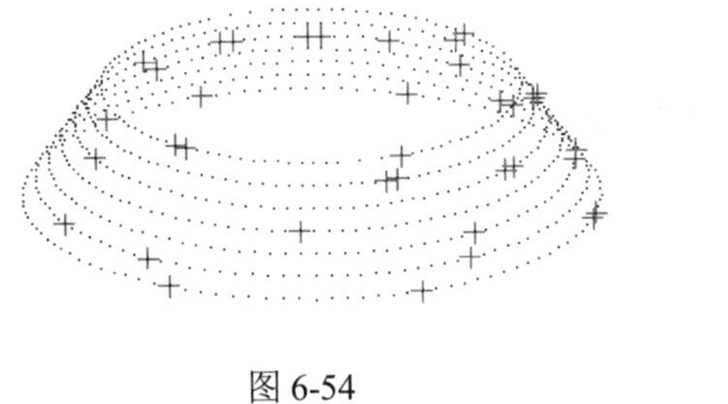

图 6-54

图 6-55

## 6.2.10　二次曲面(Quadrics)

二次曲面命令用来检测曲面是否为二次曲面。其对话框如图 6-56 所示。

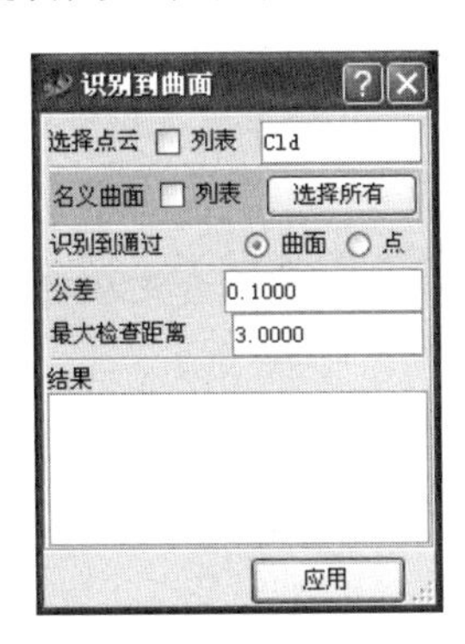


图 6-56

【操作步骤】

(1) 打开上例中所保存的文件。

| | |
|---|---|
| | 源文件：\part\ch6\finish\6-5_finish1.imw |
| | 操作结果文件：\part\ch6\finish\6-5_finish2.imw |

(2) 通过菜单命令“测量”→“二次曲面”→“曲面”，得到如图 6-56 所示的对话框。

(3) 单击“选择点云”栏，选择点云 Cld。

(4) 单击“名义曲面”栏，选择曲面 fitcone。

(5) 单击“应用”按钮，结果显示于对话框的“结果”栏中，提示检测到一个圆锥面。

**注意：**

除了二次曲面可以被快速地检测出来，类似的命令还有二次曲线的检测命令，用户可以通过菜单命令“测量”→“二次曲面”→“曲线”来执行二次曲线的检测命令。其使用方法与二次曲面的检测命令相似。

## 6.3 思考与练习

1. 如何对顶点、法线、曲率进行分析？并进行实践操作。

2. 三角形网格模型有哪些？

3. 如何进行拔模角分析？并进行实践操作。

4. 叙述测量的指令：基于点云、曲线和点云的差异，距离、面积、角度、位置和曲率半径等的测量命令。

# 第7章　应用实例之卡扣

## 本章重点内容

本章通过实体“卡扣”的逆向制作过程，介绍使用 Imageware 软件进行逆向造型的一般过程。

## 本章学习目标

- 介绍分割点云和创建剖断面的方法、构建平面的各种命令等内容；
- 初步接触曲面的构建方法；
- 介绍每一个实例的软件实现过程。

卡扣成形后的曲面如图 7-1 所示。

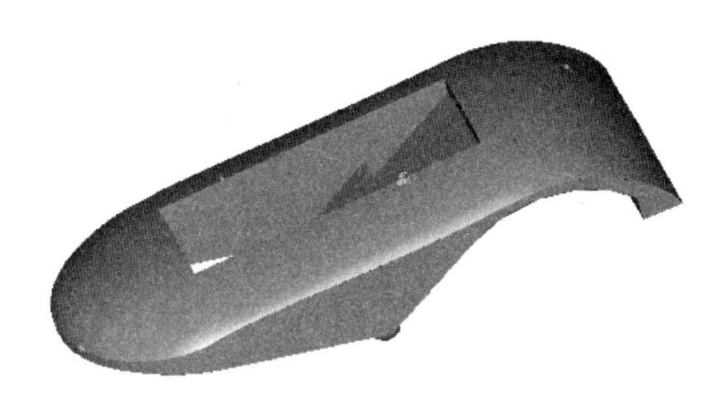

图 7-1

## 7.1　卡扣产品分析

产品分析阶段是工程师对产品进行分解的过程，这也是整个逆向造型过程中最重要的部分。这个过程是工程师针对点云的特征来揣摩设计师在设计之初的设计思路，从而利用逆向的方法来重现模型的构建过程。

当然在没有二维图纸的情况下，不同的工程师对于同一个产品的点云可能有不同的分解方法。一般来说，只要满足曲面的光顺度以及制作出来的曲面与原始点云之间的精度要求，任何方法都是可以被采纳的。

对于有经验的工程师而言，在拿到三维模型的点云时都能按照一个比较简捷方便的途径来分解产品，也就是工程师在进行逆向造型之前，心中已经有了清晰的思路。现在最常用的分解方法是造型树法。

一个产品可以看作是由许多个基本的简单的几何元素通过各种关系“合成”的。这种分解的方法称为造型树法。

观察卡扣的外形特征，可以利用造型树法将其分为 4 个部分：顶面、侧面、底面和内侧面。分解过程如图 7-2 中的实线箭头所示。

其中顶面可以由顶部的点云直接拟合为一个面，不能继续分解。我们将顶面称为末端节点 T1，简称节点 T1。

侧面部分也是由一组连续的曲面组成的，称为节点 T2。

底面(M1)较顶面和侧面复杂，可以分解为 1 个连续的曲面(节点 T3)、7 个平面(节点 T4)和 2 个凸台曲面(节点 T5)。

内侧面由 8 个平面(节点 T6)组成。

逆向造型的实施过程与产品分析的分解过程刚好相反，即从最下面的节点开始制作，最后得到造型树顶端的产品，如图 7-2 中的虚线箭头所示。

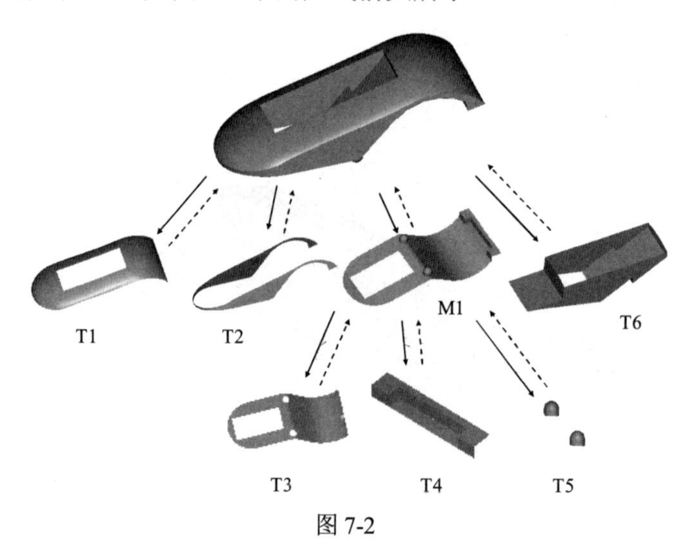


图 7-2

具体操作步骤概要如下。

【步骤一：点云的处理】

(1) 分割点云。将点云分割为上下两个部分。

(2) 创建剖断面。利用下面的点云创建侧面、底面和内侧面的剖断面点云。

【步骤二：曲面的制作】

(1) 顶面的制作。

(2) 侧面的制作。

(3) 底面的制作。

(4) 内侧面的制作。

(5) 曲面的裁剪。

【步骤三：误差分析】

分析曲面与原始点云之间的误差。

## 7.2　卡扣的点云处理

### 7.2.1　分割点云

分割点云是为后续利用点云直接拟合成曲面做准备，就是将需要的点云从完整的点云中分离出来。

【操作步骤】

(1) 打开文件 kakou.imw。

| | |
|---|---|
| | 源文件：\part\ch7\kakou.imw |
| | 操作结果文件：\part\ch7\finish\kakou_finish1.imw |

(2) 使用菜单命令“构建”→“三角形网格化”→“点云三角形网格化”，得到如图 7-3 所示的对话框。在“点云”栏显示点云名称 kakou，如果视图中有多个点云，可以选择“列表”复选框，然后选择需要的点云，也可以在视图中直接单击需要的点云。在“相邻尺寸”栏中设定多边形化点云的相邻点距离 0.50，根据多边形化的效果可以调整这一个数值，一般取点与点距离的 3～5 倍。

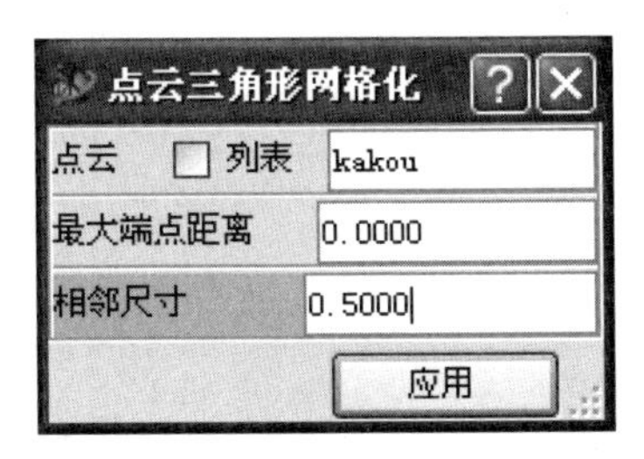


图 7-3

(3) 单击“应用”按钮确定。三角形化前后的点云变化如图 7-4 所示。实体多个面的点云重合在一起，初学者可能会产生混淆。利用多边形命令可以更加直观地观察点云的成形特征，决定点云的分割方案。

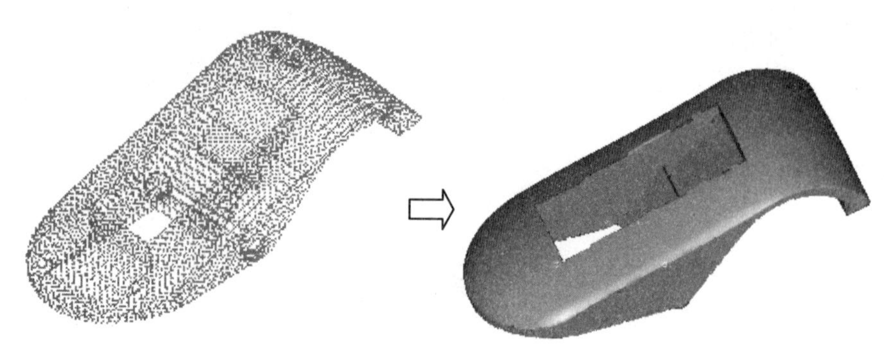
图 7-4

(4) 单击主要栏目管理工具条上的“视图设置”图标，按住鼠标左键，移动鼠标到如图 7-5 所示的“前平面视图”图标上，释放鼠标左键。将系统的视图调整到前视图的位置。

(5) 使用菜单命令“修改”→“抽取”→“圈选点”，得到如图 7-6 所示的对话框。在“保留点云”栏中选择“两端”选项，即将点云分割开，并且保留两部分的点云。选择“保留原始数据”复选框，保留原始的点云。

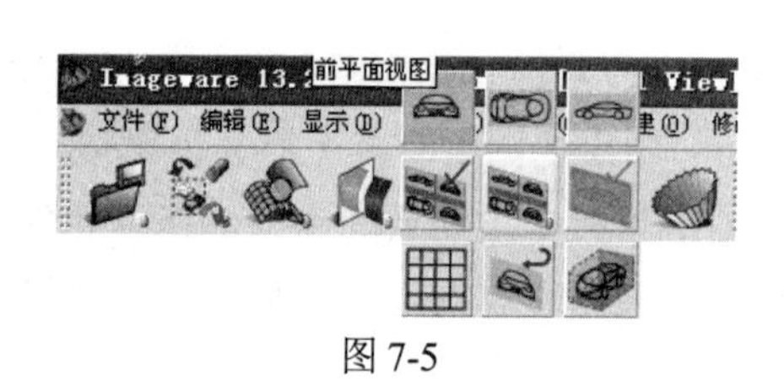

图 7-5

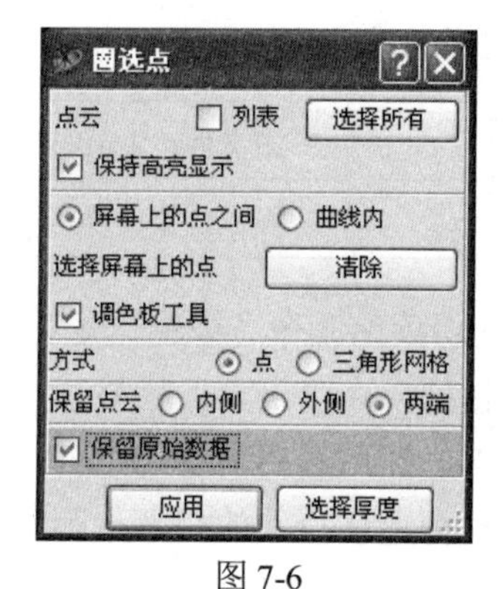

图 7-6

(6) 单击“选择屏幕上的点”栏，在视图中依次单击如图 7-7 所示的“点 1”～“点 9”所在的位置。注意框选的目的是将点云的顶面部分点云分割出来，所选择的点的位置不能超过顶面与侧面之间的边界。

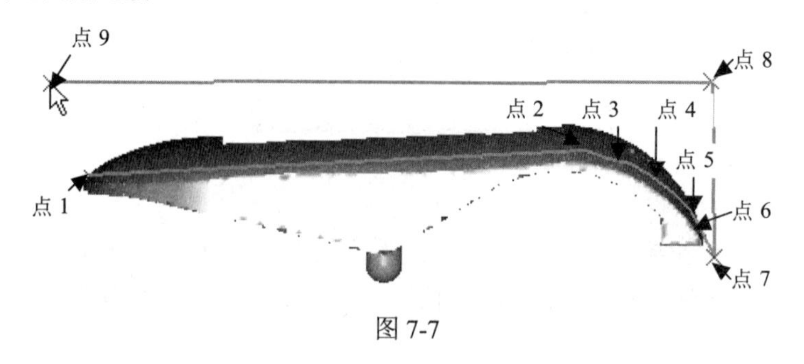

图 7-7

(7) 单击“应用”按钮确定。系统自动将生成的点云命名为 kakou in 和 kakou out。

(8) 使用快捷键 Ctrl+J，选择对话框中的点云 kakou in，如图 7-8 所示，单击“应用”按钮确定，仅显示出点云 kakou in。

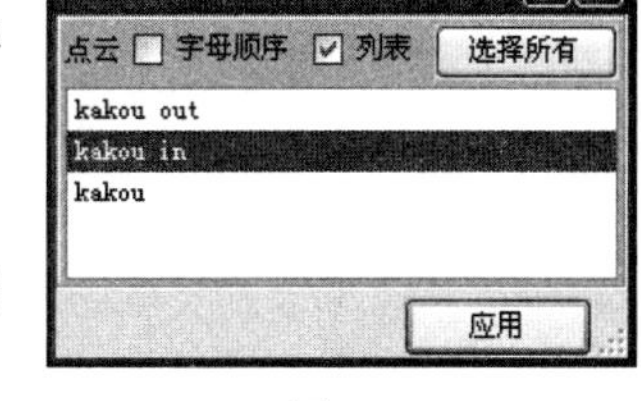

图 7-8

(9) 单击主要栏目管理工具条上的“视图设置”图标，按住鼠标左键，移动鼠标到“顶面视图”图标上，释放鼠标左键。将系统的视图调整到俯视图的位置。

(10) 使用快捷键 Shift+N，显示出视图中的实体名称。

(11) 使用菜单命令“修改”→“抽取”→“圈选点”，在“保留点云”栏中选择“外侧”选项，即删除选框内的点云。不选择“保留原始数据”复选框。单击“选择屏幕上的点”栏，在视图中依次单击如图 7-9 所示的位置，将内侧面的点云包含在内。单击“应用”按钮确定。

(12) 使用快捷键 Ctrl+N，得到如图 7-10 所示的对话框。在“对象”栏中选择点云 kakou in，在“新建名称”栏中输入点云的新名称 Cld dm。更改点云的名称是为了更好地管理点云文件。例如，这里将点云命名为 Cld dm，表示顶面的点云。

图 7-9

图 7-10

## 7.2.2　创建剖断面

利用前面步骤中分割出来的点云 kakou out 来创建剖断面。这些剖断面将用来构建轮廓线。

【操作步骤】

(1) 使用快捷键 Ctrl+J，选择对话框中的点云 kakou out，单击“应用”按钮确定，仅显示出点云 kakou out。

| | |
|---|---|
| | 源文件：\part\ch7\finish\kakou_finish1.imw |
| | 操作结果文件：\part\ch7\finish\kakou_finish2.imw |

(2) 使用菜单命令“视图”→“定位视图”→“点云”，得到如图 7-11 所示的对话框。选择点云 kakou out，单击“应用”按钮确定，将视图对齐到点云的位置。

(3) 使用菜单命令“构建”→“剖面截取点云”→“交互式点云截面”，得到如图 7-12 所示的对话框。

图 7-11

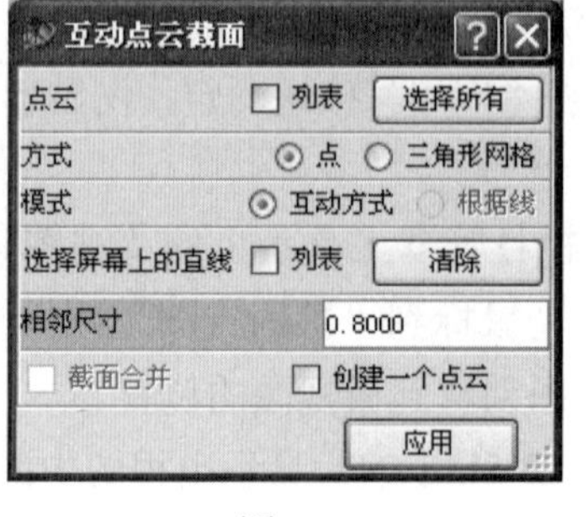


图 7-12

(4) 单击“选择屏幕上的直线”栏，按住 Ctrl 键(使得两点间所成的直线沿着水平或者垂直的方向)，在视图中单击如图 7-13 所示的两个点的位置，单击“应用”按钮确定。系统自动将剖断面命名为 kakou out InteractSectCld。

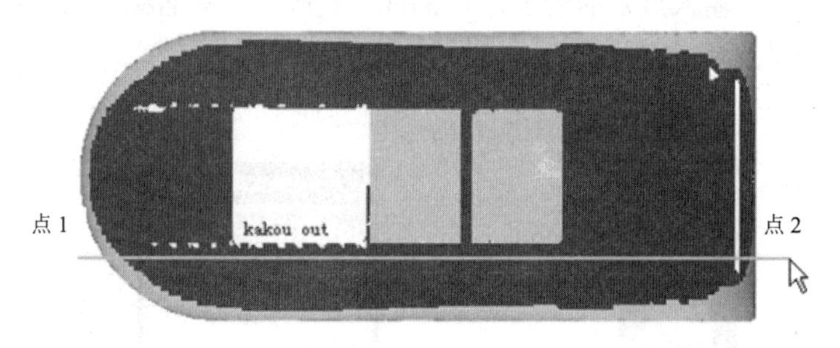


图 7-13

(5) 使用快捷键 F5，将视图调整到前视图的位置。继续使用“交互式点云截面”命令，单击视图中如图 7-14 所示的位置，单击“应用”按钮确定。系统自动将剖断面命名为 kakou out InteractSectCld 2。

图 7-14

**注意：**

图 7-14 截取的直线右端要在凸槽下端部分，使底面与创建的云截面形成两条直线。否则会使下面图形操作不一样。

(6) 使用快捷键 F1，将视图调整到俯视图的位置。继续使用“交互式点云截面”命令，单击视图中如图 7-15 所示的位置，单击“应用”按钮确定。系统自动将剖断面命名为 kakou out InteractSectCld 3。

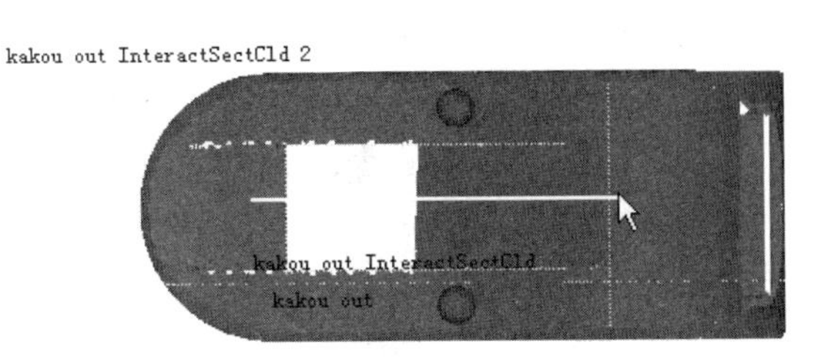


图 7-15

(7) 使用快捷键 F5，将视图调整到前视图的位置。继续使用“交互式点云截面”命令，单击视图中如图 7-16 所示的位置，单击“应用”按钮确定。系统自动将剖断面命名为 kakou out InteractSectCld 4。

(8) 使用菜单命令“修改”→“抽取”→“圈选点”，选择点云 kakou out，在“保留点云”栏中选择“内侧”选项，即删除选框以外的点云。不选择“保留原始数据”复选框。单击“选择屏幕上的点”栏，在视图中依次单击如图 7-17 所示的位置。单击“应用”按钮确定。

图 7-16　　　　图 7-17

**注意:**

图 7-17 选取的圈选点的对象为 kakou out，即底面的两个圆柱形凸出部分，而不是卡扣前端的弧形部分。鼠标选取时，按住 Ctrl 键可以构建平行或垂直直线。

(9) 继续使用“圈选点”命令，选择点云 kakou out InteractSectCld 2，在“保留点云”栏中选择“两端”选项。单击“选择屏幕上的点”栏，在视图中依次单击如图 7-18 所示的位置。单击“应用”按钮确定。

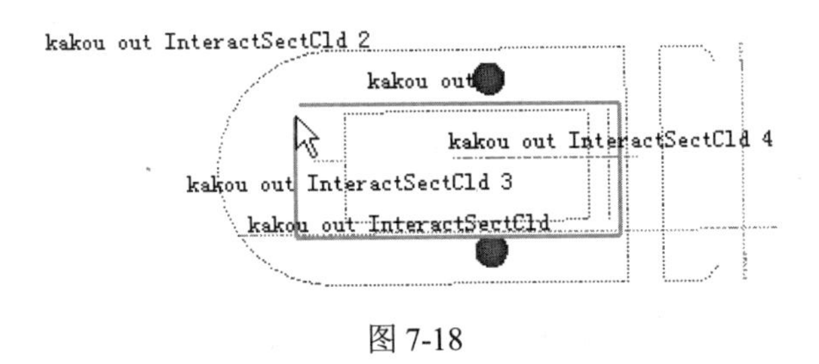


图 7-18

(10) 分割后的点云和创建的剖断面如图 7-19 所示。

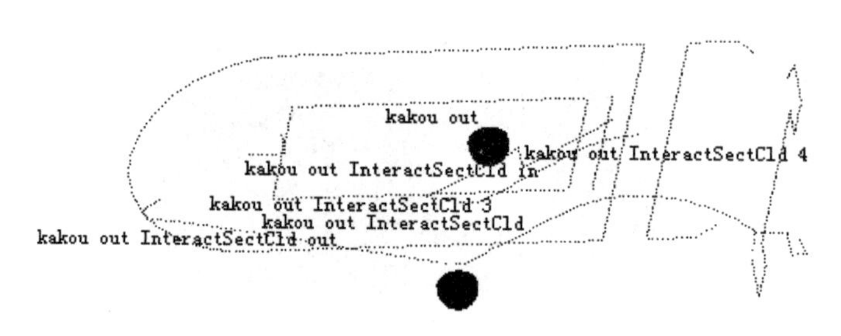


图 7-19

(11) 使用快捷键 Ctrl+N，在“物件”栏中选择点云 kakou out InteractSectCld out，在“新建名称”栏中输入点云的新名称 Cld cm。同理，将点云 kakou out InteractSectCld 更名为 Cld dim1；将点云 kakou out InteractSectCld 4 更名为 Cld dim2；将点云 kakou out 更名为 Cld dim3。将点云 kakou out InteractSectCld in 更名为 Cld ncm1；将点云 kakou out InteractSectCld 3 更名为 Cld ncm2。

## 7.2.3 图层管理

利用层管理器将不同的部件放置到不同的层中，以方便切换视图。

【操作步骤】

(1) 单击主要栏目管理工具条上的“图层编辑”图标(如图 7-20 所示)，打开层管理器。

| | |
|---|---|
| | 源文件：\part\ch7\finish\kakou_finish2.imw |
| | 操作结果文件：\part\ch7\finish\kakou_finish3.imw |

层管理器包含两个部分，上半部分显示了层、过滤器、坐标系、工作平面、视图和实体等信息。单击上半部分的某一栏，下半部分则显示该栏中包含的所有内容。

图 7-20

(2) 单击层管理器第一栏的 New Layer 图标 4 次。在 Layers 栏下生成 4 个新建的层，系统自动命名为 L2、L3、L4 和 L5，如图 7-21 所示。缓慢单击名称 L2 两次，该层的名称栏变成输入框模式，输入新的名称即可更改该层的名称。这里将 L2 更改为 L2 dm；将 L3 更改为 L3 cm；将 L4 更改为 L4 dimian；将 L5 更改为 L5 ncm。

(3) 单击 L1 层，单击层管理器的下半部分中的实体名称 Cld dm，按住鼠标左键，并拖动鼠标到层管理器的上半部分的 L2 dm 层上。

(4) 同理，将 L1 层中的点云 Cld cm 拖动到 L3 cm 层上；将 L1 层中的点云 Cld dim1、

Cld dim2 和 Cld dim3 拖动到 L4 dimian 层上；将 L1 层中的点云 Cld ncm1 和 Cld ncm2 拖动到 L5 ncm 层上。单击 L2 dm 后面的“工作层”选项，结果如图 7-22 所示。

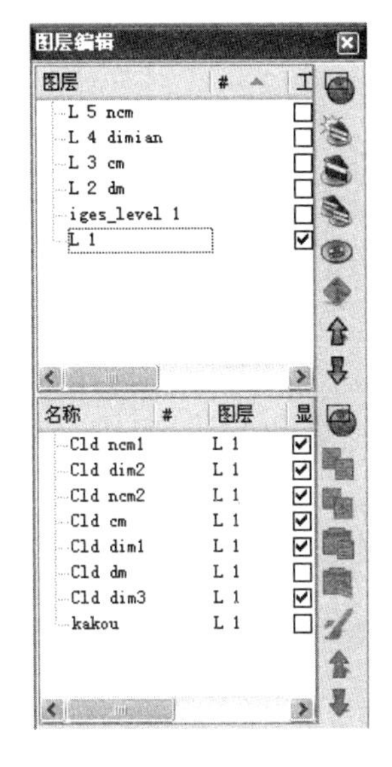


图 7-21

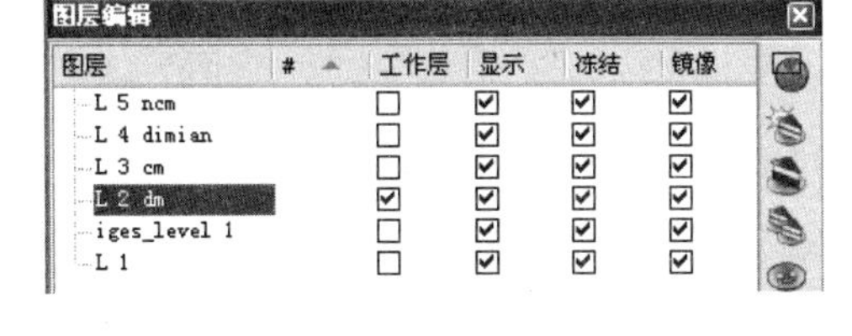


图 7-22

## 7.3　顶面的制作

利用分割得到的点云 Cld dm 直接拟合成需要的曲面。

【操作步骤】

(1) 选择层管理器 L2 dm 层中的实体 Cld dm 点云后的“显示”复选框，显示出点云。取消选择除 L2 dm 层外所有的“显示”复选框，使得其余几层都不可见。

| | |
|---|---|
| | 源文件：\part\ch7\finish\kakou_finish3.imw |
| | 操作结果文件：\part\ch7\finish\kakou_finish4.imw |

**注意：**

要单击 L2 dm 层，查看如图 7-21 所示的下方列表框中的显示相应层中的物件后是否选择了“显示”选项，确保选择上。

(2) 使用菜单命令“构建”→“由点云构建曲面”→“自由曲面”，快捷键为 Shift+F，得到如图 7-23 所示的对话框。

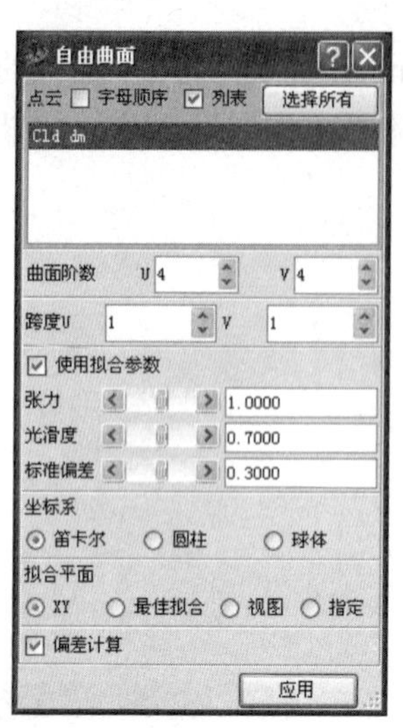


图 7-23

(3) 选择视图中的点云 Cld dm，在“曲面阶数”栏中设置曲面 *UV* 方向的阶数，一般的曲面可以取 4×4 阶，弯曲度比较复杂时可以增加阶数来保证曲面满足精度要求。这里先设置成 4×4 阶。在“跨度”栏中设置曲面的节点数，对于光顺性较高的曲面一般设置为 1×1，即生成为一个整面。设置“张力”“光滑度”和“标准偏差”栏中的数值分别为 1.0000、0.7000 和 0.3000。在“坐标系”栏中选择“笛卡尔”选项。在“拟合平面”栏中选择 *XY*。选择“偏差计算”复选框，可以在生成曲面的同时显示出曲面与点云之间的误差。

(4) 单击“应用”按钮确定。视图中显示出了如图 7-24 所示的误差报告，同时用颜色对比特征显示了如图 7-25 所示的误差。

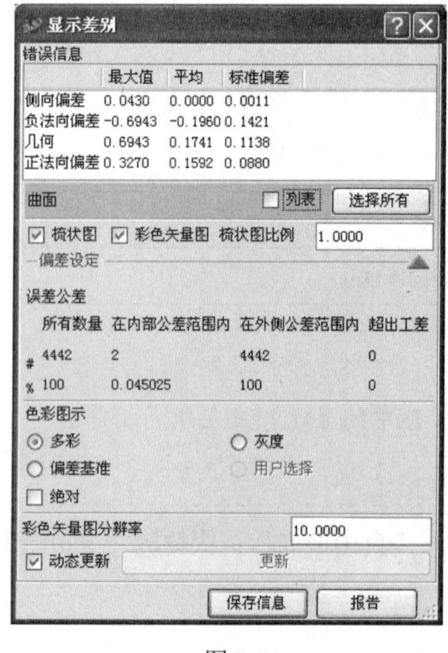

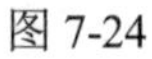


图 7-24

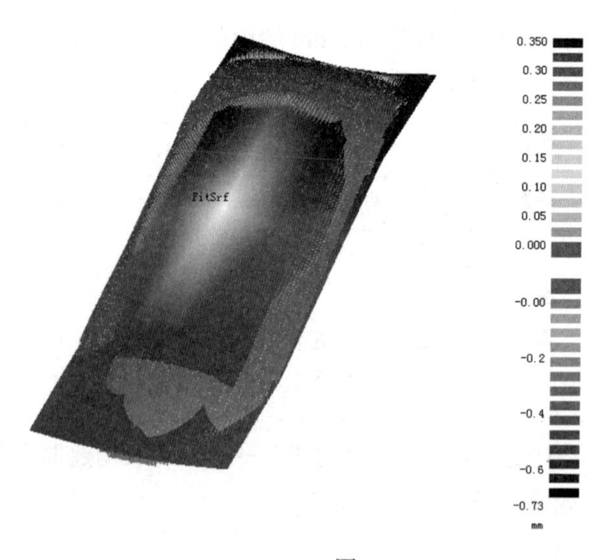


图 7-25

(5) 在“误差”对话框中显示了各项误差：侧向偏差、负法向偏差、几何误差和正法向偏差。每种误差都显示了最大误差、平均误差和基准误差等信息。对于一般的曲面要求，只需要最大误差栏显示的数值小于误差要求即可。由该对话框可知，现在生成的曲面与点云的最大误差为 0.6943，这个数值超出了一般的曲面误差要求 0.5mm，需要重新构建。

(6) 右击视图区域空白处，按住鼠标右键，移动鼠标到 Undo 命令图标上，如图 7-26 所示，释放鼠标，撤销上一步操作。

Undo

图 7-26

(7) 将“自由曲面”对话框中的“曲面阶数”栏设置曲面 $V$ 方向的数值依次增高。例如增高为 5 时，误差报告显示最大误差为 0.2191，已经满足了精度要求，如图 7-27 所示。

(8) 查看曲面的边角部分，发现曲面边角有上扬趋势，如图 7-28 所示。这表明曲面的光顺性不能满足要求，继续增加“自由曲面”对话框中的“曲面阶数”栏设置曲面 $V$ 方向的数值，直至 8，由误差报告和曲面边角判断曲面满足要求。

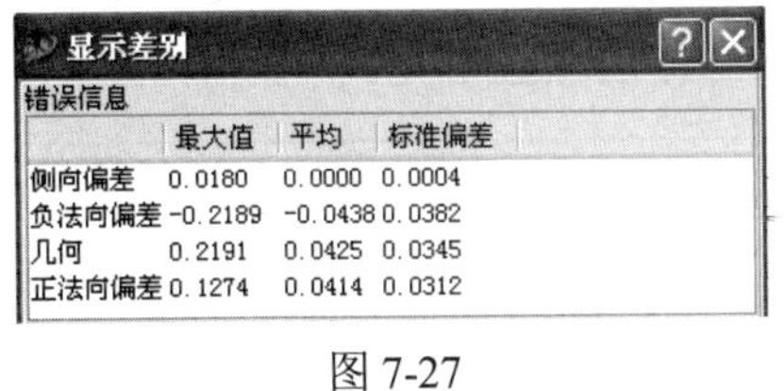
显示差别

错误信息

| | 最大值 | 平均 | 标准偏差 |
|---|---|---|---|
| 侧向偏差 | 0.0180 | 0.0000 | 0.0004 |
| 负法向偏差 | -0.2189 | -0.0438 | 0.0382 |
| 几何 | 0.2191 | 0.0425 | 0.0345 |
| 正法向偏差 | 0.1274 | 0.0414 | 0.0312 |

图 7-27

边角部分上扬

图 7-28

(9) 撤销上一步操作。将“曲面阶数”栏的数值设置为 4×8 阶，不选择“偏差计算”复选框，单击“应用”按钮确定。生成的曲面如图 7-29 所示。

(10) 使用菜单命令“修改”→“延伸”，得到如图 7-30 所示的对话框。选择视图中的曲面 FitSrf，在第二栏中选择“自然”，即自然延伸曲面的边界。选择“所有边”复选框，同时延伸曲面的 4 个边界。单击“预览”按钮，查看生成效果，拖动“距离”栏后的滑动条至其后的数值为 2。单击“应用”按钮确定。

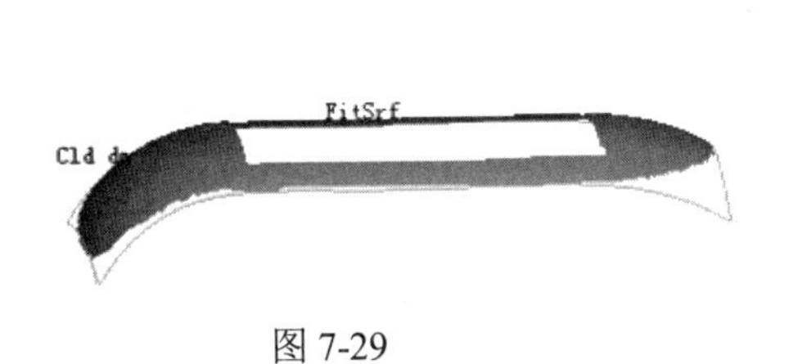


图 7-29

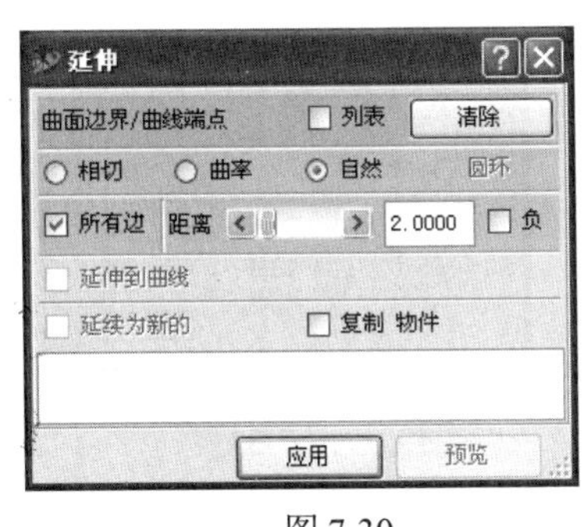


图 7-30

(11) 单击主要栏目管理工具条上的“基本显示”图标，按住鼠标左键，移动鼠标到如图 7-31 所示的“着色曲面显示”图标上，释放鼠标左键。更改曲面的显示模式为渲染模式。

(12) 利用点云直接拟合并延伸后的曲面 FitSrf 如图 7-32 所示。这个曲面在后续处理中还需要使用边界条件进行裁剪。

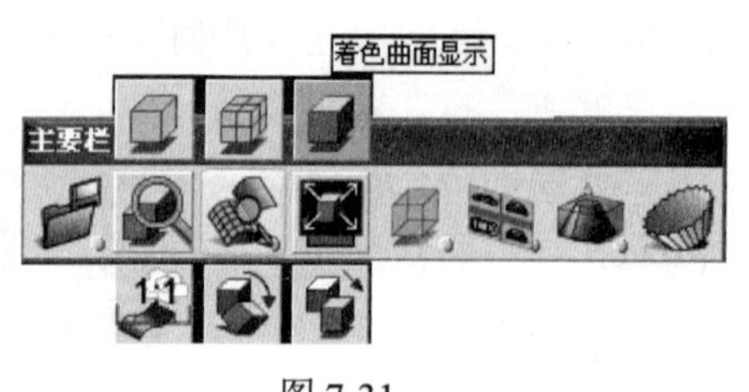


图 7-31

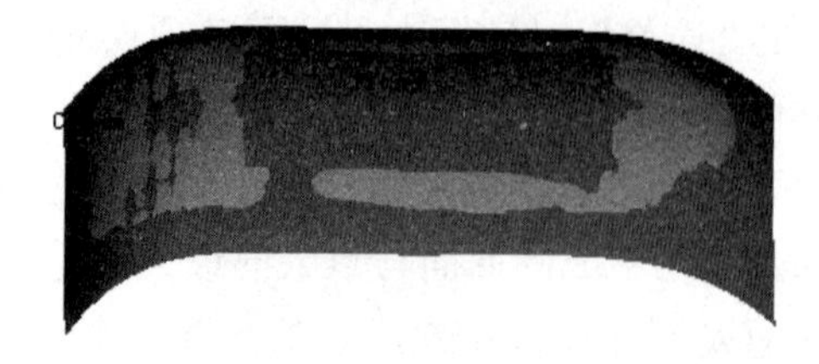

图 7-32

## 7.4 侧面的制作

先利用剖断面点云 Cld cm 构建轮廓线，然后利用轮廓线拉伸成曲面。

【操作步骤】

(1) 取消选择层管理器 L2 dm 层后的“显示”复选框，隐藏该层的内容。选择 L3 cm 层后的“工作层”和“显示”复选框，使得该层成为当前工作层并且可见。

| | |
|---|---|
| | 源文件：\part\ch7\finish\kakou_finish4.imw |
| | 操作结果文件：\part\ch7\finish\kakou_finish5.imw |

**注意：**

查看第三层中的物件 cm 之后是否选择了“显示”选项，确保选择上。

(2) 使用菜单命令“创建”→“简易曲线”→“直线”，得到如图 7-33 所示的对话框。

(3) 单击点云 Cld cm 上直线部分的两个点，作为直线的两端，如图 7-34 所示，单击“应用”按钮确定。同理，创建另一边的直线。系统自动命名为 Line 和 Line 2。

图 7-33

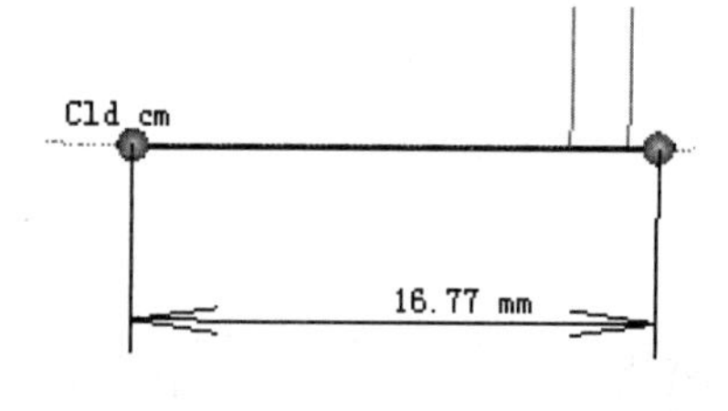


图 7-34

(4) 使用菜单命令“测量”→“距离”→“点至曲线最小距离”，得到如图 7-35 所示的对话框。

(5) 单击视图中的直线 Line 2，单击“点”栏，然后单击视图中直线 Line 所在位置的点云，如图 7-36 所示。“点至曲线最小距离”对话框中的“结果”栏中显示了点到直线的距离为 12.0131mm。

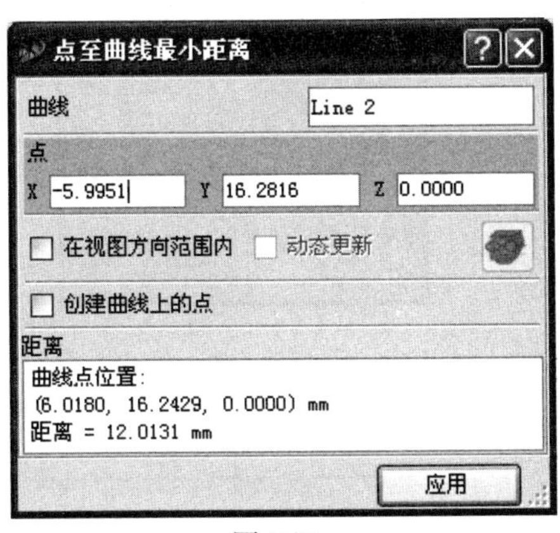


图 7-35

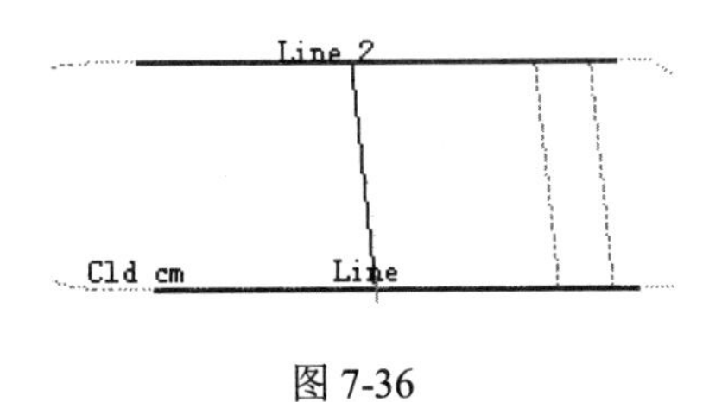


图 7-36

(6) 使用菜单命令“修改”→“延伸”，选择视图中的两条直线 Line 和 Line 2，在第二栏中选择“自然”，即自然延伸曲面的边界。选择“所有边”复选框，同时延伸两个端点。单击“预览”按钮，查看生成效果。拖动“距离”栏后的滑动条至其后的数值为 5。单击“应用”按钮确定。

(7) 使用菜单命令“创建”→“简易曲线”→“3 点圆弧”，得到如图 7-37 所示的对话框。

(8) 选择视图中点云圆弧段的 3 个点，如图 7-38 所示。使得 3 点形成的圆弧半径值显示为 6.00，单击“应用”按钮确定。

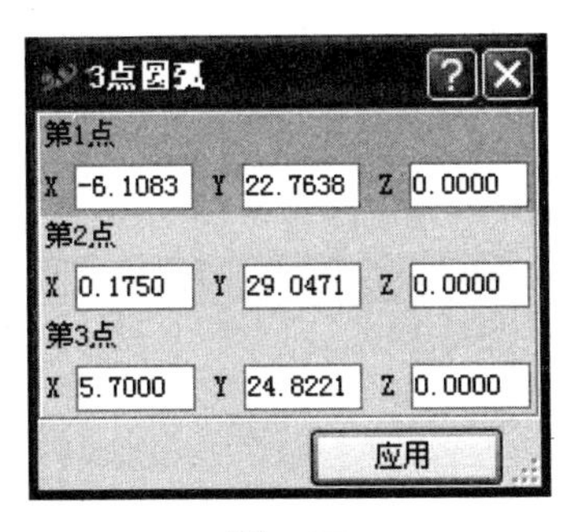


图 7-37

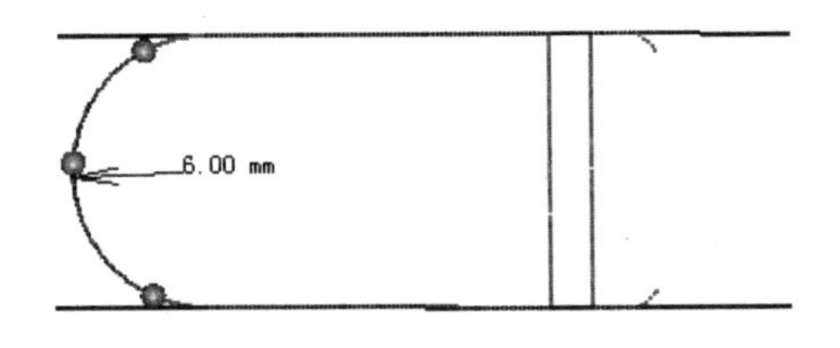


图 7-38

(9) 使用菜单命令“修改”→“延伸”，选择视图中的曲线 Arc，在第二栏中选择“自然”，选择“所有边”复选框。单击“预览”按钮查看生成效果，拖动“距离”栏后的滑动条直至圆弧超过直线的范围，如图 7-39 所示。单击“应用”按钮确定。

(10) 使用菜单命令“修改”→“截断”→“截断曲线”，快捷键为 Ctrl+Shift+K，得到如图 7-40 所示的对话框。

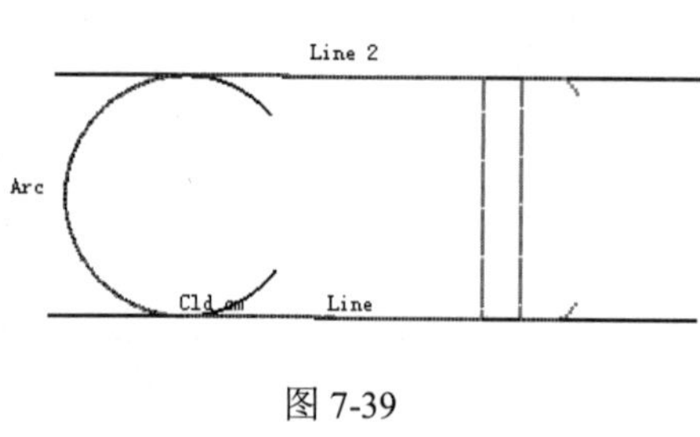


图 7-39

图 7-40

(11) 在第一栏的裁剪方式中选择“曲线”，利用曲线作为边界来裁剪曲线。在“截断”栏中选择“指定 1 点截断”。单击“曲线”栏，在视图中选择需要被裁剪的曲线，这里先选择 Line 的右侧部分，如图 7-41 所示，注意鼠标单击曲线的位置是直线将要被保留的部分。单击“截断曲线”栏，在视图中选择边界曲线，这里选择 Arc。在“相交”栏中选择 3D，在“保留”栏中选择“框选”，即仅保留鼠标所选择部分的曲线。单击“应用”按钮确定，将剪掉 Line 左侧超出 Arc 部分的线段。用同样的方法对 Line 2 进行操作。

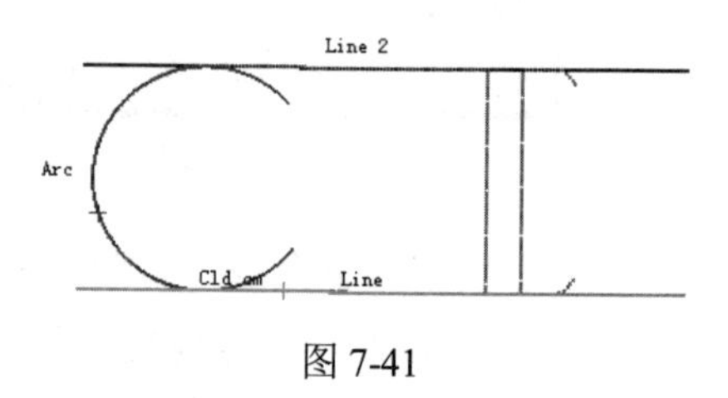


图 7-41

(12) 类似上一步的方法，单击“曲线”栏，在视图中选择需要被裁剪的曲线，即图 7-41 中 Arc 的需保留的半圆边；单击“截断曲线”栏，在视图中选择边界曲线，即 Line，其他设置保持不变。利用两两相交的曲线裁剪掉曲线的多余部分，对于 Line 2 同样操作，结果如图 7-42 所示。系统将裁剪后的曲线自动命名为 SnipCrv、SnipCrv 2 和 SnipCrv 3。

(13) 使用菜单命令“构建”→“扫掠曲面”→“沿方向拉伸”，得到如图 7-43 所示的对话框。

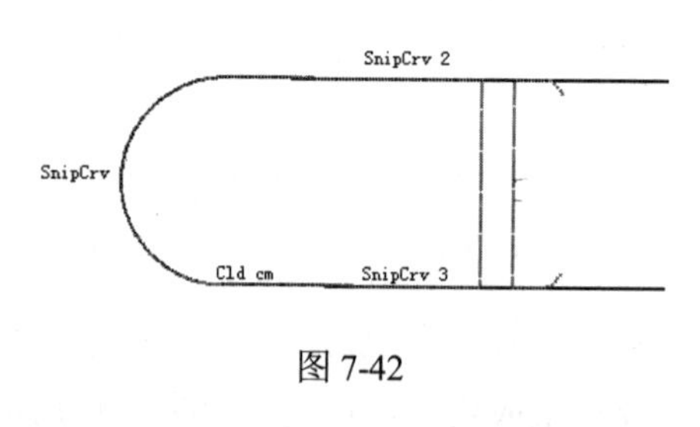


图 7-42

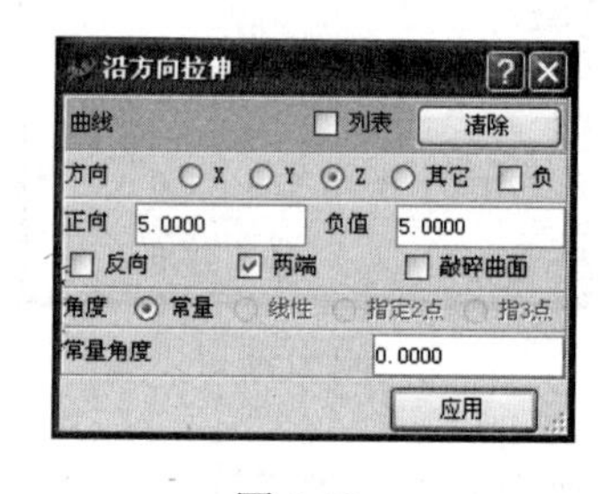


图 7-43

(14) 选择视图中的三条曲线 SnipCrv、SnipCrv 2 和 SnipCrv 3，在“方向”中选择 *Z*，选择“两端”复选框，在“正向”和“负值”栏中均输入数值 5.0000，即沿着 *Z* 轴正负方向均拉伸 5mm，如图 7-44 所示。单击“应用”按钮确定。

(15) 使用渲染模式(单击主要栏目管理工具条中的“着色曲面显示”，如图 7-31 所示)显示曲面。侧面的成形结果如图 7-45 所示，它在后期处理中还需要经过裁剪处理。

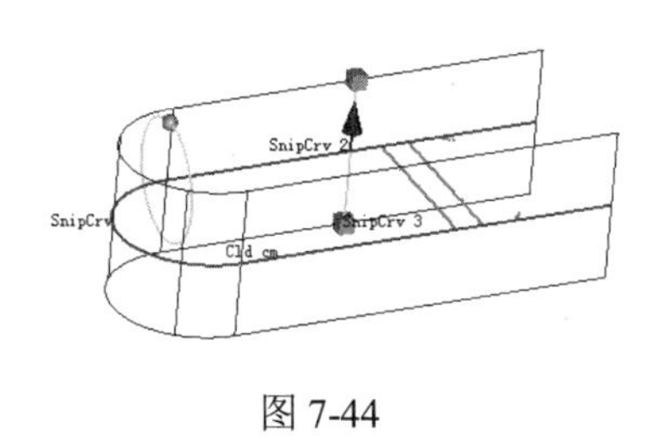


图 7-44

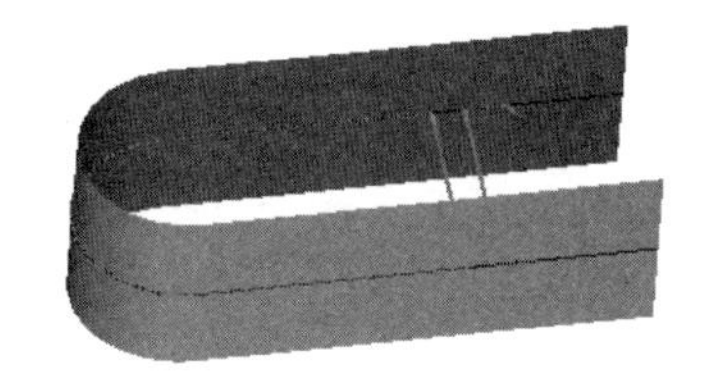

图 7-45

## 7.5　底面的制作

底面的制作与侧面的制作比较类似，也是先利用剖断面点云构建出轮廓曲线，然后利用拉伸成形和旋转等方式构成曲面。

【操作步骤】

(1) 取消选择层管理器 L3cm 层后的“显示”复选框，隐藏该层的内容。选择 L4dimian 层后的“工作层”和“显示”复选框，使得该层成为当前工作层并且可见。

视图中显示出该层的点云，如图 7-46 所示。

| | |
|---|---|
| | 源文件：\part\ch7\finish\kakou_finish5.imw |
| | 操作结果文件：\part\ch7\finish\kakou_finish6.imw |

(2) 使用菜单命令“创建”→“简易曲线”→“直线”，将剖断面点云的直线段拟合成为直线，如图 7-47 所示，总共包含了 10 条直线。注意选择点时不能选择到圆弧部分的点，以保证精度要求。

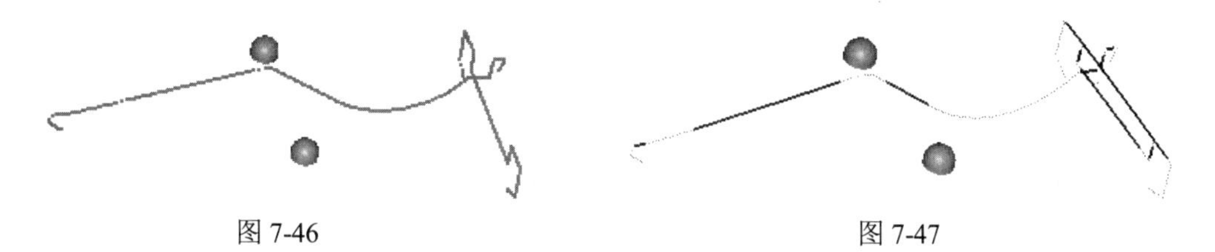

图 7-46　　　　图 7-47

**注意：**

选择的 10 条曲线即图 7-47 的深蓝色部分。其中右侧上端的长直线及最靠近右边的直线要处于同一平面，否则之后构建曲面会有偏差。

(3) 使用菜单命令“创建”→“简易曲线”→“3 点圆弧”，选择曲线较大的圆弧段上的 3 点，如图 7-48 所示。单击“应用”按钮确定。

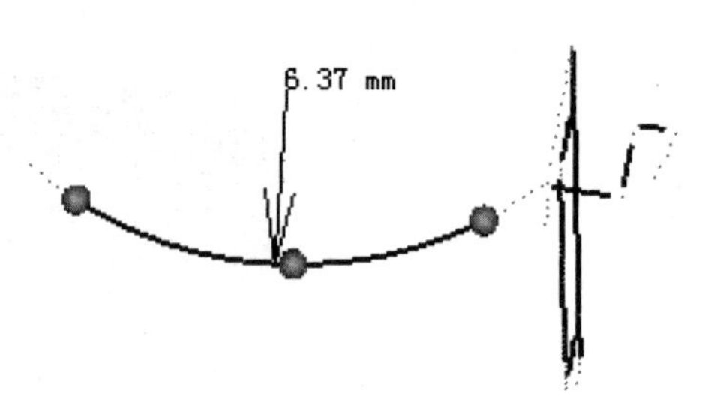


图 7-48

**注意:**

要构建的 3 点圆弧即图 7-47 两个蓝色实体右侧的大圆弧。其他的两个较小圆弧在第(5)步中，用创建倒角的方式构建。

(4) 使用菜单命令“修改”→“延伸”，选择视图中的 10 条直线和 1 条圆弧，在第二栏中选择“自然”，选择“所有边”复选框，单击“预览”按钮查看生成效果。拖动“距离”栏后的滑动条直至曲线之间相互相交，如图 7-49 所示。单击“应用”按钮确定。

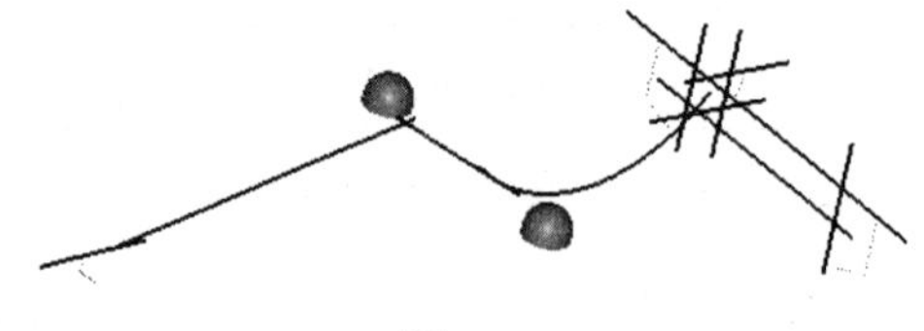

图 7-49

**注意:**

曲线右侧可能看起来已经连接上了，但若是放大到较高倍数可能并不重合，所以一定要对所有直线和圆弧采取延伸的操作，确保彼此相交。

(5) 使用菜单命令“构建”→“倒角”→“曲线”，得到如图 7-50 所示的对话框。

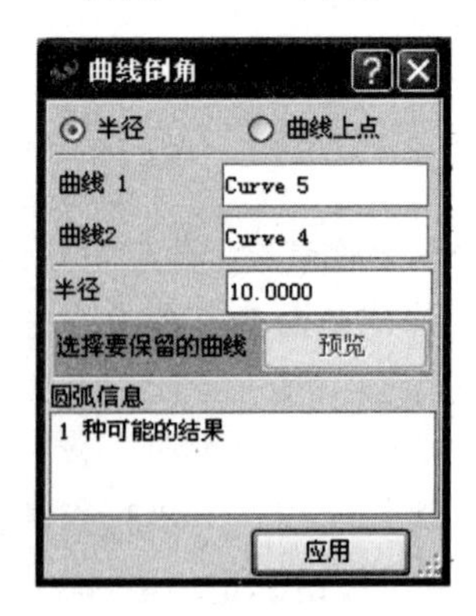


图 7-50

(6) 使用“倒角”命令来创建剖断面点云 Cld dim1 上两个小的圆弧部分。在“曲线 1”和“曲线 2”栏中指定倒圆角相邻的两条直线。在“半径”栏中指定圆弧半径值。这里指定顶端的圆弧半径为 10mm，位于中间位置上的圆弧半径为 1.5mm。单击“选择要保留的曲线”栏后面的“预览”按钮，可以预览所有可能的圆弧。在视图中单击需要保留的圆弧段，如图 7-51 所示，单击“应用”按钮确定。

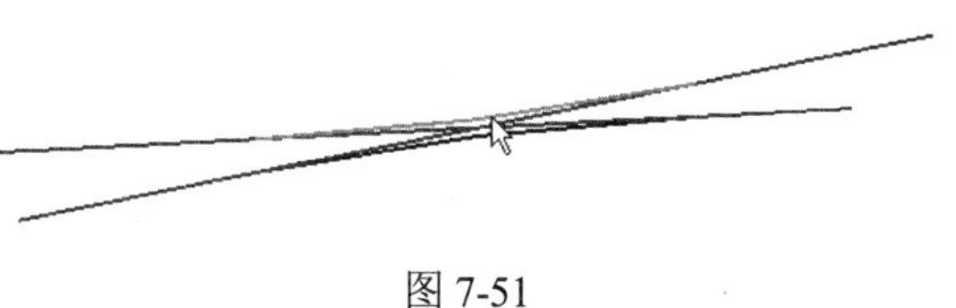

图 7-51

(7) 类似上一小节的步骤(10)～(12)，使用菜单命令“修改”→“截断”→“截断曲线”，快捷键为 Ctrl+Shift+K，用圆弧段裁剪多余的直线段，如图 7-52 所示。

(8) 类似上一步骤，利用相邻的曲线作为彼此的边界，裁剪掉多余的曲线。裁剪的结果如图 7-53 所示。

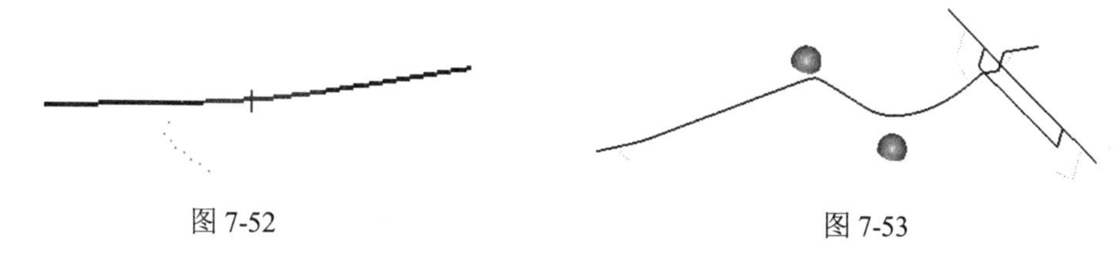

图 7-52　　　　图 7-53

(9) 利用层管理器显示出位于 L1 层中的点云 kakou。

(10) 使用菜单命令“构建”→“扫掠曲面”→“沿方向拉伸”，得到如图 7-54 所示的对话框。

(11) 选择利用点云 Cld dim1 合成的曲线，如图 7-55 所示。在“方向”栏中选择 *X*，选择“两端”复选框，拖动视图中黄色的长方块使拉伸曲面的范围超过点云范围。单击“应用”按钮确定。

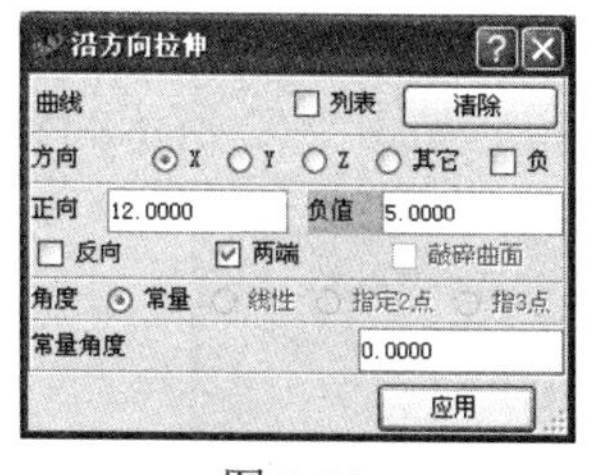


图 7-54

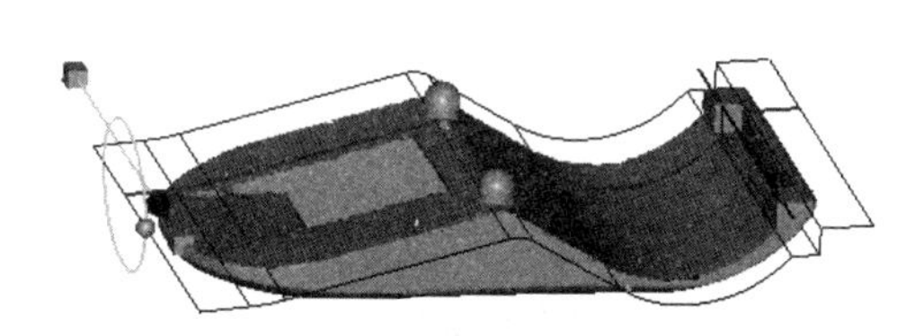

图 7-55

(12) 使用快捷键 Shift+H，隐藏视图中的曲面。

(13) 继续使用“沿方向拉伸”命令，选择使用点云 Cld dim2 合成的直线，如图 7-56 所示。在“方向”栏中选择 *Y*，选择“两端”复选框，拖动视图中黄色的长方块使拉伸曲面的范围超过点云范围。单击“应用”按钮确定。

(14) 使用快捷键 Ctrl+H，隐藏所有的点云。

(15) 使用快捷键 Ctrl+Shift+H，隐藏所有的曲线。

(16) 使用快捷键 Shift+S，显示所有的曲面。

(17) 使用快捷键 Shift+J，得到如图 7-57 所示的对话框。

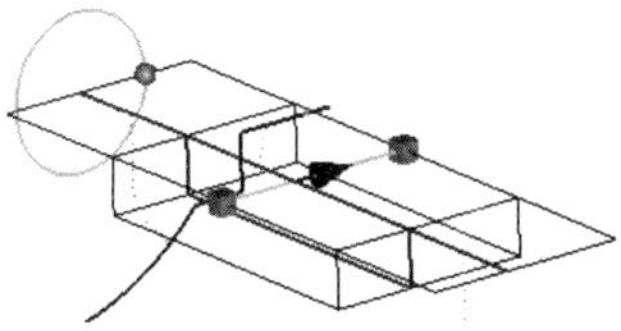

图 7-56

在列表中选择 ExtrudeSurf 2，单击“应用”按钮确定。

(18) 使用菜单命令“构建”→“提取曲面上的曲线”→“取出 3D 曲线”，得到如图 7-58 所示的对话框。

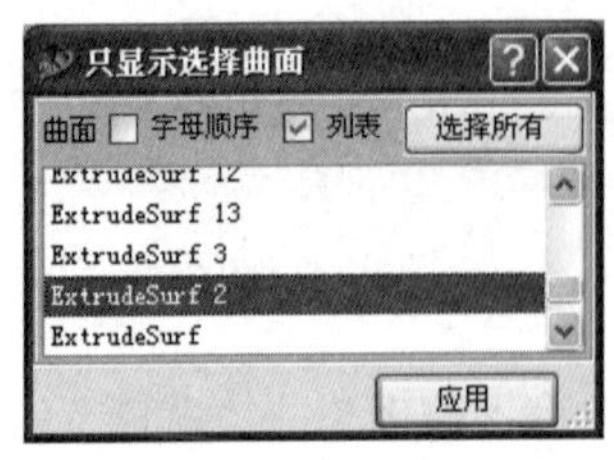


图 7-57

图 7-58

(19) 在对话框中选择“等参数”和 *V* 选项，在视图中选择如图 7-59 所示的参数位置。注意可以通过放大视图查看参数线的位置，保证参数线位于曲面交线位置。

(20) 使用“沿方向拉伸”命令，选择上一步析出的参数线，在“方向”栏中选择 *Z*，选择“负”复选框，调整拉伸的方向到如图 7-60 所示的位置。拉伸距离为 5，单击“应用”按钮确定。

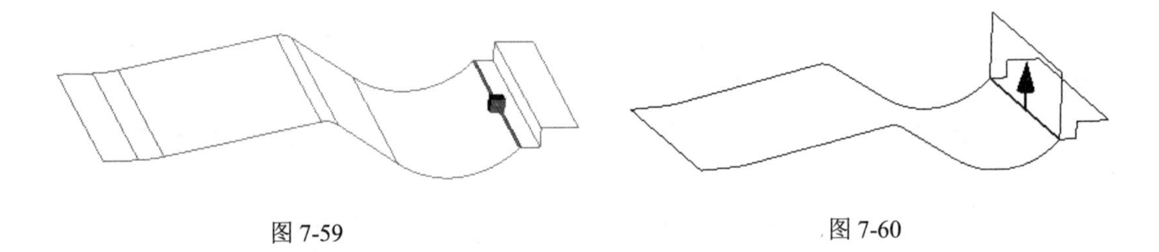

图 7-59　　　　图 7-60

(21) 使用快捷键 Shift+L，得到如图 7-61 所示的对话框。在列表中选择 Cld dim3，单击“应用”按钮确定。视图中仅显示出点云 Cld dim3。

(22) 使用菜单命令“修改”→“抽取”→“圈选点”，得到如图 7-62 所示的对话框。

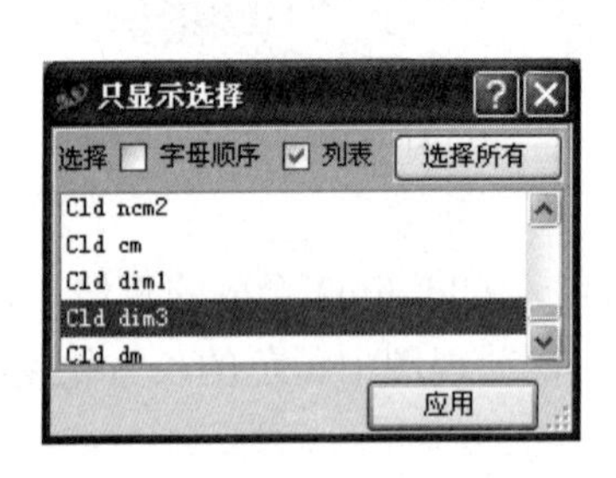


图 7-61

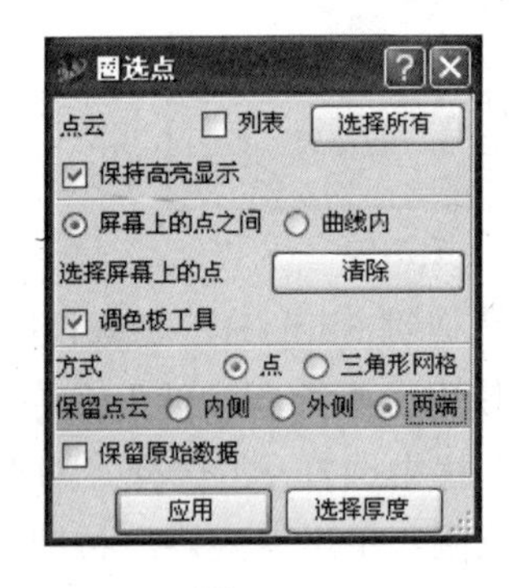


图 7-62

(23) 在“保留点云”栏中选择“两端”选项，即将点云分割开，并且保留两部分的点云。单击“选择屏幕上的点”栏，在视图中单击创建一个选区，如图 7-63 所示。单击“应用”按钮确定。

(24) 使用菜单命令“构建”→“由点云构建曲线”→“边界圆拟合”，得到如图 7-64 所示的对话框。单击“点云”栏后面的“选择所有”按钮，在“拟合”栏中选择“外侧圆”选项。单击“应用”按钮确定。

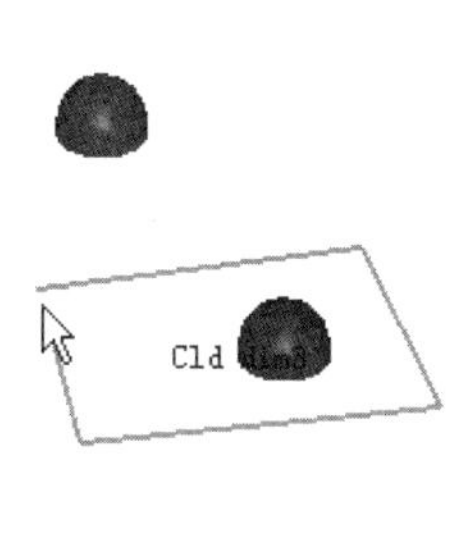


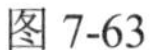
图 7-63

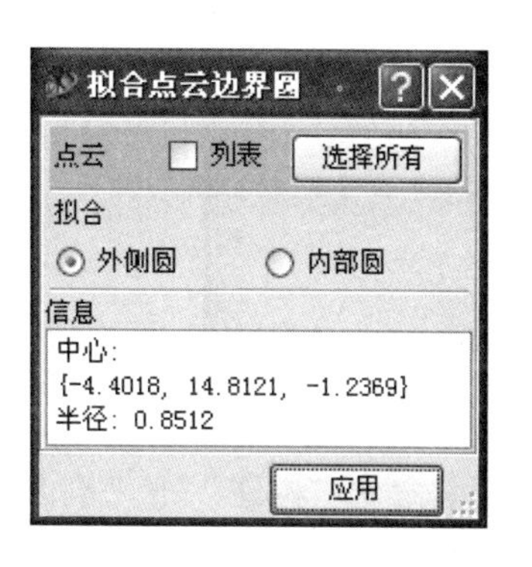


图 7-64

(25) 单击“物件锁点”工具条中的“圆心”图标，激活捕捉到圆弧中心的命令，如图 7-65 所示。

图 7-65

(26) 使用菜单命令“创建”→“坐标系”→“创建”，得到如图 7-66 所示的对话框。

(27) 在 *XC* 栏中设定工作坐标系 *X* 轴的方向为世界坐标系的 *X* 轴方向，在 *ZC* 栏中设定工作坐标系 *Z* 轴的方向为世界坐标系的 *Z* 轴方向。单击“中心”栏，选择视图中曲线 OutCircle 2，如图 7-67 所示，系统自动捕捉到圆弧中心点的位置。单击“应用”按钮，在点云外轮廓线的中心点位置创建了一个工作坐标系。

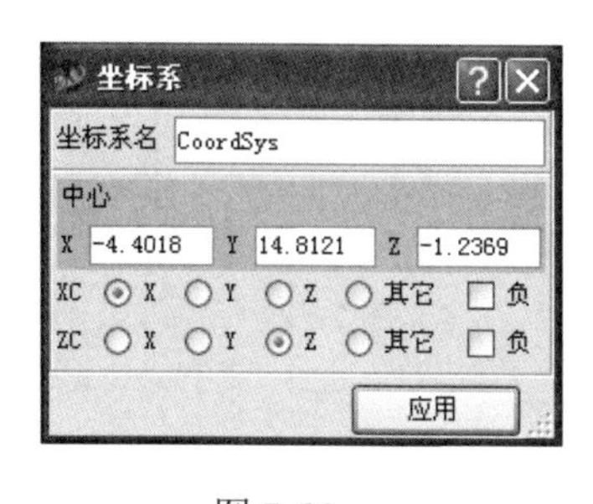


图 7-66

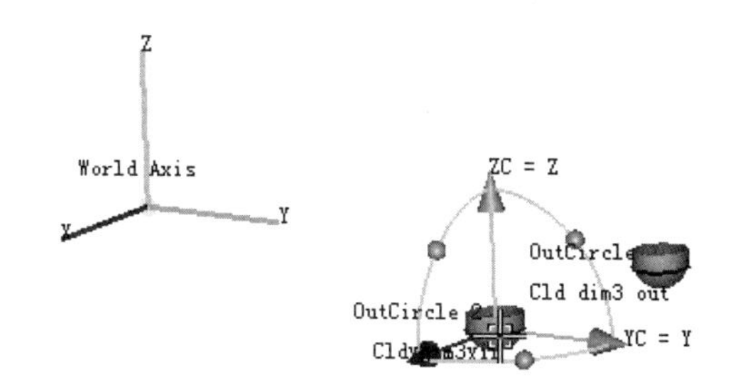


图 7-67

(28) 使用菜单命令“测量”→“距离”→“点间”，得到如图 7-68 所示的对话框。

(29) 在视图中依次单击曲线 OutCircle 2 和 OutCircle，如图 7-69 所示。单击曲线时鼠标侧面显示圆弧中心的图标，说明捕捉到了圆弧的中心点。在测量点间距离对话框的“点 1”栏和“点 2”栏中显示出了这两个圆弧中心的坐标值。在“距离”栏中显示了两点之间的距

离为 8.8000mm。

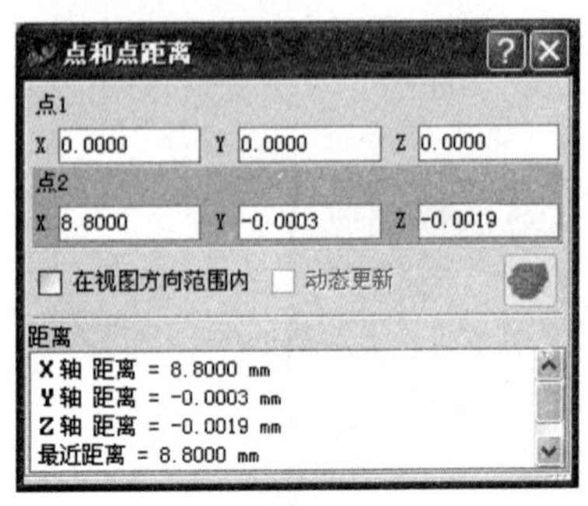


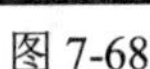

图 7-68

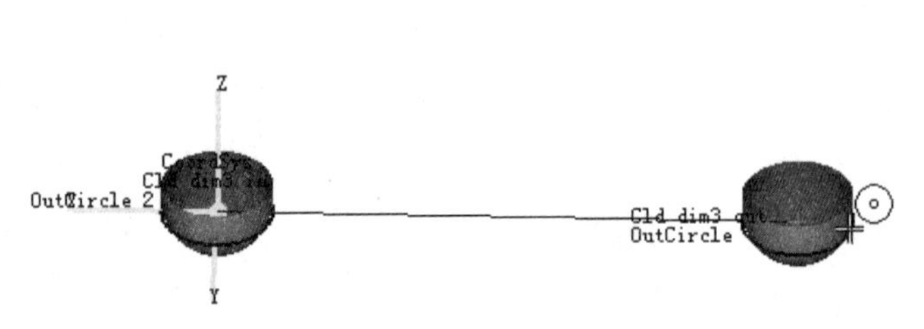


图 7-69

(30) 使用菜单命令“构建”→“剖面截取点云”→“平行点云截面”，快捷键为 Ctrl+B，得到如图 7-70 所示的对话框。单击“点云”栏后面的“选择所有”按钮。在“方向”栏中选择 *X*。在“起点”栏中输入坐标(0,0,0)。将“截面”栏中的数值设成 2，将“间隔”栏中的数值设为 8.8000。在“相邻尺寸”栏中设置数值为 0.5000。

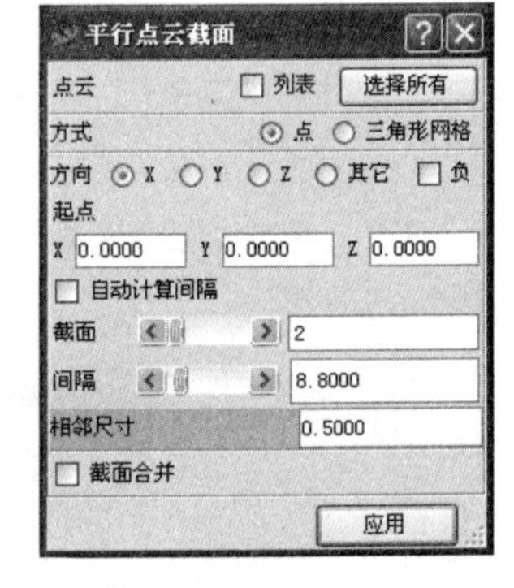


图 7-70

(31) 单击层管理器下部分的“坐标系”栏，层管理器的下部分显示了有关坐标系的信息。将 World Axis 栏后面的“显示”复选框去掉，即可将世界坐标系隐藏起来，如图 7-71 所示。

(32) 使用“直线”命令由点云直线部分创建直线，这里总共有 4 条直线。使用“3 点圆弧”命令，将点云圆弧段部分拟合成圆弧。使用“延伸”命令延伸所有曲线的两端，得到如图 7-72 所示的直线和圆弧。

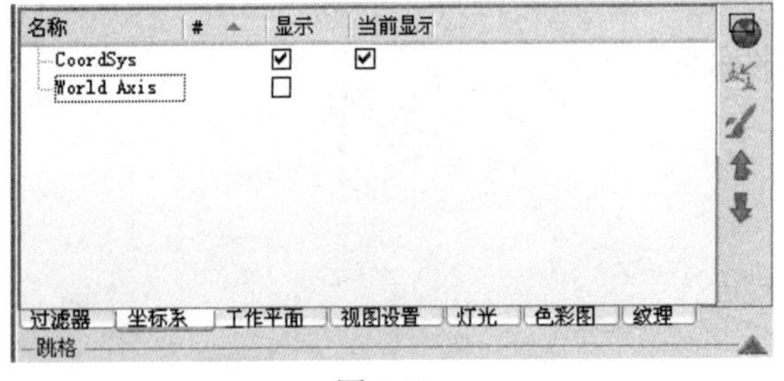


图 7-71

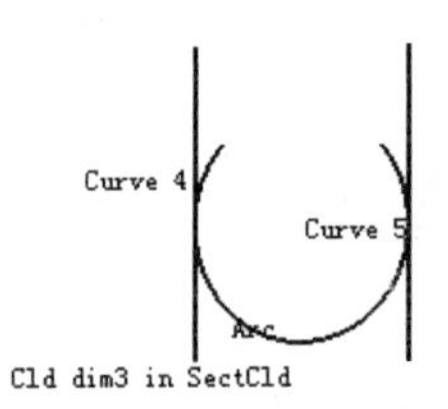


图 7-72

**注意:**

4 条直线即底面的圆柱形的 4 条侧面，各个圆柱形 2 条侧面；两条圆弧即各自的底面半球，即下视图时看到的半球。画直线时保证相切，画半球的圆弧时保证曲面最下端在半球的最下端。

**提示：**

由于已经构建坐标系，因而可以考虑用坐标的方法。如图 7-64 所示，半径为 0.8512，左侧圆弧的中心点坐标为(0,0,0)，两圆弧间相距 8.8000mm，可以通过加减半径计算出 3 点圆弧的坐标及直线与圆弧相切点的坐标。

(33) 使用“截断曲线”命令，利用相邻曲线作为边界条件裁剪直线和圆弧的多余部分。

(34) 单击物件锁点工具条中的“中点”图标，激活捕捉到曲线中心的命令，如图 7-73 所示。

(35) 继续使用“截断曲线”命令，在裁剪方式栏中选择“点”，即在曲线上的某点处剪断曲线。由于上一步骤激活了捕捉到曲线中点的命令，那么这里将在曲线的中点处剪断曲线。在“截断”栏中选择“指定 1 点截断”，在“保留”栏中选择“框选”，如图 7-74 所示。单击“曲线”栏，在视图中选择圆弧段，系统自动捕捉到圆弧的中点位置。

图 7-73

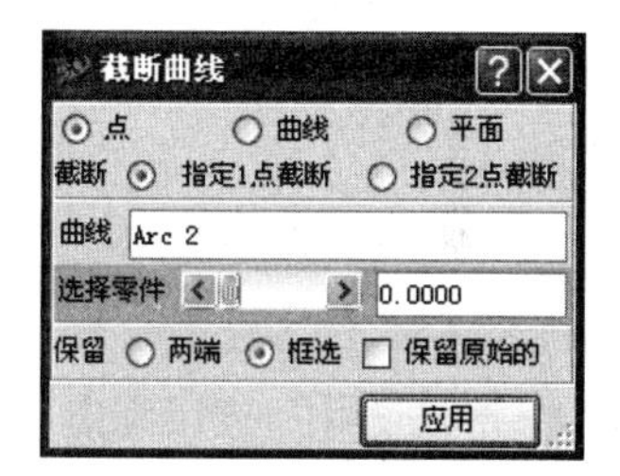


图 7-74

(36) 单击“应用”按钮确定，即可从中点处剪断圆弧。重复上述操作，剪断另一个圆弧，如图 7-75 所示。

(37) 使用菜单命令“评估”→“连续性”→“曲线间”，快捷键为 Ctrl+Shift+O，得到如图 7-76 所示的对话框。在视图中依次选择相连的直线和圆弧，这里先选择 SnipCrv 14 和 SnipCrv 19。鼠标单击的位置要靠近交点位置。选择“曲率”选项，检查两条曲线的位置连续性、相切连续性和曲率连续性。单击“应用”按钮确定。在对话框“连续性报告”栏中显示了两条曲线的连续情况。同理，检验另外两条相连曲线 SnipCrv 16 和 SnipCrv 18 的连续性。

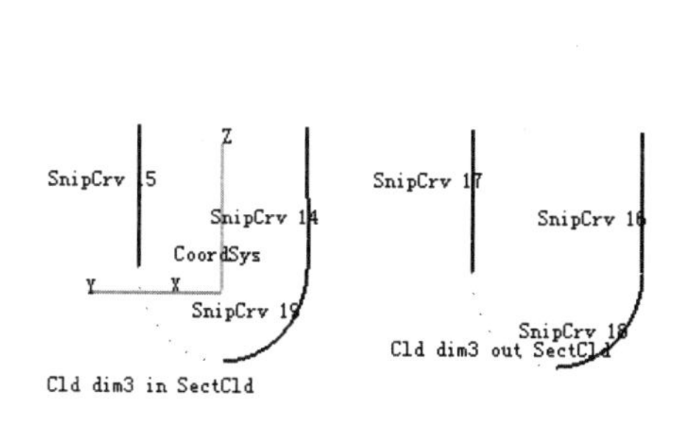


图 7-75

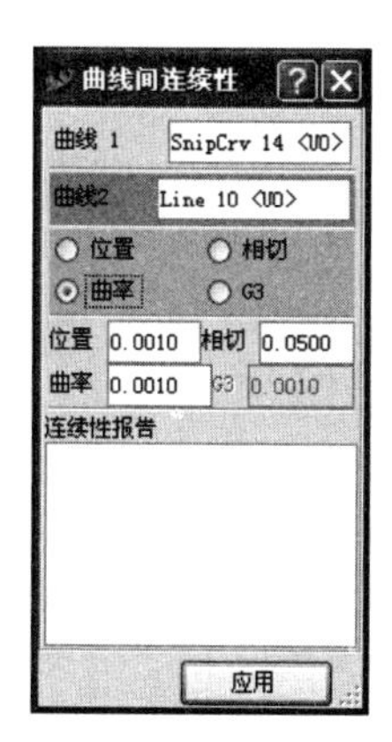


图 7-76

(38) 在层管理器下半部分的 CoordSys 栏上右击并选择“工作层”选项，如图 7-77 所示，将工作坐标系激活。此时该坐标系呈现高亮(3 根轴线均呈现黄色显示)状态。

(39) 使用菜单命令“构建”→“曲面”→“旋转曲面”，得到如图 7-78 所示的对话框。

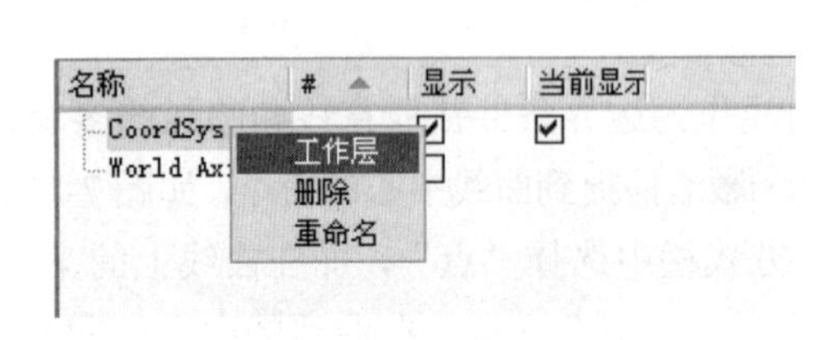


图 7-77

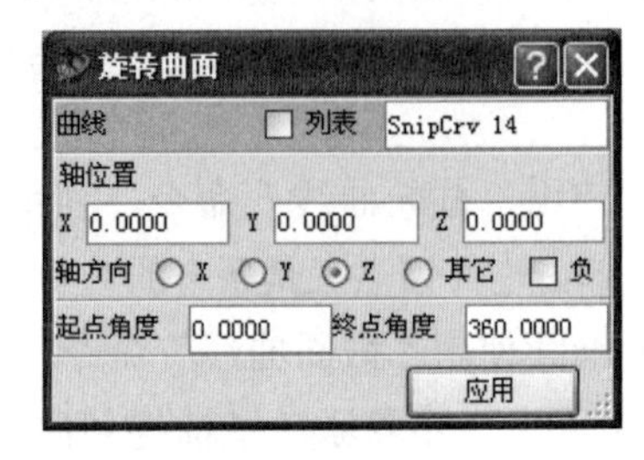


图 7-78

(40) 选择视图中靠近坐标系的直线 SnipCrv 14。在“轴位置”栏中将 *X*、*Y*、*Z* 栏中的数值均设为 0。在“轴方向”栏中选择 *Z*。在“起点角度”栏中设置起始角为 0，在“终点角度”栏中设置终止角为 360。单击“应用”按钮确定。然后选择下面的圆弧段 SnipCrv 19，单击“应用”按钮。形成的旋转曲面如图 7-79 所示。

(41) 选择直线 SnipCrv 16，在“轴位置”栏中将 *X* 的数值均设为 8.8000，其他数值保持不变，单击“应用”按钮确定。然后选择下面的圆弧段 SnipCrv 18，单击“应用”按钮。形成的旋转曲面如图 7-80 所示。

图 7-79

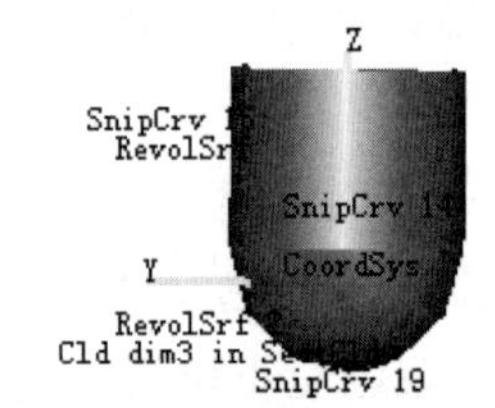


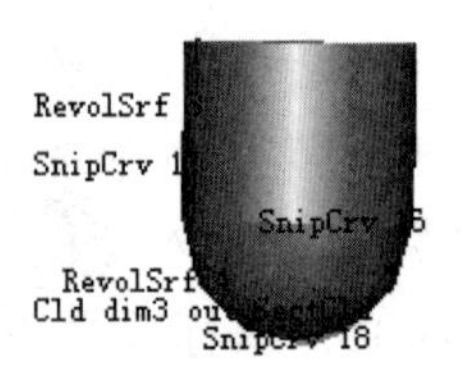


图 7-80

(42) 底面部分的所有曲面构建完成，如图 7-81 所示。它们还需要经过后续的裁剪处理。

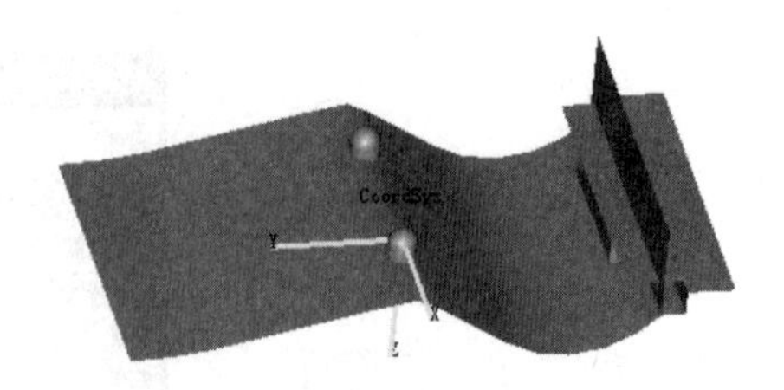

图 7-81

# 7.6　内侧面的制作

内侧面的制作与侧面的制作比较类似，也是先利用剖断面点云构建出轮廓曲线，然后利用拉伸成形方式构成曲面。

【操作步骤】

(1) 取消选择层管理器 L 4 dimian 层后的“显示”复选框，隐藏该层的内容。选择 L 5 ncm 层后的“工作层”和“显示”复选框，使得该层成为当前工作层并且可见。视图中显示出该层的点云，如图 7-82 所示。

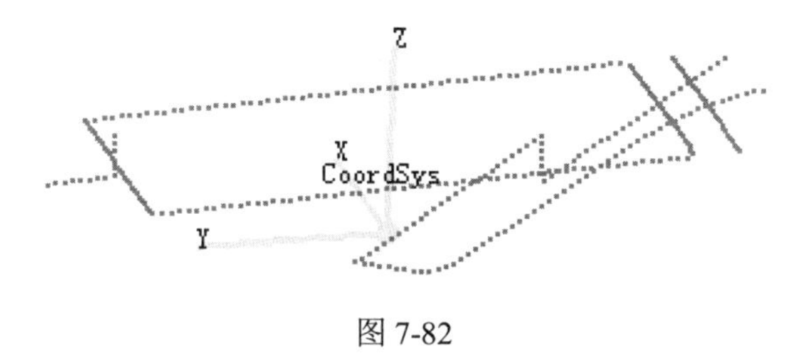


图 7-82

| | |
|---|---|
| | 源文件：\part\ch7\finish\kakou_finish6.imw |
| | 操作结果文件：\part\ch7\finish\kakou_finish7.imw |

(2) 在层管理器中单击“坐标系”栏，然后在下半部分中，取消选择 CoordSys 栏后面的“显示”复选框，如图 7-83 所示。在 World Axis 栏上右击，选择“工作层”，使得世界坐标系成为当前激活的状态。工作坐标系 CoordSys 被隐藏起来。

(3) 使用菜单命令“修改”→“抽取”→“圈选点”，得到如图 7-84 所示的对话框。单击“点云”栏后面的“选择所有”按钮。在“保留点云”栏中选择“外侧”选项，即保留选框以外的点云。

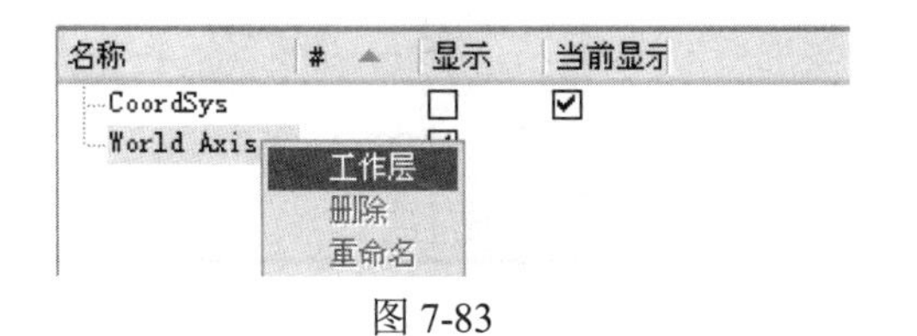


图 7-83

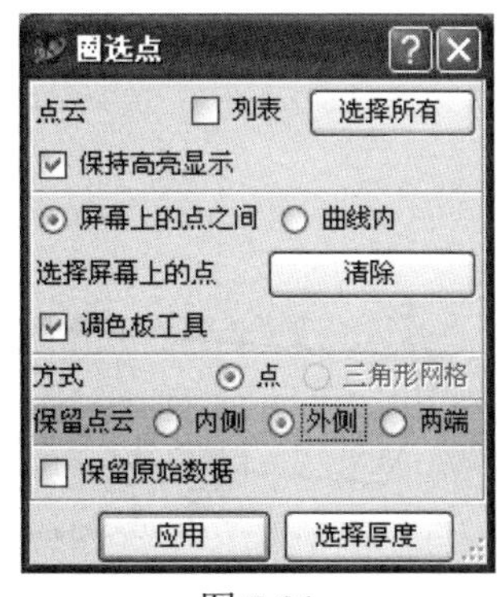


图 7-84

(4) 使用快捷键 F5，将视图调整到前视图位置。单击“圈选点”对话框中的“选择屏幕上的点”栏，在视图中选择如图 7-85 所示的选区，单击“应用”按钮确定。

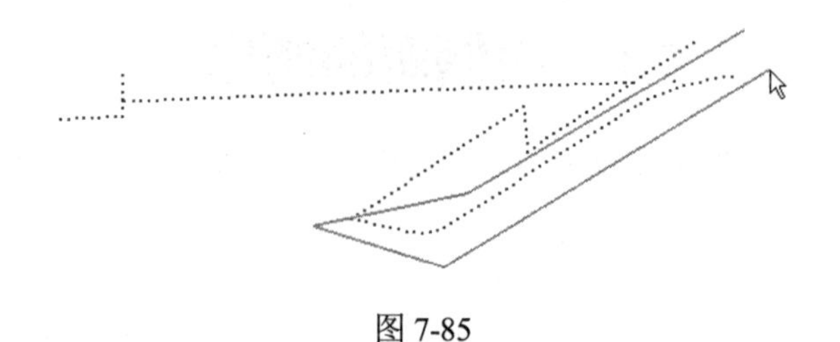

图 7-85

(5) 使用菜单命令“创建”→“简易曲线”→“直线”，将点云的直线段分别拟合成直线，如图 7-86 所示，总共生成 9 条直线。

(6) 使用菜单命令“修改”→“延伸”，延伸所有曲线的两端，使得直线相交，如图 7-87 所示。

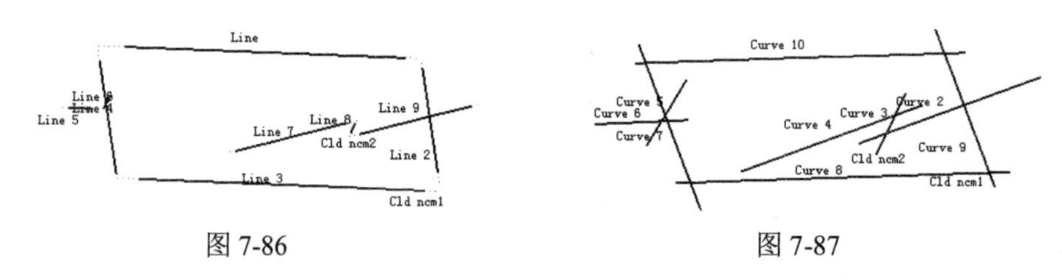


图 7-86　　　　图 7-87

(7) 使用菜单命令“修改”→“截断”→“截断曲线”，快捷键为 Ctrl+Shift+K，利用彼此相交的曲线作为边界裁剪多余的直线。两边都需要裁剪的直线，裁剪时在“截断”栏中选择“指定 2 点截断”，只需裁剪一端的选择“指定 1 点截断”选项。裁剪结构如图 7-88 所示。

(8) 在层管理器中选择 L 1 层后面的“显示”复选框，同时选择点云 kakou 后面的“显示”复选框。

(9) 使用快捷键 Ctrl+D，得到如图 7-89 所示的对话框。选择点云 kakou，在第二栏中选择“分散点”，即将点云的显示模式调整到以分散的点的模式显示，以方便观察。

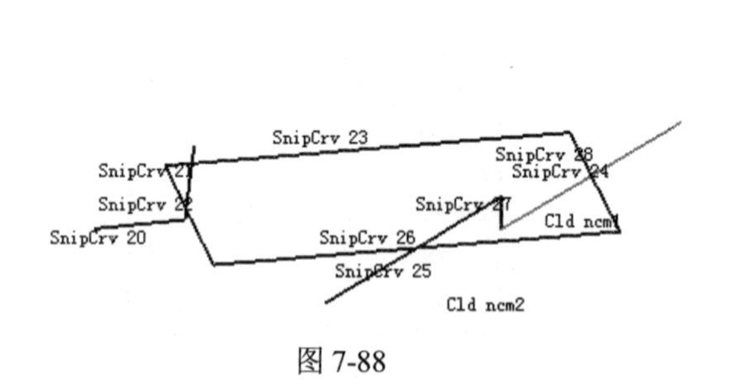


图 7-88

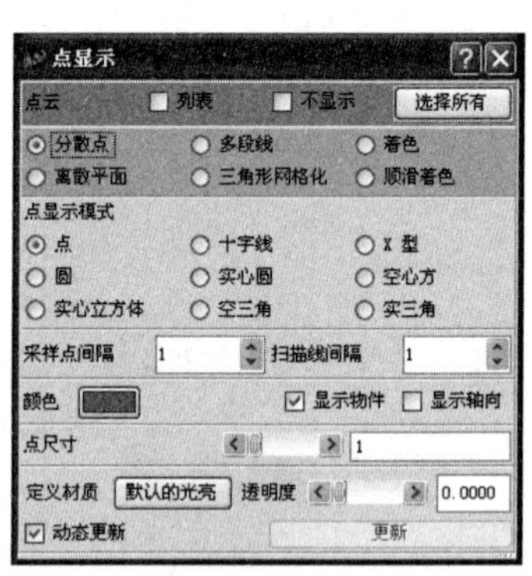


图 7-89

(10) 观察点云，查看需要创建的内侧面，判断所需的轮廓线是否有缺少或者多余。在多余的直线上右击并选择“剪切物件”即可将它删除，如图 7-90 所示，删除视图中两条多余的直线。

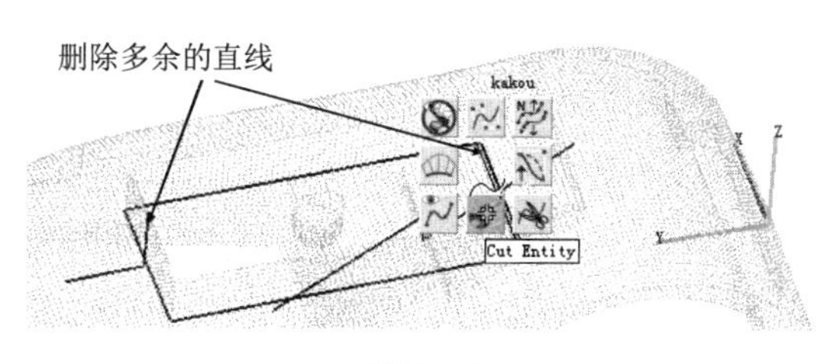


图 7-90

(11) 观察视图中的直线长度是否合适。适当延伸直线直至超过点云的范围，如图 7-91 所示。

(12) 使用菜单命令“构建”→“扫掠曲面”→“沿方向拉伸”，选择如图 7-92 所示的 3 条直线，拉伸方向为 Z，两边的拉伸距离以超过点云范围为准。

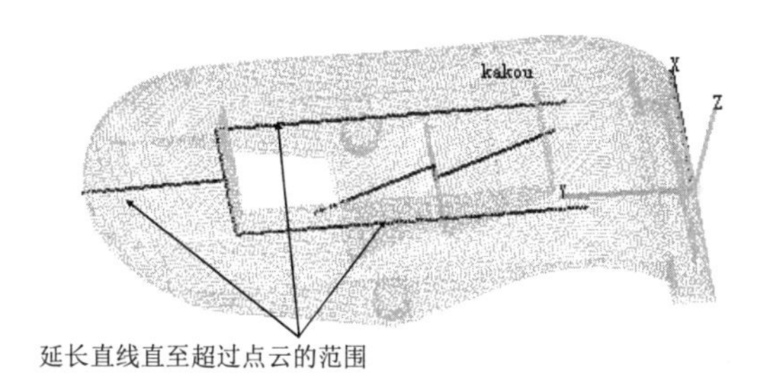


图 7-91

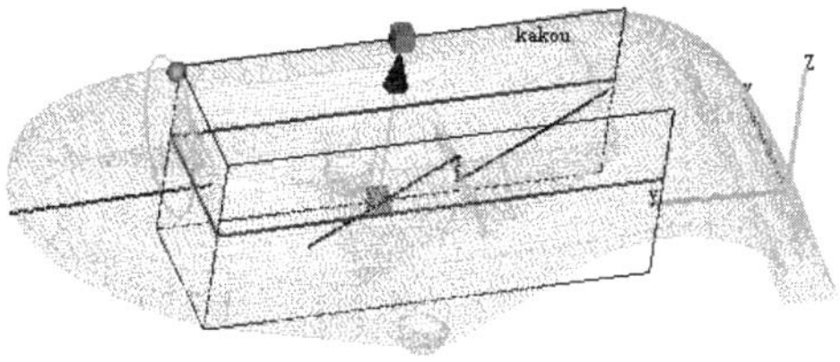

图 7-92

(13) 使用菜单命令“构建”→“偏移”→“曲面”，得到如图 7-93 所示的对话框。

(14) 在对话框的第二栏中设定偏置方式为“常量”。在“距离”栏中设定偏置距离为-14.65mm。在视图中选择参考曲面，如图 7-94 所示。单击“预览”按钮，查看生成效果。如果偏置曲面生成的方向相反，可以通过选择“负”复选框来调整。单击“应用”按钮确定。

图 7-93

(15) 使用菜单命令“构建”→“扫掠曲面”→“沿方向拉伸”，选择如图 7-95 所示的 4 条直线，拉伸方向为 *X*，两边的拉伸距离以超过点云范围为准。

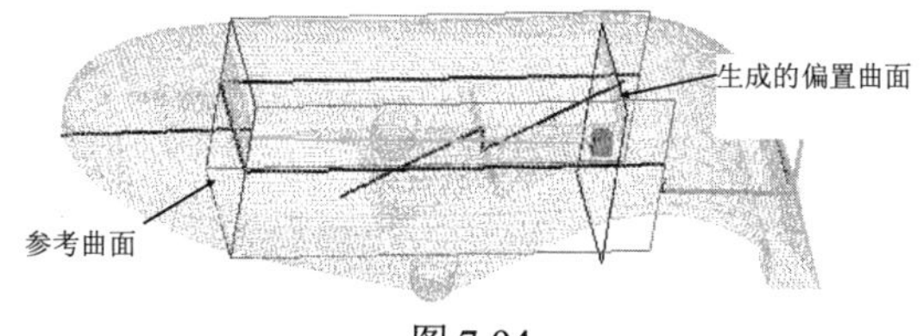


图 7-94

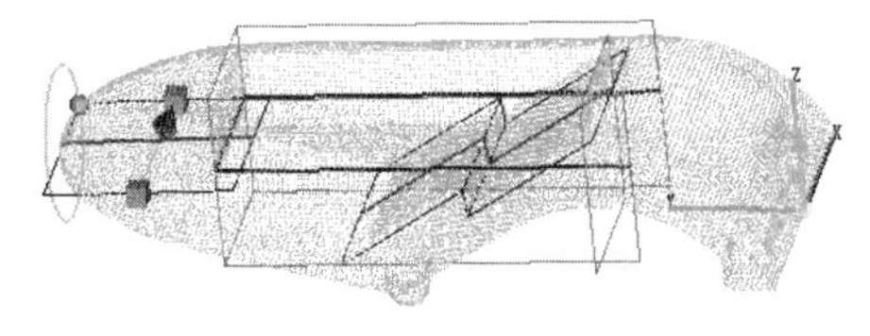

图 7-95

(16) 查看曲面与点云的重合程度，延长长度不够的曲面，如图 7-96 所示。

(17) 内侧面部分的所有曲面构建完成，如图 7-97 所示。它们还需要经过后续的裁剪处理。

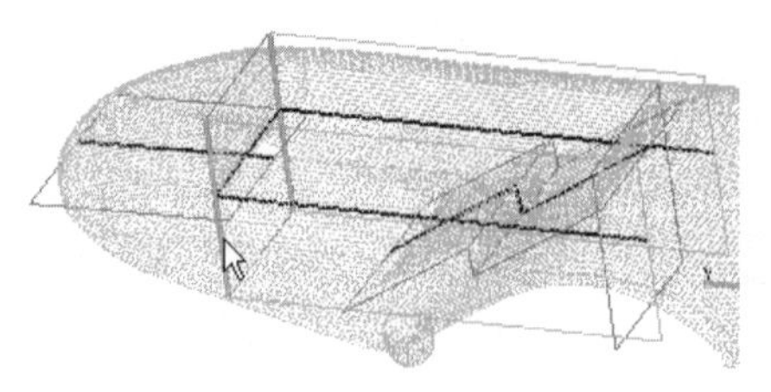

图 7-96

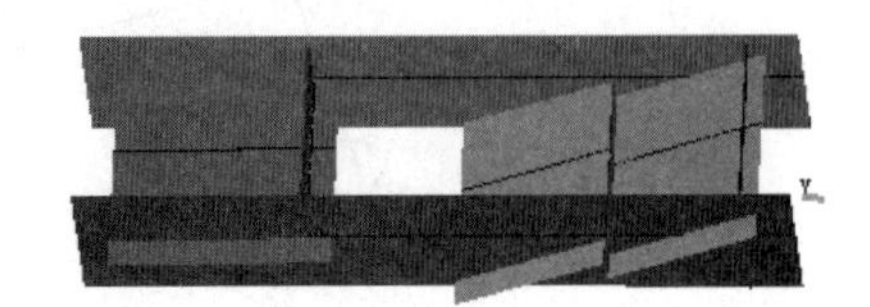

图 7-97

# 7.7 曲面的裁剪

所有的曲面在构建时都要求超过点云的范围以方便裁剪。本节介绍曲面的裁剪方式。

【操作步骤】

(1) 新建层，并将其重命名为 Temp，选择该层后的“工作层”和“显示”复选框。选择其他几个层后的“显示”复选框，如图 7-98 所示。视图中显示出所有层的实体。

| | |
|---|---|
| | 源文件：\part\ch7\finish\kakou_finish7.imw |
| | 操作结果文件：\part\ch7\finish\kakou_finish8.imw |

图 7-98

(2) 使用快捷键 Ctrl+J，得到如图 7-99 所示的对话框。选择点云 kakou，单击“应用”按钮确定。

(3) 使用快捷键 Ctrl+Shift+H，隐藏所有的曲线。

(4) 先裁剪顶面。在视图中仅显示出顶面与顶面的边界曲面，如图 7-100 所示，将其他曲面隐藏起来。

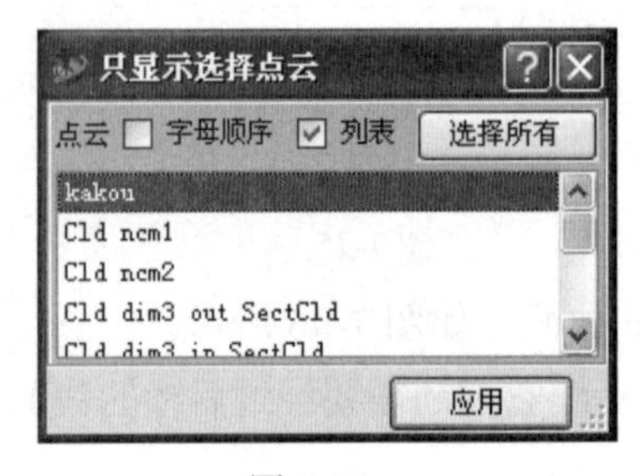


图 7-99

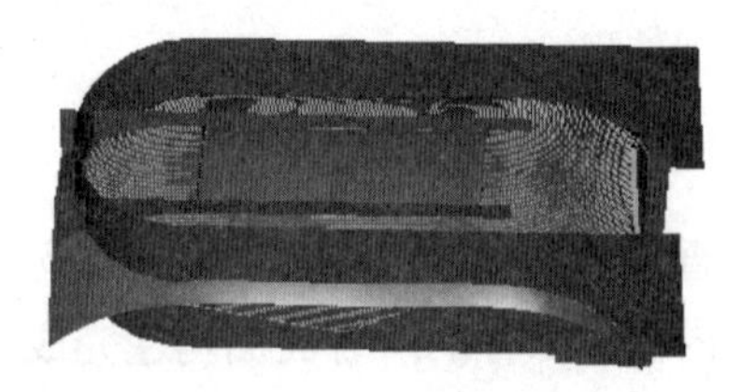

图 7-100

> **注意：**
>
> 仅显示出顶面与顶面的边界曲面的方法就是选择层管理系，在第 2 层顶面和第 3 层侧面中选择“显示”，将第 4 层和第 5 层后的“显示”取消。

(5) 使用菜单命令“构建”→“相交”→“曲面”，得到如图 7-101 所示的对话框。单击“曲面 1”栏，选择顶面 FitSrf。单击“曲面 2”栏，选择顶面的 6 个边界曲面。在“输出”栏中选择“3D 曲线”选项。单击“应用”按钮确定。在对话框的“结果”栏中显示了生成交线的情况。

(6) 单击主要栏目管理工具条中的“基本显示”图标，选择“显示曲面边界”图标，如图 7-102 所示，仅显示出曲面的边界线。

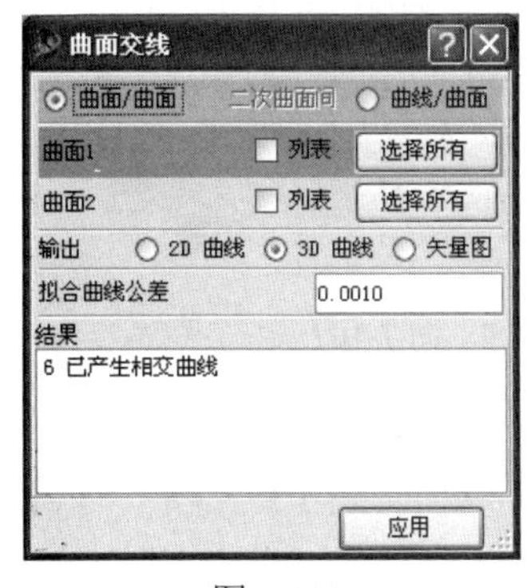


图 7-101

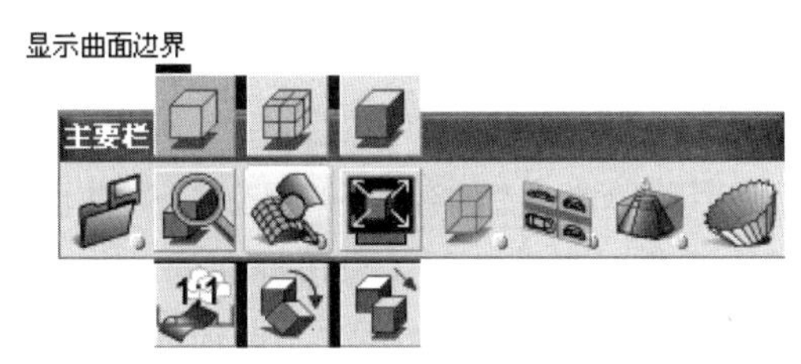


图 7-102

(7) 形成的交线如图 7-103 所示。使用“截断曲线”命令裁剪曲线的多余部分。

(8) 使用菜单命令“修改”→“修剪”→“使用曲线修剪”，得到如图 7-104 所示的对话框。

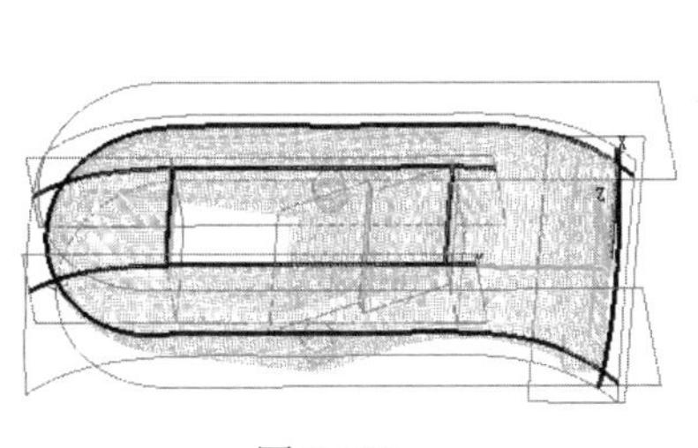

图 7-103

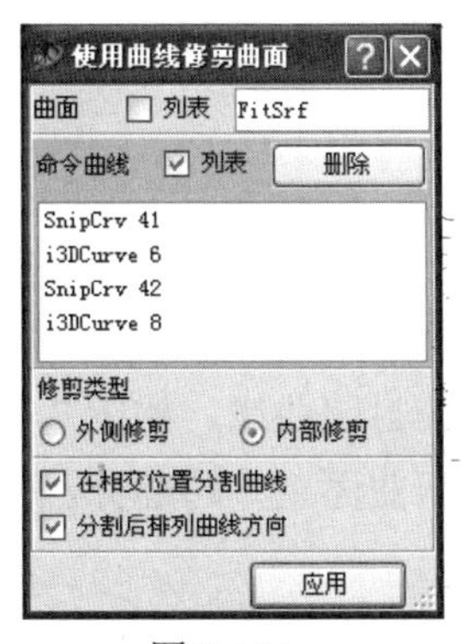


图 7-104

(9) 选择顶面 FitSrf。单击“命令曲线”栏，选择视图中内部的 4 条封闭曲线。在“修剪类型”栏中选择“内部修剪”，即裁剪掉曲面在封闭曲面内部部分。单击“应用”按钮确定，结果如图 7-105 所示。

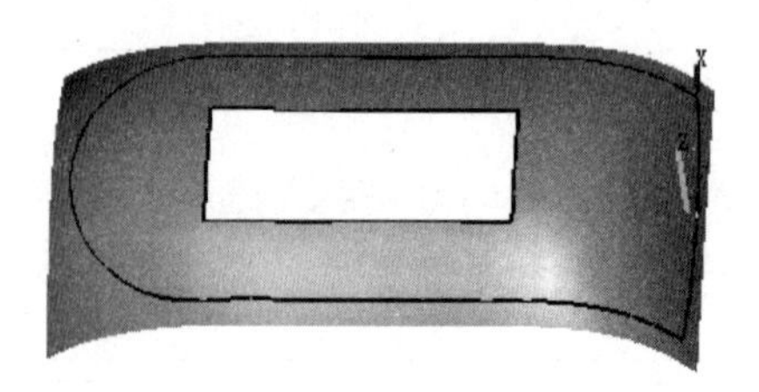

图 7-105

(10) 单击“命令曲线”栏，选择视图中的两条外围封闭曲线。在“修剪类型”栏中选择“外侧修剪”，即裁剪掉曲面在封闭曲面之外的部分。单击“应用”按钮确定，结果如图 7-106 所示。

(11) 裁剪侧面。同样地，仅显示出侧面和侧面的边界曲面，如图 7-107 所示。

图 7-106

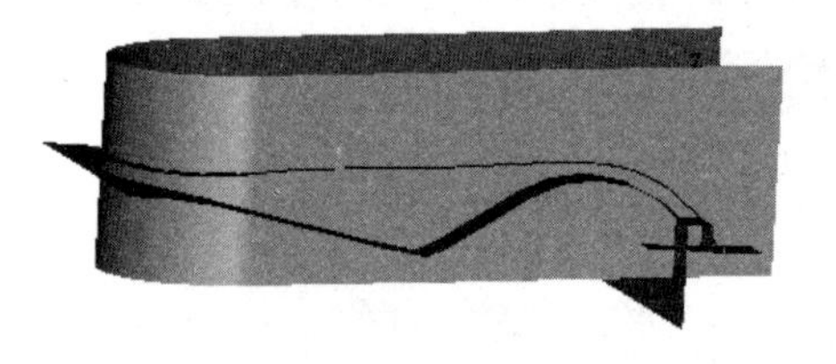

图 7-107

(12) 使用菜单命令“构建”→“相交”→“曲面”，单击“曲面 1”栏，选择侧面 ExtrudeSurf。单击“曲面 2”栏，选择底面 3 个边界曲面。在“输出”栏中选择“3D 曲线”选项。单击“应用”按钮确定，生成的交线如图 7-108 所示。

(13) 删除多余的交线，使用“截断曲线”命令裁剪多余的曲线，结果如图 7-109 所示。

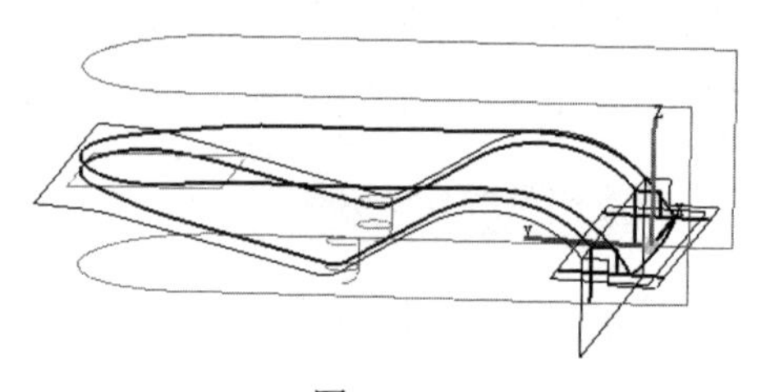

图 7-108

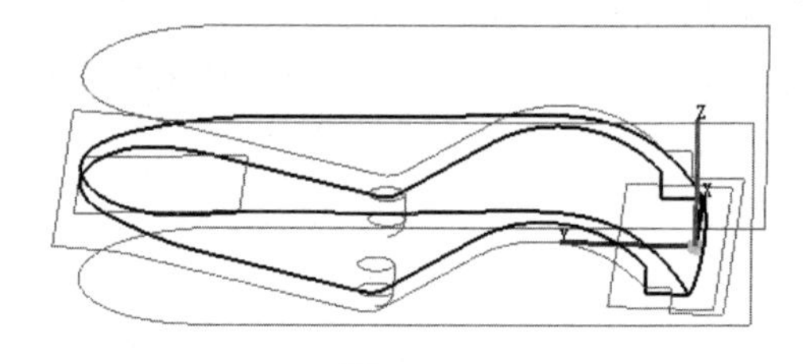

图 7-109

(14) 使用菜单命令“修改”→“修剪”→“使用曲线修剪”，单击“命令曲线”栏，选择视图中的 6 条封闭曲线，如图 7-110 所示。在“修剪类型”栏中选择“外侧修剪”，即裁剪掉曲面在封闭曲面之外的部分。

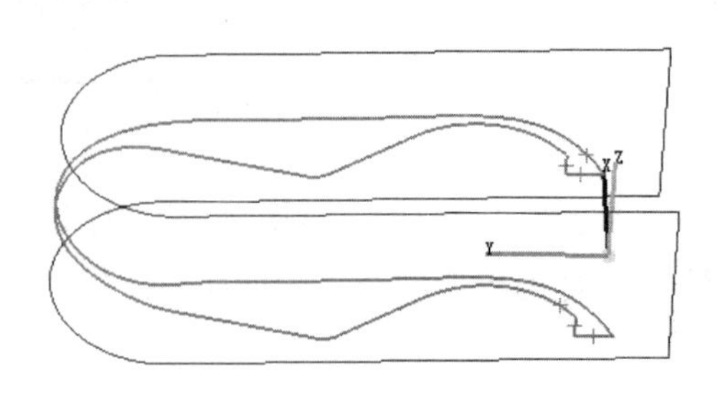

图 7-110

(15) 单击“应用”按钮确定。裁剪完成后的侧面如图 7-111 所示。

(16) 修剪底面。仅显示出底面部分的曲面，如图 7-112 所示。

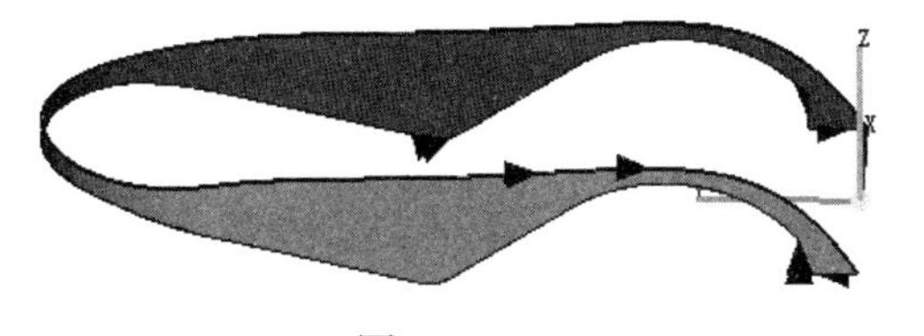

图 7-111

图 7-112

**注意：**

仅显示出底面部分的曲面的方法就是选择层管理系，只将第 4 层底面和第 1 层卡扣处选择“显示”。

(17) 使用菜单命令“修改”→“截断”→“截断曲面”，快捷键为 Shift+K，如图 7-113 所示。

(18) 在第一栏中选择“轴平面”选项。单击“曲面”栏，选择如图 7-114 所示的曲面，选择曲面时，位于曲面上的点的位置是曲面将要被保留的部分。在“截面位置”栏中选择 *Y*，单击如图 7-114 所示的“平面 1”的位置，再单击“应用”按钮确定。选择视图中其他需要裁剪的平面，单击“应用”按钮确定。同样的方法，以“平面 2”为边界裁剪需要裁剪的平面。

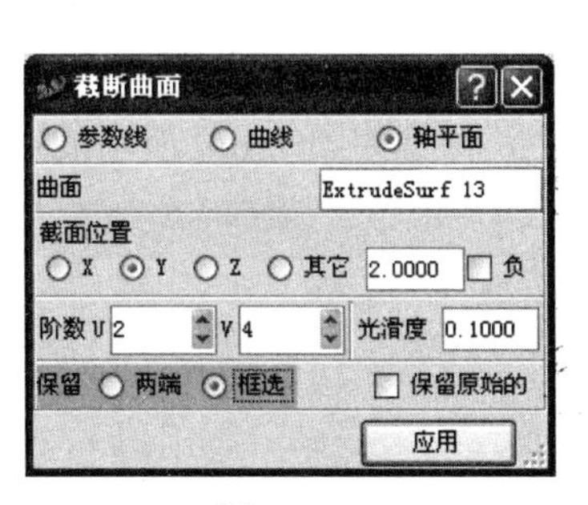


图 7-113

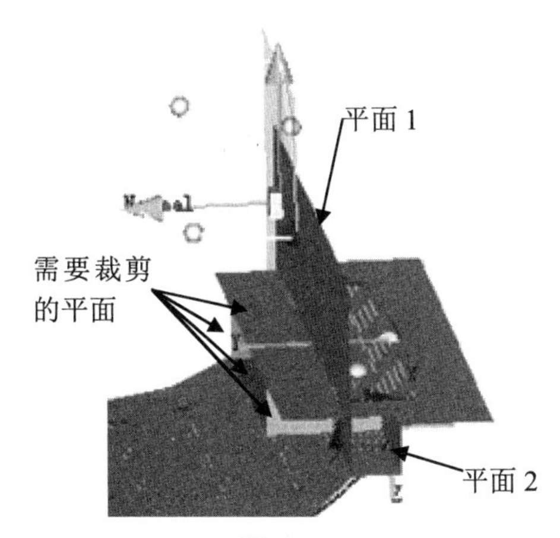


图 7-114

**注意：**

分别将需要剪裁的 4 个平面与平面 1 进行截断曲面处理，其中单击曲面时，要注意平面 1 的右侧部分，即裁剪左半平面，保留右半平面。之后再对 4 个需裁剪的平面与平面 2 进行截断曲面处理，单击的部分要在平面 1 与平面 2 间，即保留平面 1 与平面 2 间的 4 个需裁剪平面的平面部分。

(19) 使用菜单命令“构建”→“提取曲面上的曲线”→“取出 3D 曲线”，得到如图 7-115 所示的对话框。

(20) 选择刚才裁剪的曲面的各边，形成底面凹凸部分的平面结构的边界线，如图 7-116 所示。

图 7-115

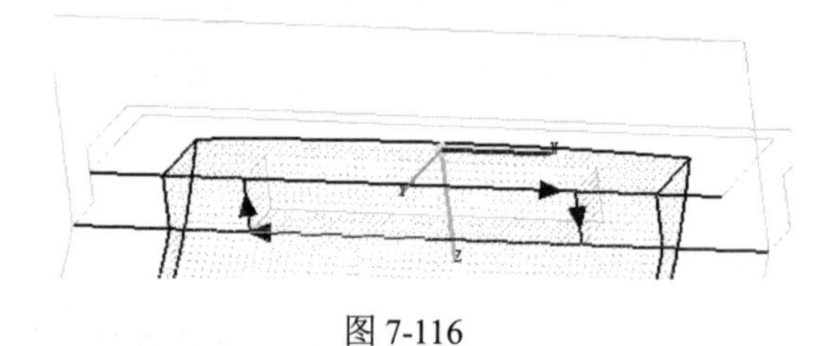

图 7-116

(21) 使用菜单命令“创建”→“3D 曲线”→“3D B-样条”，得到如图 7-117 所示的对话框。

(22) 激活捕捉到曲线端点的命令，选择直线的端点来构建边界直线，如图 7-118 所示。

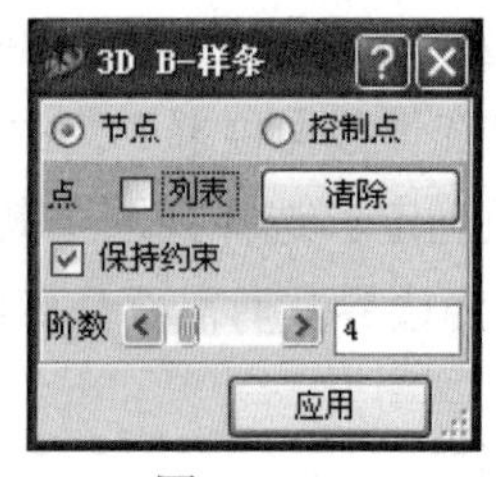


图 7-117

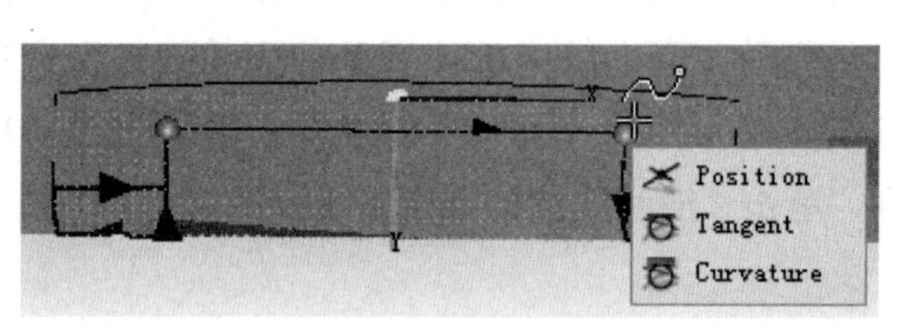


图 7-118

(23) 为了方便观察隐藏底面的曲面部分，使用“截断曲线”命令裁剪多余曲线，构成边界曲线。使用“使用曲线修剪”命令，利用边界条件裁剪曲面，如图 7-119 所示。

(24) 使用菜单命令“构建”→“曲面”→“边界曲面”，得到如图 7-120 所示的对话框。

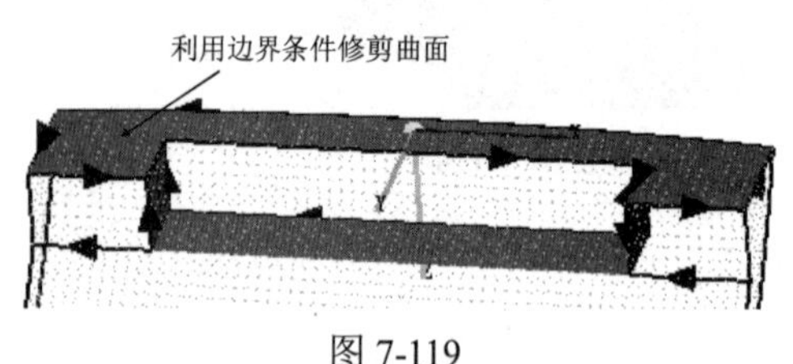


图 7-119

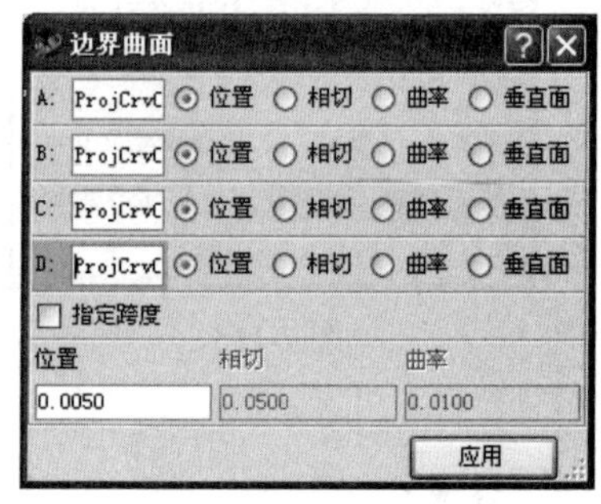


图 7-120

(25) 依次选择 4 条边界曲线，创建缺少的平面，如图 7-121 所示。单击“应用”按钮确定。

(26) 继续使用上面的命令创建另外两个平面，结果如图 7-122 所示。

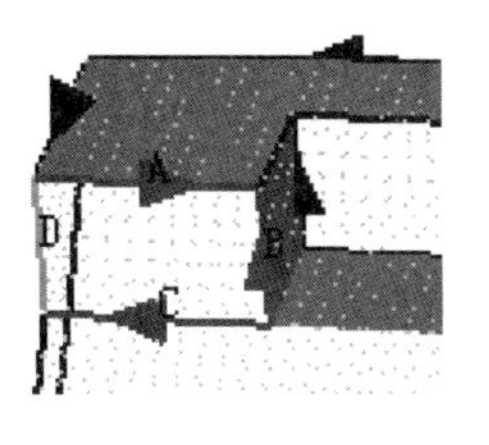

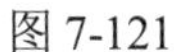

图 7-121

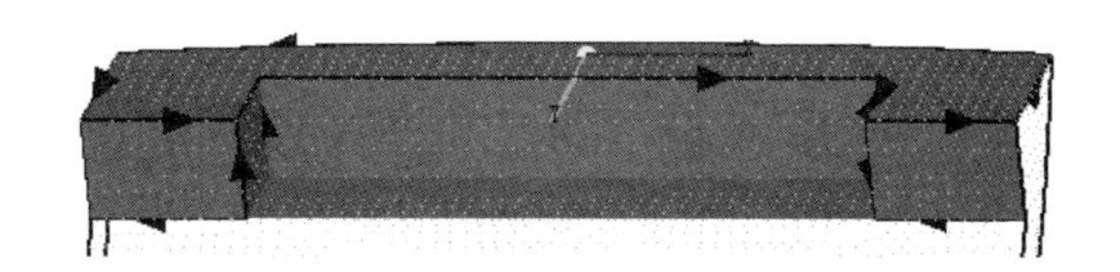

图 7-122

(27) 使用菜单命令“修改”→“截断”→“截断曲面”，快捷键为 Shift+K，得到如图 7-123 所示的对话框。按照对话框所示设置各项参数，在底面的曲面部分选择 *U* 方向的参数线。注意参数线的位置是曲面与平面的交界线位置，裁剪掉曲面的多余部分。

(28) 单击“应用”按钮确定，裁剪后的底面如图 7-124 所示。

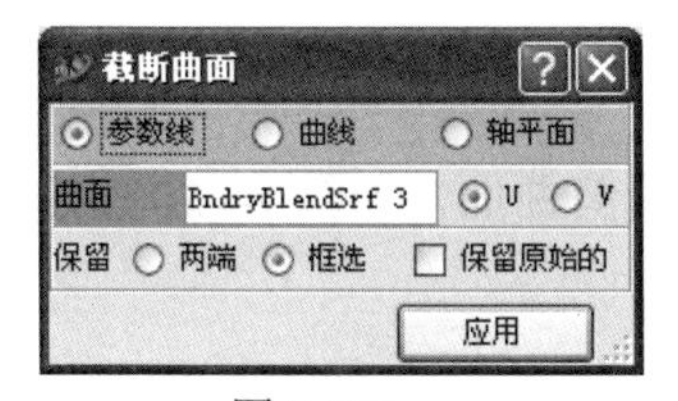


图 7-123

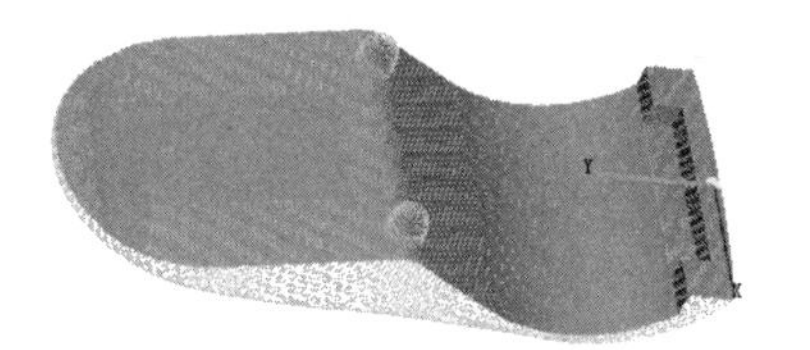

图 7-124

(29) 使用“曲面相交”命令创建底面与内侧面的交界线，如图 7-125 所示。

(30) 使用“截断曲线”命令裁剪多余的曲线，如图 7-126 所示。

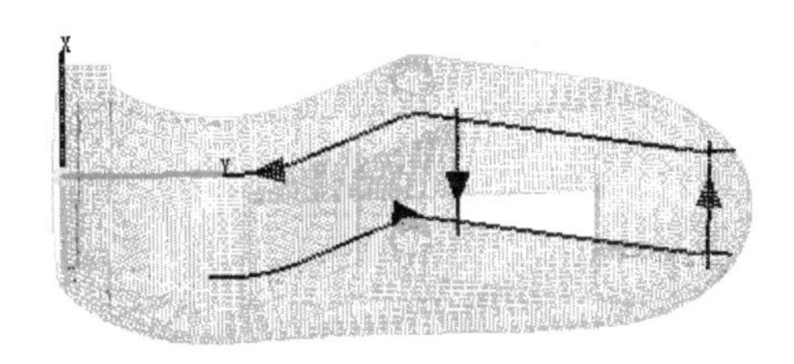

图 7-125

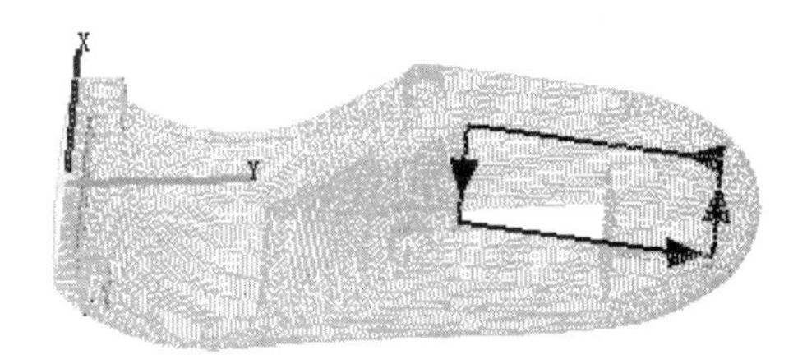

图 7-126

(31) 使用“使用曲线修剪”命令，利用边界条件裁剪曲面，如图 7-127 所示。底面的裁剪完成。

(32) 最后裁剪内侧面部分的曲面。使用“截断曲面”命令，以两个侧面为边界，裁剪两侧面之间的平面。使用“提取曲面上的曲线”命令析出边界曲线，如图 7-128 所示。

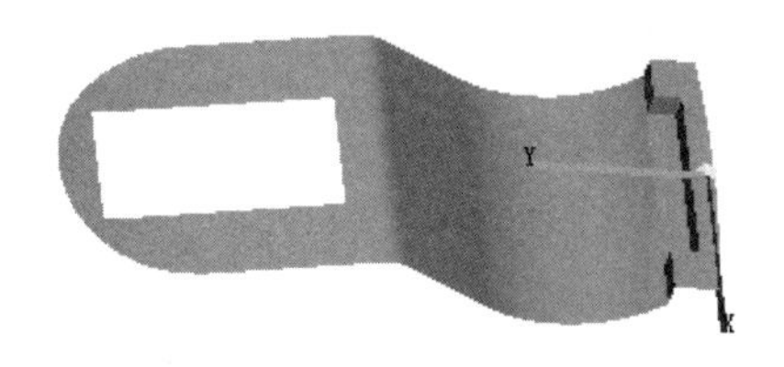

图 7-127

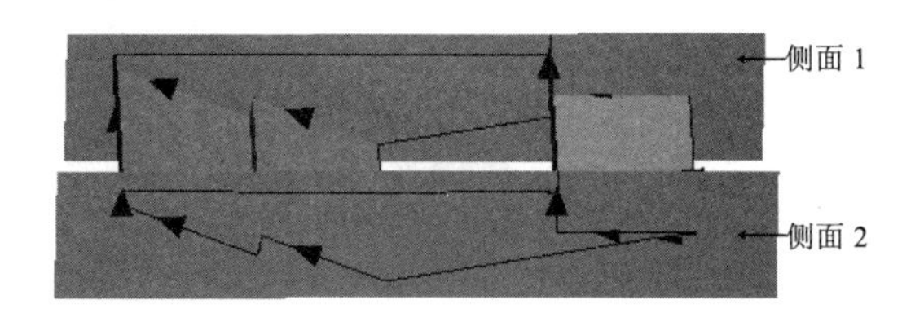


图 7-128

(33) 使用“截断曲线”命令裁剪曲线的多余部分，形成封闭的边界曲线，如图 7-129 所示。

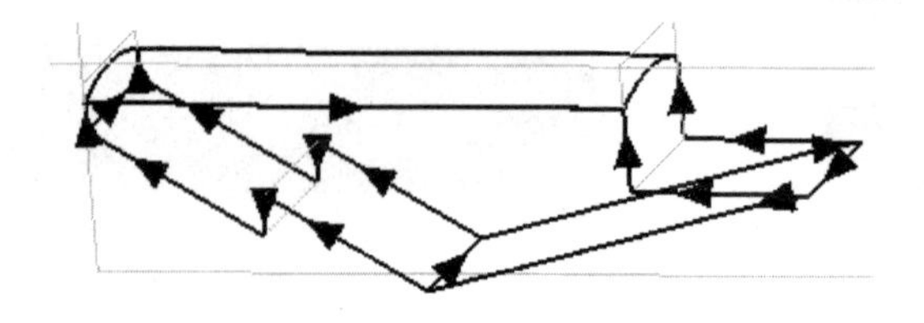

图 7-129

**注意:**

对于没有封闭部分，可以采用“创建”→“3D 曲线”→“3D B-样条”创建曲线。单击物件锁点工具条的“端点”可以自动捕获端点。

(34) 使用“使用曲线修剪”命令，利用边界条件裁剪曲面，如图 7-130 所示。内侧面的裁剪完成。

图 7-130

**注意:**

内侧面的裁剪要与底面的裁剪相结合，灵活地分析需要保留的曲面的内侧还是外侧。若需保留内侧曲面，则修剪类型就选择“外侧修剪”；若需保留外侧曲面，则修剪类型就选择“内部修剪”，即修剪类型要灵活地选择需要除掉的类型。

(35) 所有的曲面裁剪完成的结果如图 7-131 所示。

图 7-131

# 7.8　误 差 分 析

曲面造型完成以后，需要进行曲面精度、曲面光滑度和曲面连续性的检查。其中曲面精度对于逆向造型是必须进行的。而曲面光滑度和曲面连续性则更多地针对曲面，对于平面结构可以省略。本章中的曲面较为简单，所以本章仅介绍曲面精度的检查方法。其他两种曲面的检测方法将在第 8 章中介绍。

【操作步骤】

(1) 显示出所有的曲面和点云 kakou。

| | |
|---|---|
| | 源文件：\part\ch7\finish\kakou_finish8.imw |
| | 操作结果文件：\part\ch7\finish\kakou_finish9.imw |

(2) 使用菜单命令“测量”→“曲面偏差”→“点云偏差”，快捷键为 Shift+Q，得到如图 7-132 所示的对话框。

(3) 单击“曲面”栏后面的“选择所有”按钮。单击“点云”栏，选择点云 kakou。在“创建”栏中选择“彩色矢量图”选项，即颜色对比特征显示出曲面与点云的差异。

(4) 单击“应用”按钮确定。视图中显示出显示误差对话框，如图 7-133 所示。其中，“错误信息”栏中显示了最大误差为 0.24mm，满足一般曲面的精度要求。

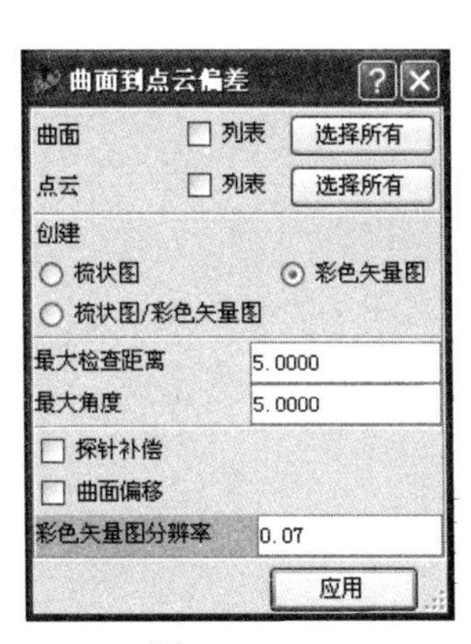


图 7-132

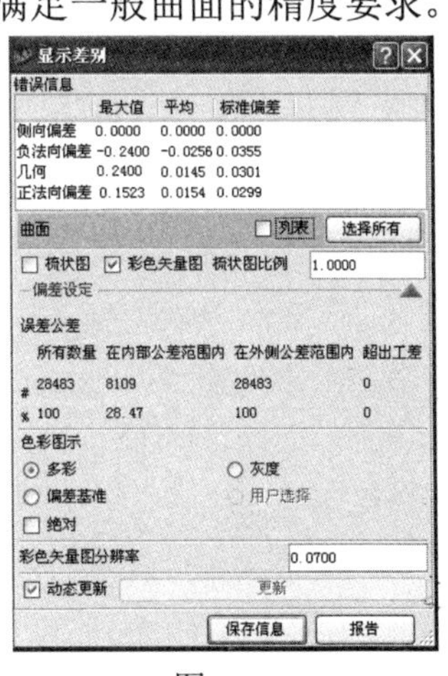


图 7-133

(5) 视图中，用颜色对比特征显示了曲面与点云的误差，如图 7-134 所示。

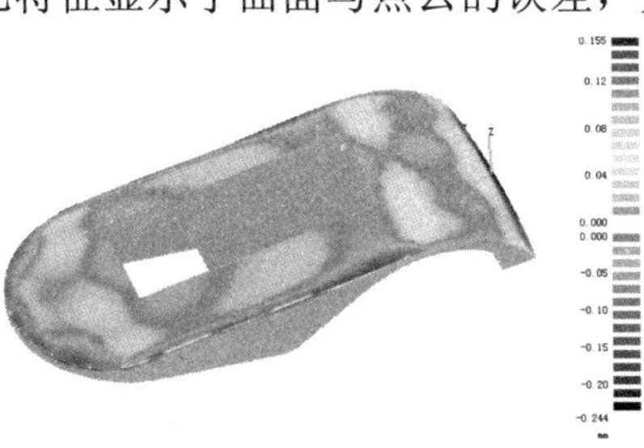


图 7-134

# 7.9 思考与练习

1. 按照本例中叙述的操作步骤进行卡扣的点云处理。

2. 进行卡扣的顶面、侧面、底面、内侧面设计，并裁剪曲面。

3. 如何对卡扣曲面的设计结果进行分析？

4. 打开\补充实例\exercise\dch.imw 文件，利用提供的点数据，完成电池盒的逆向造型，结果如图 7-135 所示。

图 7-135

# 第8章　应用实例之安全帽

## 本章重点内容

本章通过“安全帽”的逆向制作过程，学习使用 Imageware 软件进行高光顺曲面逆向造型的一般过程。

## 本章学习目标

- 应用第 1～6 章介绍的基础逆向造型等内容；
- 着重介绍每一个实例的软件实现过程。

安全帽成形后的曲面如图 8-1 所示。

图 8-1

## 8.1　安全帽产品分析

根据安全帽的产品特征，利用造型树法可以将其分为圆形大面(节点 M1)和帽檐(节点 M2)两个部分。这两个部分之间通过倒圆角的方式相连接。其中圆形大面又可以分为几个小面(称为末端节点 T1 和 T2)，小面之间的关系为相切连续关系；帽檐部分可以由一张整面通过轮廓线修剪得到。安全帽的造型树分解过程如图 8-2 中的实线箭头所示。

逆向造型的实施过程与产品分析的分解过程刚好相反，即从最下面的节点开始制作，最后得到造型树顶端的产品，如图 8-2 中的虚线箭头所示。

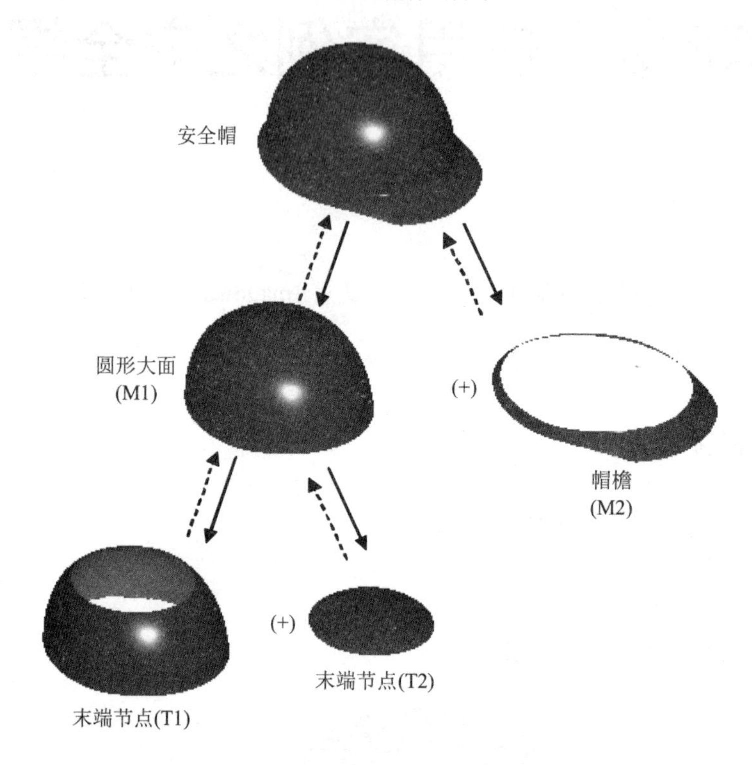


图 8-2

具体操作步骤概要如下。

【步骤一：点云处理和对齐点云】

(1) 点云处理。

(2) 对齐点云。

【步骤二：制作圆形大面】

(1) 利用圆形大面部分的点云创建剖断面。

(2) 利用剖断面析出扫描线。

(3) 利用扫描线构造曲线。

(4) 利用曲线构造扫掠曲面，得到末端节点 T1。

(5) 利用前面构造的曲线析出末端节点 T2 所在的点云。

(6) 由点云直接拟合为均匀的曲面。

(7) 用曲线裁剪曲面，得到末端节点 T2。

【步骤三：制作帽檐】

(1) 用曲线的偏置命令和投影命令以及点云的析出和相减命令得到中间节点帽檐 M2 所在的点云。

(2) 由点云直接拟合为均匀的曲面。

(3) 利用点云的析出命令析出点云的周边，并构造曲线。

(4) 利用曲线裁剪曲面。

【步骤四：后期处理】

(1) 检查曲面光顺度和曲率连续性。

(2) 对曲面 T1 和曲面 M2 进行倒圆角处理。

(3) 检查曲面精确度。

# 8.2　安全帽的点云处理和对齐点云

工程师拿到的点云数据通常包含大量的数据点，这对于逆向造型并没有太大的好处，相反地会造成计算处理速度缓慢等不利因素。另外，大部分情况下，点云的放置位置不在合理的位置上，这对于逆向造型也会造成一定的影响。所以，在进行三维造型之前，先要对点云进行必要的处理，并且对齐点云，将点云定位到合适的位置上。

## 8.2.1　点云处理

点云的初步处理包括修改点云的显示模式，降低点云数据量，可视化点云等。在三维造型的过程中还有析出点云，建立剖断面，光顺点云以及调整点云的起始方向等。

【操作步骤】

(1) 打开文件 aqm.imw。

| | |
|---|---|
| | 源文件：\part\ch8\aqm.imw |
| | 操作结果文件：\part\ch8\finish\aqm_finish1.imw |

(2) 使用快捷键 Ctrl+I，打开“点云信息”对话框，如图 8-3 所示。

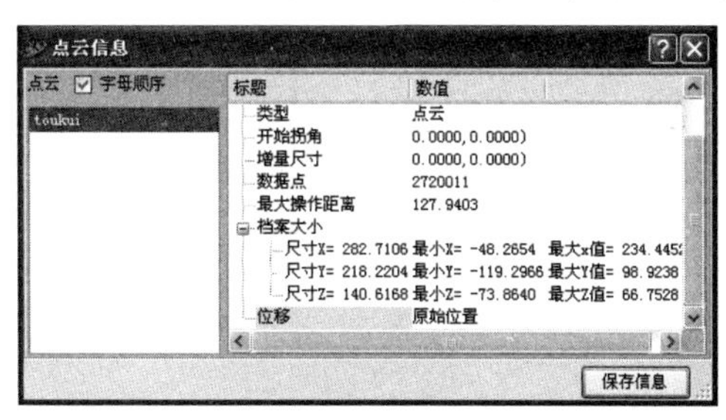


图 8-3

从中得到如下信息：点云包含 2 720 011 个数据点，点云的最大跨度以及在空间 *X*、*Y*、*Z* 坐标的分布跨度。

可以发现：点云所包含的数据点过大，需要减少点云量。点云在三维空间的位置没有对称性。

(3) 关闭信息对话框，单击菜单命令“修改”→“数据简化”→“距离采样”，如图 8-4 所示。

(4) 在弹出的如图 8-5 所示的“距离采样”对话框的“点云”栏中选择 toukui，在方式栏中选择“距离”，在“距离公差”栏中输入距离误差为 0.5000。单击“应用”按钮确认。这里的距离误差根据对样件精度的要求有所变化，一般可以选择为 0.15～0.5。

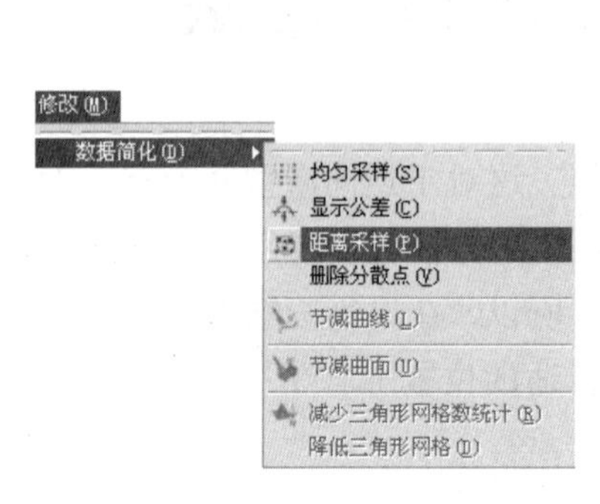


图 8-4

图 8-5

(5) 经过降低点云数据的操作后，在对话框的“结果”栏中显示计算的结果，如图 8-6 所示。由结果知：点云数据由原来的 2 720 011 个点降为 299 083 个点，减少了原始点云的 89%。这样处理以后，用户在进行其他操作时的速度会加快许多。

(6) 改变点云的显示模式。使用菜单命令“显示”→“点”→“显示”，快捷键为 Ctrl+D，得到“点显示”对话框，如图 8-7 所示。

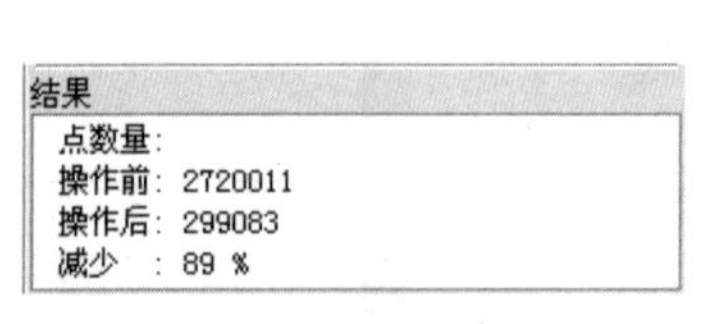


图 8-6

图 8-7

(7) 将“采样点间隔”栏中的数值改为 3，即使点云中的数据点显示出原来的 1/3，而其余的点不显示出来。

(8) 单击“颜色”栏后面的颜色按钮，在弹出的“选择颜色”对话框中选择绿色，单击“确定”按钮确认。

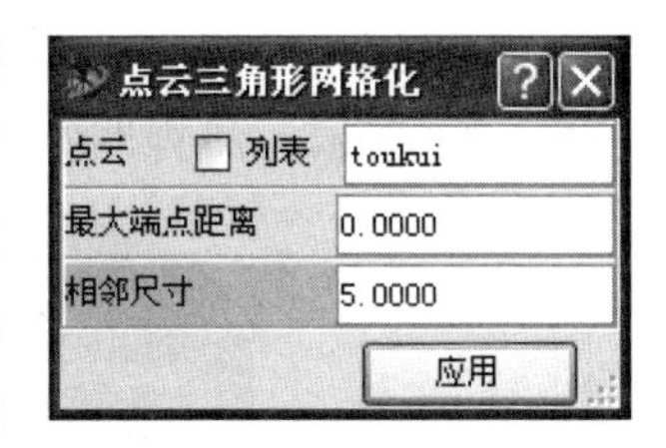


图 8-8

(9) 对点云进行可视化处理，即多边形化点云，以便查看点云成形后的效果。使用菜单命令“构建”→“三角形网格化”→“点云三角形网格化”，得到如图 8-8 所示的“点云三角形网格化”对话框。在“相邻尺寸”栏中输入多边形的间隔距离，这里的距离一般可以设定为点云距离误差的 5～10 倍。

(10) 系统自动将多边形化处理以后的点云以三角网格的反光着色方式(Gouraud Shaded 模式)显示出来。原始的点云系统默认使用分散的点(Scatter)模式显示出来。两者的对比效果如图 8-9 所示。

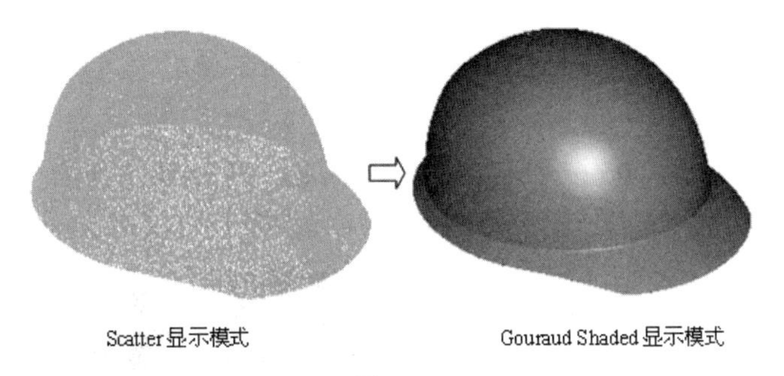


图 8-9

(11) 检查点云的周边是否有多余的噪音点。如果有噪音点，则可以使用菜单命令“修改”→“扫描线”→“拾取删除点”，快捷键为 Ctrl+Shift+P，依次删除不需要的点。本例中的点云数据基本没有噪音点，可以省略这一步。

(12) 另存文件为 aqm_finish1.imw。

## 8.2.2　对齐点云

本例中点云的位置没有在一个比较好的位置上(例如位于 *XY* 平面对称的位置上等)，这给后续的制作过程会造成不必要的麻烦。

对齐点云的方式有多种，用户根据情况和各自的喜好可以选择菜单命令 Modify→Align 下级菜单中的其中一种。

本节介绍将点云移动到一个已知位置的简单对齐方式。

【操作步骤】

(1) 使用菜单命令“视图”→“定位视图”→“点云”，调整视图到如图 8-10 所示的位置。

| | |
|---|---|
| | 源文件：\part\ch8\finish\aqm_finish1.imw |
| | 操作结果文件：\part\ch8\finish\aqm_finish2.imw |

(2) 在视图空白处右击，按住鼠标右键并移动鼠标至“旋转视图”图标上，释放鼠标右键，如图 8-11 所示。将视图的变化模式转变为旋转模式。

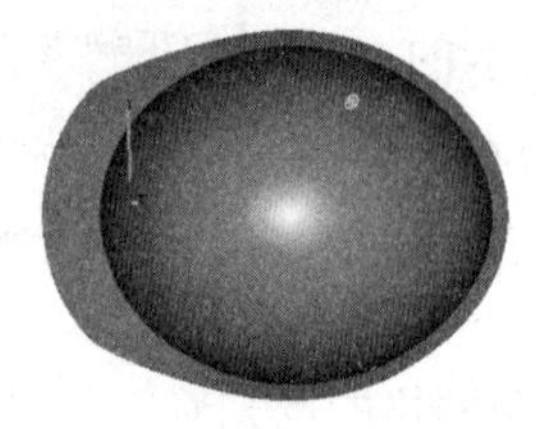

图 8-10

图 8-11

(3) 单击屏幕右上方的滑动条切换按钮，如图 8-12 所示，打开屏幕右侧和下侧的滑动条。如果屏幕上已经存在滑动条，则该步骤可以省略。

(4) 拖动屏幕右侧的红色滑动条中间的滑块到滑动条最上端，即将视图绕水平轴线旋转 90°。

(5) 在视图空白处右击，按住鼠标右键并移动鼠标至“缩放到选框”图标上，释放鼠标右键，如图 8-13 所示，将视图的变化模式转变为边框放大。

图 8-12

图 8-13

(6) 在视图区域帽檐部分拖出一个矩形框，如图 8-14 所示。

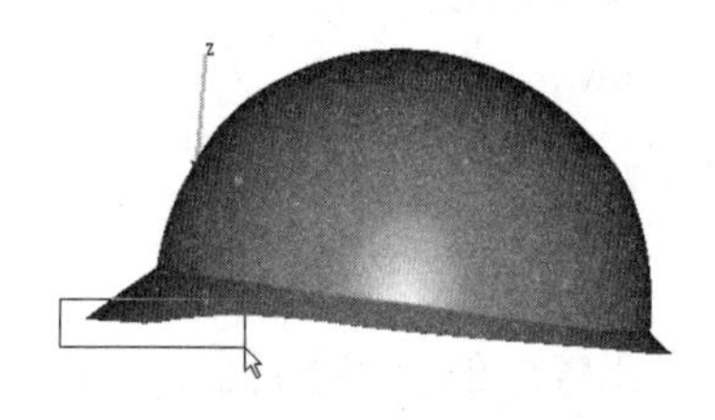

图 8-14

(7) 单击红色滑动条和绿色滑动条两端的箭头符号，来调整视图位置，使得帽檐部分两边的边缘线重合在一起，如图 8-15 所示。

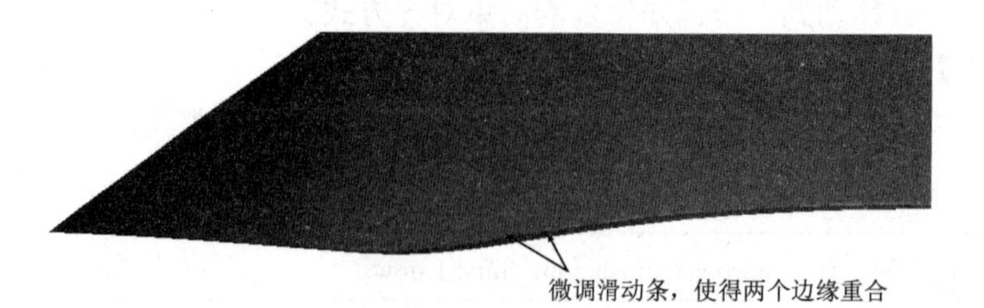


图 8-15

(8) 调整紫色滑动条两端的箭头符号，使得视图的倒圆角位置大致处于水平位置，可以平移视图将倒圆角位置放置在视图区域的下方，利用屏幕下方作为水平参考方向。

(9) 使用菜单命令“构建”→“剖面截取点云”→“交互式点云截面”，得到如图 8-16 所示的对话框。

(10) 单击“点云”栏，选择视图中的点云。在“方式”栏中选择“点”。在“模式”栏中选择“互动方式”。单击“选择屏幕上的直线”栏，使得该栏呈现高亮的显示状态。单击视图中点云左侧的一个位置，按住 Ctrl 键，再次单击点云右侧的一个位置，如图 8-17 所示，在视图区域画出一条水平方向穿越点云的直线。单击“应用”按钮，生成一条交互式剖断面。

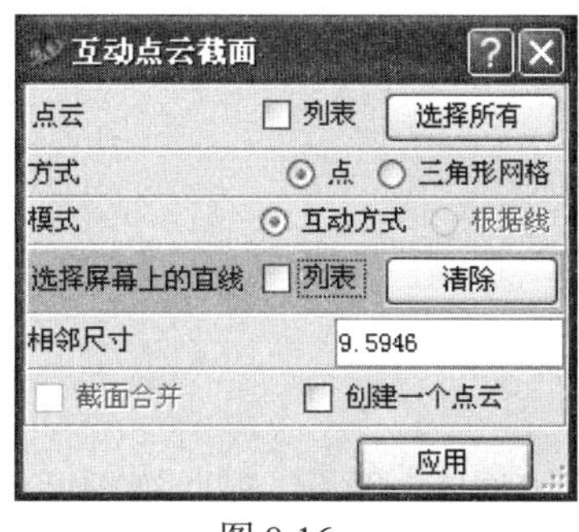


图 8-16

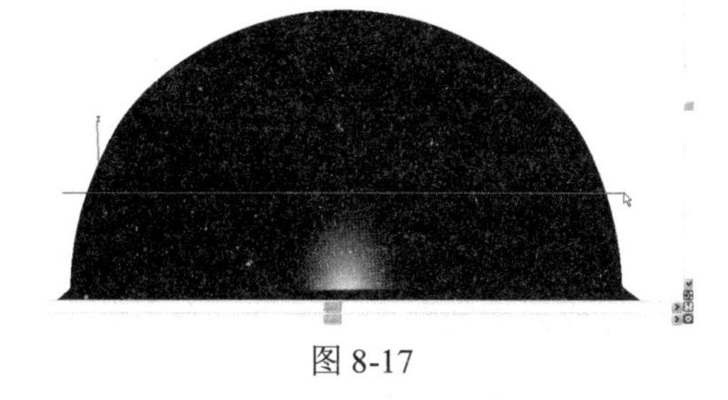

图 8-17

(11) 使用菜单命令“构建”→“由点云构建曲线”→“边界圆拟合”，得到如图 8-18 所示的对话框。

(12) 在“点云”栏中，选择 toukui InteractSectCld。在“拟合”栏中选择“外侧圆”，单击“应用”按钮确认。创建一个边界圆。

(13) 单击物件锁点工具条上的“圆心”图标，激活捕捉到圆心的命令。

(14) 使用菜单命令“创建”→“点”，快捷键为 Shift+P。单击边界圆的圆周，则在圆心位置创建了一个点。

(15) 利用屏幕右侧的红色滑动条的旋转功能，旋转视图 90°。

(16) 使用菜单命令“创建”→“结构线”→“无限直线”，得到如图 8-19 所示的对话框。

图 8-18

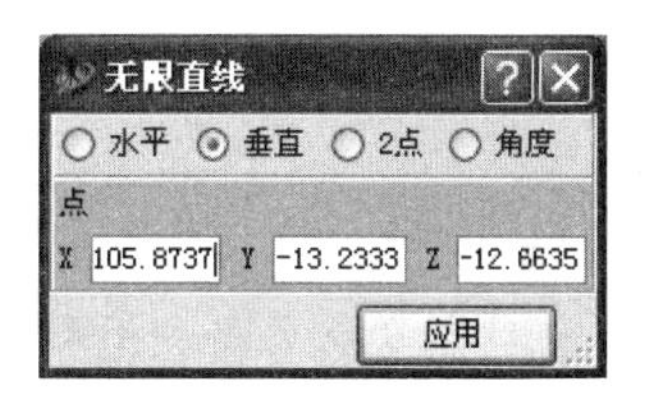


图 8-19

(17) 在第一栏选择“水平”选项，单击“点”栏，选择视图中刚才创建的点的位置。单击“应用”按钮。

(18) 在第一栏选择“垂直”选项，单击“点”栏，选择视图中刚才创建的点的位置。单击“应用”按钮，得到如图 8-20 所示的水平和垂直方向的两条直线。

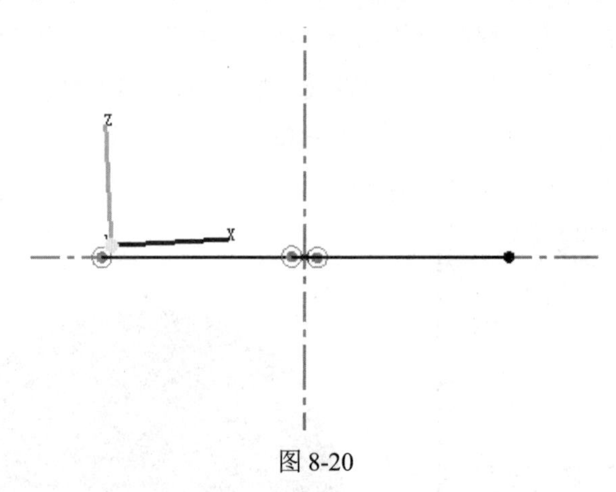


图 8-20

(19) 将鼠标放置在剖断面点云上，右击并选择“剪切物件”图标，删除视图区域的剖断面点云，如图 8-21 所示。用同样的方法，删除前面创建的点 Cld。

(20) 使用菜单命令“显示”→“点”→“显示所有”，快捷键为 Ctrl+S，显示出所有的点云。

(21) 使用菜单命令“编辑”→“创建群组”，快捷键为 G，得到如图 8-22 所示的“创建群组”对话框。

(22) 选择对话框中的点云 toukui、边界圆 OutCircle，以及两条直线 InfLine 和 InfLine 2。单击“应用”按钮确认，以上四个实体组合为一个群组，系统自动命名为 Group。按快捷键 Ctrl+L，隐藏该群组。

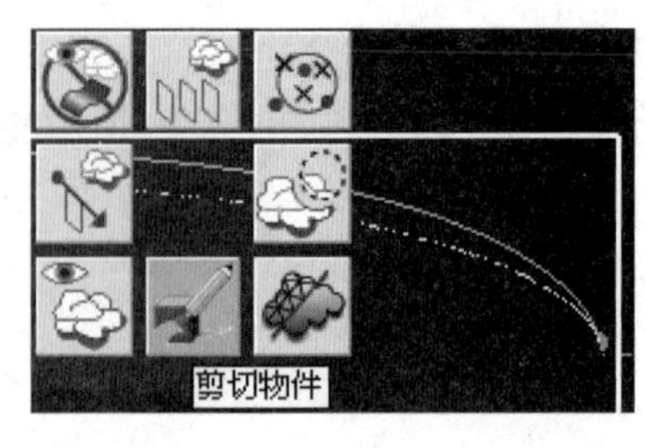


图 8-21

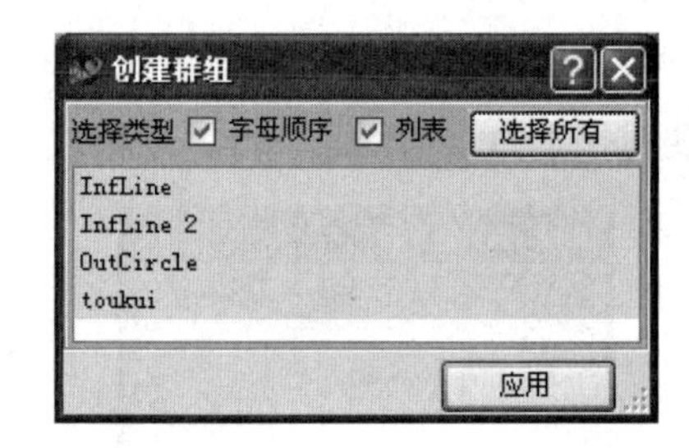


图 8-22

**注意：**

Imageware 的对齐命令需要利用群组，因而必须创建群组。

(23) 使用菜单命令“创建”→“简易曲线”→“直线”，得到如图 8-23 所示的“直线”对话框。

(24) 在“起点”栏中输入(0,0,0)，在“终点”栏中输入(100,0,0)。单击“应用”按钮确认，创建 *X* 轴方向的直线。

(25) 同样的方法，在“起点”栏中输入(0,0,0)，在“终点”栏中输入(0,0,100)。单击“应用”按钮确认，创建 *Z* 轴方向的直线。

(26) 使用菜单命令“创建”→“平面”→“中心/法向”，得到如图 8-24 所示的“平面(中心/法向)”对话框。

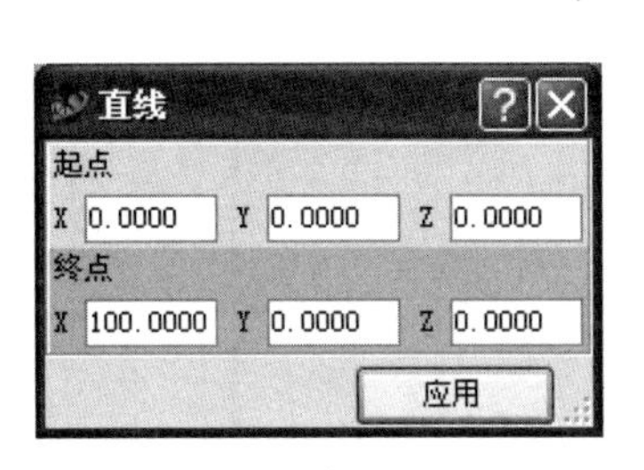


图 8-23

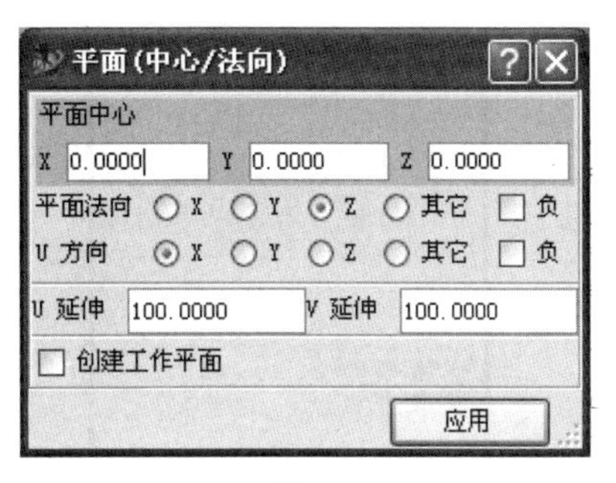


图 8-24

(27) 在“平面中心”栏中确定平面的中心点位置，这里输入(0,0,0)。在“平面法向”栏中选择平面的法线方向，这里选择 *Z*。在“*U* 延伸”和“*V* 延伸”栏中分别确定平面在 *UV* 方向上的长度，这里均输入 100。单击“应用”按钮。生成的参考平面及之前创建的两条参考直线结果如图 8-25 所示。

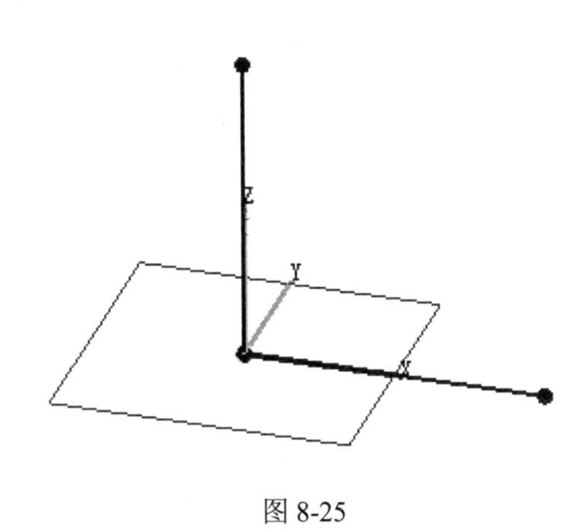


图 8-25

(28) 使用菜单命令“显示”→“组”→“显示所有”，快捷键为 Alt+Shift+S。

(29) 使用菜单命令“修改”→“定位”→“根据特征定位”，在第一栏选择“逐步”，得到如图 8-26(a)所示的“根据特征定位”对话框。

(30) 在第一栏的“来源对象”栏中选择 Group。在“配对类型”栏选择“平面”，在第二栏的“来源对象”中选择 OutCircle，而“目的对象”选择 Plane。单击“增加”按钮。

(31) 此时系统自动调整对话框，得到如图 8-26(b)所示的“根据特征定位”对话框。

(a)

(b)

图 8-26

(32) 在“来源对象”栏中单击 InfLine 2 选项，在“目的对象”栏中选择 Line 2 选项，单击“增加”按钮。

(33) 选择第三组对齐元素，在“来源对象”栏中单击 InfLine 选项，在“目的对象”栏中选择 Line 选项，单击“增加”按钮。

(34) 系统在用户选择每组对齐元素时，实时地进行视图位置的调整。单击“应用”按钮后，弹出的对话框中显示调整过程的相关信息，如图 8-27 所示。信息中显示了点云绕 $X$、$Y$、$Z$ 轴旋转和原点移动的位置等信息。

(35) 单击菜单命令“编辑”→“取消群组”，快捷键为 Shift+U，单击“应用”按钮确认，分离群组。

(36) 使用菜单命令“显示”→“点”→“显示”，快捷键为 Ctrl+D。在显示模式中选择“分散点”，将“采样点间隔”栏中的数值改为 3，如图 8-28 所示。

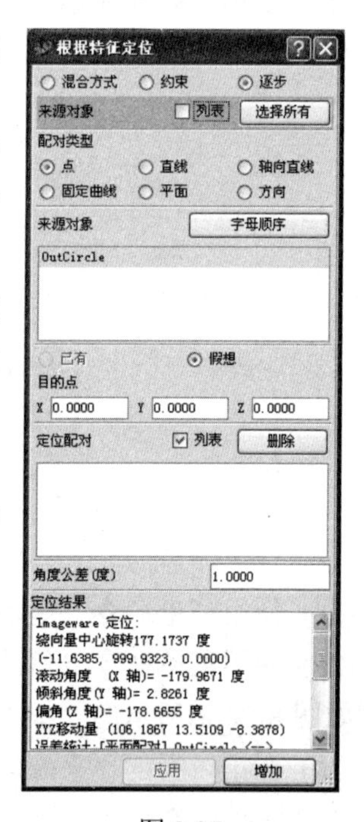


图 8-27

图 8-28

(37) 对齐后的结果如图 8-29 所示。

(38) 使用菜单命令“编辑”→“剪切”，快捷键为 X，得到如图 8-30 所示的对话框，选择除 toukui 外所有的实体名称，单击“剪切”按钮。将视图中起辅助作用的直线和平面删除，仅剩下点云 toukui。

(39) 另存文件为 aqm_finish2.imw。

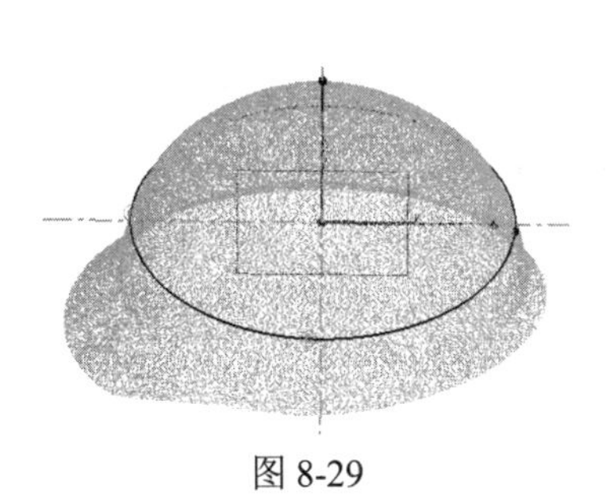

图 8-29

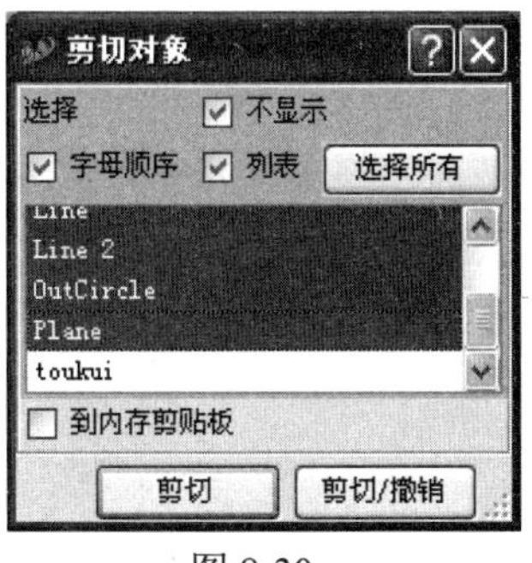


图 8-30

# 8.3　圆形大面的制作

圆形大面的制作包括两个部分，即末端节点 T1 和 T2。T1 将利用放样命令创建，而 T2 将使用点云直接拟合为均匀的曲面。

## 8.3.1　制作末端节点 T1

【操作步骤】

(1) 使用菜单命令“视图”→“设置视图”→“左视图”，快捷键为 F3。将视图调整到左视图的位置。

| | |
|---|---|
| | 源文件：\part\ch8\finish\aqm_finish2.imw |
| | 操作结果文件：\part\ch8\finish\aqm_finish3.imw |

(2) 使用菜单命令“构建”→“剖面截取点云”→“平行点云截面”，快捷键为 Ctrl+B，得到如图 8-31 所示的“平行点云截面”对话框。

(3) 在“方向”栏中选择 Z，单击“起点”栏，然后单击视图中点云上靠近倒圆角部分，如图 8-32 所示。

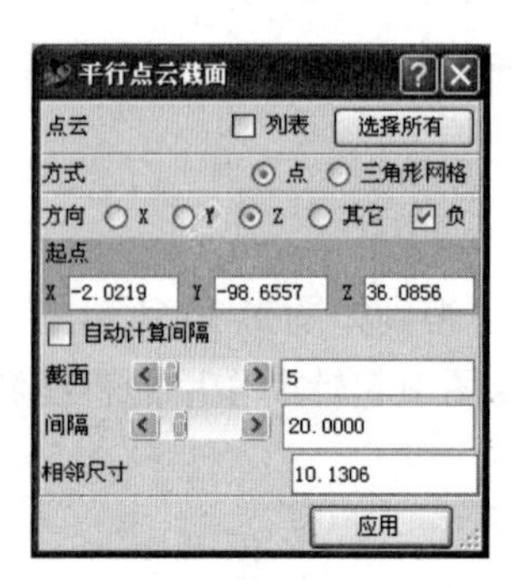


图 8-31

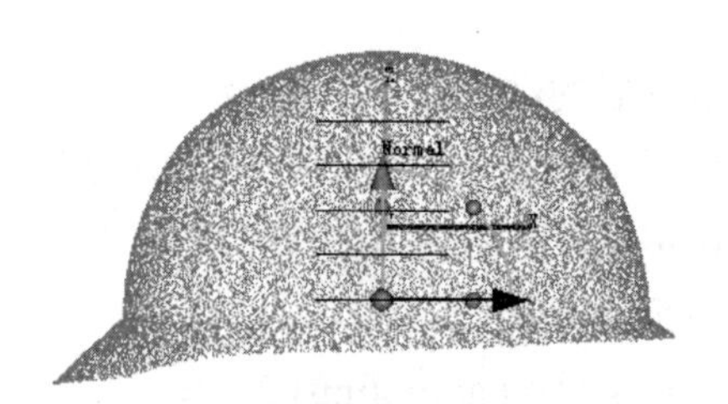


图 8-32

(4) 在“截面”栏中设定剖断面个数为 5，在“间隔”栏中设定剖断面间距为 20，单击“应用”按钮确认。隐藏点云 toukui，仅显示得到的剖断面，如图 8-33 所示。

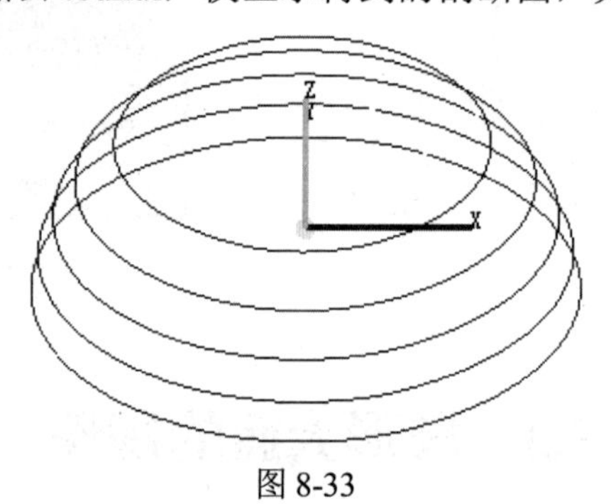


图 8-33

**提示：**

可以使用快捷键 Ctrl+L 选择需要隐藏的点云 toukui。

(5) 单击菜单命令“修改”→“光顺处理”→“点云光顺”，得到如图 8-34 所示的“光顺点云”对话框。在“过滤类型”栏中选择“平均”，设定“尺寸过滤”为 3。单击“应用”按钮确认。

(6) 单击菜单命令“修改”→“抽取”→“抽取扫描线”，得到如图 8-35 所示的对话框。

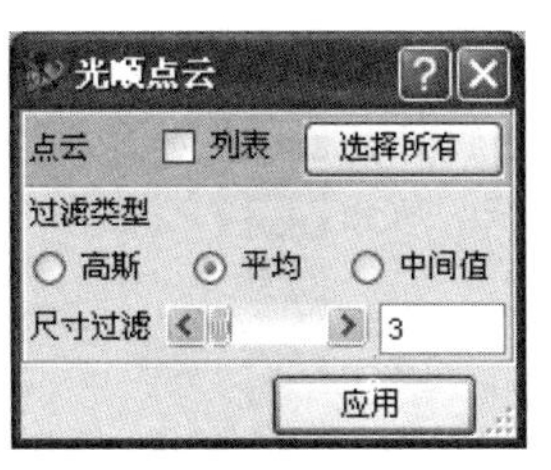


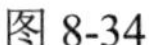
图 8-34

图 8-35

(7) 在“抽取扫描线”栏中选择“冻结”选项，单击“扫描点”栏，在视图区域依次选择 5 条剖断面。单击“应用”按钮，得到 5 条扫描线。

(8) 按快捷键 X，选择删除剖断面点云 toukui SectCld。

(9) 使用菜单命令“构建”→“由点云构建曲线”→“拟合椭圆”，得到如图 8-36 所示的对话框。

(10) 选择视图中的一条扫描线，这里选择 scan1of5_，单击“应用”按钮确认。将扫描线拟合成为一个椭圆形曲线。

(11) 使用菜单命令“测量”→“曲线”→“点云偏差”，快捷键为 Ctrl+Shift+Q，得到如图 8-37 所示的对话框。

(12) 在第一栏中选择“色彩图示”形式显示对比特征，在“曲线”栏中选择椭圆曲线 FitEllipse，在“点云”栏中选择相应的扫描线 scan1of5_。单击“应用”按钮。系统自动生成一个误差报告，如图 8-38 所示。

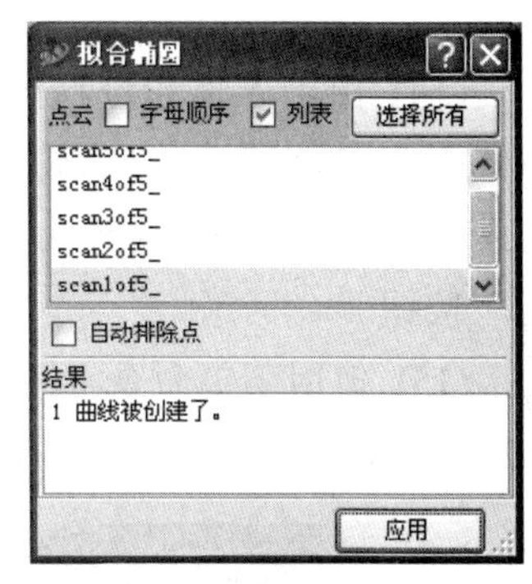


图 8-36

图 8-37

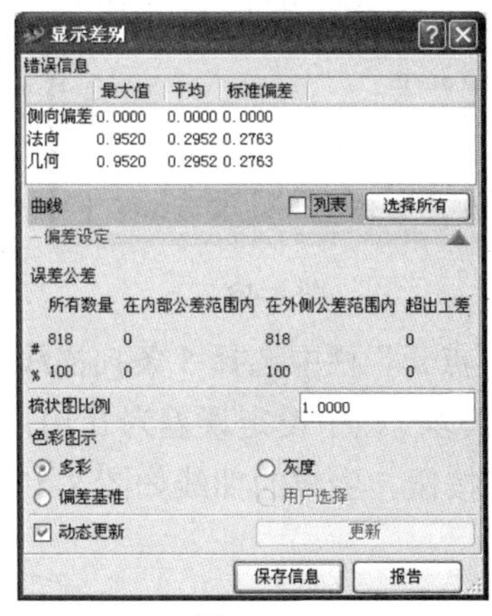


图 8-38

(13) 在“错误信息”栏中显示了拟合成的椭圆曲线与扫描线之间的误差，这里显示最大误差为 0.9520，这个误差已经超出了误差范围 0.5mm 的要求。在“色彩图示”栏中选择“多彩”选项，视图区域的曲线和扫描线之间会用七彩颜色的方式显示出误差，如图 8-39 所示。屏幕右侧的颜色对比特征同时显示了颜色所代表的误差范围。

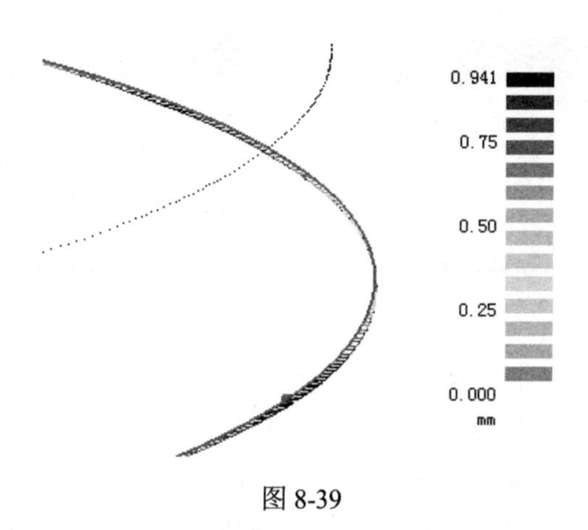


图 8-39

(14) 由于误差超过精度范围，需要将生成的椭圆曲线删除，利用其他符合精度要求的曲线类型来创建曲线(一般情况下，在符合精度要求的前提下，优先选用直接拟合为二次曲线的方法)。按快捷键 X，选择列表中的 Error 和 FitEllipse，如图 8-40 所示。单击“剪切”按钮。

(15) 使用菜单命令“构建”→“由点云构建曲线”→“公差曲线”，得到“按公差拟合曲线”对话框，如图 8-41 所示。

图 8-40

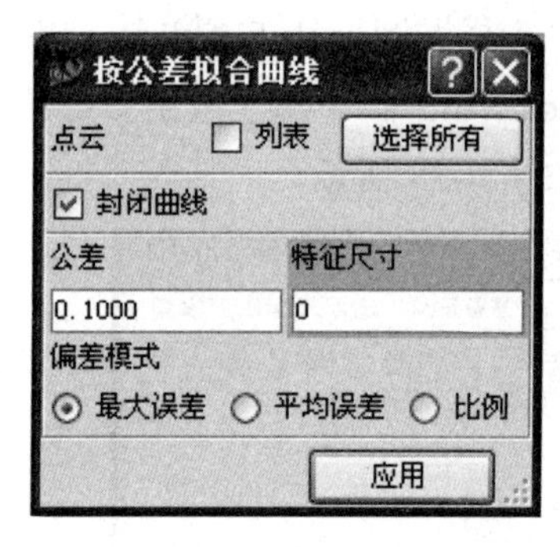


图 8-41

(16) 在“点云”栏中选择 5 条扫描线。选择“封闭曲线”复选框，使得生成的曲线为封闭曲线。在“公差”栏中设定误差为 0.10。在“偏差模式”栏中设定误差类型为“最大误差”。单击“应用”按钮。生成的曲线如图 8-42 所示。

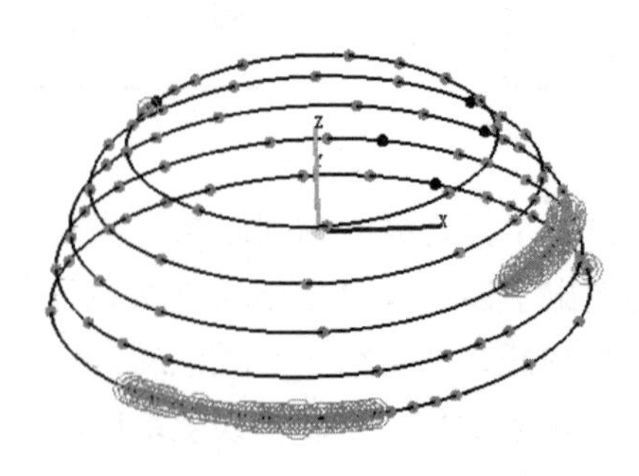

图 8-42

(17) 曲线上深色的圆点为曲线的起始点，灰色的圆点为曲线的节点。由图 8-42 可以看出，利用基于公差的方式生成的曲线的起始点和曲线的节点非常不一致。利用这样的曲线构造出来的放样曲面是畸形的。所以必须先将曲线调整光顺。

(18) 单击主要栏目管理工具条上的“视图设置”命令图标集，按住鼠标左键移动到“顶面视图”图标，如图 8-43 所示，释放鼠标左键，将视图调整到俯视图位置。

(19) 使用菜单命令“创建”→“简易曲线”→“直线”，起始点为( - 150,0,0)，终点为(0,0,0)，创建一条直线，如图 8-44 所示。

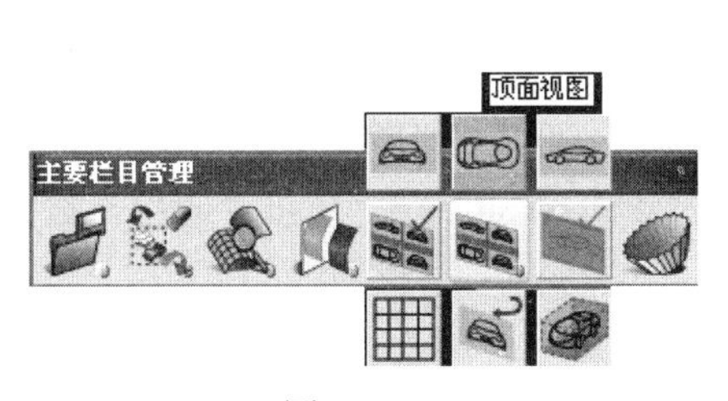

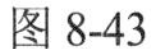
图 8-43

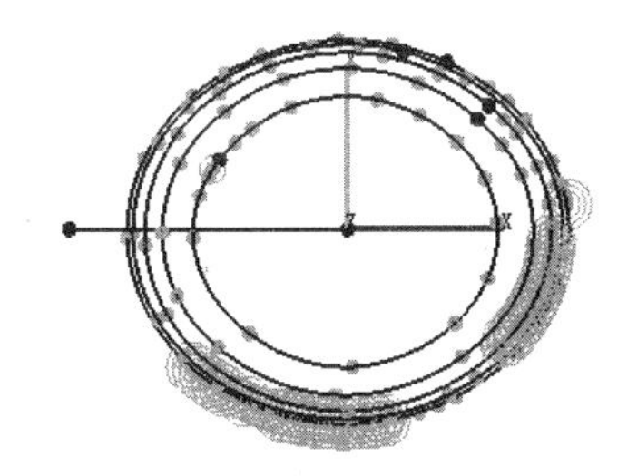
图 8-44

(20) 使用菜单命令“修改”→“方向”→“改变曲线起始点”，得到如图 8-45 所示的对话框。

(21) 选择“使用样条曲线”复选框，利用刚才创建的直线来对齐曲线的起始点。单击“命令曲线”栏，在视图区域依次选择 5 条曲线，使之呈现高亮的显示状态。在“脊线”栏中指定参考脊线为 Line。单击“应用”按钮。调整后的曲线起始点如图 8-46 所示。

图 8-45

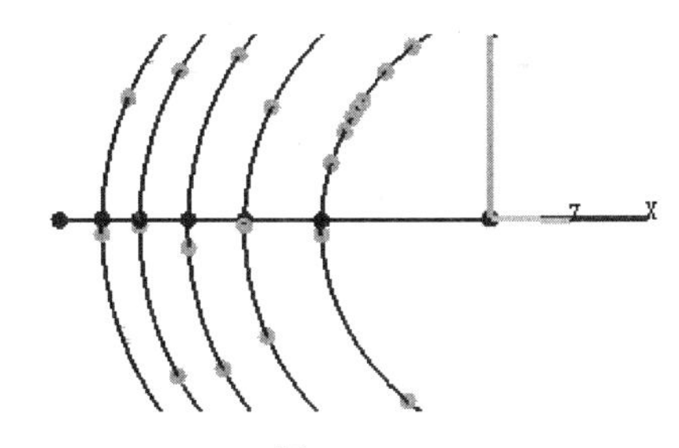
图 8-46

(22) 按快捷键 X，选择 Line，单击“剪切”按钮，即删除参考直线 Line。

(23) 使用菜单命令“修改”→“参数控制”→“重新建参数化”，得到如图 8-47 所示的“重新建参数化”对话框。

(24) 在“曲面/曲线”栏中选择曲线 FitToTolCrv 5。在“重新参数化类型”栏中选择“指定”。将“跨度 *U*”栏中的数值降低至 16。“距离”类型选择为“参数距离”。单击“应用”按钮确认。重新参数化后的曲线 FitToTolCrv 5 如图 8-48 所示。

图 8-47

(25) 继续利用前面打开的对话框，来重新参数化其余 4 条曲线，如图 8-49 所示。

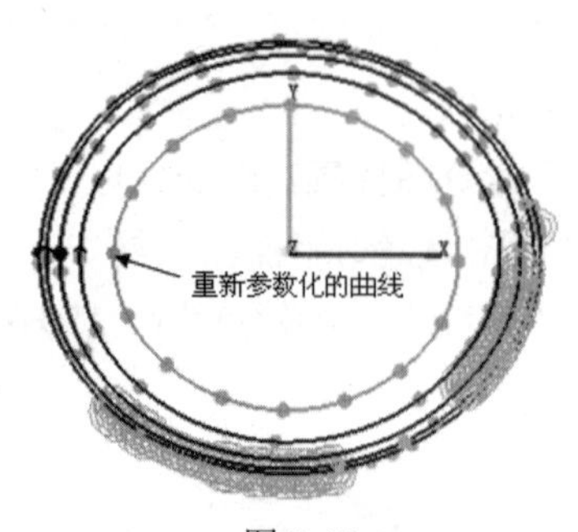


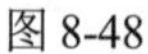
图 8-48

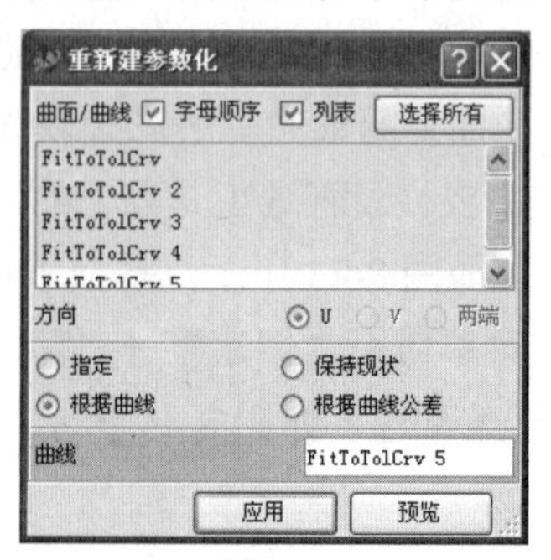


图 8-49

(26) 在“曲面/曲线”栏中选择前面 4 条曲线。“重新参数化类型”选择“根据曲线”，在“曲线”栏中选择已经重新参数化处理的曲线 FitToTolCrv 5。单击“应用”按钮确认。结果如图 8-50 所示。

(27) 使用菜单命令“构建”→“曲面”→“放样”，得到如图 8-51 所示的“放样曲线”对话框。

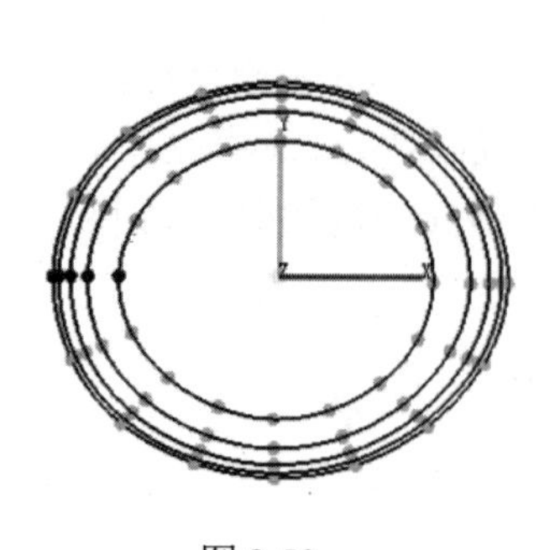

图 8-50

图 8-51

(28) 在视图区域依次选择曲线，注意一定要保证选择的曲线的次序，可以按从上到下的顺序选择。在“阶数”栏中设定曲面的阶次，这里设为 4。在“特征数目的”栏中设定数值为 0。单击“应用”按钮，生成的曲面如图 8-52(a)所示。

(29) 使用菜单命令“显示”→“曲面”→“着色”，可以用渲染的模式显示出生成的曲面，如图 8-52(b)所示。

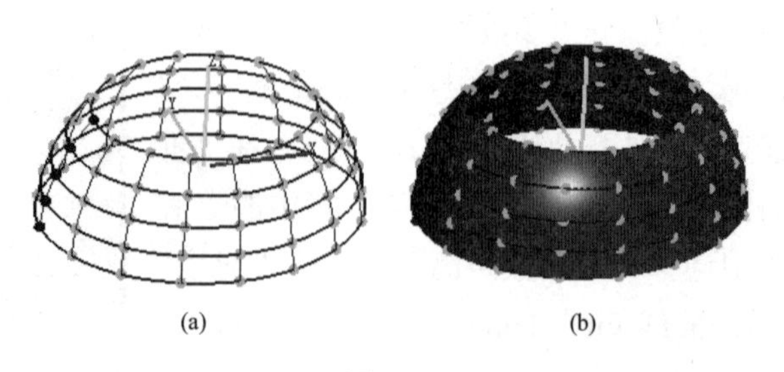


图 8-52

(30) 使用菜单命令“显示”→“只显示选择”，快捷键为 Shift+L，选择 toukui 和 LoftSrf，如图 8-53 所示。单击“应用”按钮。

(31) 使用菜单命令“修改→延伸”，得到如图 8-54 所示的对话框。

图 8-53

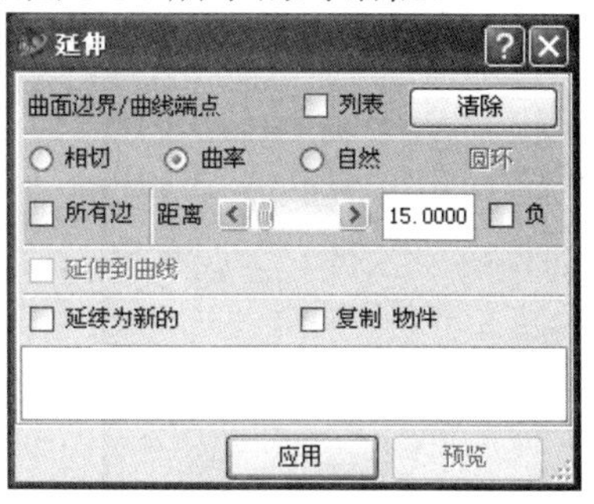


图 8-54

(32) 单击视图中曲面的下边缘。在对话框的第二栏中选择“曲率”，以曲率连续的方式延伸曲面。单击“预览”按钮，拖动“距离”栏中的滑动条，观察视图区域曲面的延伸情况，保证曲面延伸超过倒圆角部分，如图 8-55 所示。这里设定为 15，单击“应用”按钮确定。这样末端节点 T1 的制作基本完成，结果如图 8-56 所示。

图 8-55

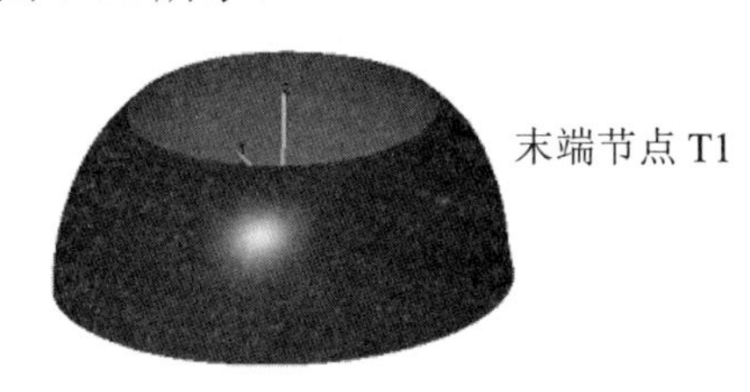


图 8-56

## 8.3.2　制作末端节点 T2

【操作步骤】

(1) 按快捷键 Shift+L，选择 toukui，按住 Ctrl 键再选择 FitToTolCrv 5，单击“应用”按钮。仅显示出点云与最上面的一条曲线。将视图调整到俯视图的位置，如图 8-57 所示。

| | |
|---|---|
| | 源文件：\part\ch8\finish\aqm_finish3.imw |
| | 操作结果文件：\part\ch8\finish\aqm_finish4.imw |

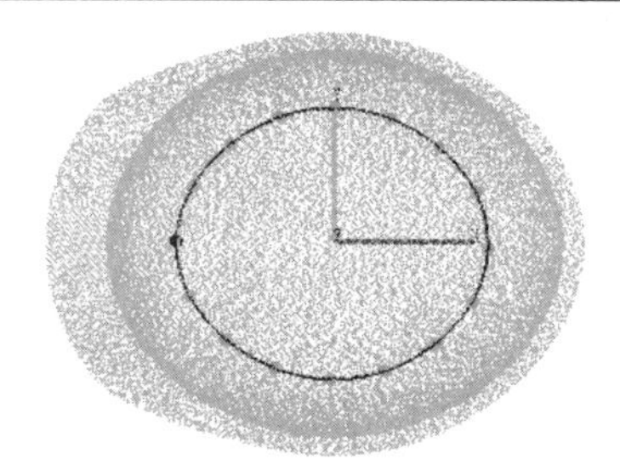

图 8-57

(2) 使用菜单命令“修改”→“抽取”→“抽取曲线内部点”，得到如图 8-58 所示的对话框。

(3) 在“点云”栏中选择点云 toukui，在“命令曲线”栏中选择 FitToTolCrv 5。单击“应用”按钮确认。按快捷键 Ctrl+L，隐藏点云 toukui，得到的点云如图 8-59 所示。

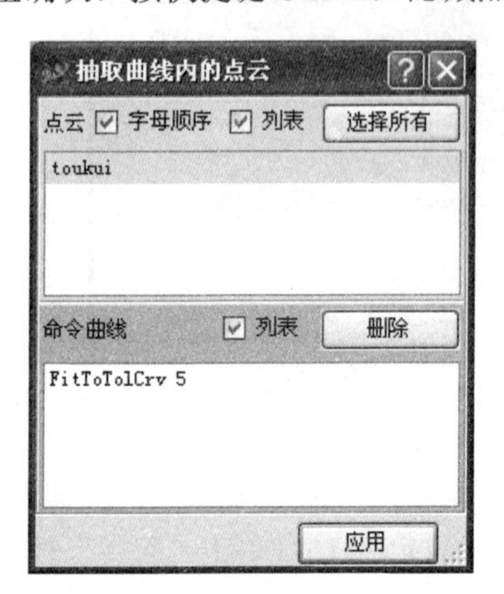

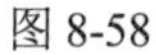

图 8-58

图 8-59

(4) 单击菜单命令“构建”→“由点云构建曲面”→“自由曲面”，得到如图 8-60 所示的“自由曲面”对话框。在“点云”栏中指定 InCurveCld。在“曲面阶数”栏中设定曲面 *UV* 方向的阶数均为 6(曲面阶次越低，曲面越光顺，在误差范围内，应取阶次较低者)。在“跨度 *U*”栏中设定 *UV* 方向的内部节点数均为 1。默认“使用拟合参数”栏中的各项因子参数。在“坐标系”栏中选择“笛卡尔”。在“拟合平面”栏中选择 *XY*。选择“偏差计算”复选框，在生成均匀曲面的同时检测曲面与点云之间的误差。

(5) 单击“应用”按钮确认。系统自动弹出误差报告，如图 8-61 所示。显示的最大误差为 0.1260mm，符合精度要求。

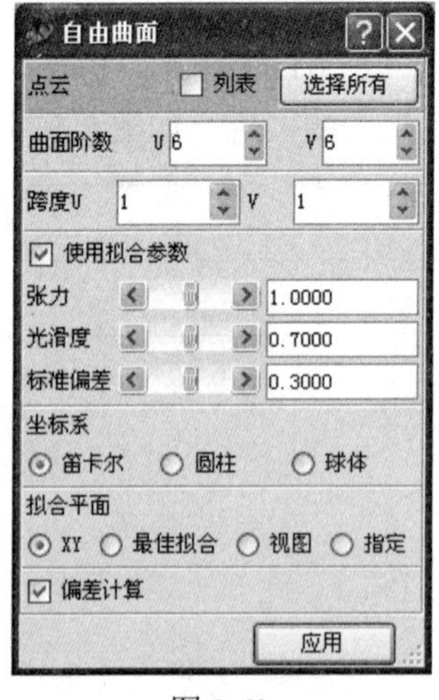


图 8-60

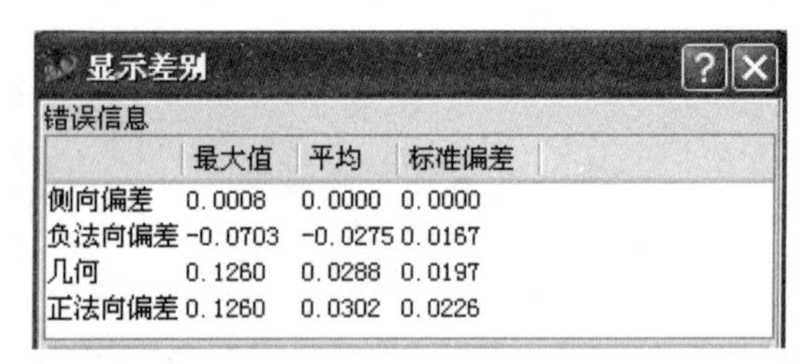

显示差别

错误信息

| | 最大值 | 平均 | 标准偏差 |
|---|---|---|---|
| 侧向偏差 | 0.0008 | 0.0000 | 0.0000 |
| 负法向偏差 | -0.0703 | -0.0275 | 0.0167 |
| 几何 | 0.1260 | 0.0288 | 0.0197 |
| 正法向偏差 | 0.1260 | 0.0302 | 0.0226 |

图 8-61

(6) 由点云直接拟合的曲面如图 8-62 所示。系统同时用颜色对比特征显示了曲面与点云之间的误差信息。

(7) 单击菜单命令“修改”→“延伸”，得到如图 8-63 所示的对话框。

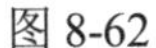
图 8-62

图 8-63

(8) 选择拟合的均匀曲面。在延伸方式中选择“曲率”连续的方式。选择“所有边”复选框。设定“距离”栏中的数值为 3.00。单击“应用”按钮确认，使得曲面各边均延长 3mm。

(9) 将视图调整到俯视图位置。

(10) 使用菜单命令“修改”→“修剪”→“使用曲线修剪”，得到如图 8-64 所示的对话框。

(11) 选择曲面 FitSrf。单击“命令曲线”栏，选择视图中的曲线 FitToTolCrv 5。在“修剪类型”栏中选择“外侧修剪”，将曲线以外的部分删除。单击“应用”按钮确认。

(12) 按快捷键 Shift+L，仅显示曲面 FitSrf。

(13) 使用菜单命令“显示”→“矢量图”→“隐藏所有的矢量图”，隐藏所有的对比特征。

(14) 使用菜单命令“显示”→“矢量图”→“隐藏所有的彩色图”，隐藏所有颜色对比参考。

(15) 使用菜单命令“显示”→“曲线”→“隐藏所有的”，隐藏所有的曲面内的曲线。得到的末端节点 T2 如图 8-65 所示。

图 8-64

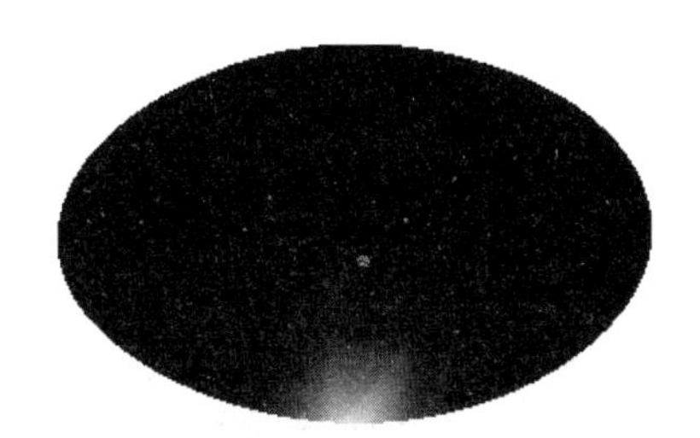
图 8-65

(16) 另存文件为 aqm_finish4.imw。

(17) 至此圆形大面部分基本制作完成，结果如图 8-66 所示。在所有曲面制作完成后的后期处理中，还将进行曲面光顺性检查。

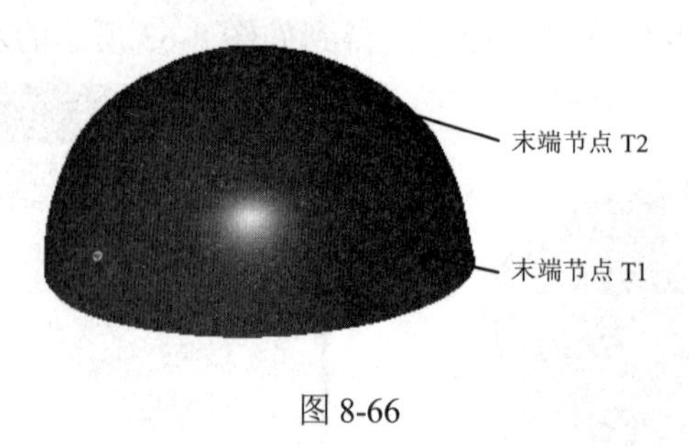


图 8-66

# 8.4 帽檐的制作

帽檐部分的制作与末端节点 T2 的制作比较相似，可以通过提取帽檐部分的点云，然后直接由点云拟合成为一张均匀的曲面，最后通过轮廓线修剪得到。其中点云提取部分的技巧略有不同，本节将介绍另外一种常用的提取点云的方式——由颜色特征提取点云。

## 8.4.1 提取点云

【操作步骤】

(1) 按快捷键 Shift+L，选择 toukui，单击“应用”按钮，仅显示出点云。

| | |
|---|---|
| | 源文件：\part\ch8\finish\aqm_finish4.imw |
| | 操作结果文件：\part\ch8\finish\aqm_finish5.imw |

(2) 单击菜单命令“评估”→“曲率”→“点云曲率”，得到如图 8-67 所示的“点云曲率分布图”对话框。设定“相邻尺寸”值为 5，单击“应用”按钮确定。

(3) 计算点云曲率后的点云如图 8-68 所示。点云上的点根据其曲率的不同被染上不同的颜色。

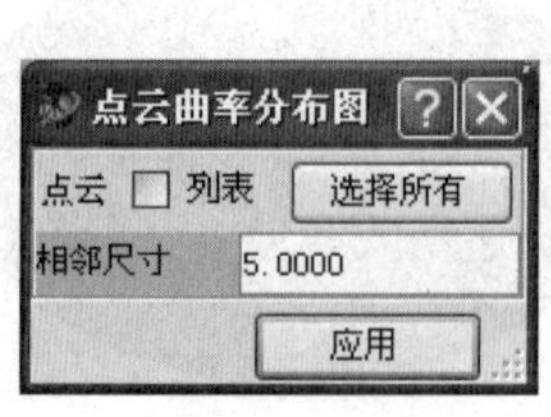


图 8-67

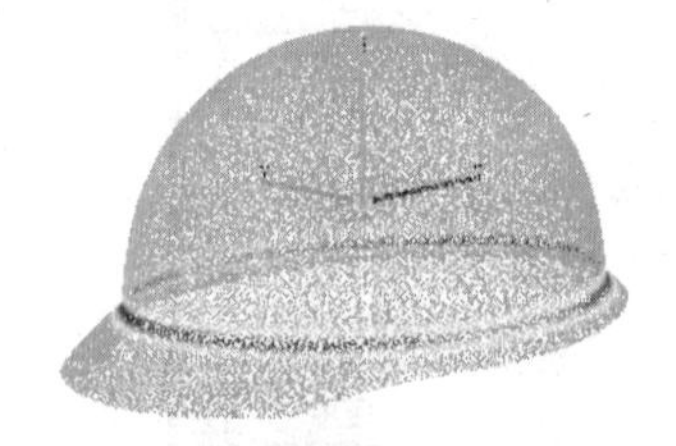

图 8-68

(4) 使用菜单命令“构建”→“特征线”→“根据色彩抽取点云”，得到如图 8-69 所示

的“根据色彩特征线”对话框。

(5) 单击“样本点云”栏，选择点云上绿色部分的某一个点。选择“动态更新”复选框，使得视图自动动态调整。拖动“增大比例”栏中的滑动条，使得大部分的绿色的点云均包含在内。这里选择 90。单击“应用”按钮确认。

(6) 按快捷键 Shift+L，选择 ColorCld，单击“应用”按钮，仅显示出如图 8-70 所示的点云。

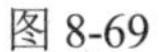
图 8-69

图 8-70

(7) 按快捷键 F3，将视图调整为左视图。

(8) 使用菜单命令“修改”→“抽取”→“圈选点”，得到如图 8-71 所示的对话框。

(9) 在“保留点云”栏中设定保留的点云方式为“内侧”。单击“选择屏幕上的点”栏，然后在视图区域依次单击视图中 4 个点的位置，如图 8-72 所示，来构建一个区域，将需要的点云包含在区域之内。

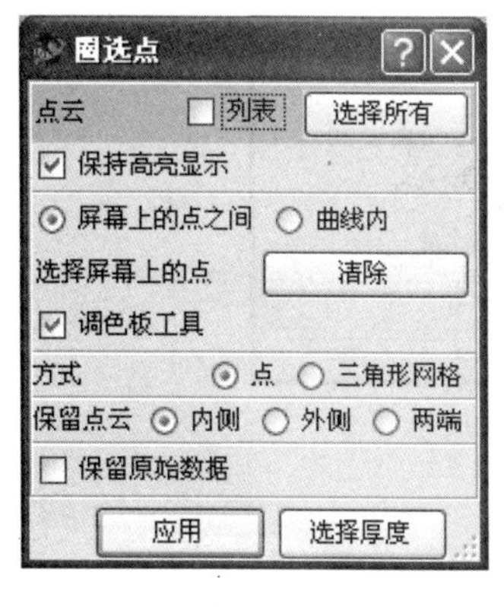


图 8-71

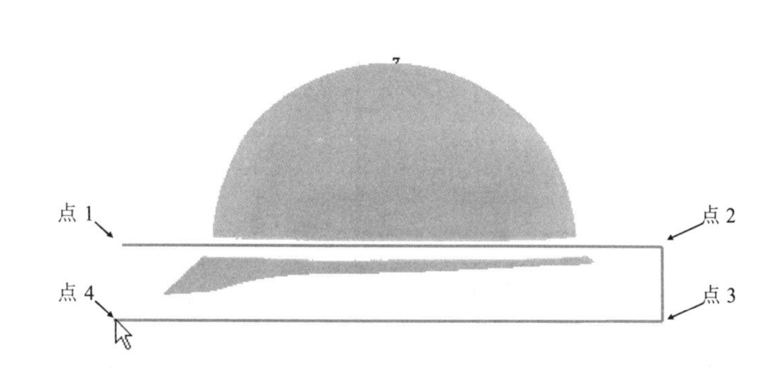


图 8-72

(10) 单击“应用”按钮确认，析出的点云如图 8-73 所示。

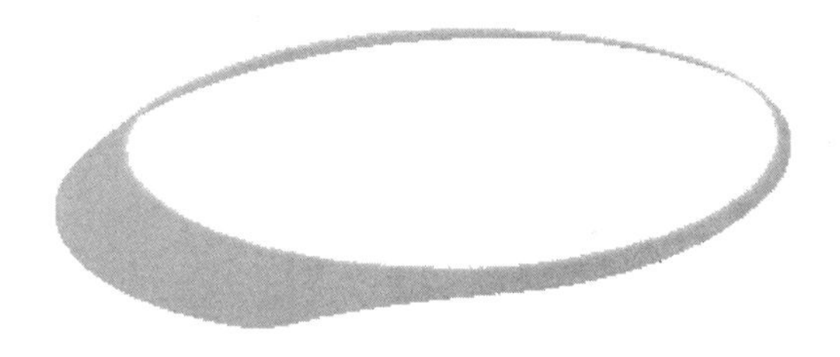

图 8-73

## 8.4.2 制作均匀曲面

【操作步骤】

(1) 使用菜单命令“构建”→“由点云构建曲面”→“自由曲面”，得到如图 8-74 所示的对话框。

| | |
|---|---|
| | 源文件：\part\ch8\finish\aqm_finish5.imw |
| | 操作结果文件：\part\ch8\finish\aqm_finish6.imw |

(2) 在“曲面阶数”栏中设定曲面 UV 方向的阶数均为 7。在“跨度 *U*”栏中设定 *UV* 方向的内部节点数均为 1。在“坐标系”栏中选择“笛卡尔”。在“拟合平面”栏中选择 *XY*。选择“偏差计算”复选框。单击“应用”按钮。得到曲面与点云的误差报告，如图 8-75 所示。

图 8-74

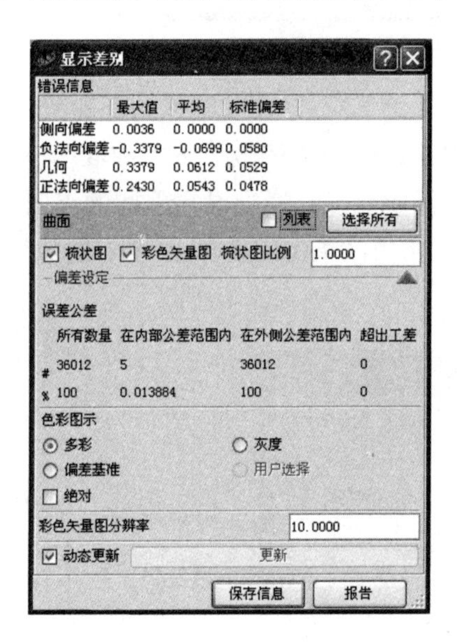


图 8-75

(3) 用颜色对比特征显示误差的曲面，如图 8-76 所示。

(4) 使用菜单命令“修改”→“延伸”，得到如图 8-77 所示的对话框。

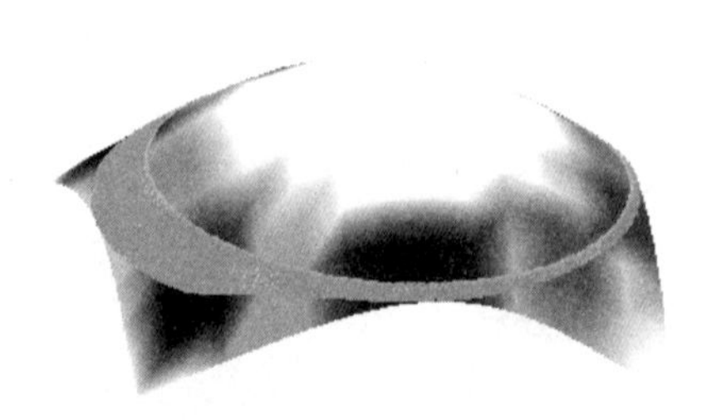

图 8-76

图 8-77

(5) 选择拟合的均匀曲面。在延伸方式中选择“曲率”连续的方式。选择“所有边”复选框。设定“距离”栏中的数值为 3，单击“应用”按钮确认，使得曲面各边均延长 3mm。

(6) 使用菜单命令“显示”→“矢量图”→“隐藏所有的矢量图”，隐藏所有的对比特征。

(7) 使用菜单命令“显示”→“矢量图”→“隐藏所有的彩色图”，隐藏所有颜色对比参考。

## 8.4.3　制作边界曲线

【操作步骤】

(1) 单击主要栏目管理工具条上的“基本显示”命令图标集，按住并移动鼠标到“显示曲面边界”图标上，释放鼠标，如图 8-78 所示。仅显示出曲面的边界。

| | |
|---|---|
| | 源文件：\part\ch8\finish\aqm_finish6.imw |
| | 操作结果文件：\part\ch8\finish\aqm_finish7.imw |

(2) 利用三点构造圆弧的命令，检查点云边缘的圆弧半径。使用菜单命令“创建”→“简易曲线”→“3 点圆弧”，得到如图 8-79 所示的对话框。

图 8-78

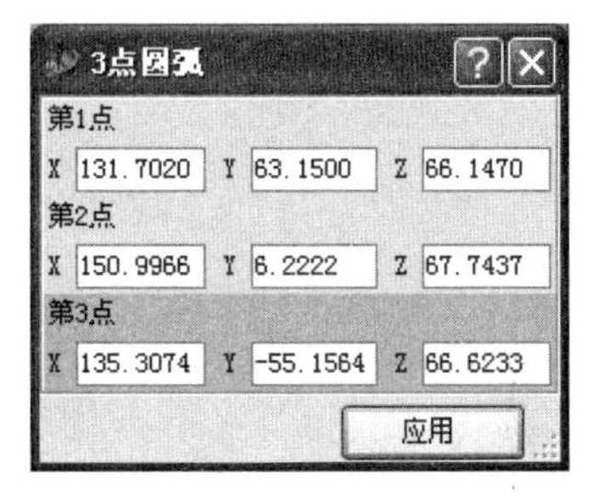


图 8-79

(3) 依次选择点云上如图 8-80 所示位置(安全帽正面圆弧部分)的三个点，系统自动显示出由这三个点构成的圆弧的半径值，如图 8-80 所示。

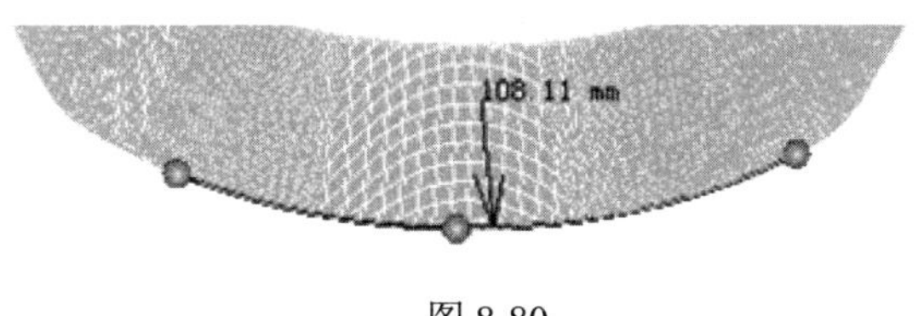


图 8-80

(4) 同样的方法，依次检查点云其他圆弧段的半径值，如图 8-81 所示。

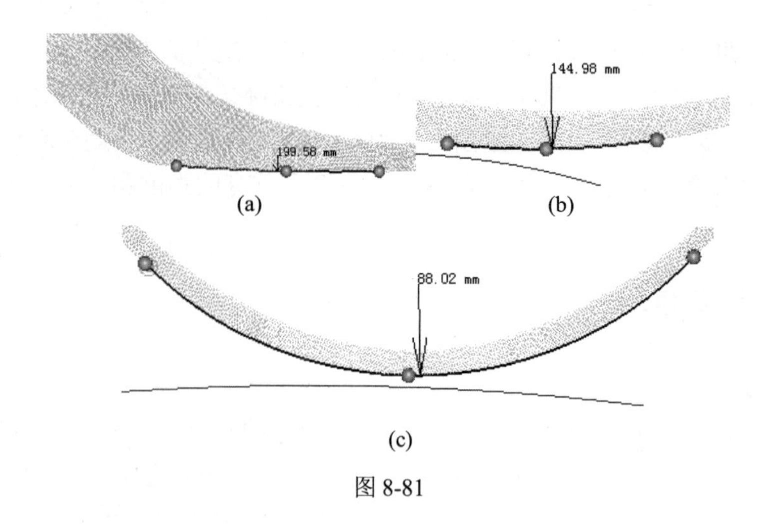


图 8-81

(5) 对各圆弧段的半径数取整处理。利用两端点和半径值的方式来分段创建圆弧。首先单击物件锁点工具条上的“点云捕捉”图标，激活捕捉到点云的命令，如图 8-82 所示。

(6) 使用菜单命令“创建”→“简易曲线”→“2 点半径圆弧”，得到如图 8-83 所示的对话框。

图 8-82

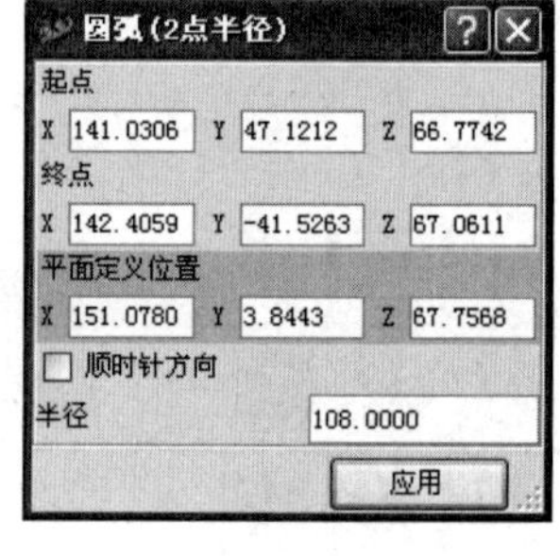


图 8-83

(7) 首先创建帽檐前端的圆弧，在对话框的“半径”栏中输入半径值 108。然后单击“起点”栏，在视图区域依次选择圆弧的两个端点(注意选择的点的位置可以在空白处靠近点云的位置上，系统将自动捕捉到点云边缘上的最近的点。同时，不要选择到与其他圆弧段相连的位置上，要保留一定的余量)。最后选择圆弧段中心附近的一个点，如图 8-84 所示。

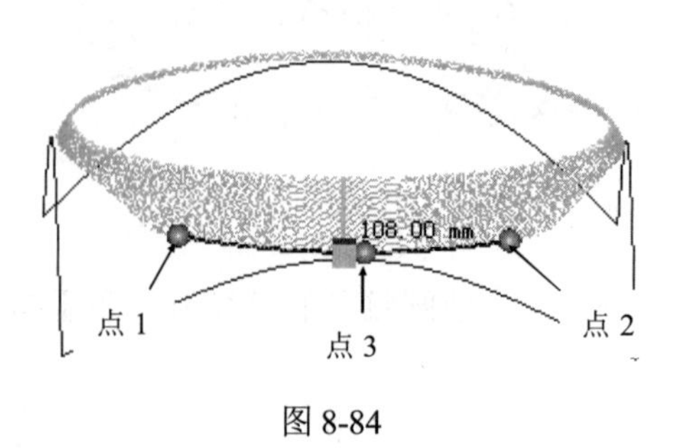


图 8-84

(8) 单击“应用”按钮确认生成圆弧段。使用类似的方法依次创建出其他的圆弧段，圆弧段的半径由之前测量所得的数据取整，分别为 200、145 和 88。结果如图 8-85 所示。

(9) 使用菜单命令“构建”→“桥接”→“曲线”，得到如图 8-86 所示的“桥接曲线”对话框。

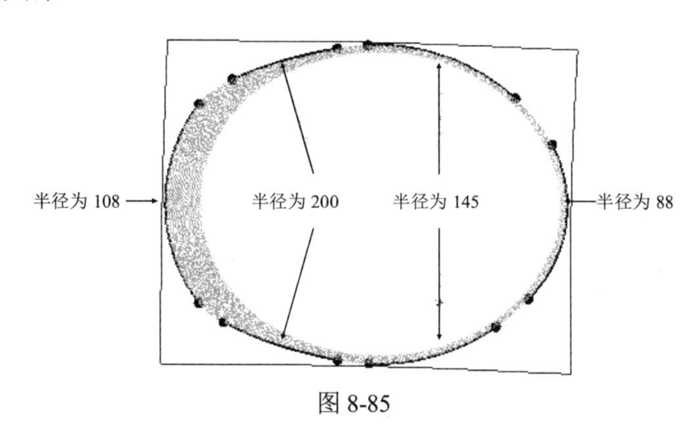


图 8-85

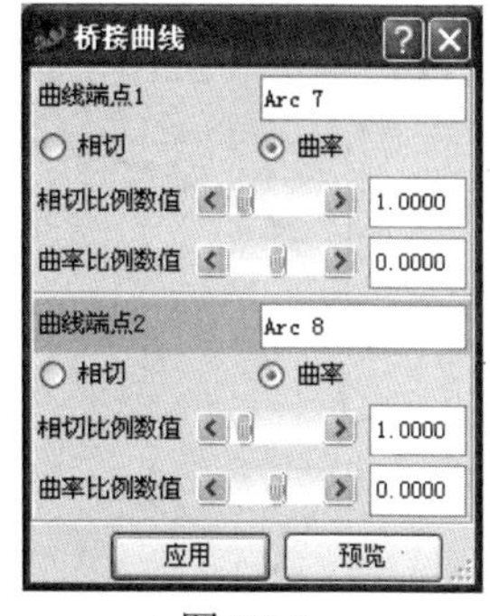


图 8-86

(10) 选择相邻两条圆弧段上相邻的端点，如图 8-87 所示。在对话框的连续方式中均选择“曲率”，以曲率连续的方式连接两段圆弧。单击“预览”按钮，观察生成效果。单击“应用”按钮确认。

(11) 利用相似的方法选择相邻的两个端点，以曲率连续的方式连接两段相邻的圆弧，最终形成如图 8-88 所示的曲线。

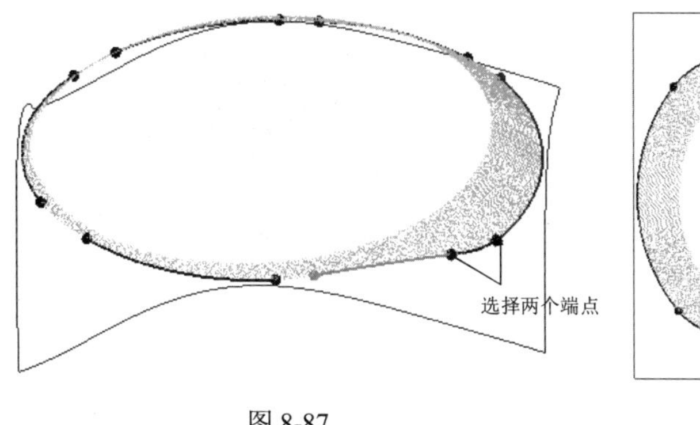


图 8-87

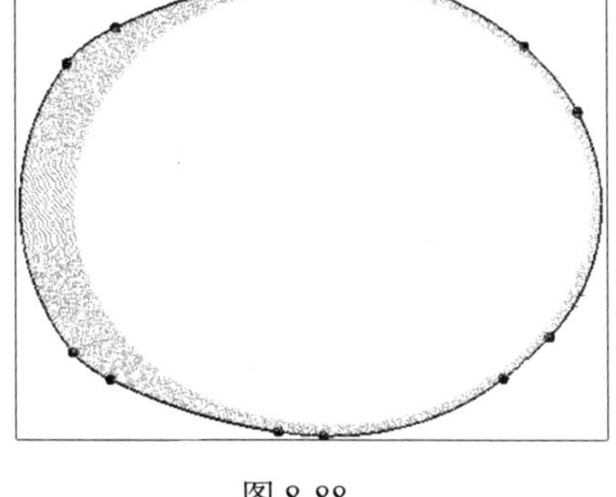

图 8-88

## 8.4.4　修剪曲面

【操作步骤】

(1) 使用快捷键 Ctrl+H，隐藏视图中的点云。

| | |
|---|---|
| | 源文件：\part\ch8\finish\aqm_finish7.imw |
| | 操作结果文件：\part\ch8\finish\aqm_finish8.imw |

(2) 使用菜单命令“显示”→“曲线”→“显示所有曲线方向箭头”，显示出所有曲线的方向箭头，如图 8-89 所示。从中可以发现有几个线段的方向是顺时针方向，大部分曲线的方向为逆时针方向。曲线方向不同时不能使用它们来修剪曲面。

(3) 使用菜单命令“修改”→“方向”→“反转曲线方向”，快捷键为 Ctrl+Shift+R，利用反转曲线方向的命令将顺时针方向的线段调整为逆时针方向。按住 Ctrl 键，选择逆时针方向的线段，单击“应用”按钮确认，将线段调整到一致的方向上，如图 8-90 所示。

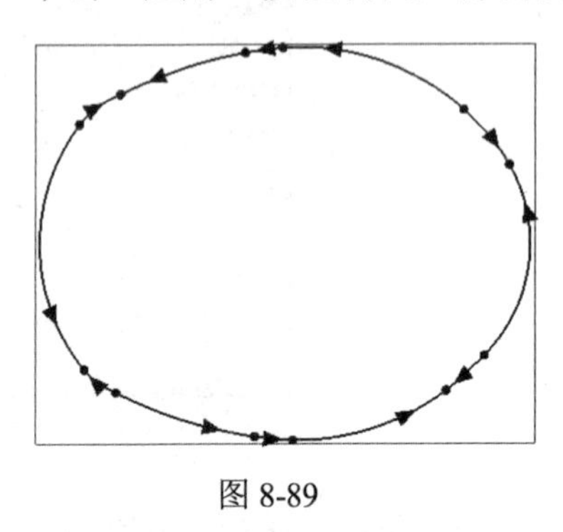

图 8-89

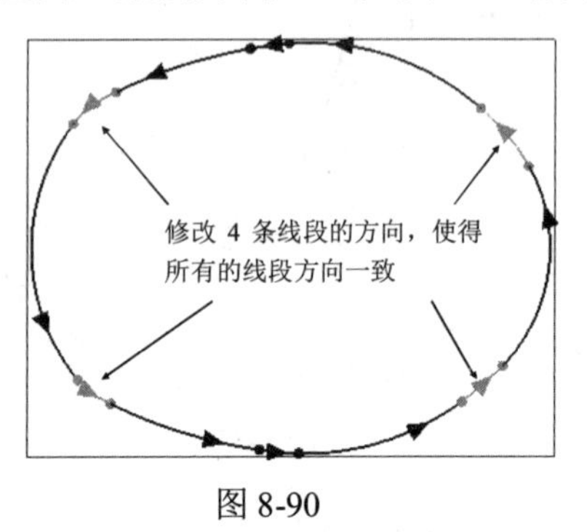


图 8-90

(4) 使用菜单命令“修改”→“修剪”→“使用曲线修剪”，得到如图 8-91 所示的对话框。

(5) 选择曲面 FitSrf 2。单击“命令曲线”栏，依次选择视图中的线段。在“修剪类型”栏中选择“外侧修剪”。单击“应用”按钮确认，结果如图 8-92 所示。

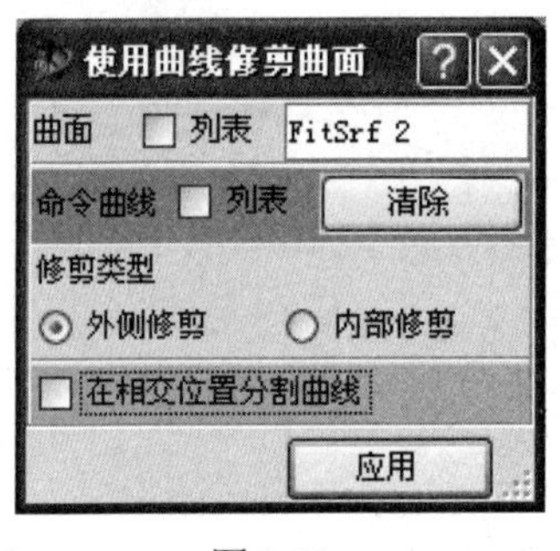


图 8-91

图 8-92

(6) 使用菜单命令“显示”→“曲线”→“隐藏所有的”，隐藏所有的曲线。至此，节点 M2 初步制作完成。

(7) 另存文件为 aqm_finish8.imw。

## 8.5 后期处理

逆向造型的后期处理工作包括曲面的光顺度检查和曲率连续性，曲面之间的连接与裁剪，以及最后成形后的实体与原始点云之间的误差分析。对于塑料模来说，要检查实体的拔模效果。本例将首先进行曲面光顺度的检查、曲面之间的连接与裁剪和精度检查。

## 8.5.1　光顺度和曲率连续性检查

光顺度检查包括单一曲面的光顺度和曲面连接处的光顺度的检查。

【操作步骤】

(1) 单击主要栏目管理工具条上的“图层编辑”图标，如图 8-93 所示，打开层管理器。

图 8-93

| | |
|---|---|
| | 源文件：\part\ch8\finish\aqm_finish8.imw |
| | 操作结果文件：\part\ch8\finish\aqm_finish9.imw |

(2) 单击层管理器中的“新建”图标，新建一个层，系统自动命名为 L 2，如图 8-94 所示。

(3) 再次单击层管理器中的“新建”图标，并新建一个层，系统自动命名为 L 3。

(4) 单击“图层”栏下的 L 1 一栏，在层管理器的下半部分显示了位于该层中的所有实体的名称。

(5) 单击点云名称 toukui，按住并拖动鼠标到对话框上半部分的 L 3 栏上，如图 8-95 所示。释放鼠标，即可将位于 L 1 层中的实体 toukui 移动到 L 3 层中。

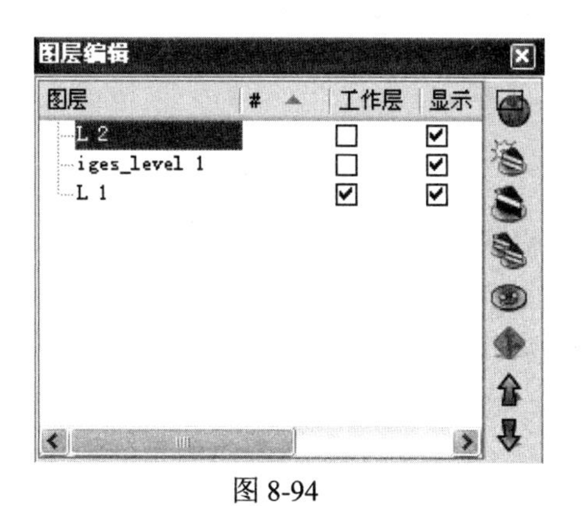


图 8-94

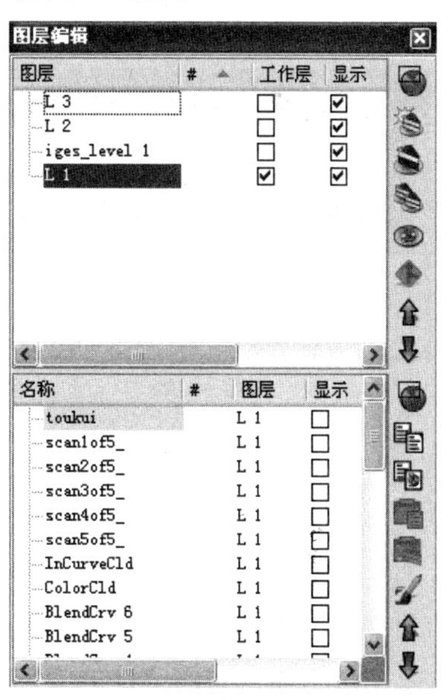


图 8-95

(6) 与上面的步骤类似，将位于 L 1 层中的实体 LoftSrf、FitSrf 和 FitSrf 2 移动到 L 2 层中。

(7) 设置“图层”栏下各层的“工作层”属性和“显示”属性。选择 L 2 层后面的“工作层”复选框，使之成为当前的工作层。选择 L 2 后面的“显示”复选框，不选其他几个层后的“显示”复选框，如图 8-96 所示，使得视图中仅有位于 L 2 层中的三个曲面和它们的面内曲线可见，其他的实体都处于不可见状态。

(8) 单击菜单命令“显示”→“曲线”→“隐藏所有的”，隐藏所有的面内曲线。视图中仅显示出三个曲面，如图 8-97 所示。

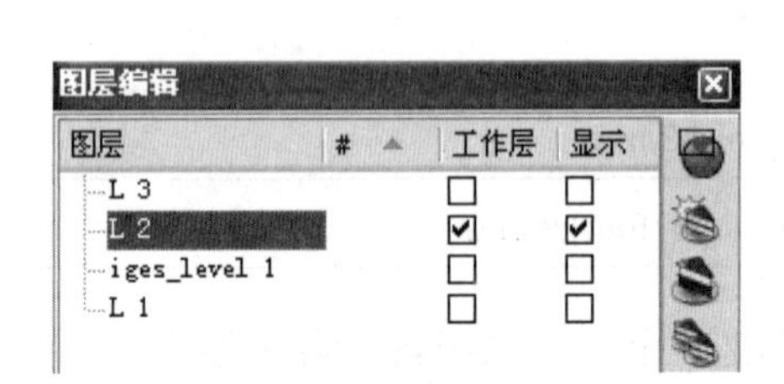


图 8-96

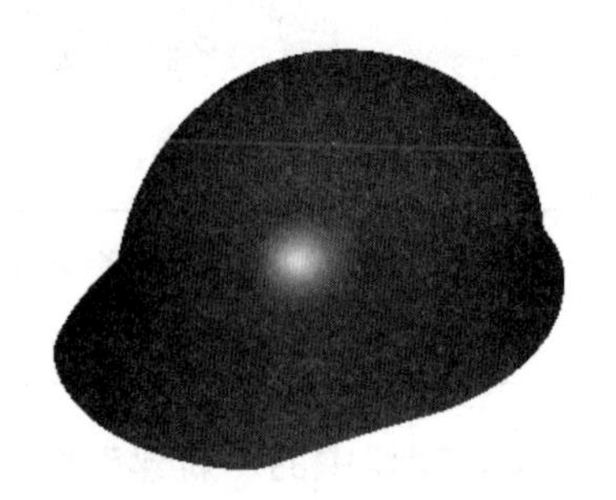

图 8-97

(9) 单击菜单命令“评估”→“控制点矢量图”，如图 8-98 所示，显示出所有曲面的控制顶点，如图 8-99 所示。值得说明的是，检查控制顶点可以初步判断平面的光顺性。一般情况下，高光顺的曲面的控制顶点排列比较整齐，并且位于曲面的同一侧。本例中，由视图显示的控制顶点可以初步判定各单独的曲面的光顺性符合要求。

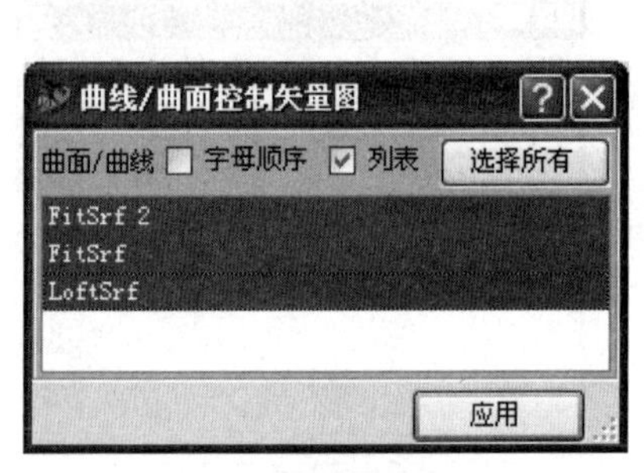


图 8-98

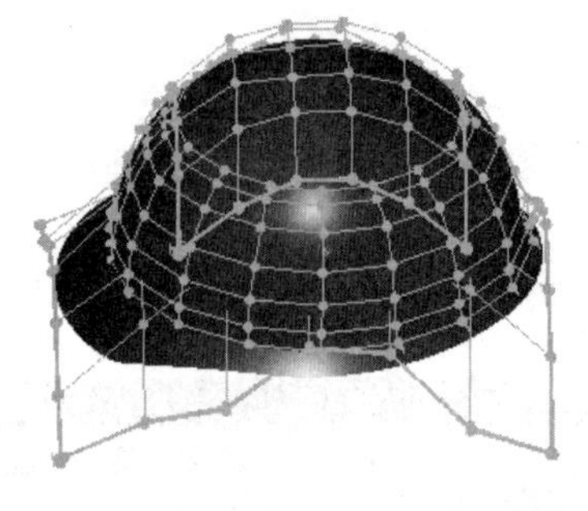

图 8-99

(10) 使用菜单命令“显示”→“矢量图”→“隐藏所有的矢量图”来隐藏所有曲面的控制顶点。

(11) 使用菜单命令“评估”→“曲率”→“曲率梳状图”，如图 8-100 所示。显示出所有曲面的曲率梳，如图 8-101 所示。值得说明的是，检查曲面的曲率梳可以判定曲面的曲率连续性，曲率梳相邻之间曲率针的方向以及长度反映了曲面的曲率方向与曲率值。一般高光顺性的曲面要求曲率连续，即在同一个曲率梳上的曲率针朝着同一个方向，并且曲率针的长短起伏不大。从本例中的曲率梳看，单一曲面均满足曲率连续。

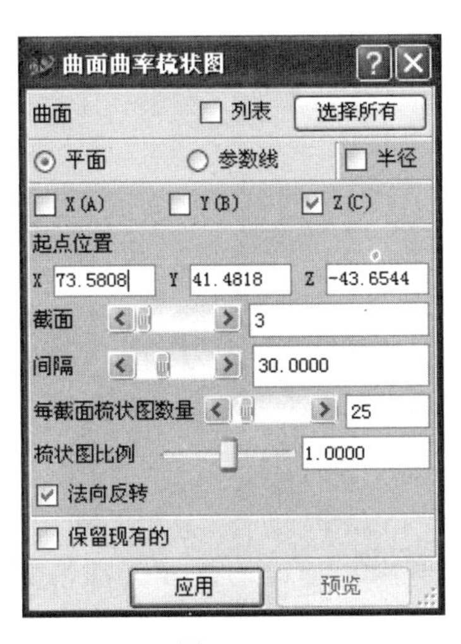


图 8-100

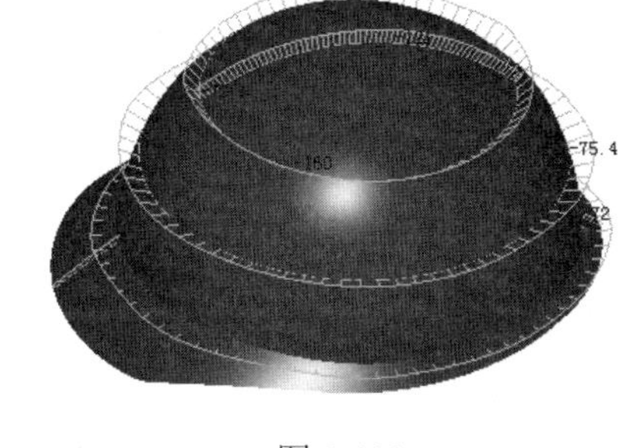

图 8-101

(12) 使用菜单命令“显示”→“矢量图”→“隐藏所有的矢量图”来隐藏所有曲面的曲率梳。

(13) 使用菜单命令“评估”→“测评”，如图 8-102 所示，选择“X 断面”选项，显示出所有曲面的剖断面，如图 8-103 所示。曲面的剖断面也是一种辅助检查曲面光顺度的手段。通过观察剖断的连续状态以及在曲面上分布的均匀性可以初步判定前面的光顺度。

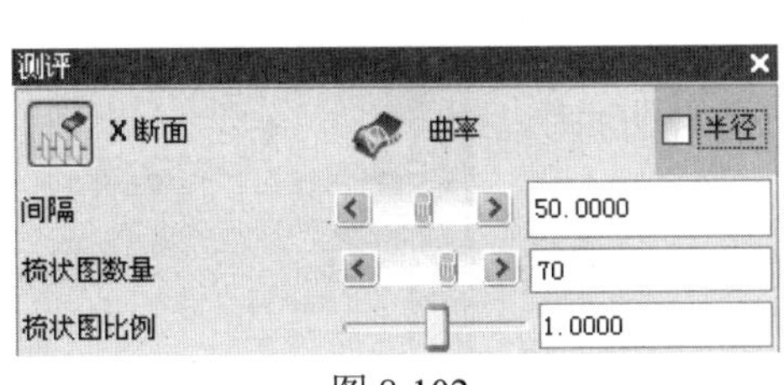


图 8-102

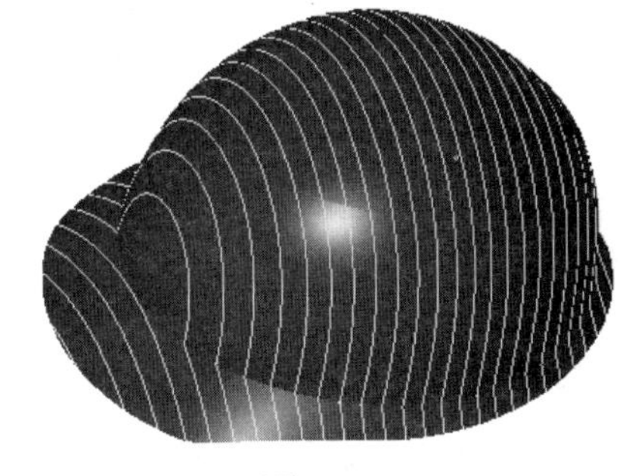

图 8-103

(14) 单击菜单命令“显示”→“矢量图”→“隐藏所有的矢量图”来隐藏剖断面。

通过上述的方法检查单一曲面的光顺性和连续性。接下来要检查两个曲面之间的光顺性和连续性。本例中可以仅检查圆形大面的两个组成曲面末端节点 T1 和 T2。而帽檐部分的曲面将和圆形大面做倒圆角处理，无须检查连接处的光顺性和连续性。

(15) 单击菜单命令“评估”→“曲面流线分析”→“反射线”，得到如图 8-104 所示的对话框。

(16) 在“曲面”栏中选择 LoftSrf 和 FitSrf 两个曲面。选择“分布图”复选框，并设定它后面的数值为 10，即显示 10 条高亮的等高线。单击“预览”按钮，旋转视图查看两个曲面连接处的高亮反射线，如图 8-105 所示。从其中的高亮反射线可以看出，两个曲面之间的连接部分不够光顺，需要对曲面进行编辑。

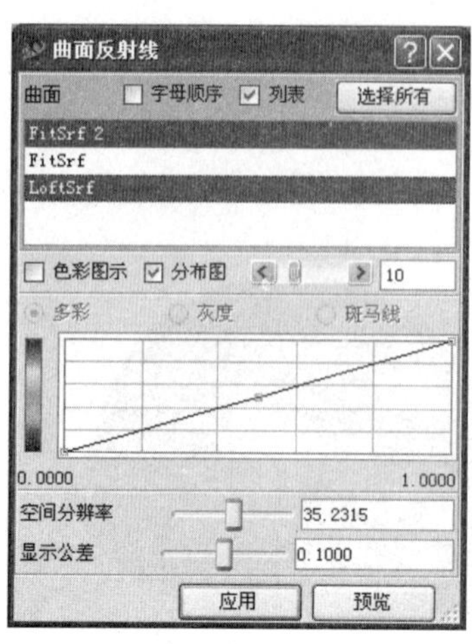


图 8-104

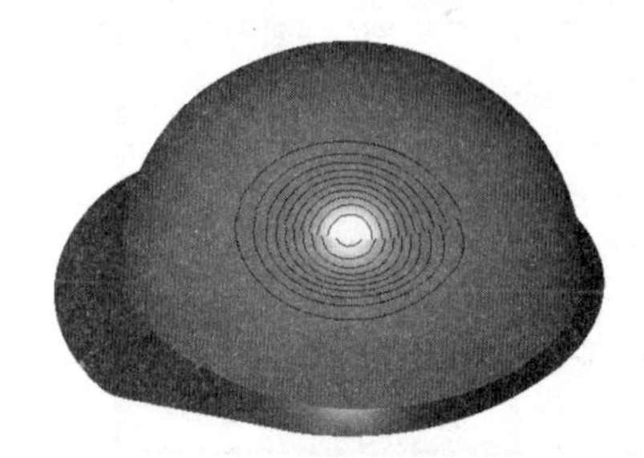

图 8-105

(17) 单击菜单命令“评估”→“连续性”→“多曲面”，打开如图 8-106 所示的对话框。

(18) 在“曲面”栏中选择 FitSrf 和 LoftSrf。在检测方式中选择“相切平面”选项。单击“预览”按钮就可以在“连续性报告”栏中看到两个曲面连续性的相关信息。这里显示了两个曲面的位置不连续，最大误差为 0.1548mm，相切不连续最大误差约为 6.62°。在曲面造型中的高光顺曲面追求的精度为：位置连续误差小于 0.001mm，而相切连续误差小于 0.05°。所以需要对前面创建的两个曲面进行编辑。

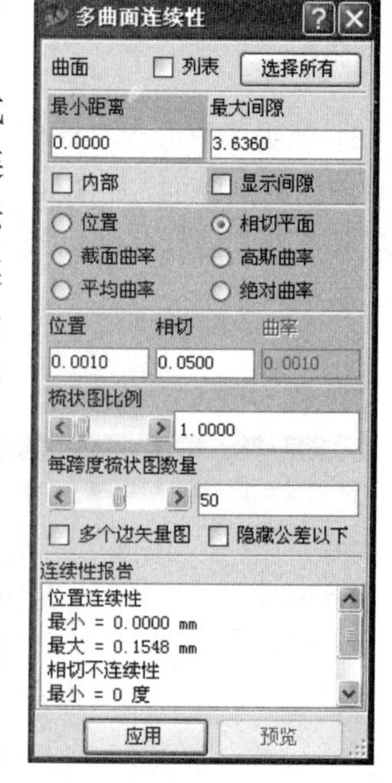


图 8-106

(19) 单击菜单命令“修改”→“连续性”→“缝合曲面”，打开如图 8-107 所示的对话框。

(20) 选择两个曲面上的如图 8-108 所示位置作为“缝合数据”和“参考数据”。选择对话框中的“位置”复选框和“相切”复选框。设置“跨度”栏中的 *U* 和 *V* 数值均为 5。选择“内部”和“位置显示”复选框。单击“应用”按钮，可以观察最后一栏中各种误差的变化。

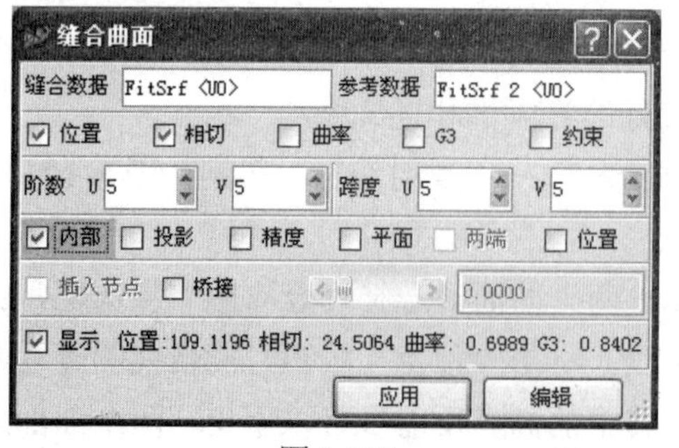


图 8-107

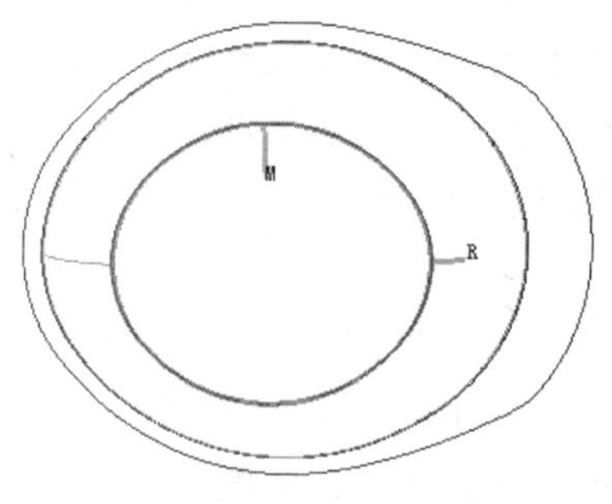


图 8-108

(21) 进行缝合操作后，再次单击菜单命令“评估”→“连续性”→“多曲面”，检查两个曲面的连续性。这时可以发现对话框中“连续性报告”栏中的显示如图 8-109 所示。信息显示两个曲面之间达到了位置和曲率连续的要求。

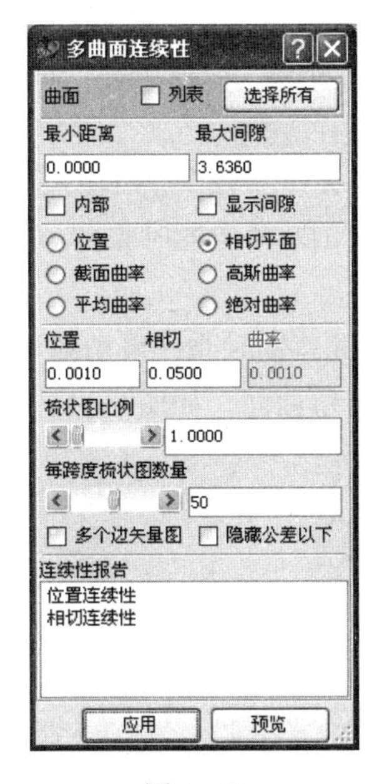


图 8-109

## 8.5.2　倒圆面

【操作步骤】

(1) 单击菜单命令“构建”→“倒角”→“模式”，得到如图 8-110 所示的对话框。

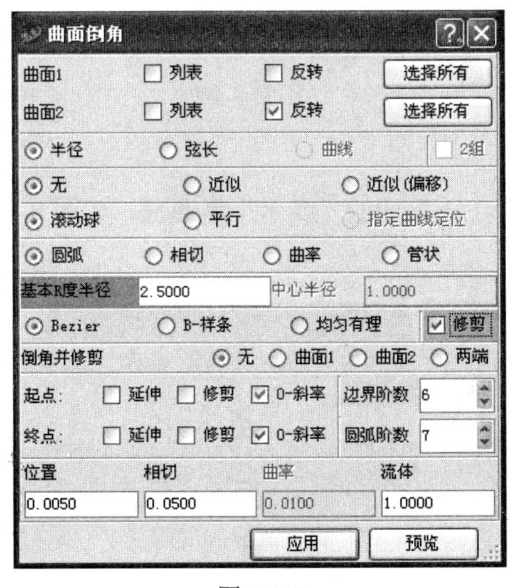


图 8-110

| | |
|---|---|
| | 源文件：\part\ch8\finish\aqm_finish9.imw |
| | 操作结果文件：\part\ch8\finish\aqm_finish10.imw |

(2) 单击“曲面 1”栏，选择曲面 LoftSrf，取消选择“反转”复选框，使得针形标志向外。单击“曲面 2”栏，选择曲面 FitSrf 2，取消选择“反转”复选框，使得针形标志向上。如图 8-111 所示。

(3) 选择“半径”选项，在“基本 *R* 度半径”栏中输入半径值 2.5。选择曲面类型为 Bezier 曲面。选择“修剪”复选框，在创建倒圆角的同时修剪掉多余的曲面。单击“预览”按钮可以查看倒圆角生成的效果。

(4) 单击“应用”按钮生成倒圆角，同时系统自动裁剪了曲面 LoftSrf 和 FitSrf 上多余部分的曲面。用仅显示出边框的方式显示曲面，如图 8-112 所示。倒圆角部分的曲面由多张连续的曲面组成。

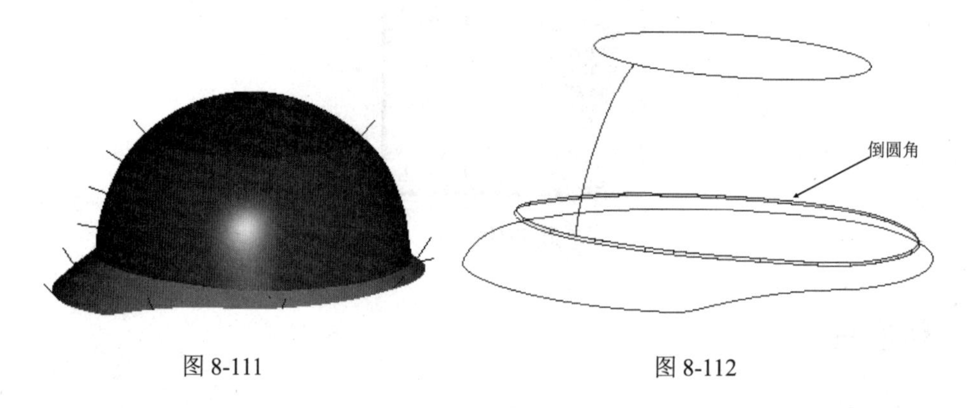


图 8-111　　　　图 8-112

(5) 至此曲面部分的制作基本完成。最后一步是检查所有曲面与原始点云之间的误差，根据误差进行微调操作。

## 8.5.3　误差分析和微调

【操作步骤】

(1) 打开层管理器，选择 L 3 后面的“显示”复选框，如图 8-113 所示，使得点云 toukui 可见。

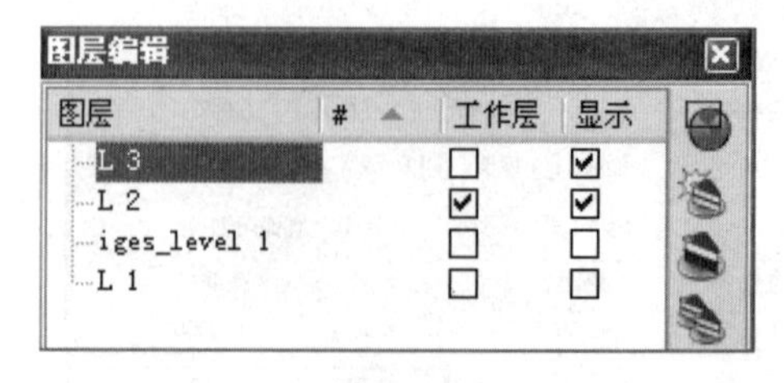


图 8-113

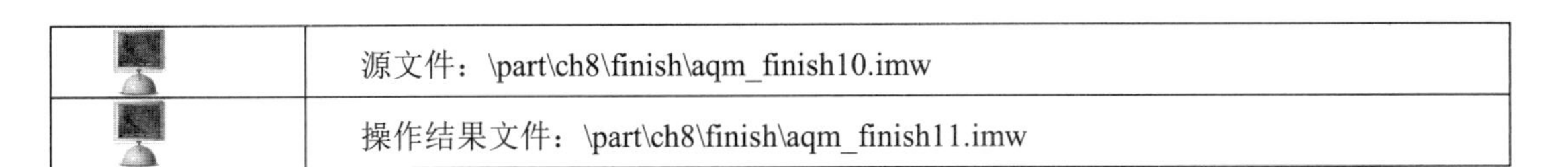

|  | 源文件：\part\ch8\finish\aqm_finish10.imw |
|---|---|
|  | 操作结果文件：\part\ch8\finish\aqm_finish11.imw |

(2) 使用菜单命令“测量”→“曲面偏差”→“点云偏差”，得到如图 8-114 所示的对话框。

(3) 在“曲面”栏中选择所有的曲面。在“点云”栏中选择点云 toukui。在“创建”栏中选择“梳状图/彩色矢量图”选项。单击“应用”按钮。

(4) 在弹出的误差报告中显示了曲面与点云之间的误差信息，如图 8-115 所示。总体最大误差超过标准 0.5mm。

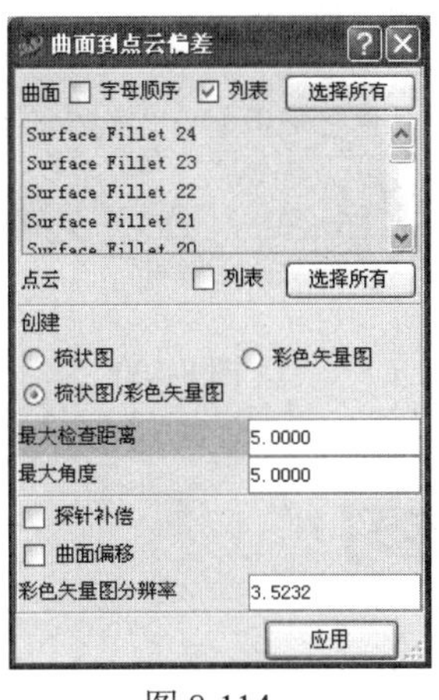


图 8-114

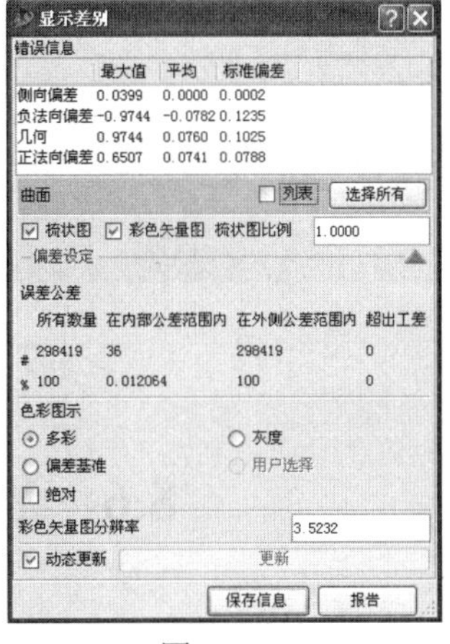


图 8-115

(5) 隐藏点云，视图中红色区域需要微调进行修正，如图 8-116 所示。

(6) 在曲面上右击，选择“编辑曲面”命令图标，如图 8-117 所示。

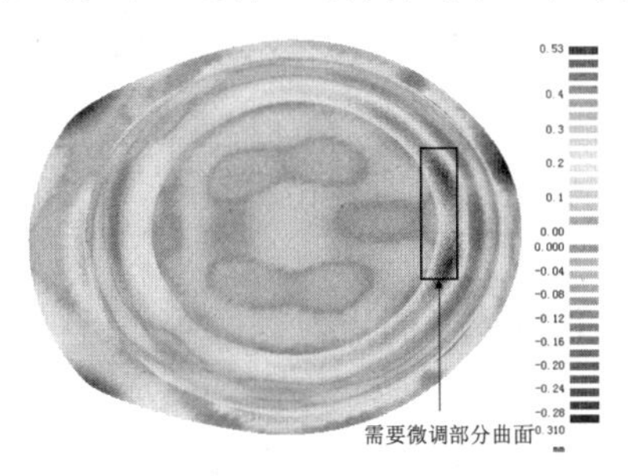


图 8-116

图 8-117

(7) 在得到的如图 8-118 所示的对话框中选择“Z(C)”复选框和“步距范围微调”复选框，指定微调值为 0.1mm。

图 8-118

(8) 单击图 8-119 所示的第 1 个控制顶点，按住鼠标左键，并且向上拖动鼠标一两次。然后同样地单击其中的第 2 个控制顶点，按住鼠标左键，并且向上拖动鼠标一两次。

(9) 随着用户动态地微调这两个控制顶点，曲面上红色区域的颜色随着调整变为浅红色，即表面曲面与点云的误差逐渐减少。

(10) 再次检查所有曲面和点云的差异，得到误差报告。至此安全帽的逆向制作全部完成了。最终的曲面效果如图 8-120 所示。

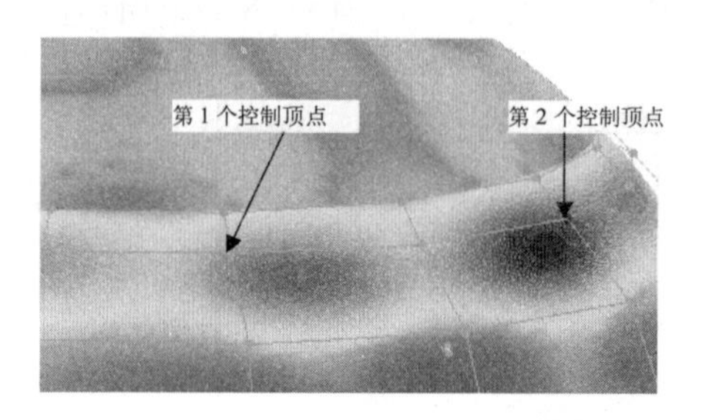


图 8-119

图 8-120

## 8.6　思考与练习

1. 如何对本例中的安全帽进行产品分析？

2. 按照操作步骤，对安全帽进行“点云处理”和“对齐点云”操作。

3. 按照操作步骤，圆形大面的制作包括两个部分，即末端节点 T1 和 T2。T1 将利用放样命令创建，而 T2 将使用由点云直接拟合为均匀的曲面。对这两部分进行操作。

4. 由颜色特征提取点云，如何进行帽檐的制作？

5. 通过“曲面光顺度的检查、曲面之间的连接与裁剪和精度检查”，如何进行安全帽产品的后期处理？

6. 打开\补充实例\exercise\hsj.imw 文件，利用提供的点数据，完成后视镜的逆向造型，结果如图 8-121 所示。

7. 打开\补充实例\exercise\ Mickey.imw 文件，利用提供的点数据，完成米老鼠的逆向造型，结果如图 8-122 所示。

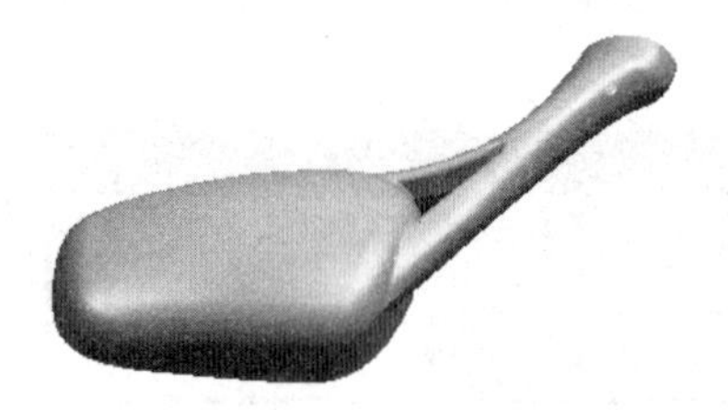

图 8-121

图 8-122

# 第9章　应用实例之电池盒

## 本章重点内容

本章将介绍电池盒的逆向制作过程，学习使用 Imageware 软件进行复杂实体上的简单二次曲面的构建方法。

## 本章学习目标

- 应用第 1～6 章介绍的基础逆向造型等内容；
- 着重介绍每一个实例的软件实现过程。

电池盒成形后的曲面如图 9-1 所示。

图 9-1

## 9.1　电池盒产品分析

本例引用的点云是电池盒整体的一个底座部分。除了底座部分还有一个与之配合的上盖，上盖的结果与底座部分比较类似。所以本例中仅以电池盒的底座为例来讲解实体曲面的构建方式。为了方便讲解，本例中直接称电池盒底座为电池盒。

仔细观察可以发现各部分的曲面基本都是比较简单的二次曲面(例如平面、圆柱面、圆锥面等)，还有少量的非二次曲面可以通过简单的拉伸功能来构建。

对于这样一个部件较多，而单一的每一个面又比较简单的实例而言，产品分解过程就显得尤为重要。利用造型树方法分解实体将有利于用户有条理地进行逆向造型的工作。

电池盒的造型树分解结果如图 9-2 所示。

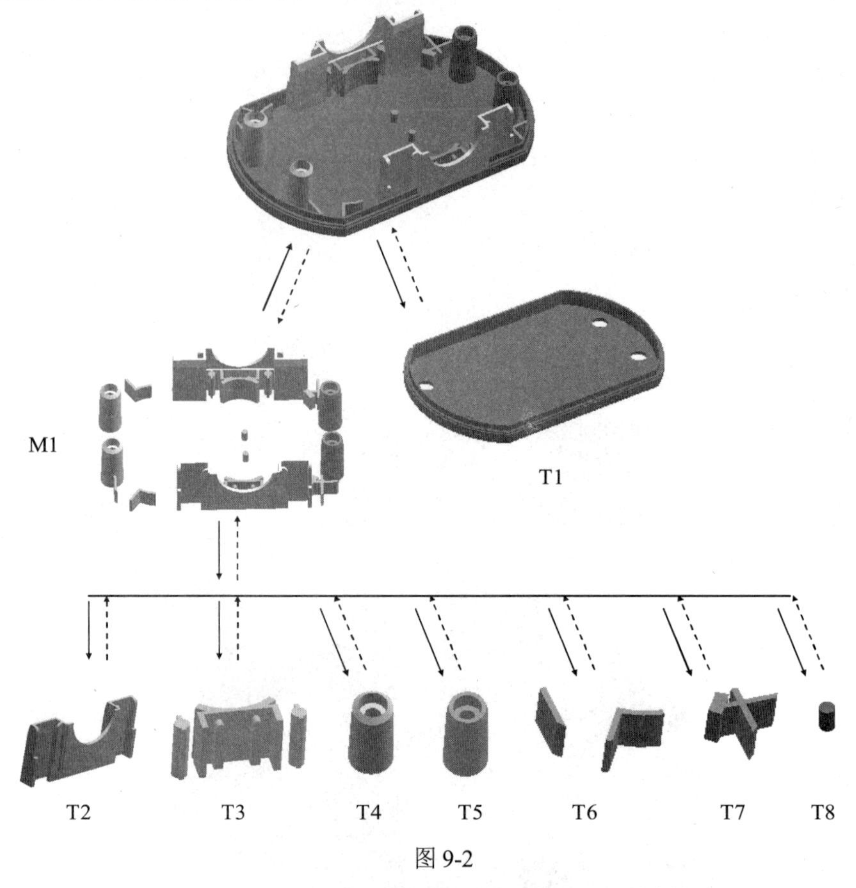


图 9-2

由上图的分解结果可知，电池盒可以首先分解为底座和底座上的定位件两大部分。其中底座部分(T1)，由若干水平平行平面和竖直边框平面以及底面的小凸起和凹面组成。而底座上的定位件 M1，则是一个对称的部件。对称件的一半又可以分解为 T2、T3、T4、T5、T6、T7 和 T8 七个小部件。T2 到 T8，这七个小部件中的 T2 和 T3 也同样可以作为对称件分解。

上图中的末端节点 T1 到 T8，是一个初步的个体分解，它们都是由多个面组成的，所以从严格意义上说还不是最终的末端节点。这些节点的分解方法将在它们的造型中讲解。

分解实体过程的相反过程就是用户三维造型的实施过程。电池盒的逆向造型大致步骤如下。

【步骤一：检查点云数据】

(1) 检查点云特征。

(2) 确定点云分解方案。

(注：这一部分内容即为拿到点云数据后，调整点云数据量，清理杂点，并根据点云的可视化外形来分解实体，确定实体构建思路的过程。在这一章中不再重复讲解，用户得到的点云是已经处理好了的点云数据。)

【步骤二：制作电池盒底座】

制作电池盒底座，节点 T1。

【步骤三：制作定位件】

(1) 制作对称件 1，节点 T2。

(2) 制作对称件 2，节点 T3。

(3) 制作圆柱 1，节点 T4。

(4) 制作圆柱 2，节点 T5。

(5) 制作肋板 1，节点 T6。

(6) 制作肋板 2，节点 T7。

(7) 制作小凸台，节点 T8。

(8) 对末端节点 T2-T8 进行对称操作，制作定位件节点 M1。

## 9.2　电池盒的点云处理

点云数据通常包含大量的数据点，会对逆向造型造成不良影响，产生计算处理速度缓慢等不利因素。大部分情况下，点云的放置位置不在合理的位置上。所以，在进行三维造型之前，先要对点云进行必要的处理。

点云的初步处理包括修改点云的显示模式，降低点云数据量，可视化点云等。在三维造型的过程中还有析出点云，建立剖断面，光顺点云以及调整点云的起始方向等。

【操作步骤】

(1) 打开文件 dch.imw。

| | |
|---|---|
| | 源文件：\part\ch9\dch.imw |
| | 操作结果文件：\part\ch9\finish\dch_finish1.imw |

(2) 使用快捷键 Ctrl+I，打开“点云信息”对话框，如图 9-3 所示。

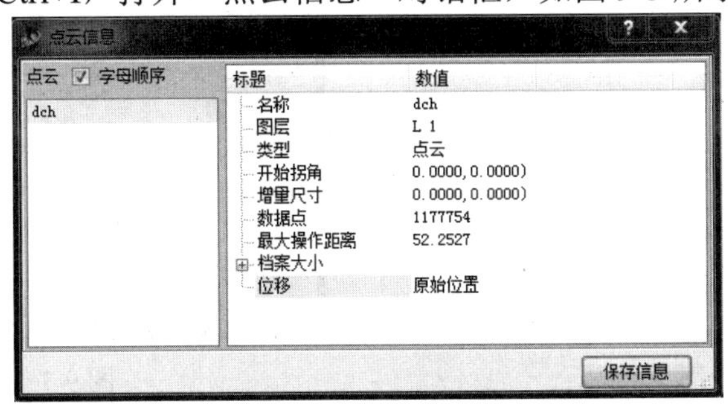


图 9-3

从中得到如下信息：点云包含 1 177 754 个数据点，点云的最大跨度以及在空间 $X$、$Y$、$Z$ 坐标的分布跨度。

可以发现：点云所包含的数据点过大，需要减少点云量。点云在三维空间的位置没有对称性。

(3) 关闭信息对话框，单击菜单命令“修改”→“数据简化”→“距离采样”，如图 9-4 所示。

(4) 在弹出的如图 9-5 所示的“距离采样”对话框的“点云”栏中选择 dch，在方式栏中选择“距离”，在“距离公差”栏中输入距离误差为 0.5000。单击“应用”按钮。这里的距离误差根据对样件精度的要求有所变化，一般可以选择为 0.15～0.5。

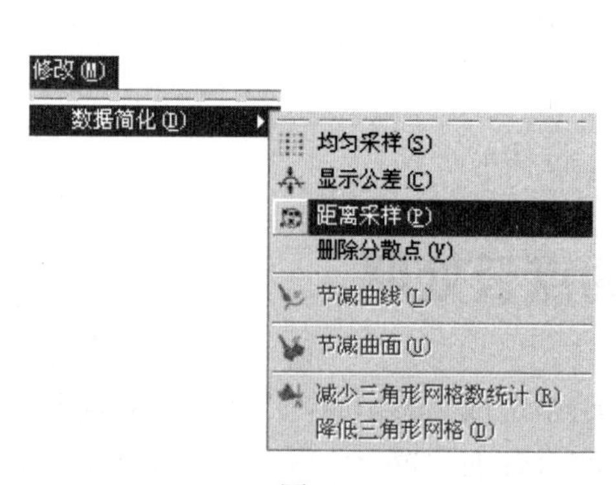


图 9-4

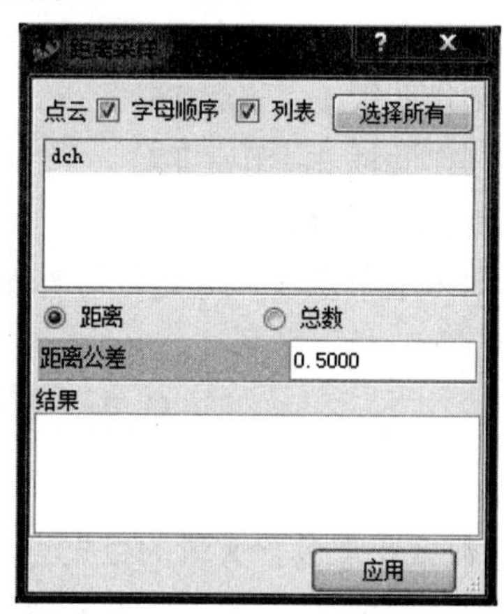


图 9-5

(5) 降低点云数据的操作结束后，在对话框的“结果”栏中显示计算的结果，如图 9-6 所示。由结果知：点云数据由原来的 1 177 754 个点降为 121 722 个点，减少了原始点云的 89%。这样处理以后，用户在进行其他操作时的速度会增加许多。

(6) 改变点云的显示模式。使用菜单命令“显示”→“点”→“显示”，快捷键为 Ctrl+D，得到“点显示”对话框，如图 9-7 所示。

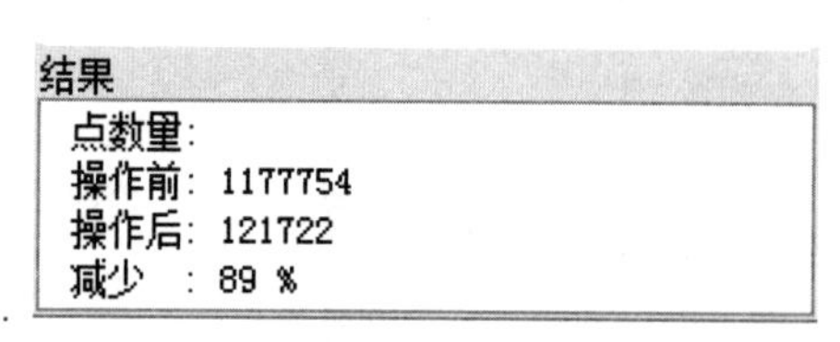


图 9-6

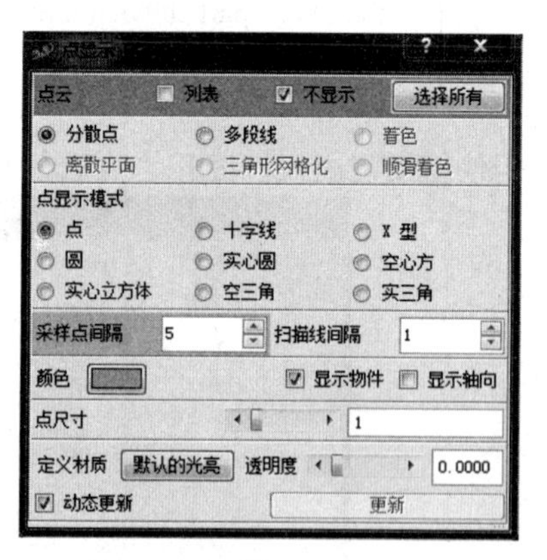


图 9-7

(7) 将“采样点间隔”栏中的数值改为 5，即使点云中的数据点显示出原来的 1/5，而其余的点不显示出来。

(8) 单击“颜色”栏后面的颜色按钮，在弹出的“选择颜色”对话框中选择绿色，单击“确定”按钮确认。

(9) 检查点云的周边是否有多余的噪音点。如果有噪音点，则可以使用菜单命令“修改”→“扫描线”→“拾取删除点”，快捷键为 Ctrl+Shift+P，依次删除不需要的点。本例中的点云数据基本没有噪音点，可以省略这一步。

(10) 另存文件为 dch_finish1.imw。

# 9.3　电池盒底座制作

## 9.3.1　电池盒底座造型分析

电池盒底座 T1 可以分解为上下两个部分。这两部分之间由倒圆角关系连接。

上半部分的曲面(Z1)又可以分为水平平行平面(E1)和竖直曲面(E2)两部分。其中水平面 E1 包含了 4 个处于不同高度位置的平行面。而竖直曲面 E2 包含了 4 组竖直曲面。

下半部分的曲面(Z2)则可以分解为 1 个大平面(E3)、1 个凹平面(E4)、2 个凸平面(E5)和 4 个小凸起曲面(E6)。

电池盒底座的分解图如图 9-8 所示。

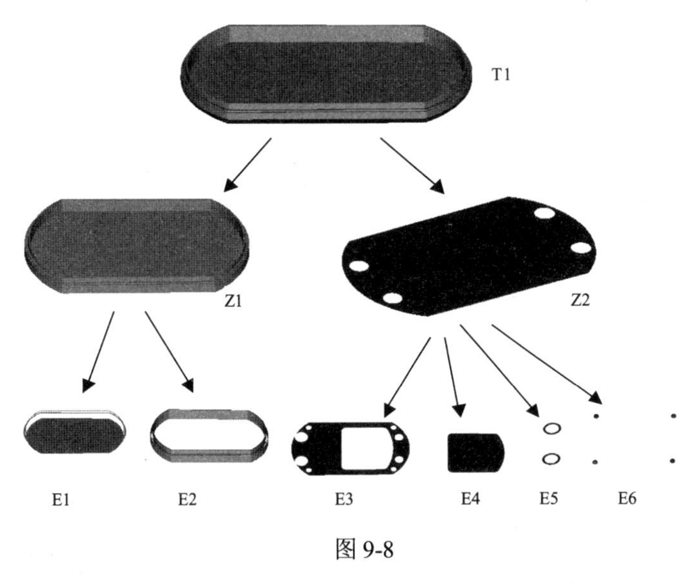


图 9-8

电池盒底座的实现流程也是相似地从它的造型树的末端开始制作，最后得到电池盒底座。其中造型分解中有空隙的面都是先以简单的单一的平面制作，最后利用曲面相互之间的交线来裁剪形成分解示意图中的面。

【步骤一：制作底座上半部分】

(1) 制作末端节点 E1，它实际上是由 4 个水平方向的平行平面组成的。

(2) 制作末端节点 E2，它包含 4 组竖直方向的曲面。

【步骤二：制作底座下半部分】

(1) 制作末端节点 E3，同样是以单一平面形式拟合点云。

(2) 制作末端节点 E4，用边界曲线裁剪平面构面。

(3) 制作末端节点 E5，2 个小凸台平面。

(4) 制作末端节点 E6，4 个小曲面。

## 9.3.2　制作底座上半部分

### 1. 制作末端节点 E1

【操作步骤】

(1) 使用菜单命令“视图”→“设置视图”→“左视图”，快捷键为 F3。将视图调整到左视图的位置。

| | |
|---|---|
| | 源文件：\part\ch9\finish\dch_finish1.imw |
| | 操作结果文件：\part\ch9\finish\dch_finish2.imw |

(2) 单击菜单命令“修改”→“抽取”→“圈选点”，得到如图 9-9 所示的“圈选点”对话框。

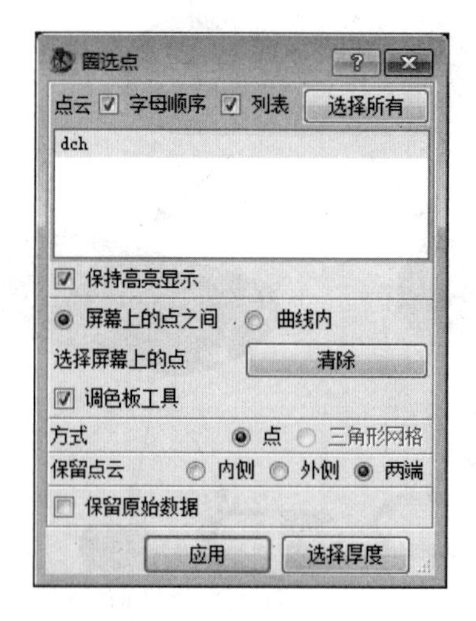


图 9-9

(3) 在“点云”栏中指定点云为“dch”。在“保留点云”栏中选择“两端”选项，即在分割点云时同时保留两个部分的点云。选择“保留原始数据”复选框，保留原始的点云数据。

(4) 单击“选择屏幕上的点”栏，在视图区域单击如图 9-10 所示的“点 1”的位置，注意这个位置是在整个点云之外，水平方向在电池盒底座的上下两部分之间。然后按住 Ctrl 按钮，选择“点 2”“点 3”和“点 4”附近的位置。

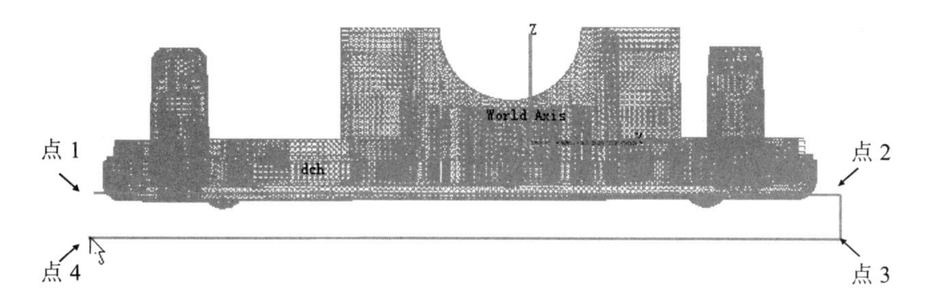


图 9-10

(5) 单击鼠标中键确认，此时视图中点云的名称显示为三个，它们分别是“dch”“dch in”和“dch out”。

(6) 单击主工具条上的“图层编辑”命令图标，打开层编辑器。

(7) 单击“新图层”命令图标两次，新建两个层，系统自动命令为“L 2”和“L 3”。

(8) 单击位于“L 1”层中的原始点云“dch”，按住鼠标左键拖动到“L 2”层。拖动位于“L 1”层中的点云“dch in”到“L 3”层。取消选择“L 2”和“L 3”层相应的“显示”复选框，如图 9-11 所示，使得位于这两个层中的点云不可见，仅显示出位于“L 1”层中的点云“dch out”。

(9) 使用菜单命令“视图”→“设置视图”→“上视图”，快捷键为 F1。将视图调整到上视图的位置。

(10) 参照第(2)步打开“圈选点”对话框。在“点云”栏中指定点云为“dch out”。在“保留点云”栏中选择“内侧”选项，即仅保留在框选范围之内的点云。选择“保留原始数据”复选框，保留原始的点云数据。

(11) 单击“选择屏幕上的点”栏，在视图区域单击如图 9-12 所示的“点 1”“点 2”“点 3”和“点 4”附近的位置。单击鼠标中键确认。系统自动生成框选内的点云名称为“dch in 2”。

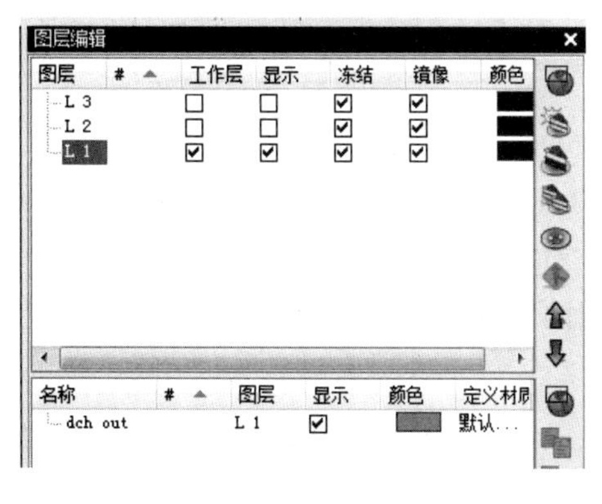


图 9-11

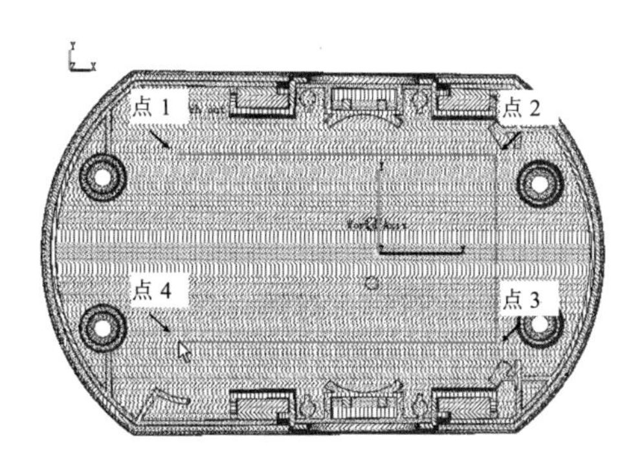


图 9-12

(12) 使用菜单命令“显示”→“隐藏选取对象”(快捷键 Ctrl＋L)，选择点云“dch out”，

如图 9-13 所示。单击“应用”按钮确认。

(13) 视图中仅显示出点云“dch in 2”，如图 9-14 所示。点云包含了一个平面和结构 T8 的点云数据。

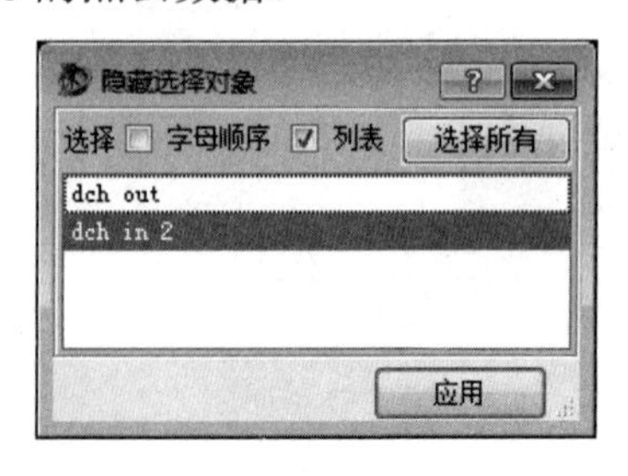


图 9-13

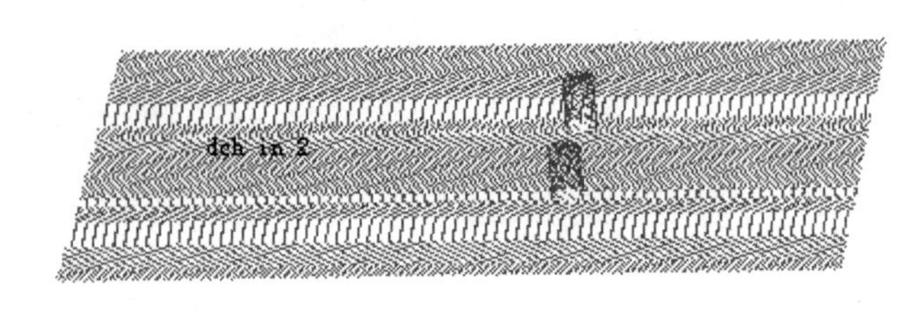


图 9-14

(14) 再次单击“圈选点”命令，在“点云”栏中指定点云为“dch in 2”。在“保留点云”栏中选择“两端”选项。不选择“保持原始数据”复选框，即不保留原始的点云数据。

(15) 单击“选择屏幕上的点”栏，选择包含两个小凸台的区域，如图 9-15 所示。单击鼠标中键确认。系统自动生成框选内的点云，名称为“dch in 3”，框选外的点云为“dch out 2”。原始的点云“dch in 2”被删除。

(16) 使用菜单命令“编辑”→“改变对象名称”(快捷键 Ctrl+N)，得到如图 9-16 所示的“改变对象名称”对话框。单击列表中的“dch in 3”，在“新建名称”栏中输入新的名称“T8”，单击鼠标中键确认。将点云的名称修改为“T8”，以方便后续造型使用。

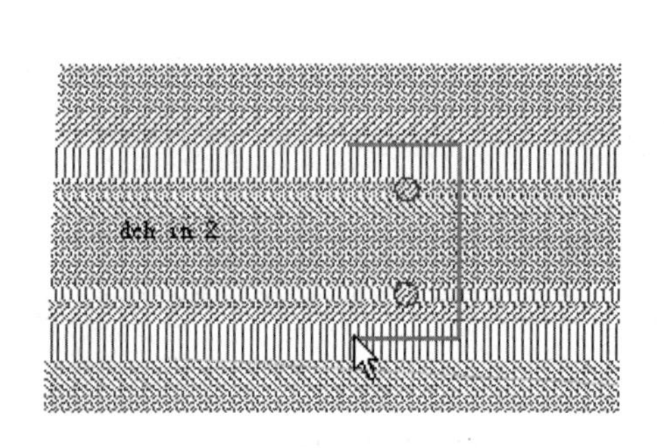


图 9-15

图 9-16

(17) 打开层管理器，新建层“L 4”，将位于“L 1”层中的点云“T 8”拖动到“L 4”层中，并取消选择“L 4”后面的“显示”复选框，使得这一层中的实体不可见。

(18) 单击菜单命令“构建”→“由点云构建曲面”→“拟合平面”，得到如图 9-17 所示的“拟合平面”对话框。

(19) 在“点云”栏中选择点云“dch out 2”。在“约束类型”栏中选择约束类型为“无约束”，即不使用约束条件。单击“应用”按钮。生成的平面如图 9-18 所示，系统自动命名为“FitPlane”。

图 9-17

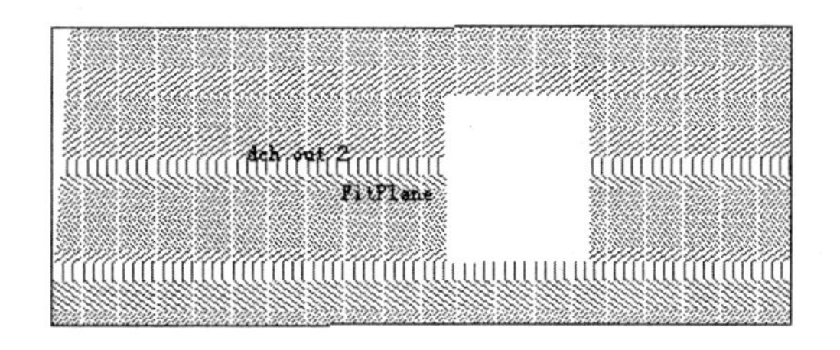


图 9-18

(20) 单击菜单命令“测量”→“曲面偏差”→“点云偏差”(快捷键 Shift+Q)，得到如图 9-19 所示的对话框。

(21) 单击“曲面”栏，选择曲面“FitPlane”。单击“点云”栏，选择“dch out 2”。单击鼠标中键确认。查看误差报告，如图 9-20 所示，满足误差要求。

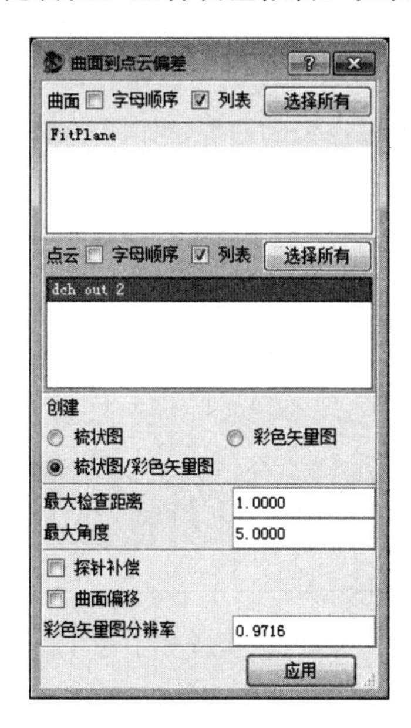


图 9-19

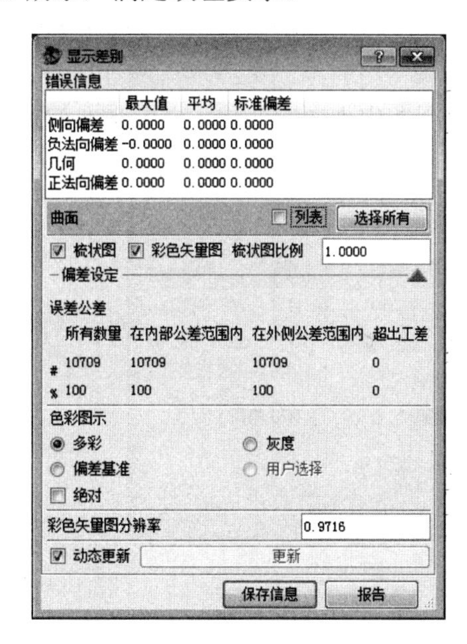


图 9-20

(22) 在空白区域右击，按住鼠标右键并移动到“返回历史”命令图标上，如图 9-21 所示，释放鼠标右键，撤销前一个命令操作。

(23) 将鼠标光标放置在点云上，右击，按住鼠标右键并移动到“剪切物件”命令图标上，如图 9-22 所示，删除点云数据“dch out 2”。(注意：鼠标光标所在位置上方为点云图标。)

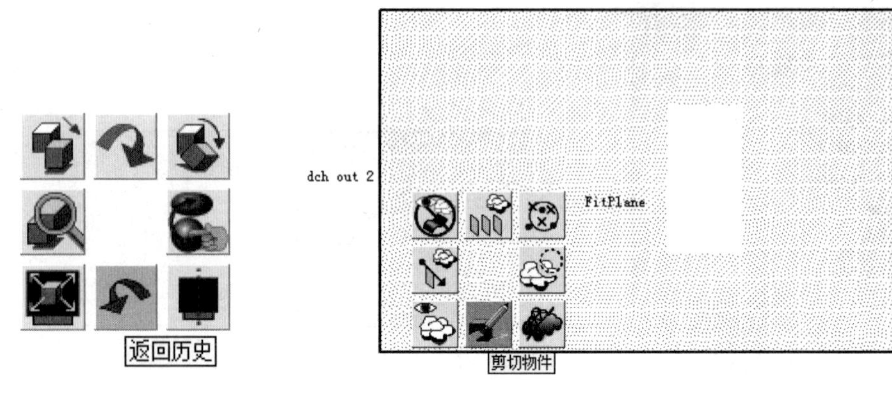


图 9-21　　　　图 9-22

(24) 使用菜单命令“显示”→“点”→“显示所有”(快捷键 Ctrl+S)，显示出当前工作层所有的点云。当前的工作层中仅有一个点云“dch out”，系统显示出了这一个点云。

(25) 单击菜单命令“修改”→“延伸”，得到如图 9-23 所示的“延伸”对话框。

(26) 在“曲面边界/曲线端点”栏中选取平面“FitPlane”。在延伸方式中选择“曲率”连续方式。勾选“所有边”复选框，延伸所有的边界。单击“预览”按钮，拖动距离栏中的滑块，观察视图中平面的变化，直至平面的四边都超过点云的边界，如图 9-24 所示。单击鼠标中键确认。系统自动将平面名称更改为“Surface”。

图 9-23

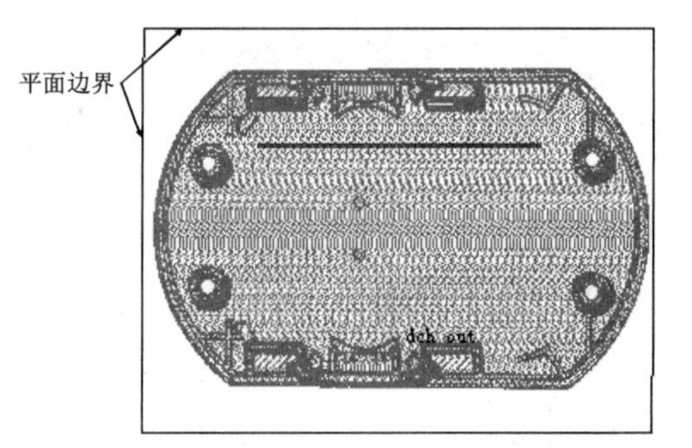


图 9-24

(27) 末端节点 E1 中的其他三个平面是与我们前面所创建的平面平行的。通过偏置平面“Surface”可以直接得到这些平面。偏置的距离可以通过测量得到。

(28) 单击主工具条上的“视图”命令图标，选择其中的“上视图”命令图标，将视图调整到俯视图位置。单击菜单命令“测量”→“距离”→“点到曲面最小距离”，得到如图 9-25 所示的对话框。

(29) 单击“曲面”栏，选择平面“Surface”。单击“点”栏，选择如图 9-26 所示的平面上的点。(每一个平面上的点需要选择多个，查看这些点到平面的距离，以确定该平面到平面“Surface”的距离。)

图 9-25

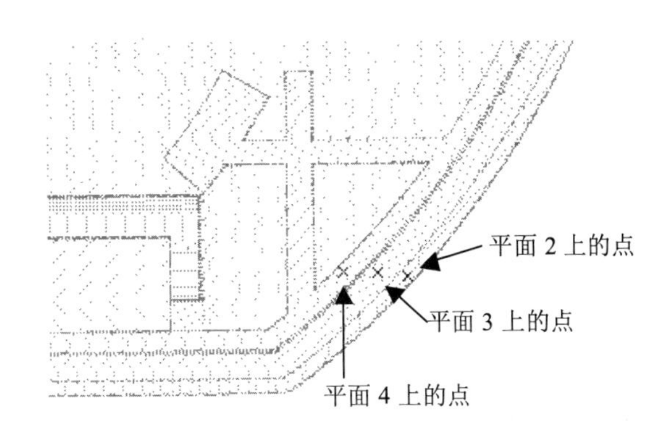


图 9-26

(30) 每次选择一个点，在对话框的“距离”栏中会显示出该点到平面的距离。测量结果显示平面 2 距离平面“Surface”的距离为 4.5mm，平面 3 距离平面“Surface”的距离为 5.3mm，平面 4 距离平面“Surface”的距离为 8.3mm。

(31) 单击菜单命令“构建”→“偏移”→“曲面”，得到如图 9-27 所示的“偏移曲面”对话框。

(32) 在“曲面”栏中选择平面“Surface”。在偏置方式中选择“常量”。在“距离”栏中输入偏置距离为 4.5000。单击“预览”按钮，查看生成效果，如图 9-28 所示。单击“应用”按钮确认。系统自动命名生成的偏置平面为“OffsetSrf”。

图 9-27

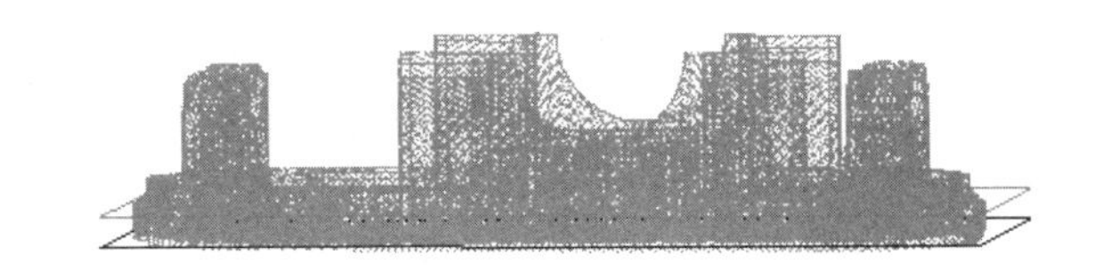

图 9-28

(33) 相似地，在“偏移曲面”对话框的“曲面”栏中选择平面“Surface”。在偏置方式中选择“常量”。在“距离”栏中输入偏置距离为 5.3。单击“预览”按钮，查看生成效果，单击“应用”按钮确认。系统自动命名生成的偏置平面为“OffsetSrf 2”。

(34) 同样的方法，在“距离”栏中输入偏置距离为 8.3，生成的偏置平面为“OffsetSrf 3”。

(35) 末端节点 E1 的未裁剪的初步结果如图 9-29 所示。

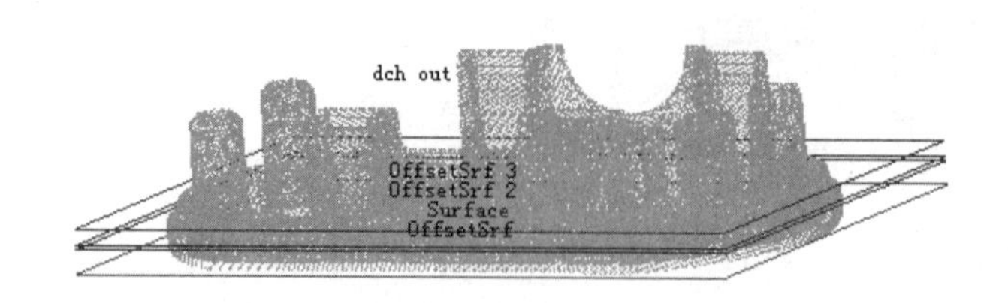


图 9-29

### 2. 制作末端节点 E2

【操作步骤】

(1) 使用菜单命令“视图”→“设置视图”→“左视图”，快捷键为 F3。将视图调整到左视图的位置。

| | |
|---|---|
| | 源文件：\part\ch9\finish\dch_finish2.imw |
| | 操作结果文件：\part\ch9\finish\dch_finish3.imw |

(2) 单击“物件锁定”工具条中的“曲面上任意点”命令图标，如图 9-30 所示。(如果其他命令中有被激活的，那么需要再次单击取消它的激活状态。)

图 9-30

(3) 单击菜单命令“圈选点”。在“保留点云”栏中选择“两端”。不勾选“保留原始数据”复选框。依次选择平面“OffsetSrf 3”的两个端点以及另外两个点，如图 9-31 所示，将点云在平面“OffsetSrf 3”以上的点云部分包含在内。系统将生成的点云命名为“dch in 2”。

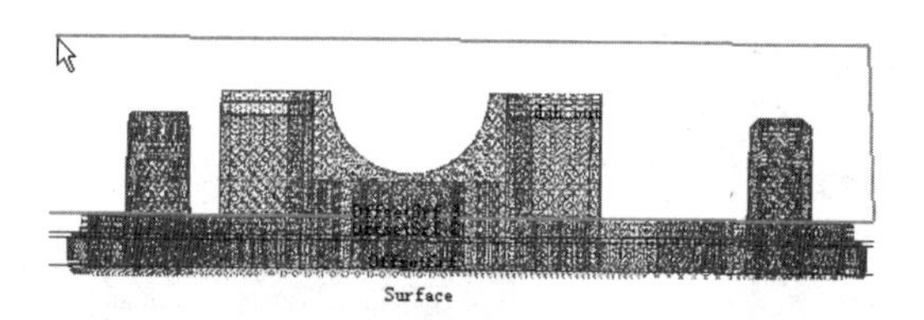


图 9-31

(4) 利用“改变对象名称”命令(快捷键 Ctrl+N)，将点云“dch in 2”重命名为 M1。

(5) 单击主工具条上的“图层编辑”命令图标，打开层管理器。将位于“L 1”层中的点云“M1”拖动到“L 4”层中。

(6) 使用菜单命令隐藏所有的曲面(快捷键 Shift+H)。

(7) 将视图调整到上视图(Top View)的位置。

(8) 单击菜单命令“圈选点”。在“保留点云”栏中选择“外侧”。不勾选“保留原始数据”复选框。选择如图 9-32 所示的区域。

(9) 将视图调整到前视图(Front View)的位置。单击菜单命令“构建”→“剖面截取点云”→“交互式点云截面”，得到如图 9-33 所示的对话框。

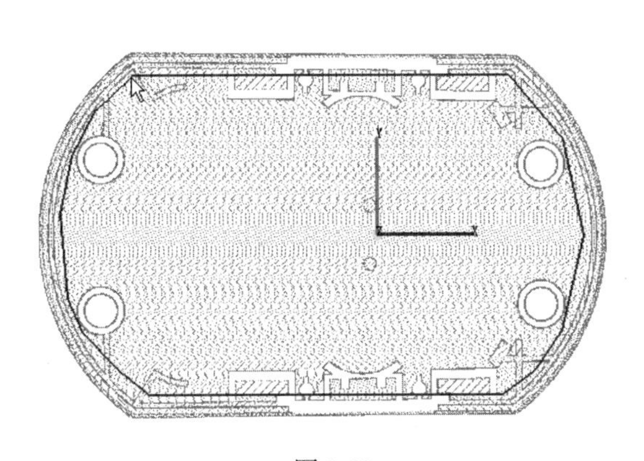

图 9-32

图 9-33

(10) 单击对话框中的“选择屏幕上的直线”栏，在点云的左侧空白处单击一点，按住 Ctrl 键，然后在点云右侧的空白处单击一点，这样形成一个水平方向的交互式的剖断面，如图 9-34 所示。相同的方法创建另外两个剖断面。注意，这三个剖断面的位置分别经过点云外侧的三个阶梯的竖直面。

(11) 使用菜单命令“显示”→“点”→“只选择显示的”(快捷键 Ctrl+J)，得到如图 9-35 所示的对话框，选择点云“dch out InteractSectCld”，单击鼠标中键确认，仅显示该点云。

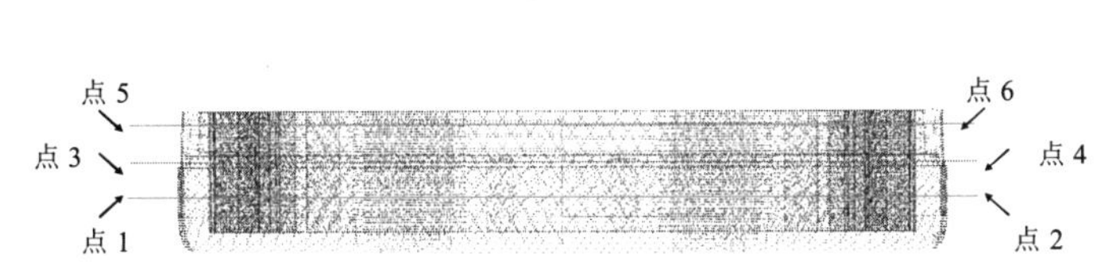


图 9-34

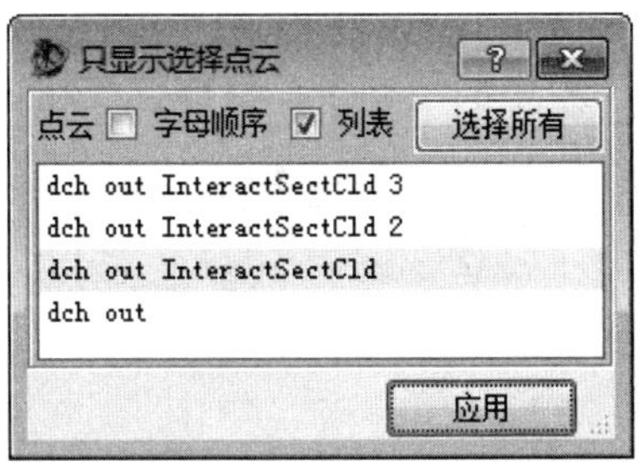


图 9-35

(12) 单击物件锁点工具条上的“点云捕捉”图标，如图 9-36 所示。

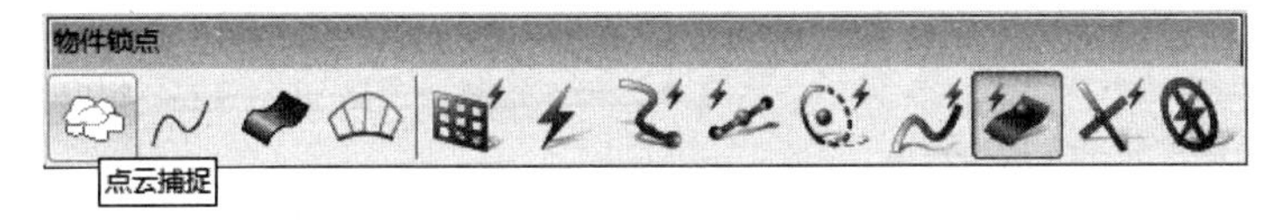


图 9-36

(13) 将视图调整到上视图(Top View)的位置。单击菜单命令“创建”→“简易曲线”→“直线”，得到如图 9-37 所示的对话框。利用两点法创建直线。

(14) 选择点云上如图 9-38 所示位置的两个点，将点云拟合为直线。单击“应用”按钮确定。

图 9-37

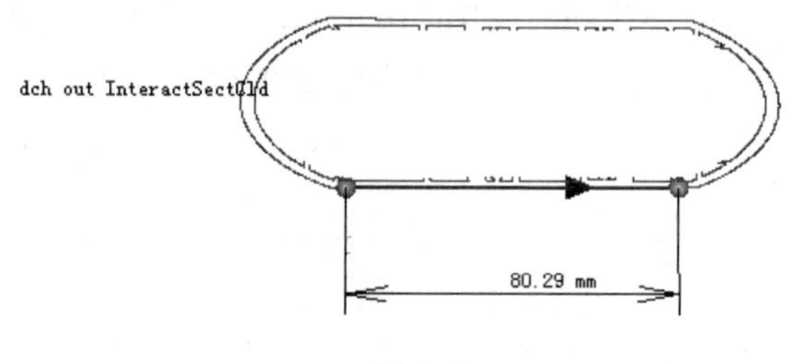


图 9-38

(15) 与上一个步骤类似，选择两个端点来拟合其他位置的 3 条直线，如图 9-39 所示。注意选择的点必须在点云合适的位置上，以创建适当的直线。

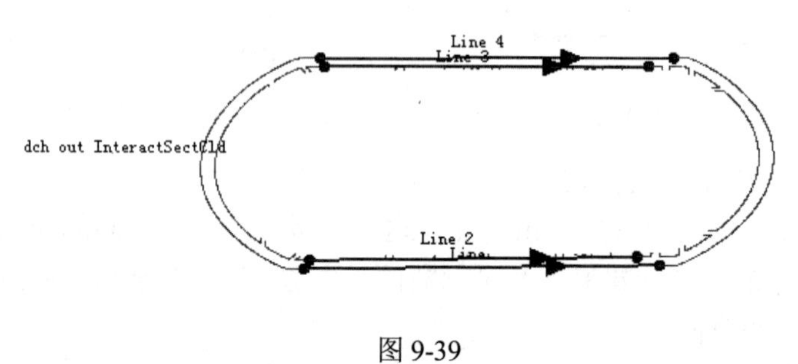


图 9-39

(16) 单击菜单命令“修改”→“延伸”，得到如图 9-40 所示的对话框。

(17) 选择视图中的 4 条直线。勾选“所有边”复选框。单击“预览”按钮，拖动“距离”栏中的滑动条，使得直线超过点云的范围，如图 9-41 所示。

图 9-40

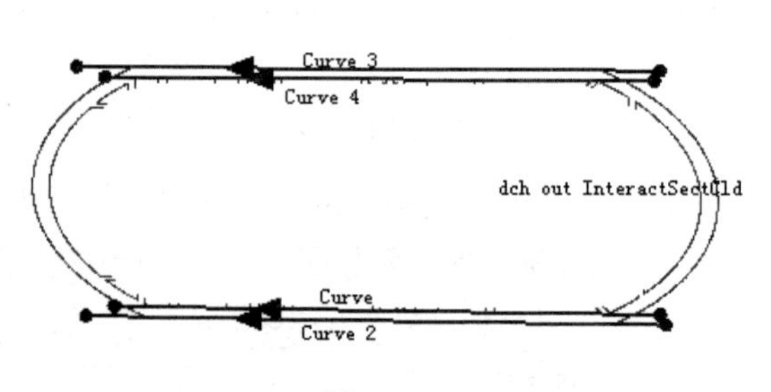


图 9-41

(18) 利用三点构建圆弧命令测量圆弧的半径值。单击菜单命令“创建”→“简易曲线”→“3 点圆弧”，得到如图 9-42 所示的对话框。

(19) 依次选择视图中圆弧部分点云的三个点，如图 9-43 所示。视图中显示了由这三个点所形成的圆弧的半径。

图 9-42

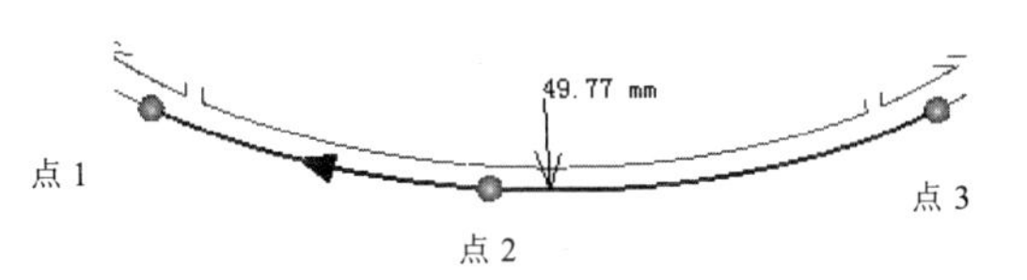


图 9-43

(20) 同样的方法，测量其他 3 条圆弧的半径值，结果如图 9-44 所示。

(21) 单击菜单命令“创建”→“简易曲线”→“2 点半径圆弧”，得到如图 9-45 所示的对话框。

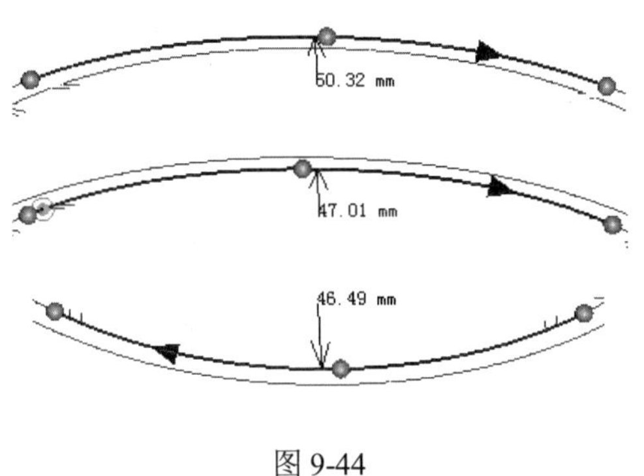


图 9-44

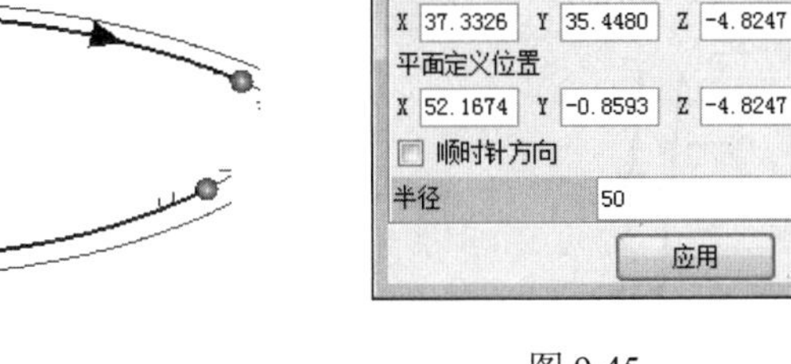


图 9-45

(22) 依次选择点云上构成圆弧的两个端点，注意这两个点不能选择在圆弧与直线接近处的点，而必须距直线一定的距离，如图 9-46 所示。在“半径”栏中输入圆弧的半径值为 50。单击“平面定义位置”栏，然后选择视图中的第 3 个点来确定圆弧所在的平面。单击鼠标中键确定。

(23) 利用与上一步同样的方法创建另外的 3 条外围圆弧。根据前面测量的数值，圆弧的半径都取整，其他几个圆弧半径分别取 47、47 和 50。创建的四条圆弧曲线，系统自动命名为“Arc”“Arc 2”“Arc 3”和“Arc 4”，如图 9-47 所示。

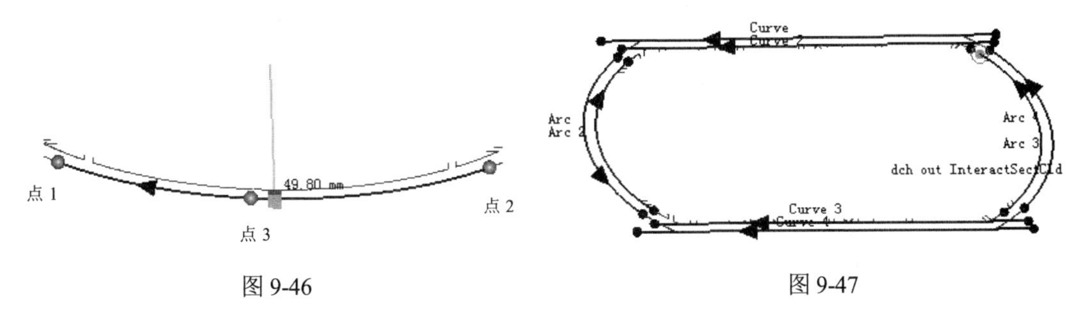


图 9-46　　　　图 9-47

(24) 利用“隐藏选择对象”命令(快捷键 Ctrl+L)，隐藏点云数据“dch out InteractSectCld”。

(25) 单击菜单命令“修改”→“延伸”，得到如图 9-48 所示的对话框。

图 9-48

(26) 选择圆弧“Arc”。勾选“延伸到曲线”复选框。单击其后面的栏，选择其中一条外围的直线，如图 9-49 所示，这里选择直线“Curve 4”。单击“预览”按钮查看生成效果。单击鼠标中键确定。

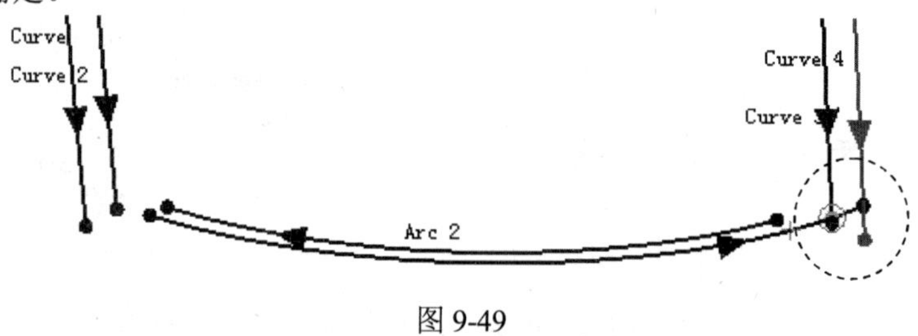


图 9-49

(27) 再次选择该圆弧。勾选“延伸到曲线”复选框。单击其后面的栏，选择另一条外围的直线，如图 9-50 所示，这里选择直线“Curve”。单击鼠标中键确定。

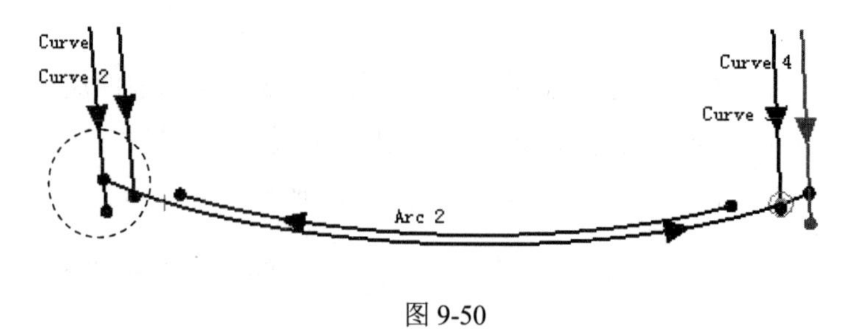


图 9-50

(28) 利用上面类似的方法将圆弧“Arc 2”和“Arc 3”以直线“Curve 2”和“Curve3”为边界进行延伸。将圆弧“Arc 4”以直线“Curve”和“Curve 4”为边界进行延伸。结果如图 9-51 所示。

(29) 单击菜单命令“修改”→“截断”→“截断曲线”(快捷键为 Ctrl+Shift+K)，得到如图 9-52 所示的对话框。

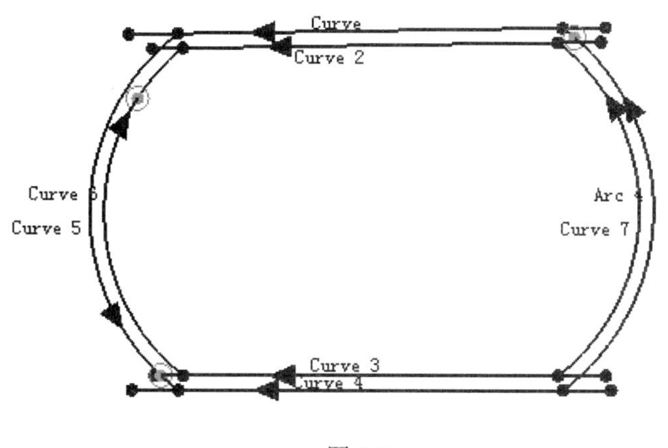


图 9-51

图 9-52

(30) 在“剪断方式”栏中选择“曲线”，利用曲线来剪断曲线。在“截断”栏中选择“指定2点截断”，利用两条曲线剪断曲线。单击“曲线”栏，选择需要剪断的曲线，这里我们选择直线“Curve 4”。单击“曲线1”栏，选择外围圆弧“Curve 5”，单击“曲线2”栏，选择外围圆弧“Arc 4”。在“相交”栏中选择“3D”方式。在“保留”栏中选择“内侧”方式，即保留中间部分的曲线。单击“应用”按钮确认。

(31) 再选择直线“Curve”，单击“应用”按钮，即可以外围圆弧来剪断外围直线，结果如图9-53所示。

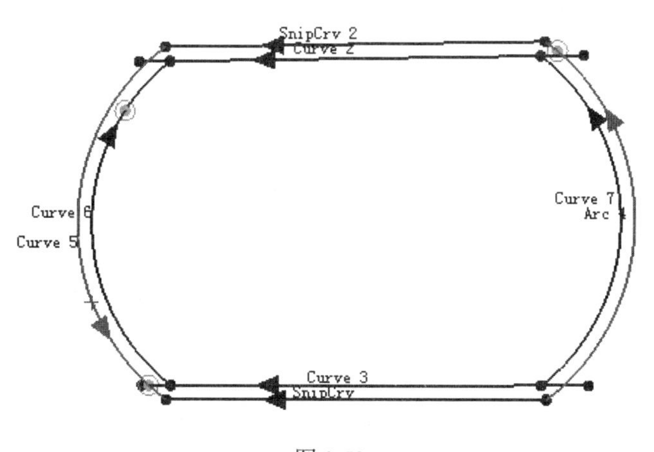


图 9-53

(32) 同样的方法，利用剪断曲线命令，以内部的两个圆弧来剪断内部的两条直线，结果如图9-54所示。

(33) 显示所有的点云(快捷键Ctrl＋S)，然后使用“只显示选择点云”(快捷键Ctrl＋J)，选择“dch out”，如图9-55所示，显示出该点云。

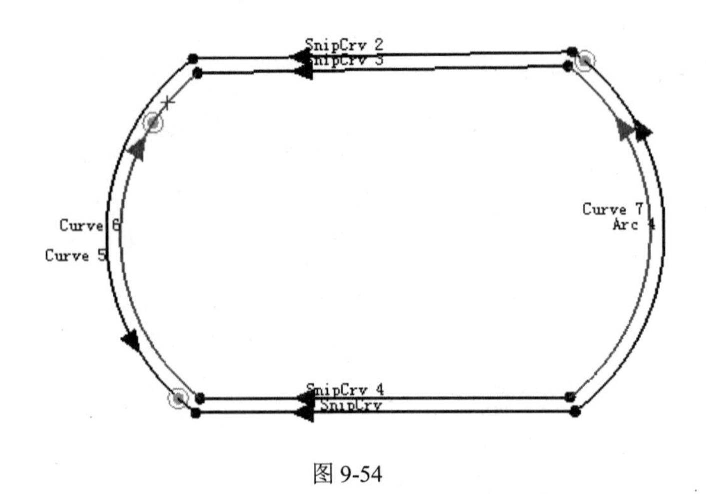


图 9-54

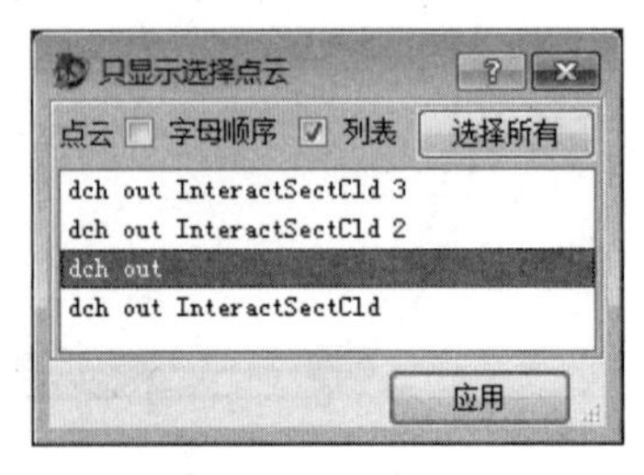


图 9-55

(34) 单击菜单命令“构建”→“扫掠曲面”→“沿方向拉伸”，得到如图 9-56 所示的对话框。

(35) 选择内部的直线“SnipCrv 3”，如图 9-57 所示。在“方向”栏中选择拉伸方向为 Z。勾选“两端”复选框，即两边拉伸。在“正向”栏和“负值”栏中分别设定拉伸的长度值。这里我们均设定为 8。拖动视图中圆周上的球体，查看曲面旋转的方向与对话框中的“常量角度”栏中的数值正负号之间的关系，例如图中曲面向里旋转，此时显示的角度值为 20，说明向里旋转度数为正。为了保证实体的可制造性，我们要将这个实体内部的曲面向外旋转一个角度，所以对于这个曲面我们设定其“常量角度”栏中的数值为“-1”。单击鼠标中键确认生成。

图 9-56

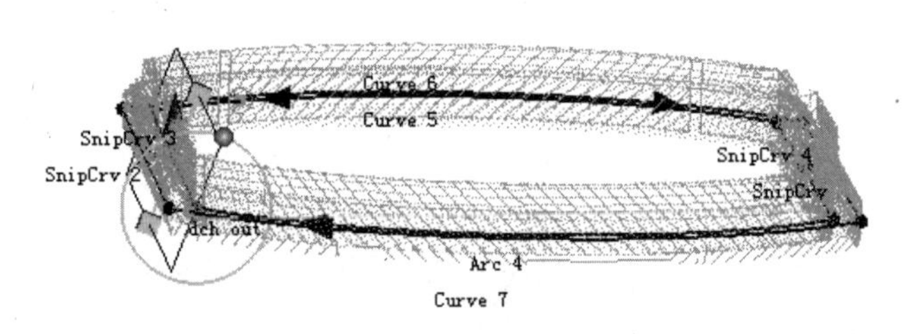


图 9-57

(36) 利用同样的方法，拉伸其他 3 条内部曲线生成拉伸曲面，如图 9-58 所示。注意，每一个曲面的“常量角度”栏中数值的正负值均需要拖动圆周上的球体来验证。保证这里的每一个曲面均向外旋转 1°。生成的曲面系统自动命名为“ExtrudeSurf”“ExtrudeSurf 2”“ExtrudeSurf 3”和“ExtrudeSurf 4”。

(37) 利用拟合的曲线，直接拉伸成形的曲面，其参数线分布不够均匀。需要重新参数化处理。单击菜单命令“修改”→“参数控制”→“重新建参数化”，得到如图 9-59 所示的对话框。

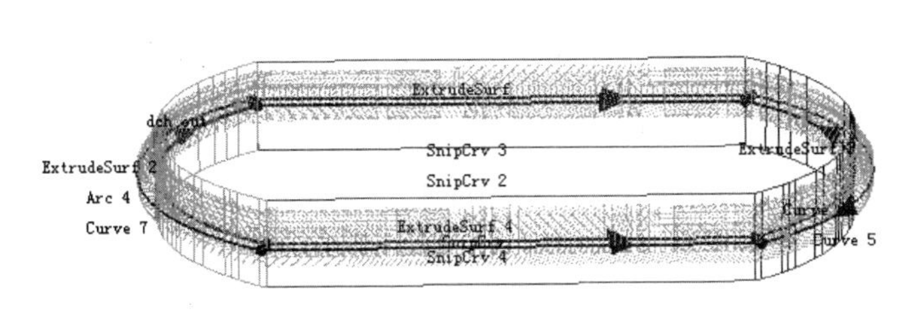


图 9-58

图 9-59

(38) 选择曲面“ExtrudeSurf 2”和“ExtrudeSurf 3”。在“重新参数化方式”栏中选择“指定”。将“跨度”栏中的 $V$ 方向节点数更改为“16”，单击鼠标中键确认。重新参数化后的曲面如图 9-60 所示。

(39) 使用快捷键 Ctrl＋H，隐藏所有的点云。使用快捷键 Ctrl＋Shift＋H，隐藏所有的曲线。

(40) 单击菜单命令“显示”→“曲面”→“渲染”，使用渲染的模式显示曲面。

(41) 单击菜单命令“修改”→“方向”→“反转曲面法向”(快捷键为 Shift＋R)，得到如图 9-61 所示的对话框。

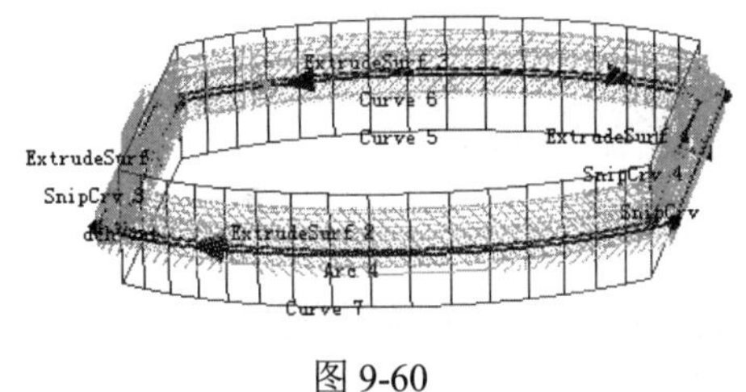


图 9-60

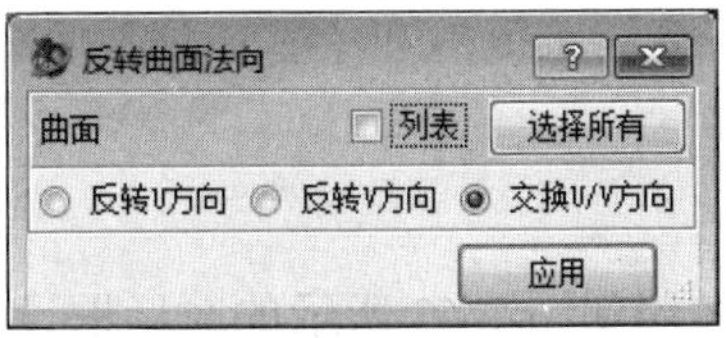

图 9-61

(42) 选择曲面“ExtrudeSurf”和“ExtrudeSurf 2”，单击鼠标中键确认，使得所有的曲面的光亮面朝内，如图 9-62 所示。

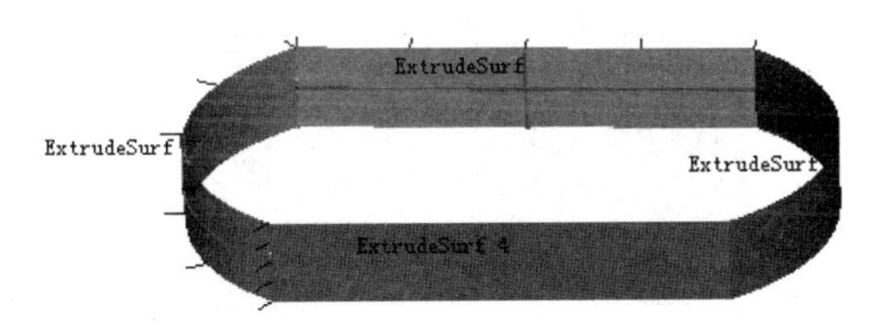


图 9-62

(43) 单击菜单命令“构建”→“倒角”→“模式”，得到如图 9-63 所示的“曲面倒角”对话框。

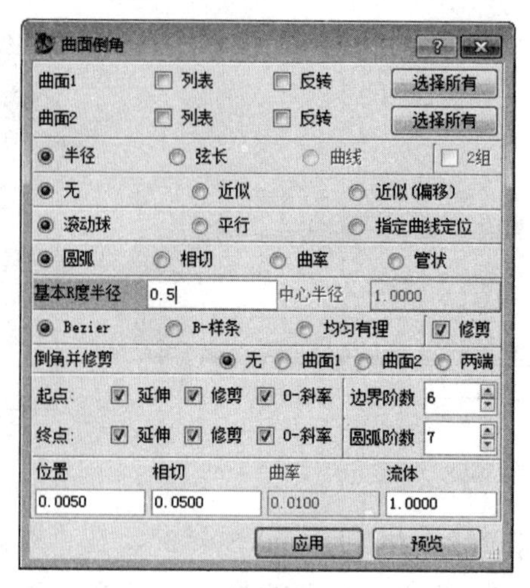


图 9-63

(44) 单击“曲面 1”栏，选择曲面“ExtrudeSurf”，取消选择“反转”复选框，使得视图中该曲面的针状体朝内，如图 9-64 所示。单击“曲面 2”栏，选择曲面“ExtrudeSurf 3”，取消选择“反转”复选框，使得视图中该曲面的针状体朝内。

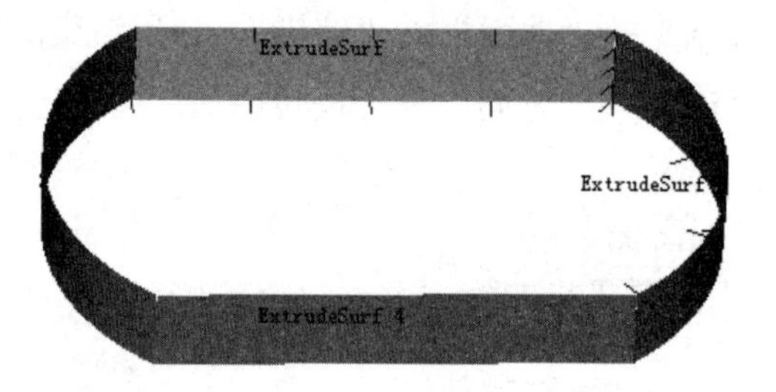


图 9-64

(45) 按照如图 9-63 所示的对话框设置其他参数。注意选择所有的“修剪”和“延伸”复选框。设置“基本 *R* 度半径”栏中的圆角半径值为“0.5”，单击鼠标中键确认。生成的倒圆角如图 9-65 所示，系统自动命名为“Surface Fillet”。

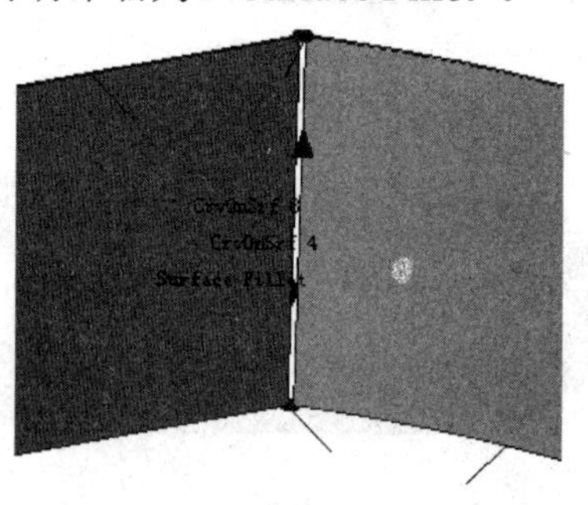

图 9-65

(46) 利用类似的方式，对其他三个边界进行倒圆角处理。注意选择曲面时确保曲面上的针状体朝内。倒圆角后的曲面如图 9-66 所示。

(47) 隐藏所有的曲面(快捷键 Shift＋H)，再显示所有的曲线(快捷键 Ctrl＋Shift＋S)，如图 9-67 所示。接下来利用外围的曲线创建外围的曲面。

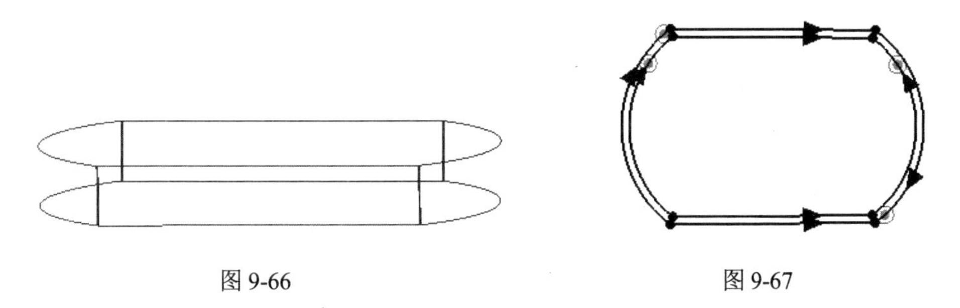

图 9-66　　　　　　图 9-67

(48) 使用快捷键 Ctrl＋S 显示出所有的点云。然后使用快捷键 Ctrl＋J，选择“dch out”，仅显示出该点云。

(49) 单击菜单命令“构建”→“ 扫掠曲面”→“沿方向拉伸”，得到如图 9-68 所示的对话框。

图 9-68

(50) 选择外围的曲线“Arc 4”。在“方向”栏中选择拉伸方向为 Z。勾选“两端”复选框，即两边拉伸。在“正向”栏和“负值”栏中分别设定拉伸的长度值。这里我们设定为“2.5”和“4”。拖动视图中圆周上的球体，查看曲面旋转的方向与对话框中的“常量角度”栏中的数值正负号之间的关系。为了保证实体的可制造性，我们要将这个实体外围的曲面向内旋转一个角度，设定“常量角度”栏中的数值绝对值为 1。单击鼠标中键确认生成。

(51) 利用快捷键 Ctrl＋H，隐藏所有的点云。利用快捷键 Ctrl＋Shift＋H，隐藏所有的曲线。利用前面几步同样的方法，拉伸其他 3 条内部曲线生成拉伸曲面，如图 9-69 所示。注意，每一个曲面的“常量角度”栏中数值的正负值均需要拖动圆周上的球体来验证。保证这里的每一个曲面均向外旋转 1°。生成的曲面系统自动命名为“ExtrudeSurf 5”“ExtrudeSurf 6”“ExtrudeSurf 7”和“ExtrudeSurf 8”。

(52) 利用拟合的曲线，直接拉伸成形的曲面，其参数线分布不够均匀。需要重新参数化处理。单击菜单命令“修改”→“参数控制”→“重新建参数化”，得到如图 9-70 所示的对话框。

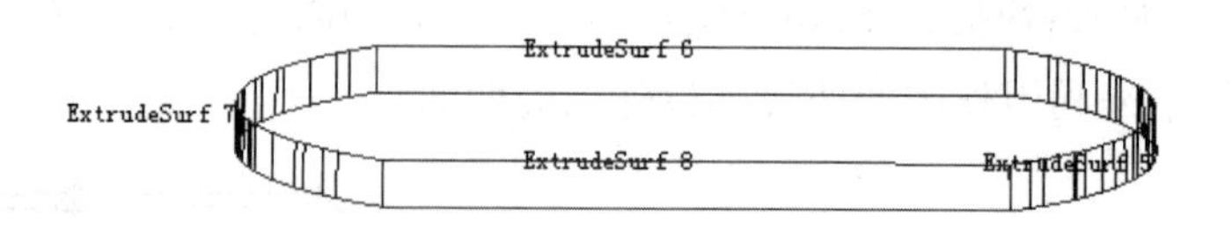


图 9-69

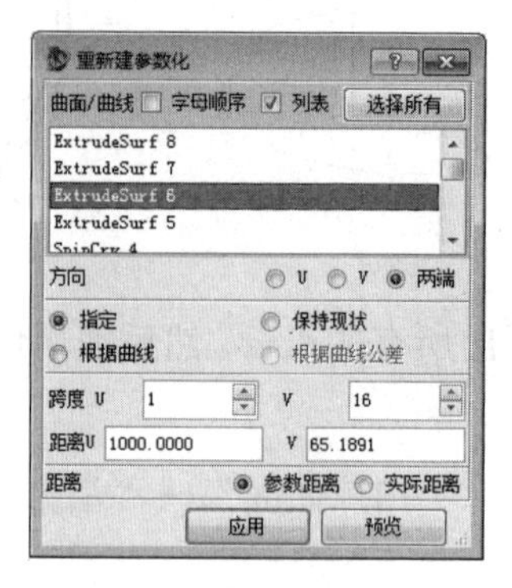


图 9-70

(53) 选择曲面“ExtrudeSurf 5”和“ExtrudeSurf 7”。在“重新建参数化方式”栏中选择“指定”。将跨度栏中的 *V* 方向节点数更改为“16”，单击鼠标中键确认。重新参数化后的曲面如图 9-71 所示。

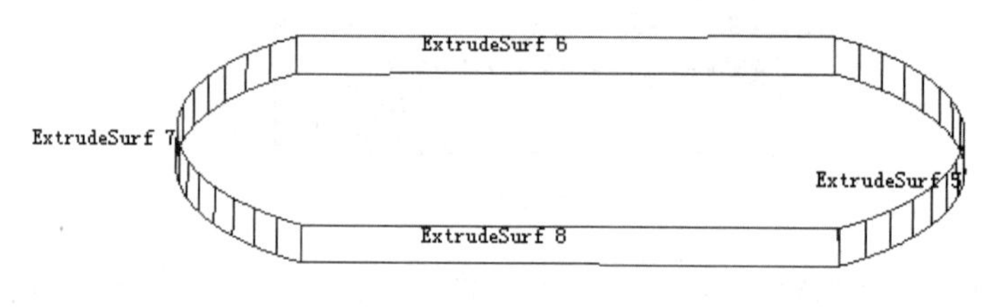


图 9-71

(54) 单击菜单命令“显示”→“曲面”→“着色”，使用渲染的模式显示曲面。

(55) 使用菜单命令“修改”→“方向”→“反转曲面法向”(快捷键为 Shift+R)，得到如图 9-72 所示的命令对话框。

(56) 选择曲面“ExtrudeSurf 6”，单击鼠标中键确认，使得所有的曲面的光亮面朝外，如图 9-73 所示。

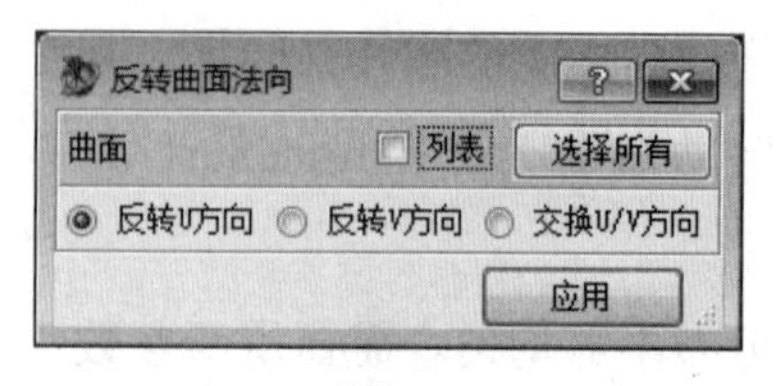


图 9-72

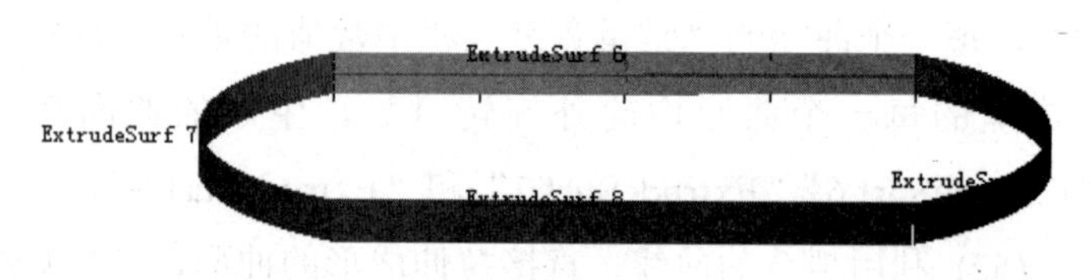


图 9-73

(57) 单击菜单命令“构建”→“倒角”→“模式”，得到如图 9-74 所示的“曲面倒角”对话框。

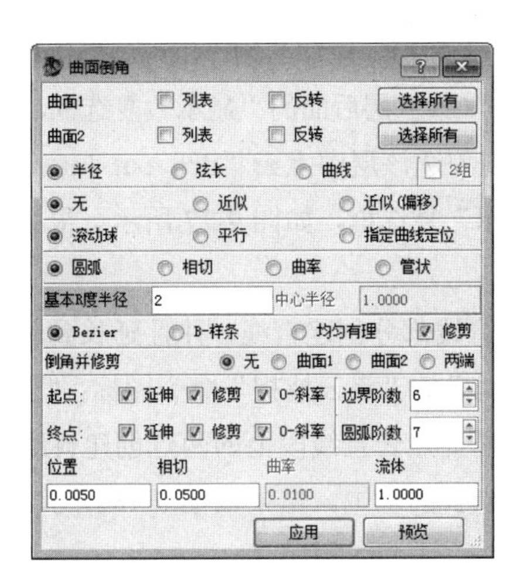


图 9-74

(58) 单击“曲面 1”栏，选择曲面“ExtrudeSurf”，确定视图中该曲面的针状体朝内。单击“曲面 2”栏，选择曲面“ExtrudeSurf 3”，确定视图中该曲面的针状体朝内。

(59) 按照如图 9-74 所示的对话框设置其他参数。注意选择所有的“修剪”和“延伸”复选框。设置“基本 R 度半径”栏中倒圆角的半径为“2”，单击鼠标中键确认。

(60) 利用类似的方式，对其他三个边界进行倒圆角处理。注意选择曲面时确保曲面上的针状体朝内。倒圆角后的曲面如图 9-75 所示。

图 9-75

(61) 单击主工具条上的“图层编辑”命令图标，打开层管理器。

(62) 单击“新建图层”命令图标，新建图层，系统自动命令为“L 5”。将图层名称改为“Srf”，如图 9-76 所示。

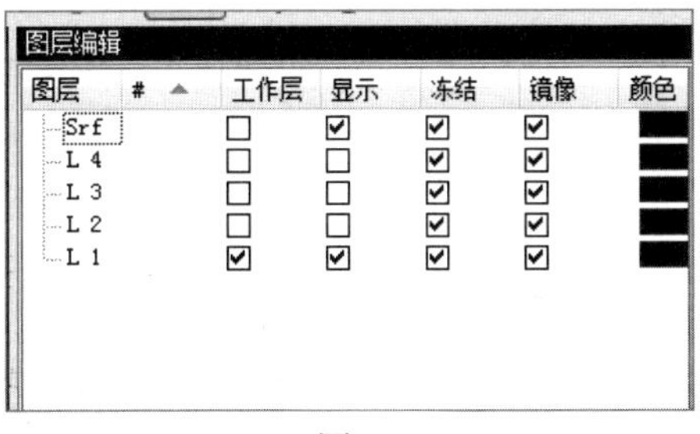


图 9-76

(63) 单击“L 1”层，将其中所有的曲面拖动到“Srf”层中。取消选择“Srf”层后面的“显示”复选框，使得该层中的实体不可见。

(64) 同样的方法，再创建一个新层，重命名为“Crv”。将位于“L 1”层中所有的曲线都拖动到“Crv”层中。取消选择“Crv”层后面的“显示”复选框，使得该层中的实体不可见。

(65) 单击“L 1”层，分别勾选该层中点云“dch out InteractSectCld 2”和“dch out InteractSectCld 3”后面的“显示”复选框，如图 9-77 所示。根据视图中显示的点云，创建曲线与曲面。

(66) 利用两个点云的外围直线部分创建直线，并且延长到超过点云的范围。这里用到的命令包括：激活物件锁点工具条的“点云捕捉”命令图标；“创建”命令菜单下“简易曲线”下级菜单的“直线”命令，捕捉点云直线段上的两点创建直线；“修改”命令菜单下“延伸”命令，延伸直线使之超过点云的范围。结果如图 9-78 所示。

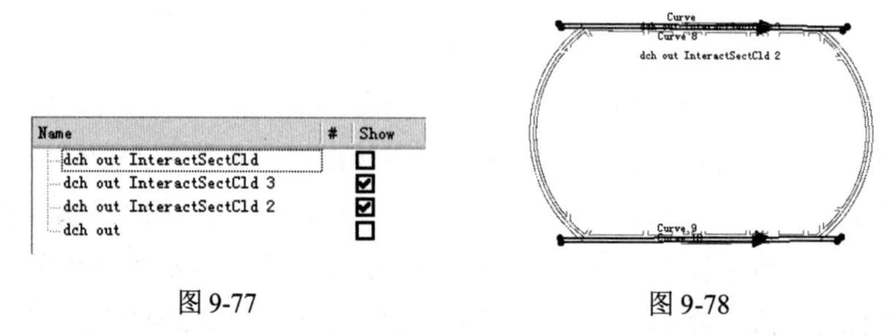


图 9-77　　　　图 9-78

(67) 类似本小节前述步骤，利用“创建”命令菜单下“简易曲线”下级菜单的“3 点圆弧”命令测量点云的外围圆弧段半径值，测量结果分别为 49.53、48.1、47.61 和 49.0，如图 9-79 所示。

(68) 类似本小节前述步骤，利用“创建”→“简易曲线”→“2 点半径圆弧”命令分别以测量所得的 49.0、47.0、47.0 和 49.0 为半径创建圆弧，利用“修改”命令菜单下“延伸”命令延伸圆弧到相应的直线边界，如图 9-80 所示。

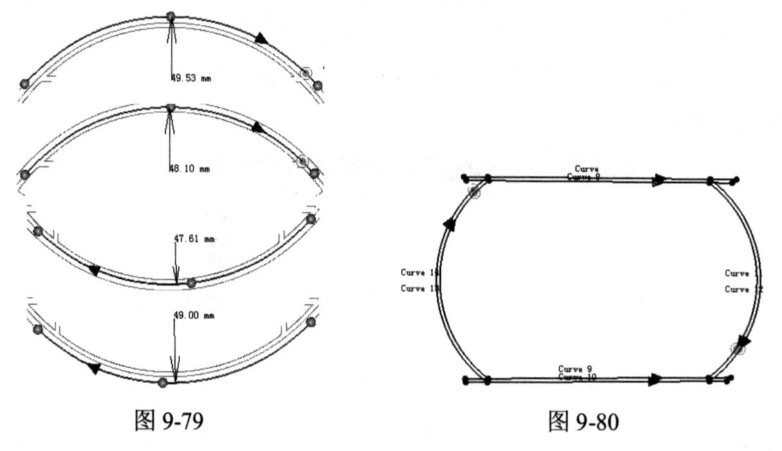


图 9-79　　　　图 9-80

(69) 类似本小节步骤(29)～(32)，利用“修改”→“截断”→“截断曲线”命令裁剪多余直线段。注意用两条外围的圆弧为边界来剪断外围的直线，结果如图 9-81 所示。

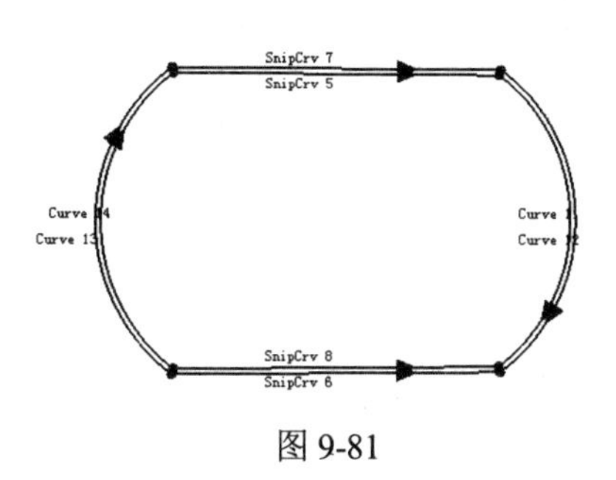


图 9-81

(70) 使用快捷键 Ctrl＋S，显示所有的点云。然后使用快捷键 Ctrl＋J，选择“dch out”，显示出该点云。单击菜单命令“构建”→“扫掠曲面”→“沿方向拉伸”，得到如图 9-82 所示的对话框。

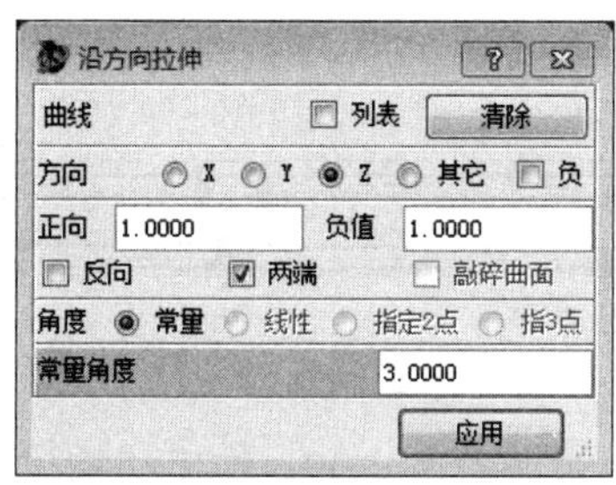


图 9-82

(71) 选择内部的直线“SnipCrv 3”。在方向栏中选择拉伸方向为 *Z*。勾选“两端”复选框，即两边拉伸。在“正向”栏和“负值”栏中分别设定拉伸的长度值。这里我们均设定为 1。拖动视图中圆周上的球体，查看曲面旋转的方向与对话框中的“常量角度”栏中的数值正负号之间的关系。设定其“常量角度”栏中的数值绝对值为 3，方向向内旋转。单击鼠标中键确认生成，如图 9-83 所示。

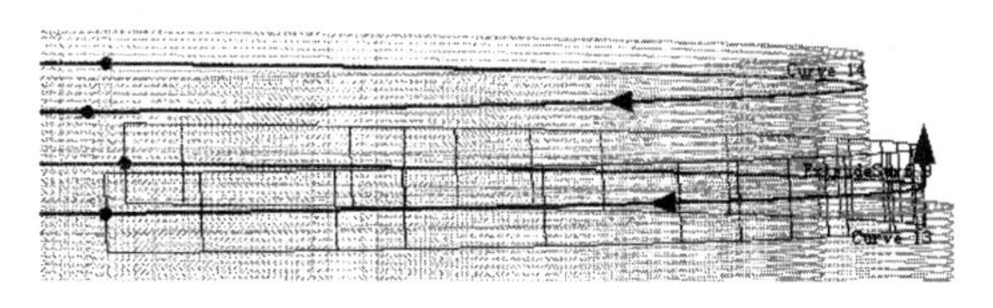

图 9-83

(72) 利用同样的方法，拉伸其他 3 条外围曲线生成拉伸曲面，如图 9-84 所示。注意，每一个曲面的“常量角度”栏中数值的正负值均需要拖动圆周上的球体来验证。旋转度数均设置为 3°。

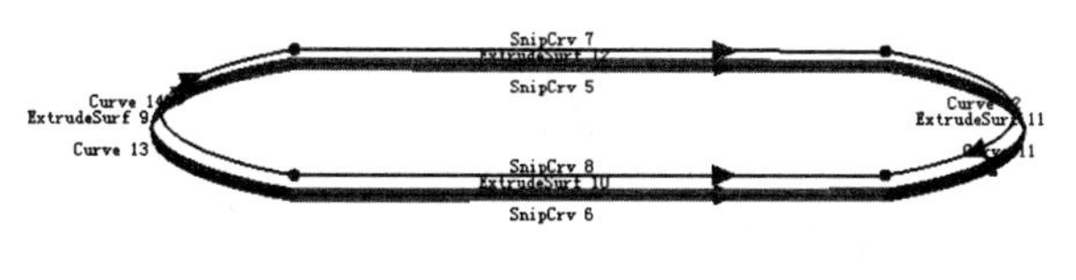


图 9-84

(73) 类似步骤，利用四条封闭曲线拉伸出曲面，如图 9-85 所示。在“正向”栏和“负值”栏中分别设定拉伸的长度值为“2”和“3”。曲面的“常量角度”栏中数值的正负值均需要拖动圆周上的球体来验证。旋转度数均设置为 3°。曲面的旋转方向向内。

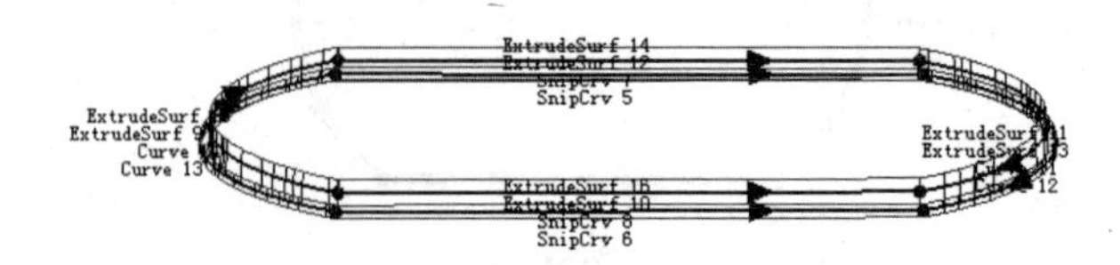


图 9-85

(74) 利用拟合的曲线，直接拉伸成形的曲面，其参数线分布不够均匀。需要重新参数化处理。选择曲面 4 个圆弧形曲面，将跨度栏中 *V* 的数值更改为“16”。单击“预览”按钮查看生成效果。单击“应用”按钮确定，生成的曲面如图 9-86 所示。

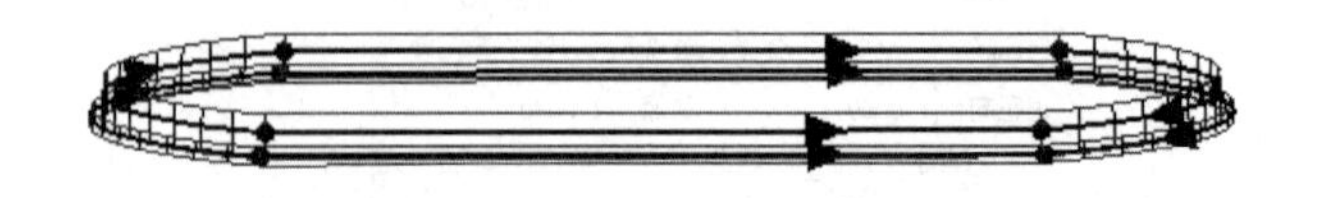

图 9-86

(75) 使用快捷键 Ctrl＋H，隐藏所有的点云。使用快捷键 Ctrl＋Shift＋H，隐藏所有的曲线。

(76) 单击菜单命令“显示”→“曲面”→“着色”，使用渲染的模式显示曲面。

(77) 使用快捷键 Shift＋R，选择光亮面朝内的曲面，单击“应用”按钮，使得视图中曲面的光亮面朝外，如图 9-87 所示。

图 9-87

(78) 使用菜单命令“修改”→“方向”→“反转曲面法向”，对上下两组曲面进行倒圆角处理。设定下面一组曲面的倒圆角半径为 1.3，设定上面一组曲面的倒圆角半径为 0.5。结果如图 9-88 所示。

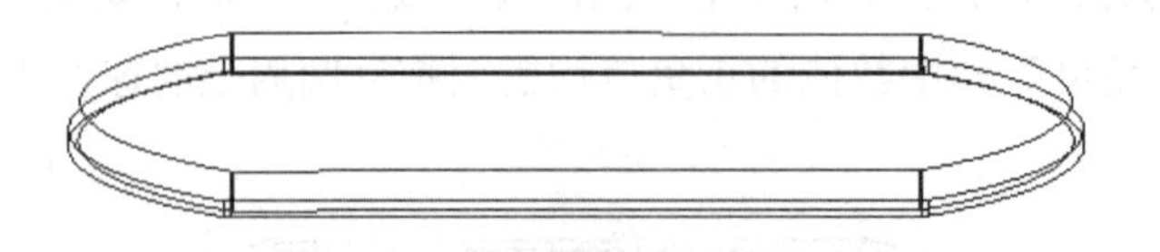

图 9-88

(79) 单击主工具条上的“图层编辑”命令图标，打开层管理器。单击“L 1”层，将其中所有的曲面拖动到“Srf”层中。勾选“Srf”层后面的“工作层”和“显示”复选框。使得该层成为当前工作层。单击“L 1”层，将其中所有的曲线拖动到“Crv”层中。

(80) 使用快捷键 Shift＋S，显示所有的曲面。

(81) 单击菜单命令“显示”→“曲线”→“隐藏全部 2D 曲线”。

(82) 末端节点 E1(4 个水平平行平面)与末端节点 E2(4 组竖直方向曲面)如图 9-89 所示。

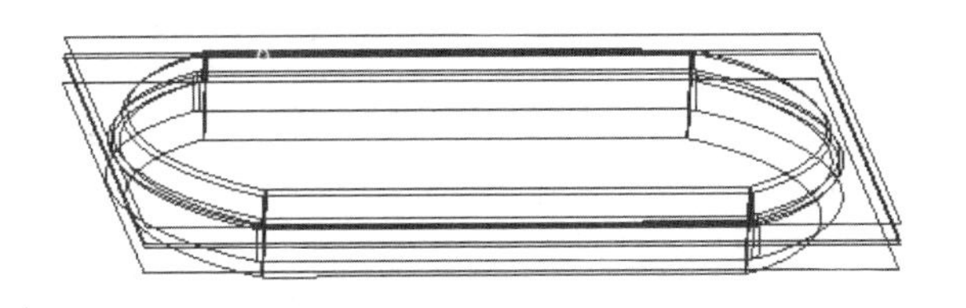

图 9-89

### 3. 裁剪曲面

【操作步骤】

(1) 使用菜单命令“视图”→“设置视图”→“前视图”，快捷键为 F5。将视图调整到上视图的位置。

| | |
|---|---|
| | 源文件：\part\ch9\finish\dch_finish3.imw |
| | 操作结果文件：\part\ch9\finish\dch_finish4.imw |

(2) 先裁剪上下两个平面和最里面的一组竖直曲面。使用命令“显示”→“曲面”→“只选择显示的”(快捷键 Shift＋J)，调整视图到如图 9-90 所示的位置。在视图区域拖动一个矩形框将最里面的竖直方向的曲面都包括在内，按住 Ctrl 键，鼠标单击上平面和下平面。单击“应用”按钮确认。

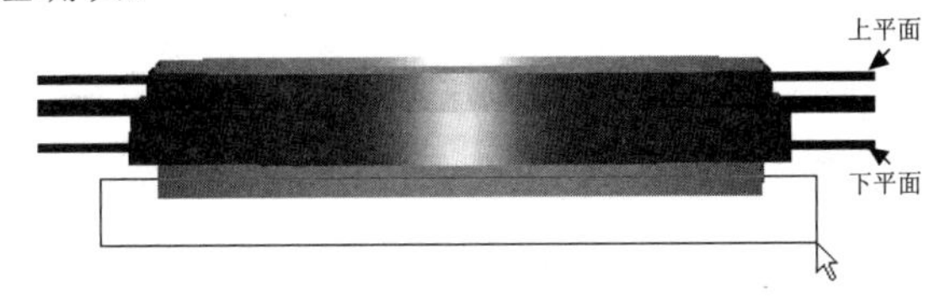


图 9-90

(3) 单击菜单命令“显示”→“曲线”→“隐藏所有的”，隐藏所有的曲面上的曲线。单击菜单命令“显示”→“曲面”→“着色”，用渲染的模式显示视图中的曲面。单击物件锁点工具条上的“曲面捕捉”命令图标，激活捕捉到曲面的功能，如图 9-91 所示。

图 9-91

(4) 单击菜单命令“修改”→“修剪”→“修剪曲面区域”(快捷键 Ctrl＋T)，得到如图 9-92 所示的对话框。

(5) 在“修剪”栏中选择“轴平面”。单击“曲面”栏，在视图区域拖动矩形框将竖直曲面包含在内。在平面法向中选择平面方向为 Z 轴方向。单击截面位置栏，再单击“上平面”的位置。注意观察视图中的箭头符号，箭头的方向是曲面将要被保留的部分。可以通过勾选“负”复选框来更改箭头的方向。单击鼠标中键确认。裁剪的效果如图 9-93 所示，竖直曲面在指定平面以上部分被裁剪掉。

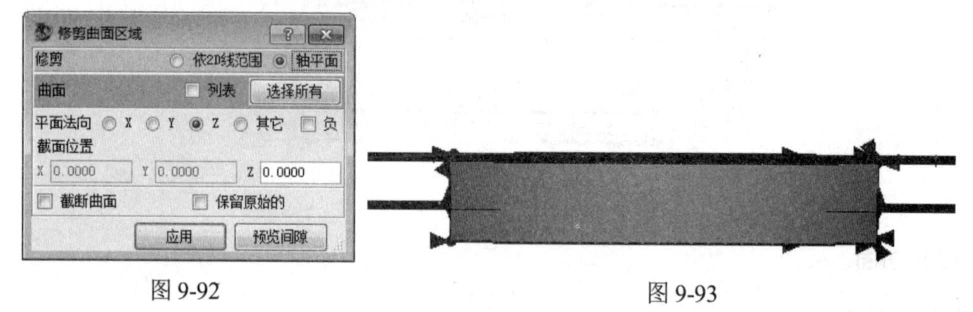


图 9-92　　图 9-93

(6) 再次单击“截面位置”栏，鼠标单击“下平面”的位置。注意观察视图中的箭头符号，箭头的方向是曲面将要被保留的部分。可以通过勾选“负”复选框来更改箭头的方向。单击鼠标中键确认，结果如图 9-94 所示。

(7) 单击菜单命令“显示”→“曲面”→“边界”，仅显示出曲面的边界线。单击菜单命令“构建”→“提取曲面上的曲线”→“取出 3D 曲线”，得到如图 9-95 所示的对话框。

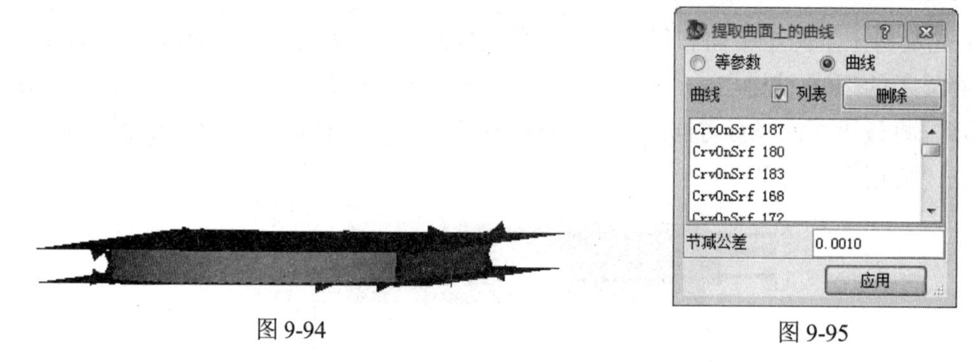


图 9-94　　图 9-95

(8) 在第一栏中选择“曲线”选项，单击“曲线”栏，选择视图中上下两个平面内的曲线，注意要选择包括倒圆角部分的曲线在内的 16 条曲线，如图 9-96 所示。单击鼠标中键确定。

(9) 单击菜单命令“编辑”→“创建群组”(快捷键为 G)，得到如图 9-97 所示的对话框。

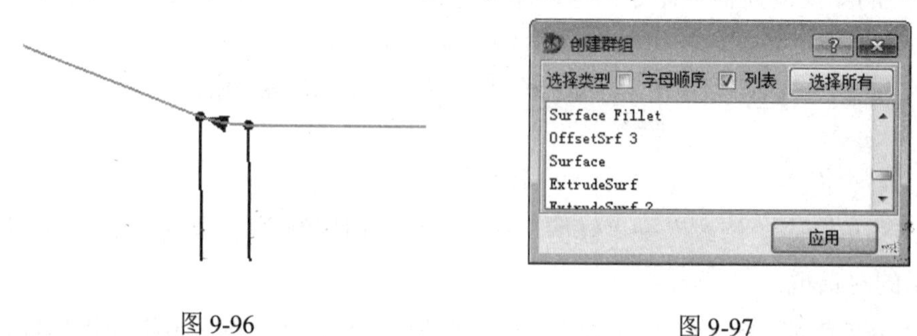


图 9-96　　图 9-97

(10) 将视图调整到前视图的位置，在视图中拖出一个矩形框，将竖直部分曲面包含在内，如图 9-98 所示，单击鼠标中键确定。系统自动将生成的群组命名为“SurfaceGroup”。默认状态下群组呈现高亮的黄色。

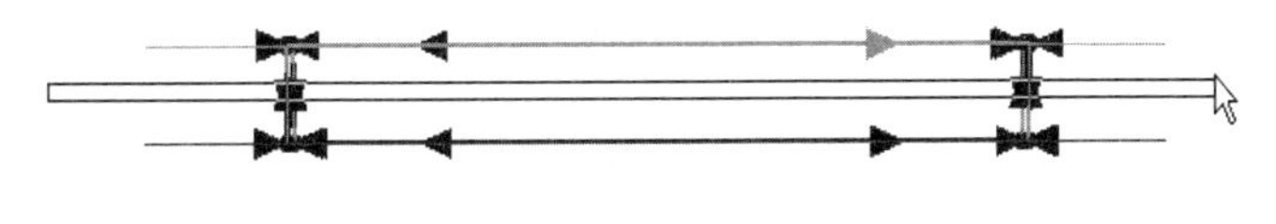

图 9-98

(11) 在群组上右击，按住鼠标右键，移动鼠标指针到“隐藏实物”命令图标上，释放鼠标右键，如图 9-99 所示，将群组隐藏起来。

(12) 单击菜单命令“修改”→“修剪”→“使用曲线修剪曲面”，得到如图 9-100 所示的对话框。

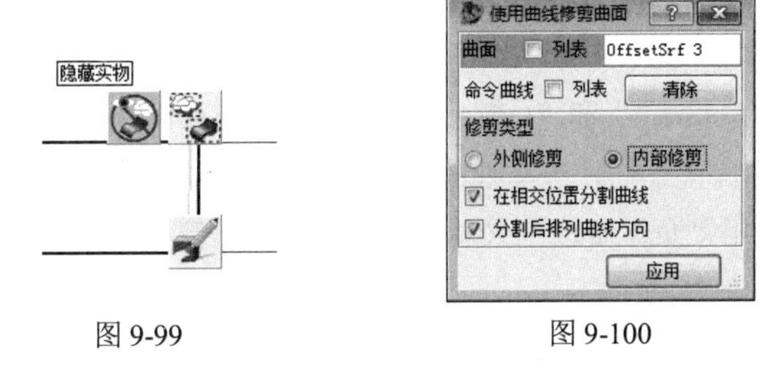


图 9-99　　　　图 9-100

(13) 单击“曲面”栏，选择上平面，如图 9-101 所示，这里显示上平面名称为“OffsetSrf 3”。在“修剪类型”栏中选择“内部修剪”，也就是将上平面处于封闭曲线内部的部分删除。单击“命令曲线”栏，选择视图中位于上平面内的 8 条曲线。单击鼠标中键确认。

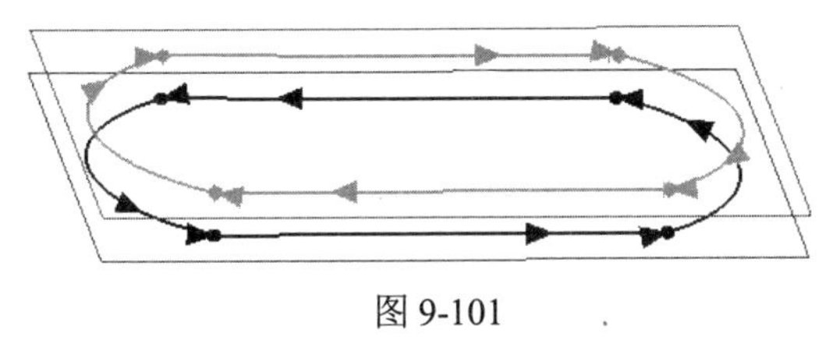

图 9-101

(14) 使用与上一步骤类似的方法，选择下平面及其上面的曲线，注意此时在“修剪类型”栏中选择“外侧修剪”，也就是将下平面处于封闭曲线以外的部分删除。单击鼠标中键确定。裁剪后的上下曲面如图 9-102 所示。

(15) 使用快捷键 Alt+Shift+S，显示所有的群组。打开层管理器，新建层，并命名为“Temp”。取消选择该层后面的“显示”复选框。拖动位于“Srf”层中的曲面群组“SurfaceGroup”和已经修剪过的下平面“Surface”到“Temp”层中。拖动位于“Srf”层中的所有曲线到“Crv”层中。视图中仅剩下上平面及其裁剪曲线，如图 9-103 所示。

图 9-102

图 9-103

(16) 使用快捷键 Shift+S，显示所有的曲面，然后使用“只显示选择”(快捷键 Shift+L)，选择视图中最上面的一组竖直曲面和上面两个平面，单击鼠标中键，视图中仅显示所选择的曲面，如图 9-104 所示。

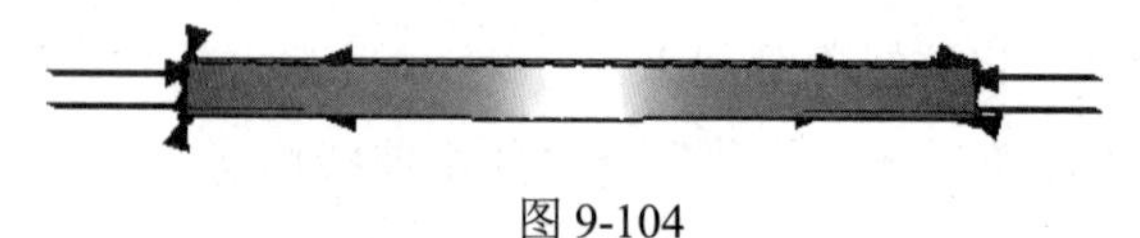

图 9-104

(17) 使用“修剪曲面区域”命令(快捷键 Ctrl+T)，打开如图 9-105 所示的“修剪曲面区域”对话框。在“修剪”栏中选择“轴平面”选项。单击“曲面”栏中的“列表”复选框，选择列表中除“OffsetSrf 2”和“OffsetSrf 3”外的所有曲面。在“平面法向”栏中选择 Z 方向，单击“截面位置”栏，选择视图中的上平面“OffsetSrf 3”所在的位置，查看视图中箭头的方向，利用“负”复选框来调整其方向，使得箭头指向为曲面需要保留部分的位置，单击鼠标中键确认。

(18) 再次在“平面法向”栏中选择 Z 方向，单击“截面位置”栏，选择视图中下面的平面“OffsetSrf 2”所在的位置，查看视图中箭头的方向，利用“负”复选框来调整其方向，使得箭头指向为曲面需要保留部分的位置，单击鼠标中键确认。修剪后的竖直曲面如图 9-106 所示。

图 9-105

图 9-106

(19) 执行类似步骤，单击菜单命令“构建”→“提取曲面上的曲线”→“取出 3D 曲线”，打开如图 9-107 所示的对话框。在第一栏中选择“曲线”选项，单击“曲线”栏，选择视图中竖直曲面上下边缘的 16 条曲线，单击鼠标中键确定，如图 9-106 所示。(为了防止混淆，可以先将上平面隐藏起来，析出 3D 曲线后再将曲面“OffsetSrf 3”显示出来。)

(20) 单击菜单命令“编辑”→“创建群组”(快捷键为 G)，得到如图 9-108 所示的对话框。选择视图中框选竖直部分的曲面。

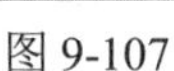
图 9-107

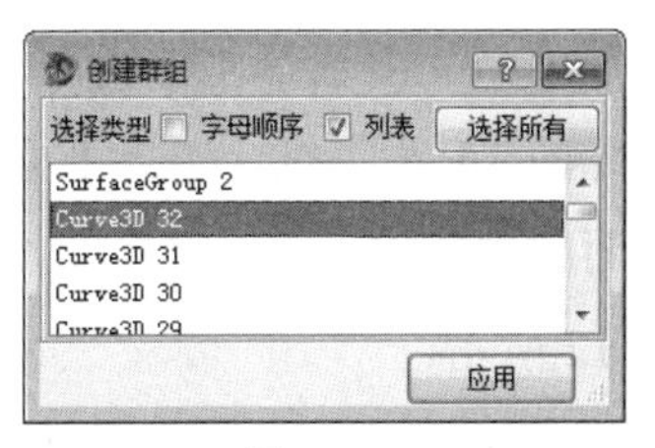


图 9-108

(21) 单击鼠标中键确定。系统自动将生成的群组命名为“SurfaceGroup 2”。默认状态下群组呈现高亮的黄色。在层管理器中将位于“Srf”中的群组“SurfaceGroup 2”拖动到“Temp”层中。

(22) 执行类似步骤，利用命令“使用曲线修剪曲面”来裁剪曲面。注意裁剪上平面“OffsetSrf 3”时，要在“修剪类型”栏中选择“外侧修剪”，也就是将上平面处于封闭曲线以外的部分删除。裁剪下面的平面“OffsetSrf 2”时，要在“修剪类型”栏中选择“内侧修剪”，也就是将下平面处于封闭曲线以内的部分删除。裁剪的结果如图 9-109 所示。

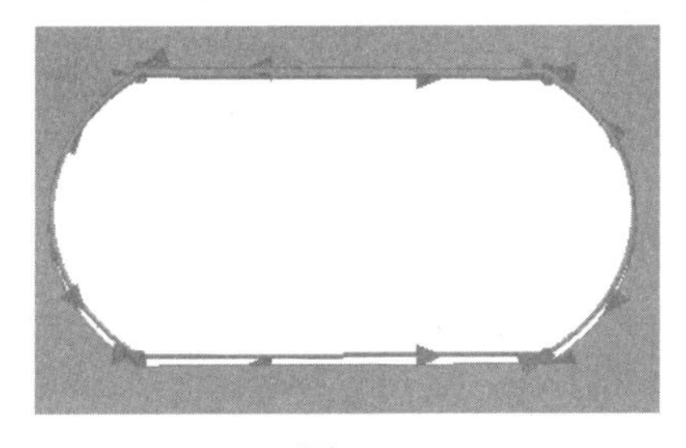

图 9-109

(23) 打开层管理器，拖动位于“Srf”层中的已经修剪过的下平面“OffsetSrf 3”到“Temp”层中。拖动位于“Srf”层中的所有曲线到“Crv”层中。视图中仅剩下平面及其裁剪曲线，如图 9-110 所示。

图 9-110

(24) 使用快捷键 Shift＋S，显示所有的曲面。利用视图中的两个平面“OffsetSrf”和“OffsetSrf 2”为 *Z* 轴边界来裁剪上面的一组竖直曲面。利用视图中的下面的一个平面“OffsetSrf”为 *Z* 轴边界来裁剪下面的一组竖直曲面的上边缘。结果如图 9-111 所示。

图 9-111

(25) 执行类似本小节步骤，单击菜单命令“构建”→“提取曲面上的曲线”→“取出3D 曲线”。在对话框第一栏中选择“曲线”选项，单击“曲线”栏，选择视图中上面一个竖直曲面组上下边缘的 16 条曲线，选择下面一个竖直曲面组上边缘的 8 条曲线(为了防止混淆，可以先将平面隐藏起来，析出 3D 曲线后再显示出来)。隐藏所有的面内曲线，生成的 3D 曲线如图 9-112 所示。

(26) 使用快捷键 G，将上面一组竖直曲面组成一个群组，将下面一组竖直曲面组成一个群组，系统分别将其命名为“SurfaceGroup 3”和“SurfaceGroup 4”，如图 9-113 所示。

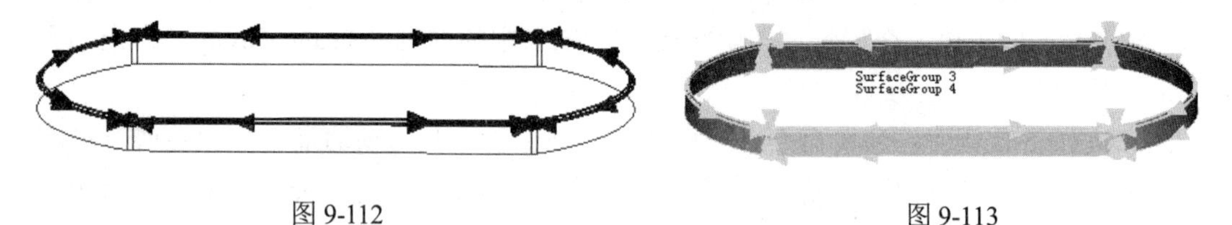


图 9-112　　　　图 9-113

(27) 在层管理器中将位于“Srf”中的群组“SurfaceGroup 3”和“SurfaceGroup 4”拖动到“Temp”层中。

(28) 使用快捷键 Ctrl＋Shift＋S，显示出所有的曲线，使用快捷键 Shift＋S，显示出所有的曲面。

(29) 利用命令“使用曲线修剪曲面”来裁剪曲面。注意裁剪上平面“OffsetSrf 2”时，要在“修剪类型”栏中选择“外侧修剪”，也就是将上平面处于 8 条曲线形成的封闭曲线以外的部分删除。

(30) 裁剪下面的平面“OffsetSrf”时，先选择外围的 8 条曲线，在“修剪类型”栏中选择“外侧修剪”，单击鼠标中键确定。然后选择里面的 8 条曲线，在“修剪类型”栏中选择“内侧修剪”，单击鼠标中键确定。裁剪的结果如图 9-114 所示。

(31) 打开层管理器，拖动位于“Srf”层中的已经修剪过的下平面“OffsetSrf 2”和“OffsetSrf”到“Temp”层中。拖动位于“Srf”层中的所有曲线到“Crv”层中。勾选“Temp”层后面的“显示”复选框，显示出该层中所有的实体。

(32) 单击菜单命令“编辑”→“取消群组”(快捷键为 Shift＋U)，得到如图 9-115 所示的对话框。

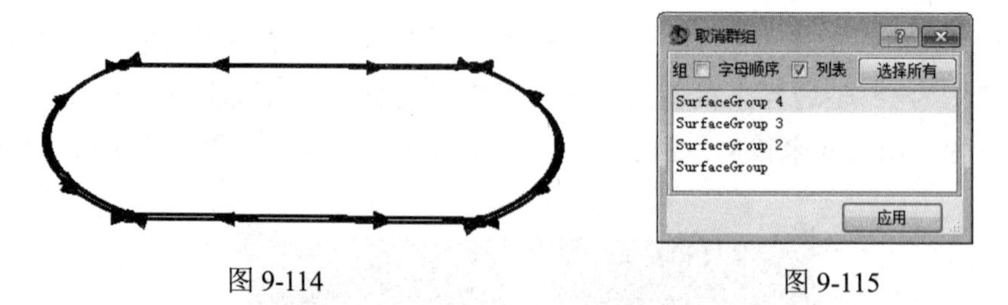


图 9-114　　　　图 9-115

(33) 选择对话框中所有的群组，单击“应用”按钮确定。分离所有的群组。隐藏所有的面内线，末端节点 E1 和末端节点 E2 相互剪裁后的结果如图 9-116 所示。它们构成了末端节点 Z1。

图 9-116

## 9.3.3　制作底座下半部分

底座下半部分的曲面(Z2)则可以分解为 1 个大平面(E3)、1 个凹平面(E4)、2 个凸平面(E5)和 4 个小凸起曲面(E6)。

### 1. 制作定位件节点 E3、E4、E5 和 E6

【操作步骤】

(1) 打开层管理器，勾选“L 3”层后面的“工作层”和“显示”复选框。使得“L 3”层成为当前工作层，并显示出该层所有的实体。

| | 源文件：\part\ch9\finish\dch_finish4.imw |
|---|---|
| | 操作结果文件：\part\ch9\finish\dch_finish5.imw |

(2) 单击菜单命令“评估”→“曲率”→“点云曲率”，得到如图 9-117 所示的对话框。

(3) 将“相邻尺寸”栏中的数值设为 0.7000，单击鼠标中键确认，关闭对话框，点云在不同曲率部分设置了不同的颜色，如图 9-118 所示。

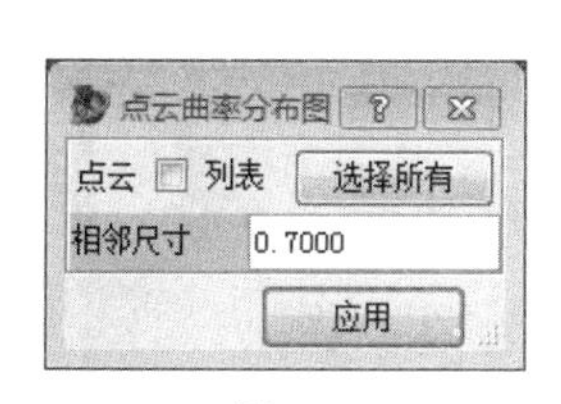


图 9-117

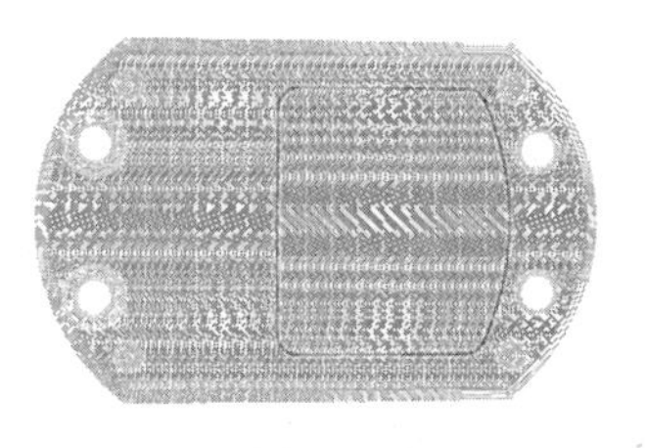

图 9-118

(4) 单击菜单命令“构建”→“特征线”→“根据色彩特征线”，得到如图 9-119 所示的对话框。单击“样本点云”栏，在视图中选择大平面上绿色的一点，在下面一栏中将显示出该点所在的位置。勾选“动态更新”复选框，使得系统动态地调整视图。拖动“增大比例”栏后的滑动条，使得大部分的绿色部分点云都包含在内，例如这里我们拖动至其后的数值显示为 50。

(5) 单击鼠标中键确定。隐藏原始点云 dch in，显示出基于颜色特征选取的点云如图 9-120 所示。

图 9-119

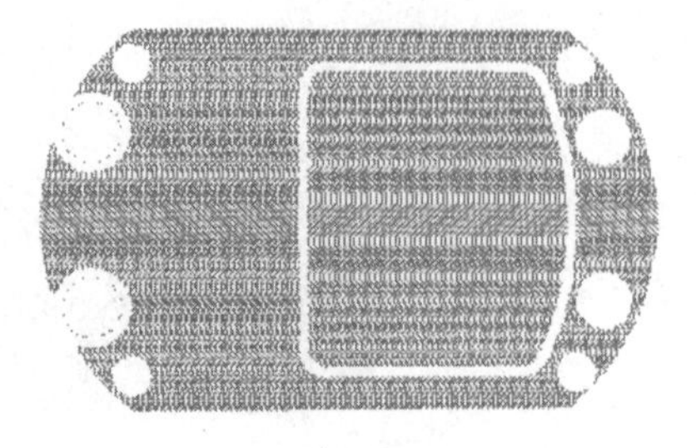

图 9-120

(6) 切换视图到 dch in，利用类似的方法，使用菜单命令“构建”→“特征线”→“根据色彩特征线”，选择黄色部分的点作为样本点云，提取出如图 9-121 所示的点云数据。

(7) 切换到只显示“ColorCld 2”图层。单击菜单命令“修改”→“抽取”→“圈选点”，得到如图 9-122 所示的对话框。

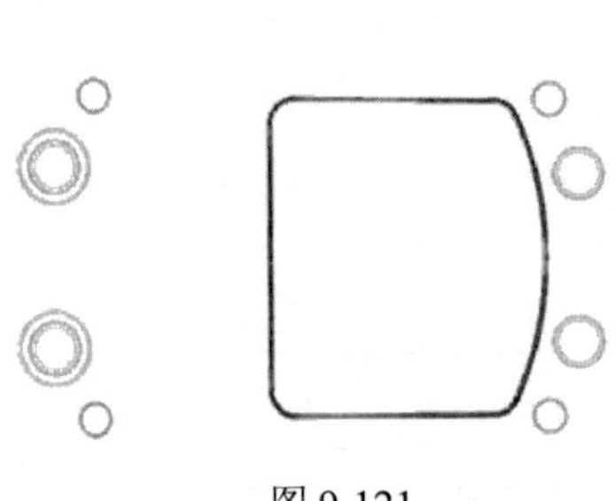

图 9-121

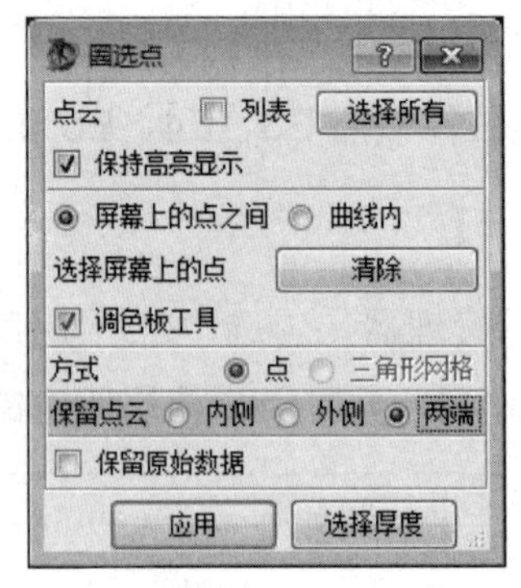


图 9-122

(8) 在“保留点云”栏中选择“两端”，单击选择屏幕上的点栏，在视图中单击形成如图 9-123 所示的边框，单击鼠标中键确定。

(9) 选择大平面部分的点云，继续分割点云，框选出如图 9-124 所示的点云。

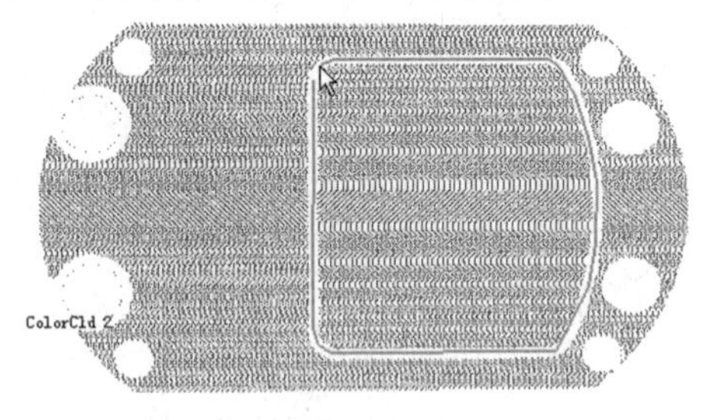


图 9-123

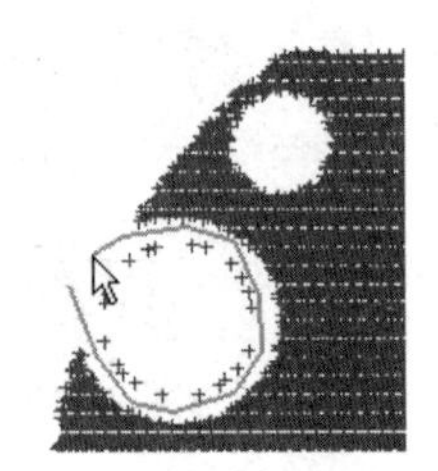

图 9-124

(10) 使用同样的方法再框选出另外一块点云，如图 9-125 所示。

(11) 单击菜单命令“构建”→“由点云构造曲面”→“拟合平面”，得到如图 9-126 所示的对话框。

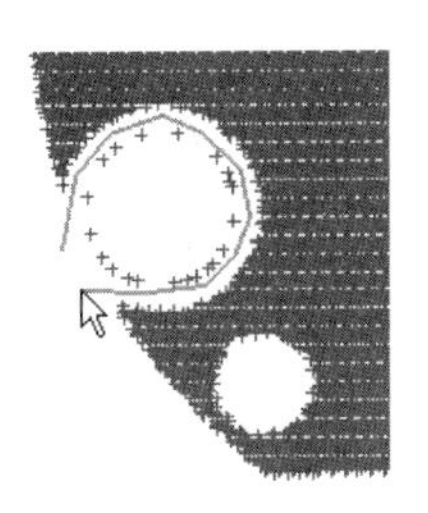

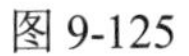

图 9-125

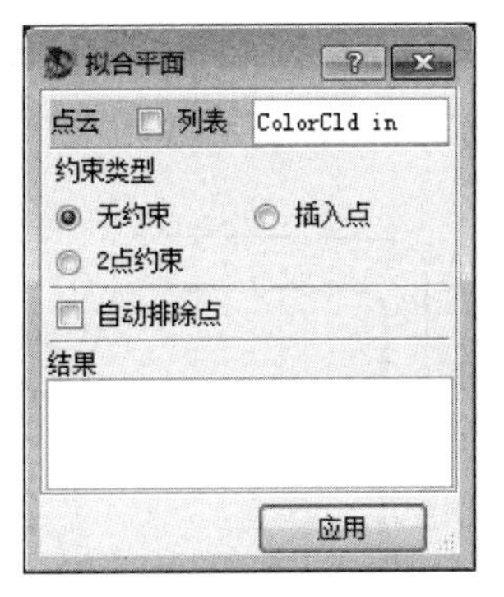


图 9-126

(12) 选择刚才分割出来的大点云块，单击鼠标中键确定。然后选择稍小的平面块，单击鼠标中键确定。最后选择剩余的两个小点云块分别拟合成平面。结果如图 9-127 所示。系统将生成的平面自动命名为“FitPlane”“FitPlane 2”“FitPlane 3”和“FitPlane 4”。

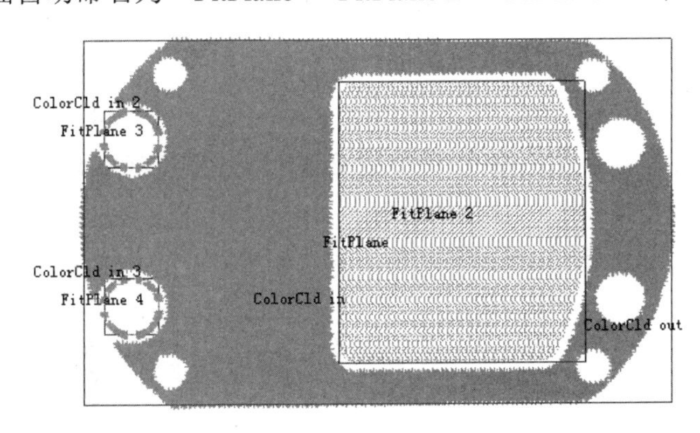


图 9-127

(13) 利用层管理器，将视图中的 4 个平面拖动到“Srf”层中。取消选择该层后面的“显示”复选框，使得该层不可见。

(14) 使用快捷键 X，打开如图 9-128 所示的对话框。选择视图中的 4 个点云，单击鼠标中键确定，删除这些点云。

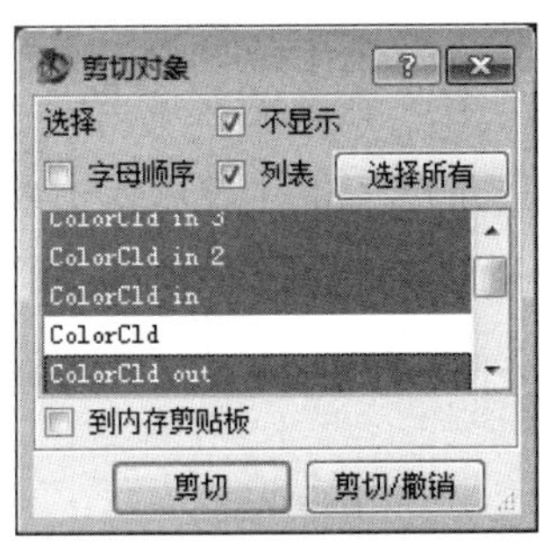


图 9-128

(15) 选择“ColorCld”，利用菜单命令“修改”→“抽取 Extract”→“圈选点”，分析出如图 9-129 所示部分的点云。系统自动将选框内的点云命名为“ColorCld in”。

(16) 将 ColorCld out 点云继续分割出如图 9-130 所示的一块。分割出的点云系统自动命名为“ColorCld in 2”。

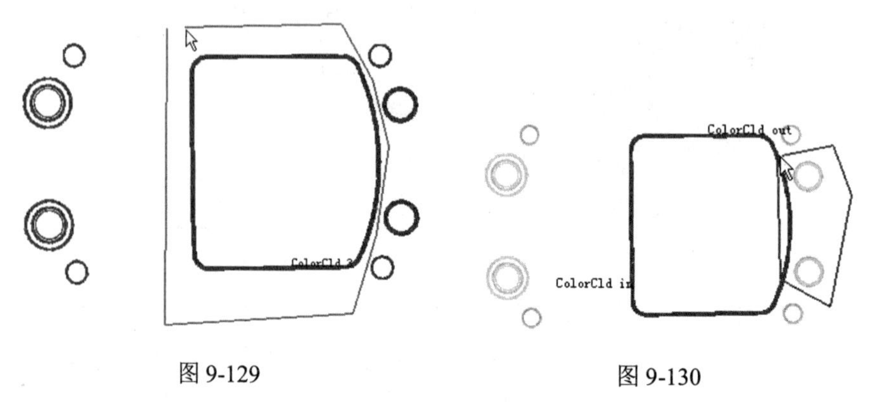


图 9-129　　　　图 9-130

(17) 将 ColorCld out 点云继续分割，选择左边的两个凸台部分的点云。“保留点云”栏设为“内侧”，勾选“保留原始数据”复选框，分割得到的点云系统自动命名为“ColorCld in 3”，如图 9-131 所示。

(18) 使用“只显示选择点云”命令(快捷键 Ctrl＋J)，选择“ColorCld in”，使得视图中仅显示出该点云。将视图调整到前视图的位置。

(19) 单击菜单命令“构建”→“剖面截取点云”→“交互式点云截面”，得到如图 9-132 所示的对话框。

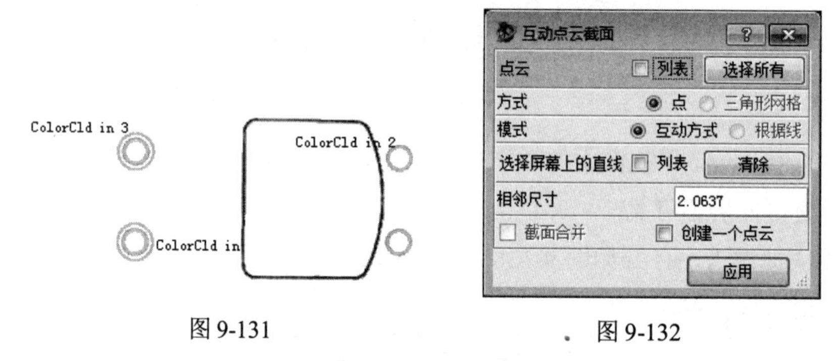


图 9-131　　　　图 9-132

(20) 单击“选择屏幕上的直线”栏，在视图区域点云的左端单击一次，按住 Ctrl 键，在点云右侧单击，如图 9-133 所示，形成一条穿过点云中部的直线。单击鼠标中键确定。形成的剖断面系统自动命名为“ColorCld in InteractSectCld”。

图 9-133

(21) 单击物件锁点工具条上的“点云捕捉”命令图标，激活捕捉到点云的命令。

(22) 单击菜单命令“创建”→“简易曲线”→“直线”，利用点云的 3 个侧边创建直线，如图 9-134 所示，系统自动将其命名为“Line”“Line 2”和“Line 3”。

(23) 单击菜单命令“创建”→“简易曲线”→“3 点圆弧”，利用三点创建圆弧命令测量圆弧半径值。然后利用菜单命令“创建”→“简易曲线”→“2 点半径圆弧”，以 64.1 为半径创建圆弧。

(24) 单击菜单命令“修改”→“延伸”，延伸创建的 3 条直线和一条圆弧的两端，使得每条曲线的长度均超过点云的范围，如图 9-135 所示。

(25) 单击菜单命令“创建”→“简易曲线”→“3 点圆弧”，利用三点创建圆弧命令测量圆弧半径值。如图 9-136 所示，取测量的半径值为 4.6mm。

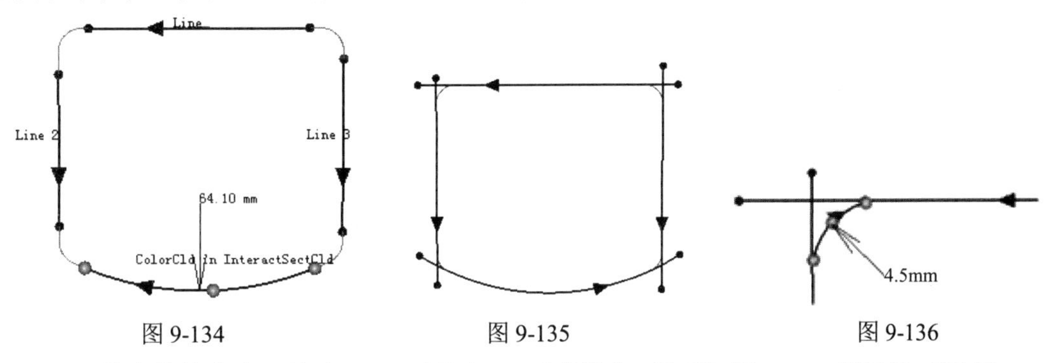


图 9-134　　图 9-135　　图 9-136

(26) 单击菜单命令“构建”→“倒圆”→“曲线”，得到如图 9-137 所示的对话框。

(27) 在第一栏中选择“半径”，通过指定圆弧半径来创建倒圆角。单击“曲线 1”栏，选一条曲线。单击“曲线 2”栏，选另一条与前一条曲线相交的曲线，如图 9-138 所示。在“半径”栏中输入倒圆角半径值 4.6。单击选择要保留的“曲线”栏后面的“预览”按钮，视图中出现四条可能的圆弧，鼠标单击需要创建的圆弧。单击鼠标中键确定。同样的方法来创建其他 3 个倒圆角。半径均为 4.6。

(28) 单击菜单命令“修改”→“截断”→“截断曲线”(快捷键为 Ctrl+Shift+K)，得到如图 9-139 所示的对话框。

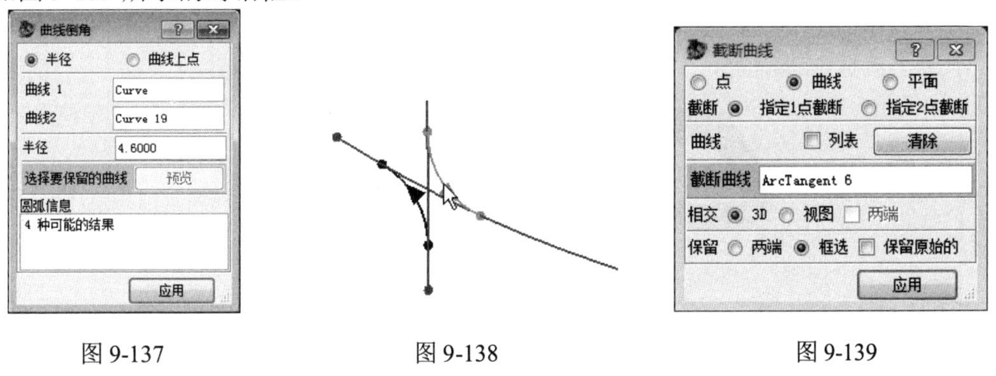


图 9-137　　图 9-138　　图 9-139

(29) 在第一栏中选择“曲线”方式，在“截断”栏中选择“指定 1 点截断”。单击“曲线”栏，选择需要剪断的曲线，这里选择任意直线，注意鼠标选择的位置是需要保留的线段。单击“截断曲线”栏，选择与所选直线相连的倒圆角，如图 9-140 所示。在“相交”栏中选择“3D”。在“保留”栏中选择“框选”，即仅保留鼠标所选择的点所在位置的线段。单击鼠标中键确定。

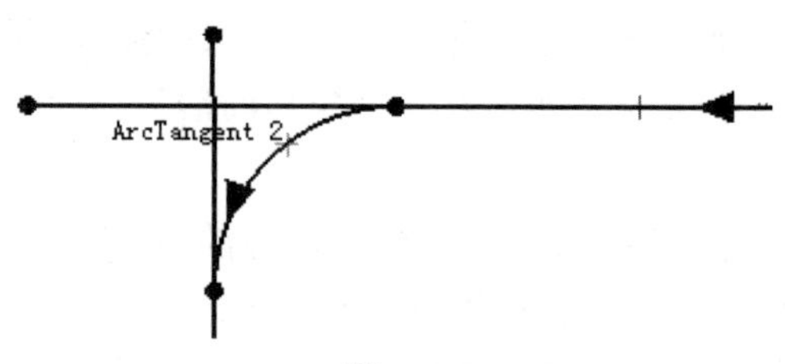


图 9-140

(30) 采用同样的方式，利用相邻的倒圆角裁剪其他多余的曲线，使得直线、圆弧和倒圆角形成封闭的曲线。

(31) 单击菜单命令“构建”→“扫掠曲面”→“沿方向拉伸”，得到如图 9-141 所示的对话框。单击“曲线”栏，选择视图中所有的曲线。在“方向”栏中选择 *Z* 方向。勾选“两端”复选框，将“正向”和“负值”栏中的数值均设为 2。使用快捷键 Ctrl＋J，选择“ColorCld in”，显示出该点云。

(32) 拖动视图中圆周上的球体，观察拉伸曲线的选择方向与数值正负号之间的关系。在“常量角度”栏中输入数值 30，符号由实际情况决定，保证曲面的选择方向与点云一致，如图 9-142 所示。

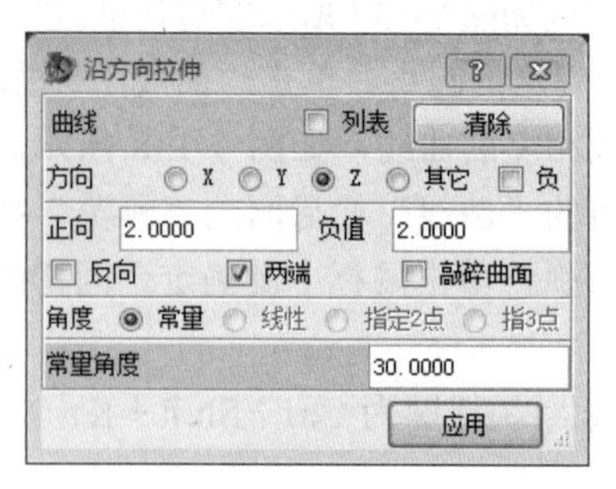


图 9-141

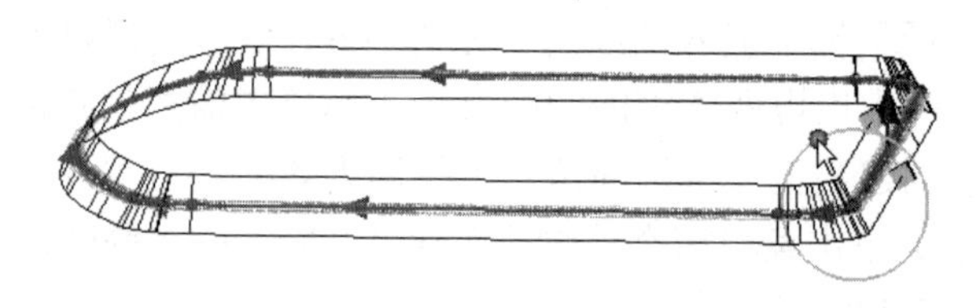

图 9-142

(33) 单击鼠标中键确定。生成的拉伸曲面如图 9-143 所示。

图 9-143

(34) 在层管理器中，将当前层中的曲面拖动到“Srf”层中，将当前层中的所有的曲线拖动到“Crv”层中，删除点云“ColorCld in”。使用快捷键 Ctrl＋J，选择“ColorCld in 2”，仅显示出该点云。

(35) 单击菜单命令“构建”→“剖面截取点云”→“交互式点云截面”，单击“选择屏幕上的直线”栏，在视图区域点云的左端单击一次，按住 Ctrl 键，在点云右侧单击，如图 9-144 所示，形成一条穿过点云中部的直线。单击鼠标中键确定。形成的剖断面系统自动命名为“ColorCld in 2 InteractSectCld”。

图 9-144

(36) 单击菜单命令“修改”→“抽取”→“圈选点”，在“保留点云”栏中选择“两端”，使用框选命令将视图中的点云分割为两个部分，如图 9-145 所示。

(37) 单击菜单命令“构建”→“由点云构建曲线”→“拟合圆”，得到如图 9-146 所示的对话框。

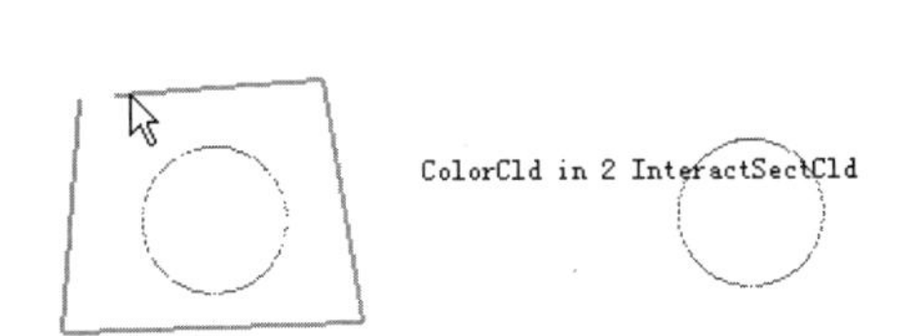


图 9-145

图 9-146

(38) 单击“点云”栏，选择视图中的两个点云。单击鼠标中键确定。生成两个圆，如图 9-147 所示。系统自动将其命名为“FitCircle”和“FitCircle 2”。

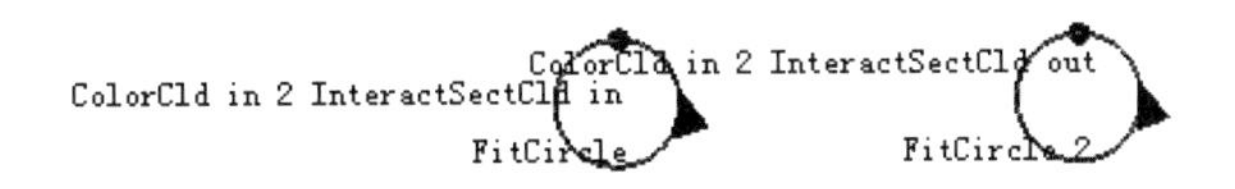


图 9-147

(39) 单击菜单命令“构建”→“扫掠曲面”→“沿方向拉伸”。单击“曲线”栏，选择视图中的两个圆。在方向栏中选择 Z 方向。勾选“两端”复选框，将“正向”和“负值”栏中的数值均设为 2。使用快捷键 Ctrl＋J，选择“ColorCld in 2”，显示出该点云。拖动圆周上的球体，查看曲面的选择方向与正负号之间的关系，如图 9-148 所示。

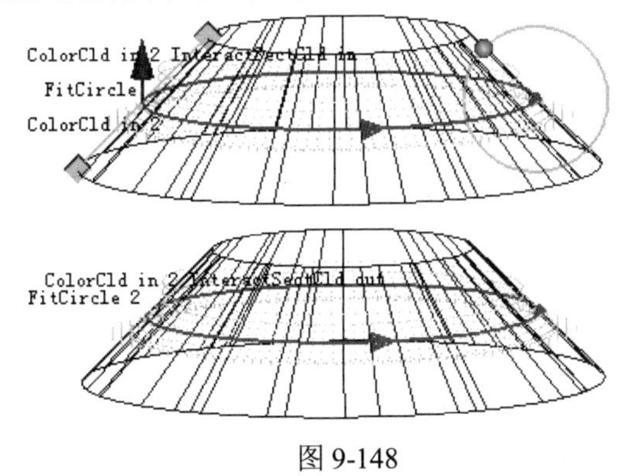


图 9-148

(40) 在“常量角度”栏中输入数值 45，符号由实际情况决定，保证曲面的选择方向与点云一致。单击鼠标中键确定。生成的拉伸曲面如图 9-149 所示，系统自动命名为“ExtrudeSurf 18”和“ExtrudeSurf 19”。

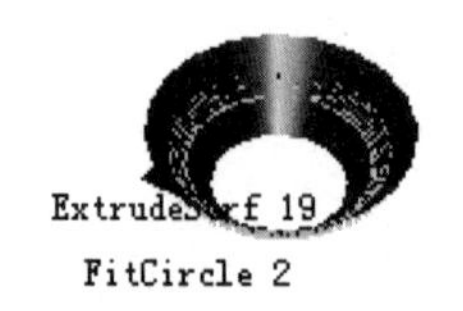


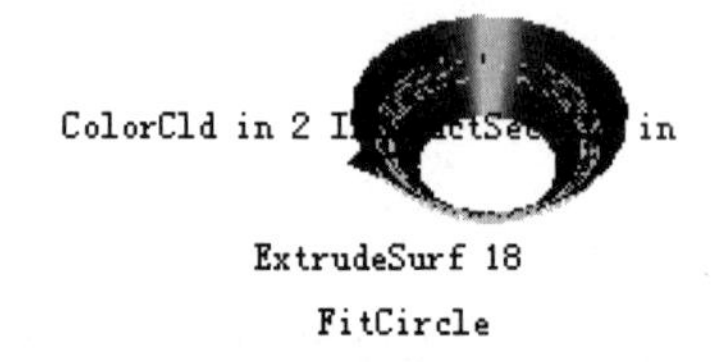


图 9-149

(41) 在层管理器中，将当前层中的曲面拖动到“Srf”层中，将当前层中所有的曲线拖动到“Crv”层中，删除点云“ColorCld in 2”。使用快捷键 Ctrl+J，选择“ColorCld in 3”，仅显示出该点云。

(42) 单击菜单命令“构建”→“剖面截取点云”→“交互式点云截面”，单击“选择屏幕上的直线”栏，在视图区域点云的左端单击一次，按住 Ctrl 键，在点云右侧单击，如图 9-150 所示，形成一条穿过点云中部的直线。单击鼠标中键确定。形成的剖断面系统自动命名为“ColorCld in 3 InteractSectCld”。

图 9-150

(43) 单击菜单命令“修改”→“抽取”→“圈选点”，在“保留点云”栏中选择“两端”，使用框选命令将视图中的点云分割为两个部分，如图 9-151 所示。

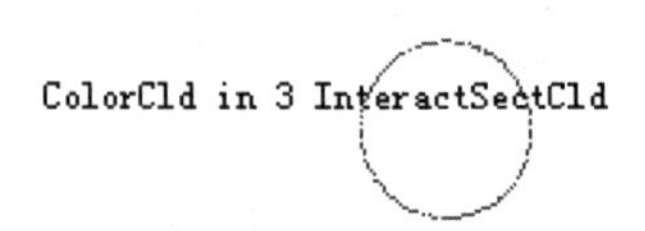


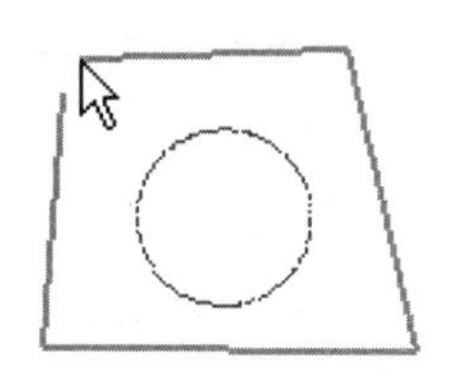

图 9-151

(44) 单击菜单命令“构建”→“由点云构建曲线”→“拟合圆”，单击“点云”栏，选择视图中的两个点云，单击鼠标中键确定。生成两个圆，系统自动将其命名为“FitCircle 3”和“FitCircle 4”。

(45) 单击菜单命令“构建”→“扫掠曲面”→“沿方向拉伸”，单击“曲线”栏，选择视图中的两个圆。在“方向”栏中选择 *Z* 方向。勾选“两端”复选框，将“正向”和“负值”栏中的数值均设为 2。使用快捷键 Ctrl+J，选择“ColorCld in 3”，显示出该点云。拖动圆周上的球体，查看曲面的选择方向与正负号之间的关系，如图 9-152 所示。

(46) 在“常量角度”栏中输入数值 45，符号由实际情况决定，保证曲面的选择方向与点云一致。单击鼠标中键确定。生成的拉伸曲面如图 9-153 所示，系统自动命名为“ExtrudeSurf 20”和“ExtrudeSurf 21”。

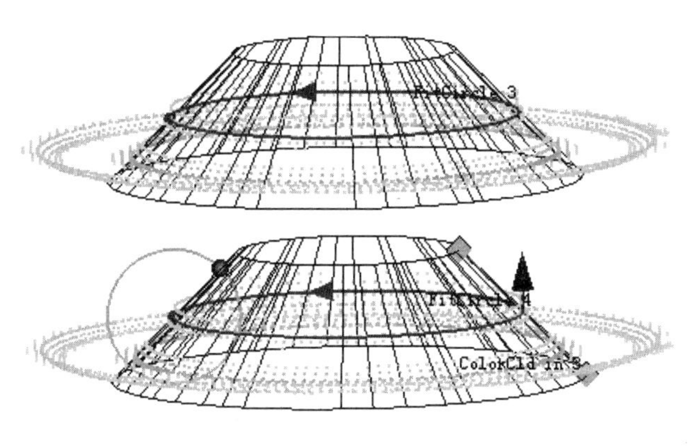


图 9-152

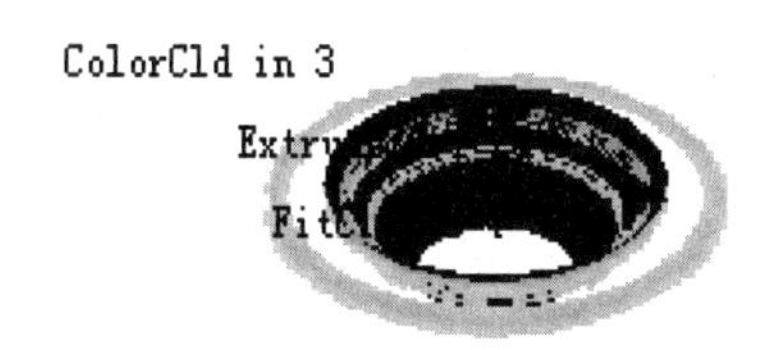

图 9-153

(47) 在层管理器中，将当前层中的曲面拖动到“Srf”层中，将当前层中所有的曲线拖动到“Crv”层中，删除点云“ColorCld in 3”。使用快捷键 Ctrl+J，选择“dch in”，仅显示出该点云。

(48) 单击菜单命令“修改”→“抽取”→“圈选点”，在“保留点云”栏中选择“内侧”，勾选“保留原始数据”复选框，选择小凸台所在的点云，如图 9-154 所示。单击鼠标中键确定。系统自动命名生成的点云为“dch in 2”。隐藏点云“dch in”。

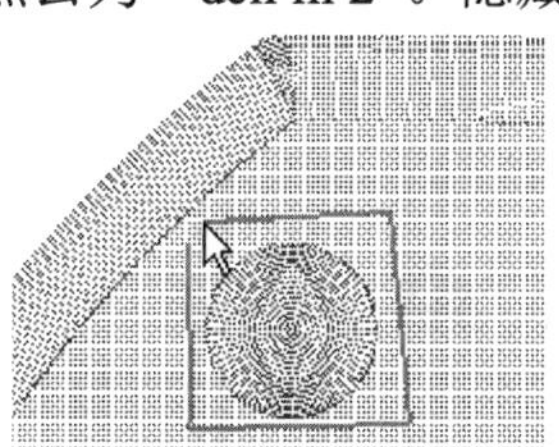

图 9-154

(49) 将视图调整到前视图的位置。单击菜单命令“修改”→“抽取”→“圈选点”，在“保留点云”栏中选择“内侧”，取消选择“保留原始数据”复选框，不保留原始数据，框选出如图 9-155 所示的点云，将平面部分的点云删除。

(50) 单击菜单命令“构建”→“由点云构造曲面”→“拟合球体”，得到如图 9-156 所示的对话框。

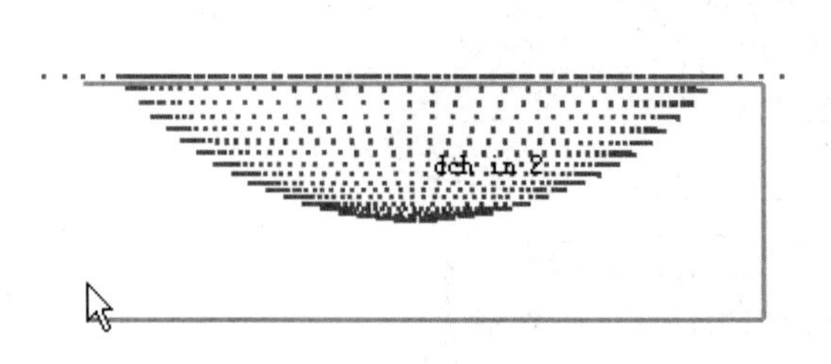


图 9-155

图 9-156

(51) 选择点云“dch in 2”，单击鼠标中键确定。生成的球面如图 9-157 所示。

(52) 重复创建 X 轴方向上的另一个小凸台，结果如图 9-158 所示。

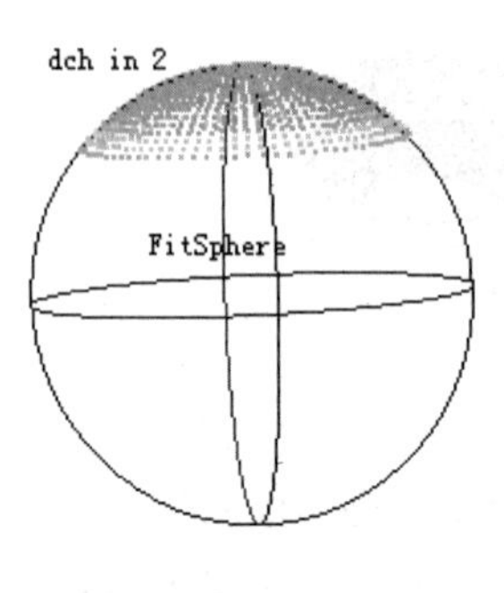


图 9-157

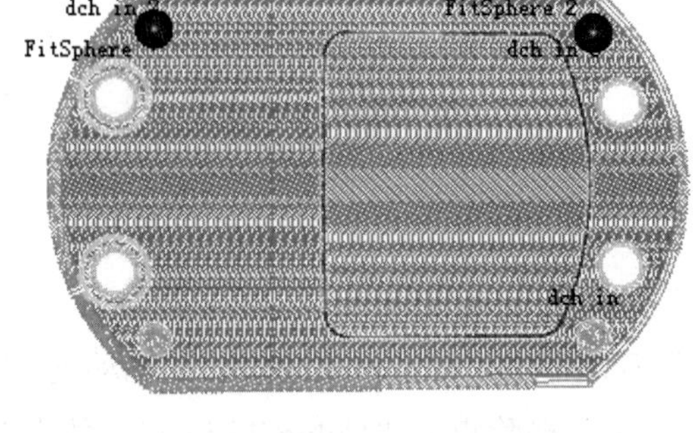


图 9-158

(53) 单击菜单命令“修改”→“位移”→“镜像”，得到如图 9-159 所示的对话框。

(54) 在“选择”栏中选择“FitSphere”和“FitSphere 2”。在“镜像平面”栏中选择 *Y*，在其后的输入栏中输入 0。勾选“复制物件”复选框。单击“预览”按钮查看生成效果，单击鼠标中键确定。生成效果如图 9-160 所示。

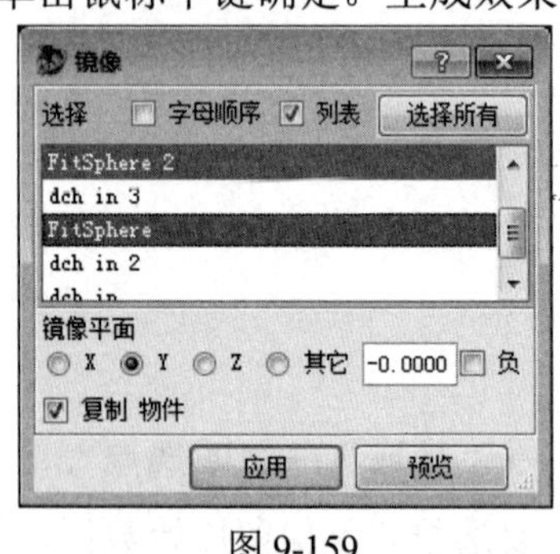


图 9-159

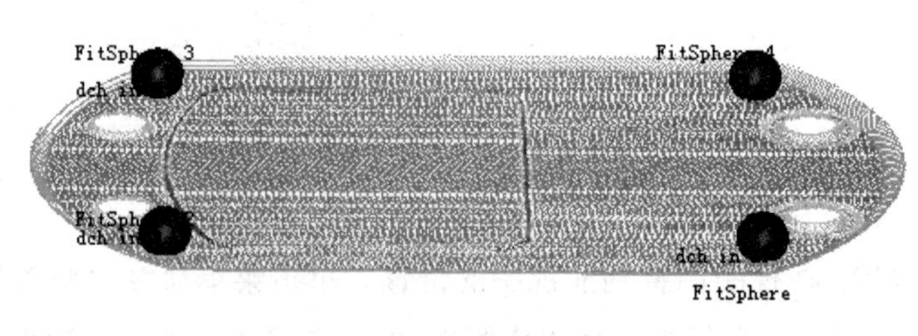


图 9-160

(55) 在层管理器中，将当前层“L 3”中的 4 个球面拖动到“Srf”层中，勾选“Srf”层后面的“工作层”和“显示”复选框。使得“Srf”层成为当前工作层，并显示出层中所有的实体，如图 9-161 所示。

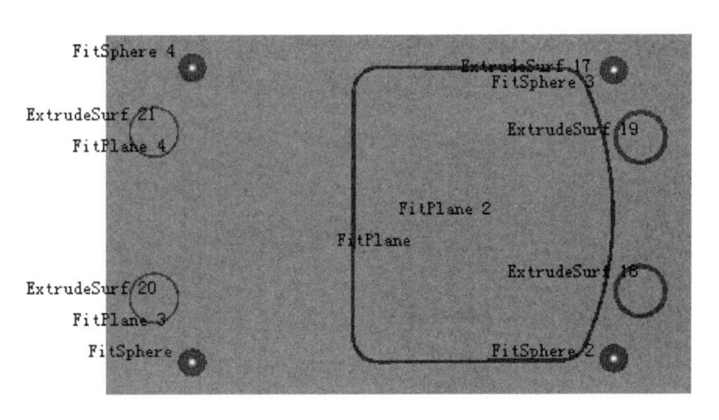


图 9-161

## 2. 裁剪曲面

【操作步骤】

(1) 使用快捷键 Ctrl+J，选择“dch in”，仅显示出该点云。

| | |
|---|---|
| | 源文件：\part\ch9\finish\dch_finish5.imw |
| | 操作结果文件：\part\ch9\finish\dch_finish6.imw |

(2) 单击菜单命令“修改”→“延伸”，勾选“所有边”复选框。分别延伸 4 个平面边界。使得平面超过所在的点云范围，如图 9-162 所示。

(3) 单击菜单命令“构建”→“相交”→“曲面相交”，得到如图 9-163 所示的对话框。单击“曲面 1”栏选择大平面“Surface 2”，单击“曲面 2”栏选择 4 个球面“FitSphere”“FitSphere 2”“FitSphere 3”和“FitSphere 4”。在“输出”栏中，选择“3D 曲线”。单击鼠标中键确定，生成 4 条 3D 曲线。

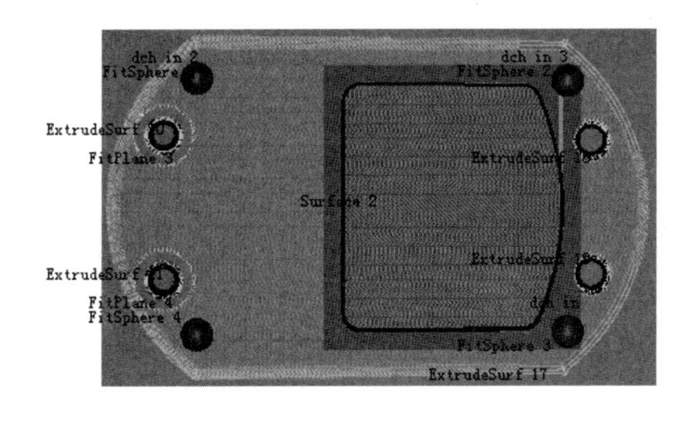


图 9-162

图 9-163

(4) 隐藏所有的点云和曲线。激活物件锁点对话框中的捕捉到曲面的命令。

(5) 单击菜单命令“修改”→“修剪”→“修剪曲面区域”(快捷键为 Ctrl+T)，得到如图 9-164 所示的对话框。

图 9-164

(6) 在“修剪”栏中选择“轴平面”。在“曲面”栏中选择 4 个球面“FitSphere”“FitSphere 2”“FitSphere 3”和“FitSphere 4”。在“平面法向”栏中选择 *Z*。单击“截面位置”栏，单击视图中的延伸后的大平面“Surface 2”。注意箭头符号，如图 9-165 所示。通过“负”复选框来调整箭头的方向，箭头所指方向为曲面将要被保留的部分。单击鼠标中键确定。

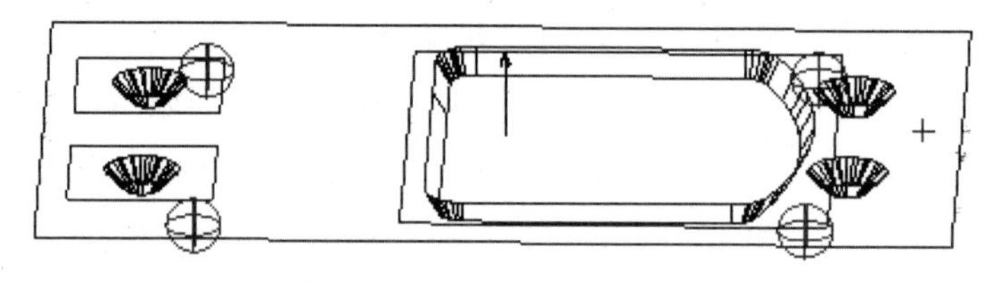

图 9-165

(7) 单击菜单命令“修改”→“截断”→“截断曲面”(快捷键为 Shift+K)，得到如图 9-166 所示的对话框。

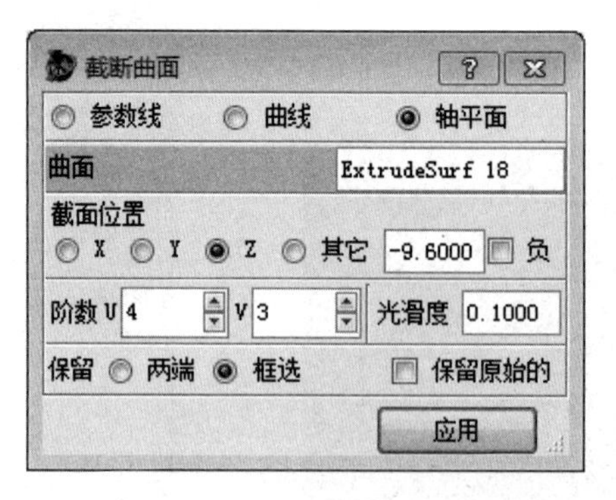


图 9-166

(8) 在第一栏中选择“轴平面”。选择一个需要剪断的曲面，注意圆球所在的位置是曲面将要被保留的部分，这里先选择曲面“ExtrudeSurf 18”位于平面以上的部分，如图 9-167

所示。单击“截面位置”栏，单击大平面“Surface 2”上一点。在“保留”栏选择“框选”。单击鼠标中键确定。然后依次选择曲面“ExtrudeSurf 19”和“ExtrudeSurf 17”位于平面以下的部分。单击鼠标中键确定。

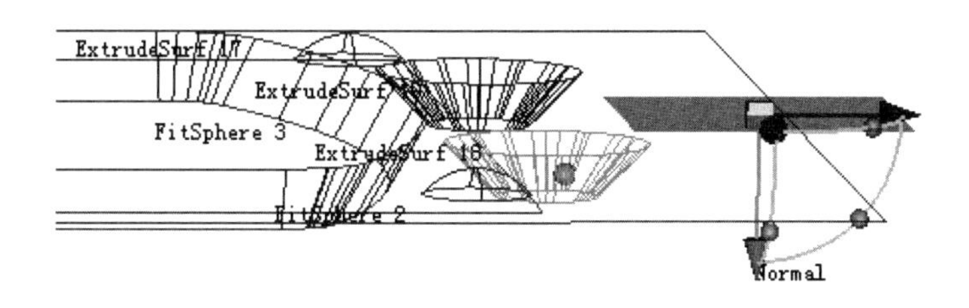


图 9-167

(9) 旋转视图到反面，先选择曲面“ExtrudeSurf 17”位于两个平面之间的部分，如图 9-168 所示。单击“截面位置”栏，单击小的平面“Surface 3”上一点，单击鼠标中键确定。

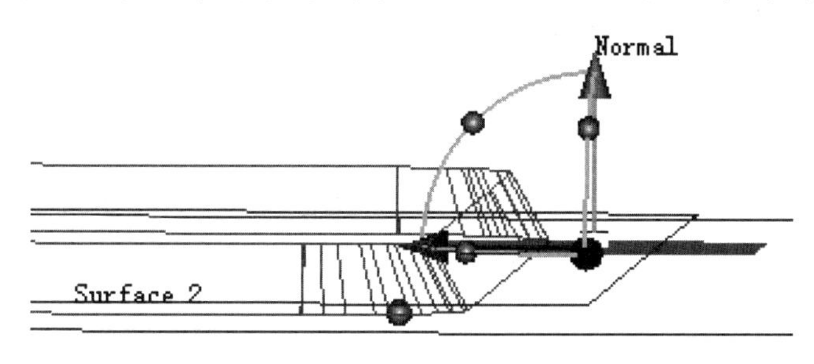


图 9-168

(10) 类似前两步的方法，剪掉曲面“ExtrudeSurf 20”和“ExtrudeSurf 21”位于小平面“Surface 5”以上的部分，如图 9-169 所示。

(11) 单击菜单命令“构建”→“提取曲面上的曲线”→“取出 3D 曲线”，得到如图 9-170 所示的命令对话框。

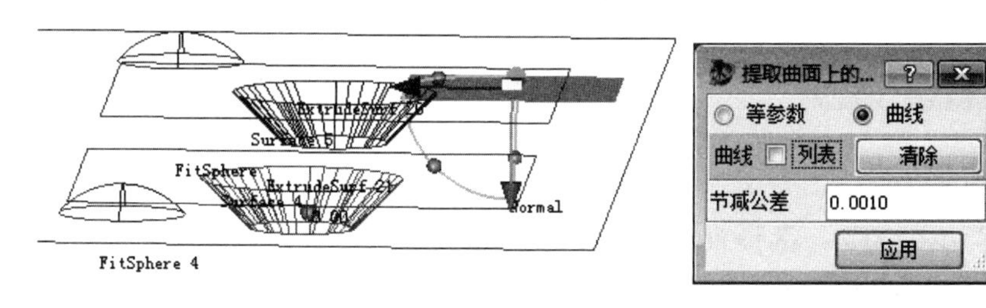


图 9-169　　　　图 9-170

(12) 在第一栏中选择“曲线”。在视图中选择所有修剪后的拉伸曲面与平面相接触处的曲线，单击鼠标中键确定。

(13) 单击菜单命令“显示”→“曲线”→“显示所有 3D 曲线”，显示所有的 3D 曲线，如图 9-171 所示。

(14) 单击菜单命令“修改”→“修剪”→“使用曲线修剪曲面”，得到如图 9-172 所示的对话框。

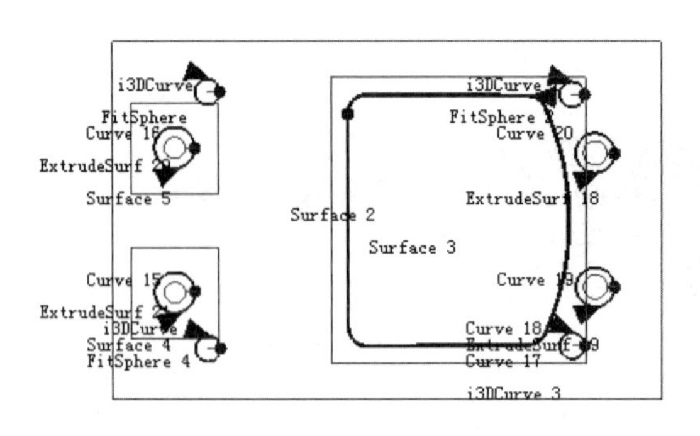

图 9-171

图 9-172

(15) 选择视图中凹下去的平面“Surface 3”。单击“命令曲线”栏，选择该平面上的曲线，这里是“Curve 18”。在“修剪类型”栏中选择“外侧修剪”，单击鼠标中键确定，生成的裁剪曲面如图 9-173 所示。

(16) 与上一步骤类似，选择视图中的大平面“Surface 2”。单击“命令曲线”栏，选择该平面上的一条封闭曲线，例如先选择“i3DCurve”。在“修剪类型”栏中选择“内部修剪”。单击鼠标中键确定。然后再单击“命令曲线”栏，选择另一条封闭曲线，例如选择“i3DCurve 2”，单击鼠标中键确定。依此类推，利用该大平面上的所有封闭曲线裁剪该平面，结果如图 9-174 所示。

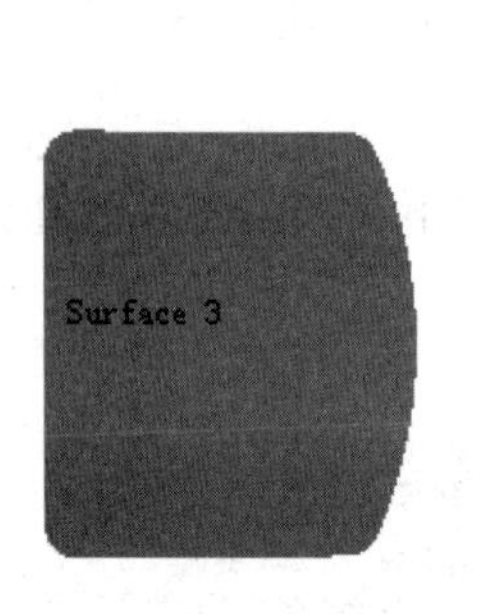


图 9-173

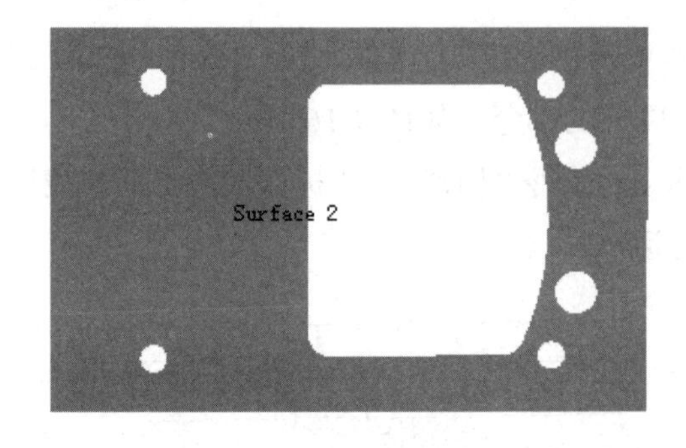


图 9-174

(17) 与上一步骤类似，选择视图中小平面“Surface 4”。单击“命令曲线”栏，选择该平面上的封闭曲线，在“修剪类型”栏中选择“内侧修剪”，单击鼠标中键确定。选择视图中的另一个小平面“Surface 5”。单击“命令曲线”栏，选择该平面上的封闭曲线，单击鼠标中键确定，结果如图 9-175 所示。

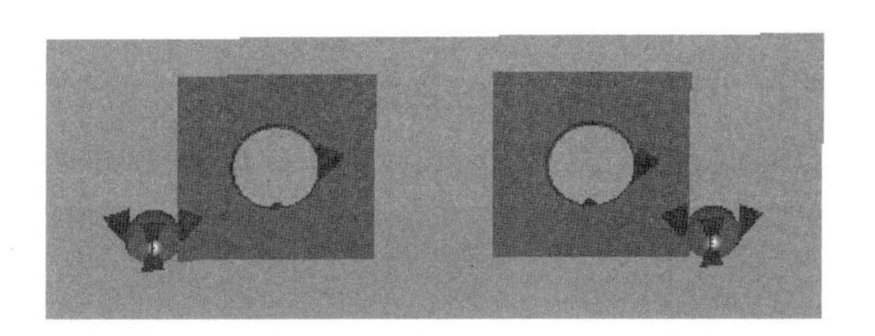

图 9-175

(18) 使用快捷键 Ctrl＋J，选择“dch in”，仅显示出该点云。单击菜单命令“构建”→“偏移”→“曲线”，得到如图 9-176 所示的对话框。

(19) 选择小平面上的两条曲线，在“距离”栏中输入数值 2，通过“负”复选框来调整方向到如图 9-177 所示的位置。系统自动命名偏置曲线为“OffsetCrv”和“OffsetCrv 2”。采用类似步骤(15)的方法，利用生成的偏置曲线裁剪小平面多余的部分。

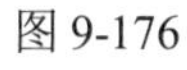

图 9-176

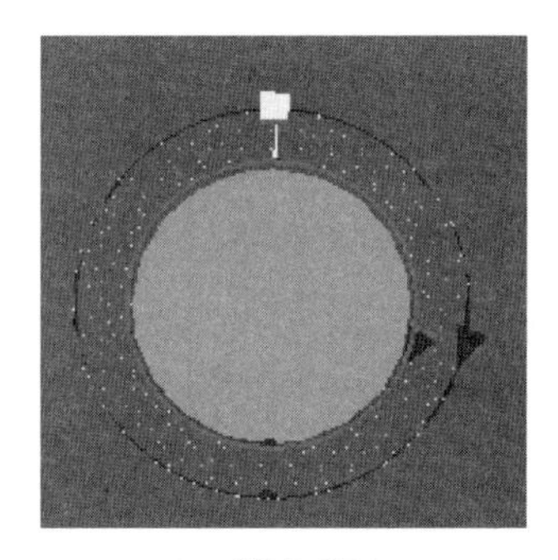

图 9-177

(20) 用显示边框的方式显示曲面。选择小平面上的两条曲线，在“距离”栏中输入数值 2.3，通过“负”复选框来调整方向到如图 9-178 所示的位置。系统自动命名偏置曲线为“OffsetCrv 3”和“OffsetCrv 4”。

(21) 单击菜单命令“构建”→“2D 曲线”→“曲线投影到曲面”，得到如图 9-179 所示的对话框。

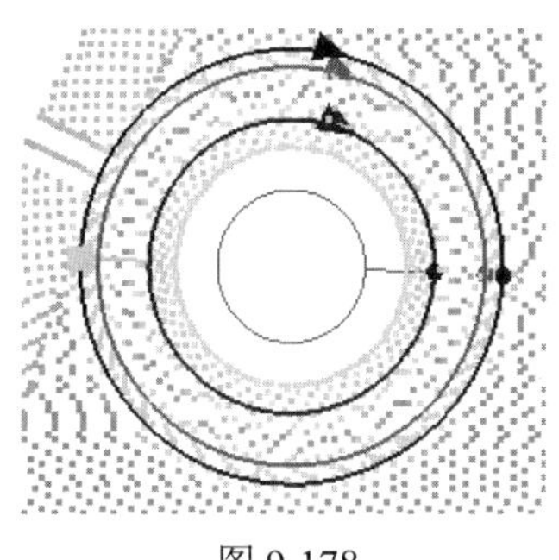

图 9-178

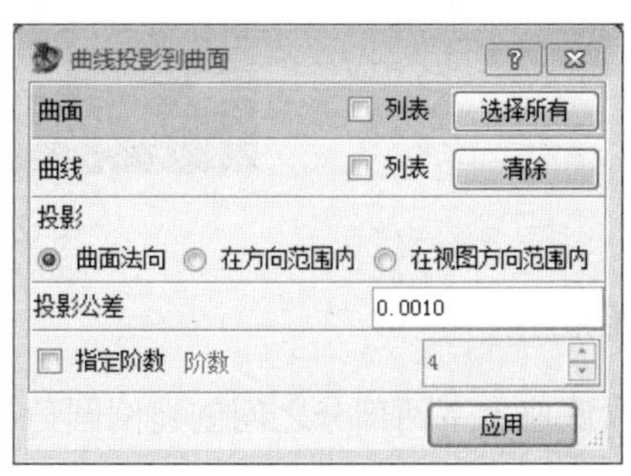


图 9-179

(22) 单击“曲面”栏，选择大平面“Surface 2”。单击“曲线”栏，选择偏移 2mm 生成的曲线“OffsetCrv 3”和“OffsetCrv 4”。在投影栏中选择“曲面法向”选项。单击鼠标中键确定。删除曲线“OffsetCrv 3”和“OffsetCrv 4”，生成的投影曲线如图 9-180 所示。

图 9-180

(23) 单击菜单命令“构建”→“桥接”→“曲面”，得到如图 9-181 所示的对话框。

(24) 单击“起点对象”栏，选择大平面的边缘曲线，如图 9-182 所示。选择其后的“位置”选项。单击“对象终点”栏，选择小平面的边缘曲线，选择其后的“曲率”选项。在“相切方向”栏中选择“边界缝合”。单击“预览”按钮查看生成效果。单击鼠标中键确定。采用同样的方式生成另一个曲面。

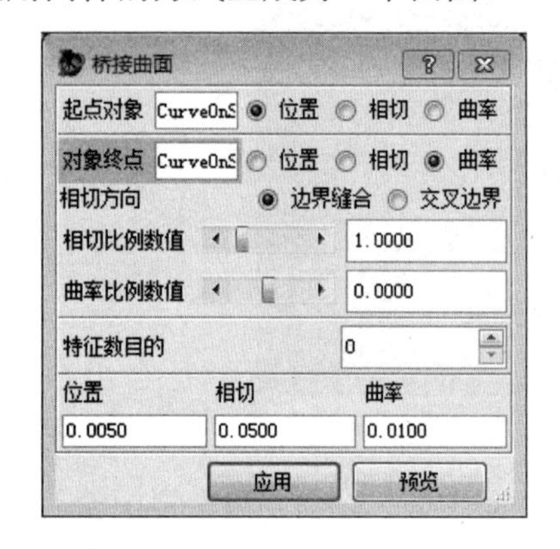


图 9-181

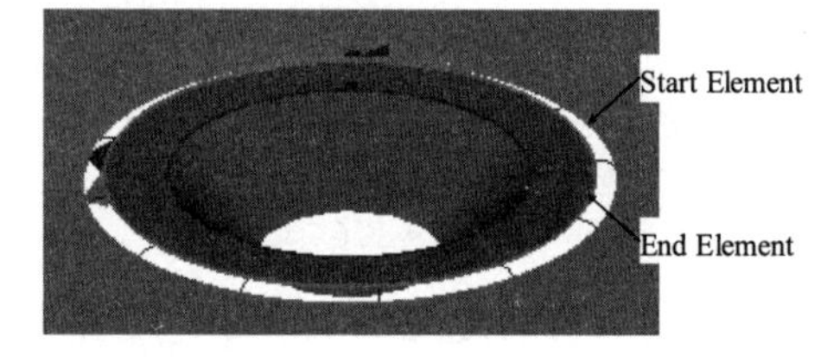


图 9-182

(25) 裁剪后的底座下半部分如图 9-183 所示。

图 9-183

**3. 创建倒圆角**

在电池盒底座上下两部分之间创建倒圆角。

【操作步骤】

(1) 在层管理器中，将当前层“Srf”中的所有曲线拖动到“Crv”层中，将当前层“Srf”

中的所有曲面拖动到“Temp”层中，勾选“Temp”层后面的“显示”复选框。

| | |
|---|---|
| | 源文件：\part\ch9\finish\dch_finish6.imw |
| | 操作结果文件：\part\ch9\finish\dch_finish7.imw |

(2) 使用快捷键 Shift＋S，显示出所有的曲面。

(3) 单击菜单命令“显示”→“曲线”→“隐藏所有”，隐藏所有的面内曲线。视图中的实体如图 9-184 所示。

(4) 单击菜单命令“构建”→“倒角”→“模式”，得到如图 9-185 所示的对话框。

图 9-184

图 9-185

(5) 单击“曲面 1”栏，选择大平面“Surface 2”。单击“曲面 2”栏，按住 Ctrl 键，选择最外层的竖直曲面。在“基本 *R* 度半径”栏中，输入半径值为 3.5000。其他设置如图 9-185 所示。单击“预览”按钮查看生成结果。单击鼠标中键确定，生成的结果即节点 T1，如图 9-186 所示。

图 9-186

## 9.4　电池盒定位件制作

通过前面两节的学习，希望读者能够充分地练习点云的分割与处理，利用点云数据创建剖断面，利用剖断面拟合成相应的曲线(这里主要是直线和圆弧)，利用曲线拉伸成曲面以及用平面和边界曲线裁剪曲面的具体操作步骤。

本节将介绍电池盒的上半部分——定位件的制作过程。它的制作过程以及主要用到的制作技巧和命令与前面的相类似，所以在本节中，将简化操作步骤的描述，主要介绍造型思路。读者可以借此节的学习，巩固一下基本的软件操作技巧。

其中，节点 T2 较为复杂，所以在讲解面的构成时会相对比较详细，而节点 T3～T8 比较简单，将仅讲述一般的构建思路。

## 9.4.1 电池盒定位件点云分割

底座上的定位件 M1，则是一个对称的部件。对称件的一半又可以分解为 T2、T3、T4、T5、T6、T7 和 T8 七个小部件。T2 到 T8，这七个小部件中的 T2 和 T3 也同样可以作为对称件分解。

利用前面操作中分割出来的点云“M1”和“T8”，来继续分割出创建节点 T2、T3、T4、T5、T6、T7 和 T8 的点云。

【操作步骤】

| | |
|---|---|
| | 源文件：\part\ch9\finish\dch_finish7.imw |
| | 操作结果文件：\part\ch9\finish\dch_finish8.imw |

(1) 将“L 4”层设为当前工作层，并显示出该层的实体。将其他几个层均设置为不可见，如图 9-187 所示。

图 9-187

(2) 使用菜单命令“修改”→“抽取”→“圈选点”，在“保留点云”栏中勾选“内侧”选项，分割出点云“T8”的一半，如图 9-188 所示。

(3) 同样使用“圈选点”命令分割出点云“M1”的一半，如图 9-189 所示。

(4) 继续使用“圈选点”命令分割点云“M1”，在“保留点云”栏中勾选“两端”选项，选择如图 9-190 所示的区域，然后继续在选框以外的点云中分割出两个圆柱块。

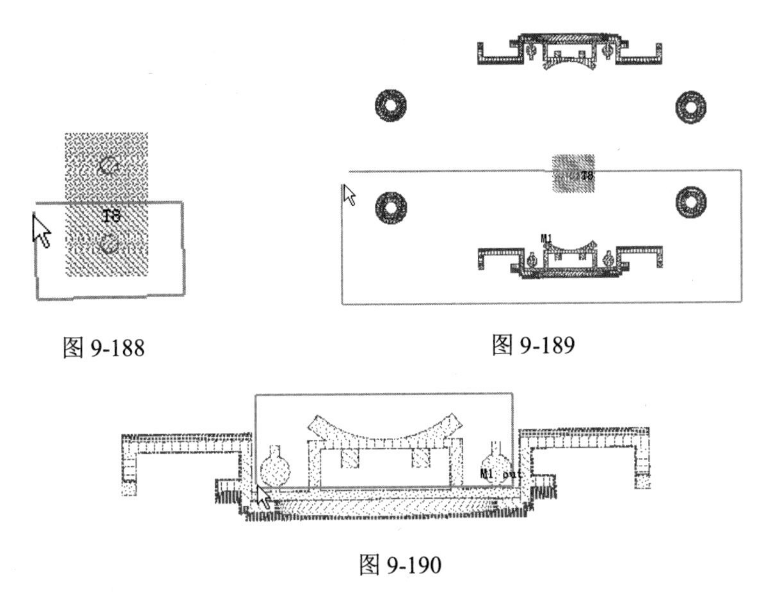

图 9-188

图 9-189

图 9-190

(5) 勾选“L 2”层后面的“显示”复选框，显示出点云“dch”。使用“圈选点”命令分割点云“dch”，在“保留点云”栏中勾选“内侧”选项，勾选“保留原始数据”复选框，选择如图 9-191 所示的区域。

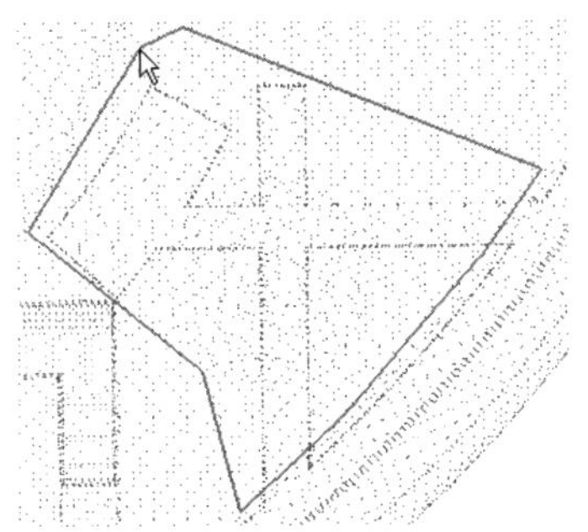

图 9-191

(6) 继续使用“圈选点”命令分割点云“dch”，在“保留点云”栏中勾选“内侧”选项，勾选“保留原始数据”复选框，选择如图 9-192 所示的区域。

(7) 使用“圈选点”命令，在“保留点云”栏中勾选“外侧”选项，不勾选“保留原始数据”复选框，选择如图 9-193 所示的区域，删除该点云的多余部分。

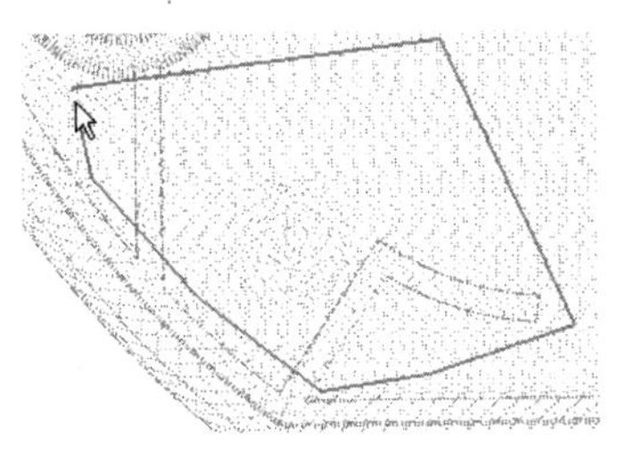

图 9-192

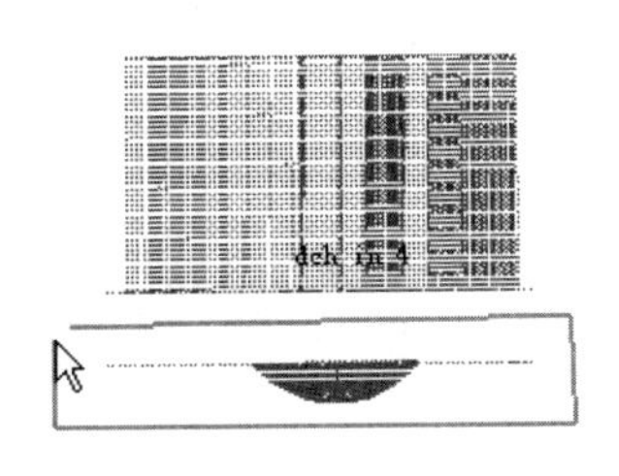

图 9-193

(8) 同上一步骤，删除另一个点云的多余部分，如图 9-194 所示。

(9) 使用“改变对象名称”(快捷键 Ctrl＋N)，得到如图 9-195 所示的对话框。

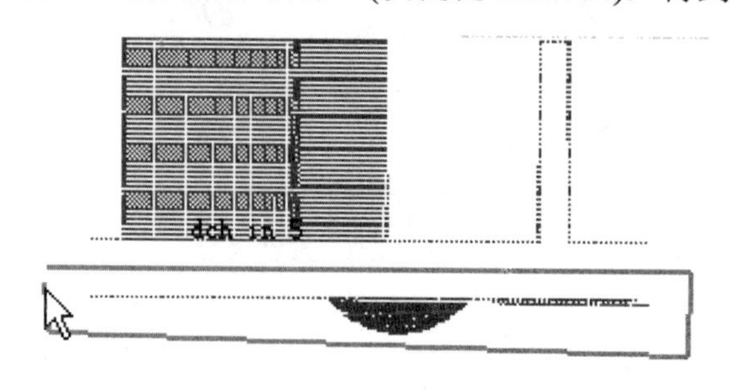

图 9-194

图 9-195

(10) 参照造型树，将分割所得的点云重命名为相应的名称。如图 9-196 所示。

图 9-196

## 9.4.2 制作定位件节点 T2

【操作步骤】

| | |
|---|---|
| | 源文件：\part\ch9\finish\dch_finish8.imw |
| | 操作结果文件：\part\ch9\finish\dch_finish9.imw |

(1) 仅显示点云“T2”。

(2) 使用菜单命令“构建”→“剖面截取点云”→“交互式点云截面”，在点云“T2”上创建出如图 9-197 所示的剖断面。

(3) 使用菜单命令“构建”→“简易曲线”→“直线”和菜单命令“构建”→“简易曲线”→“3 点圆弧”创建出必要的直线和圆弧，如图 9-198 所示。

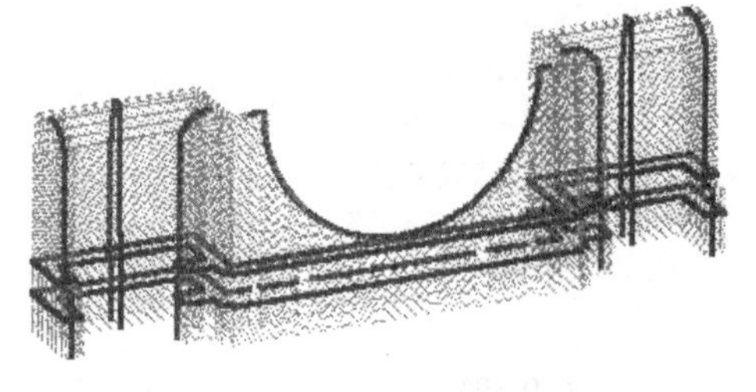

图 9-197

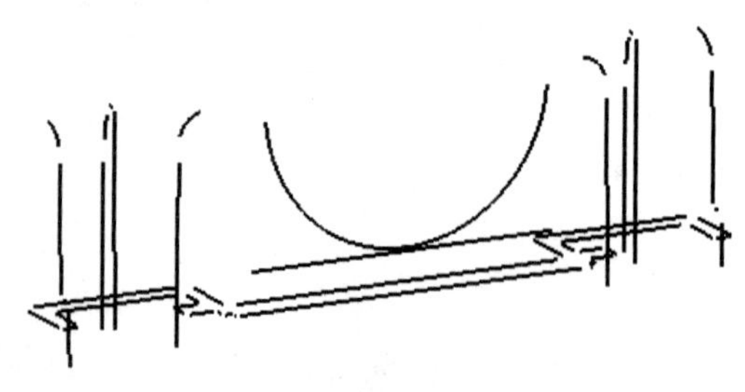

图 9-198

(4) 显示出“temp”层中的实体，利用菜单命令“构建”→“提取曲面上的曲线”→“取出3D曲线”，析出曲面边缘上如图9-199所示的4条直线。

(5) 取消选择“temp”层后面的“显示”复选框。取消选择“L 2”层后面的“显示”复选框。利用菜单命令“构建”→“扫掠曲面”→“沿方向拉伸”，选择如图9-200所示的最外层直线并沿Z方向拉伸，设置“常量角度”栏中的数值绝对值为2.75，符号由实际偏转方向决定。高度超过点云上端。

(6) 类似上一步骤，拉伸第2条直线，如图9-201所示，设置“常量角度”栏中的数值绝对值为2.75，符号由实际偏转方向决定。

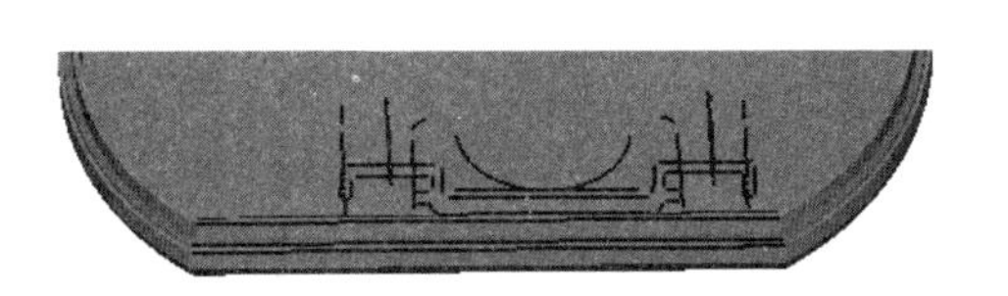

图9-199

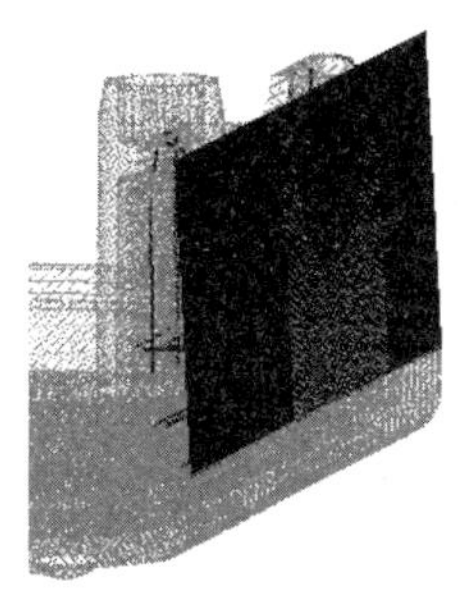

图9-200

图9-201

(7) 类似上一步骤，拉伸第3条直线，如图9-202所示，设置“常量角度”栏中的数值绝对值为4.25，符号由实际偏转方向决定。

(8) 取消选择“L 2”层后面的“显示”复选框，显示点云“T2”。类似上一步骤，拉伸第4条直线，如图9-203所示，设置“常量角度”栏中的数值绝对值为1.5，符号由实际偏转方向决定。

图9-202

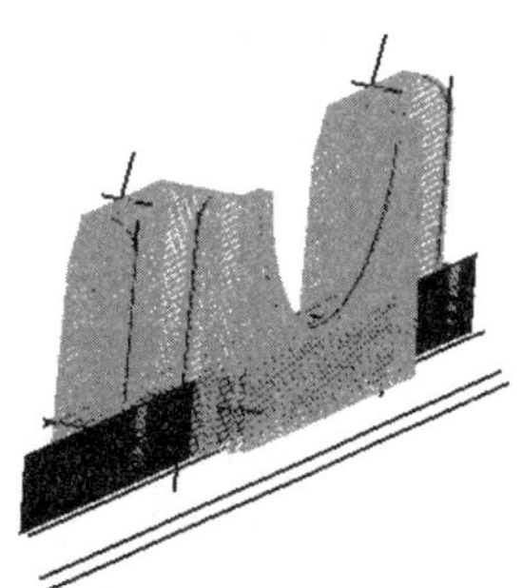

图9-203

(9) 删除视图中多余的曲线，并使用“修改”→“延伸”命令延伸需要的曲线，使得曲线长度超过相应的点云，如图9-204所示。

(10) 沿Y方向拉伸如图9-205所示的圆弧，向两边拉伸操作点云范围，旋转角度设定为0。

(11) 沿Z轴拉伸如图9-206所示的直线，注意内部的曲面需要向外旋转，这里设定旋转度数为0.5°。

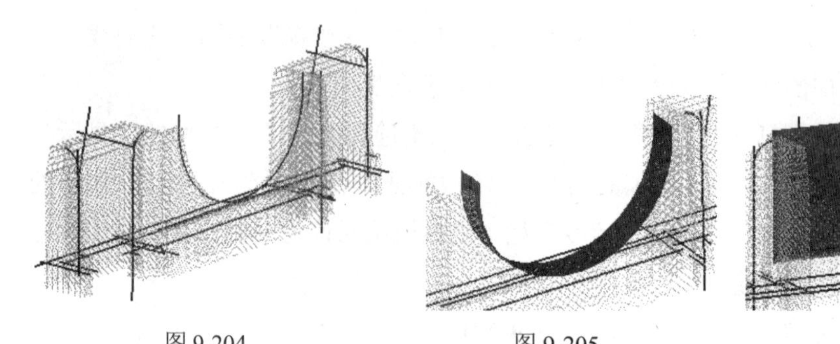

图 9-204　　图 9-205　　图 9-206

(12) 沿 $Z$ 轴拉伸如图 9-207 所示的直线，注意内部的曲面需要向外旋转，这里设定旋转度数为 0.5°。曲面拉伸长度超过点云和电池盒底座平面。

(13) 沿 $Z$ 轴拉伸如图 9-208 所示的直线，注意内部的曲面需要向外旋转，这里设定旋转度数为 0.5°。曲面拉伸长度超过点云和电池盒底座平面。

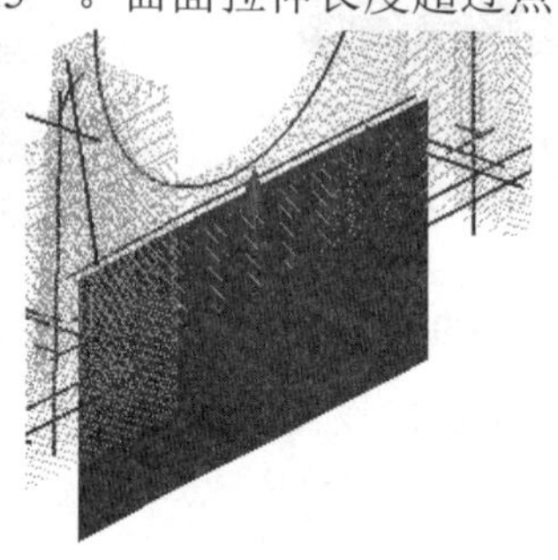

图 9-207

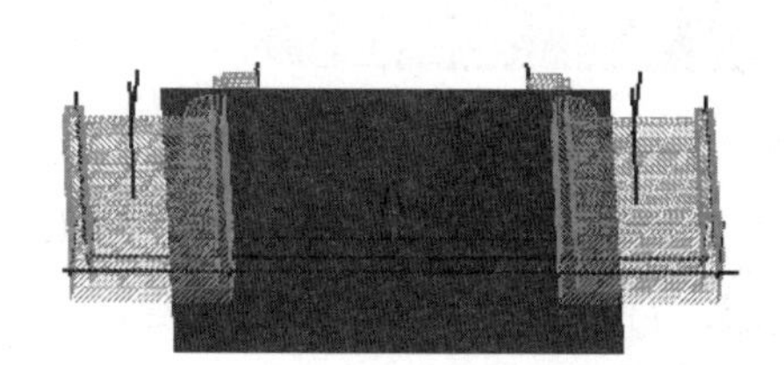

图 9-208

(14) 沿 $Z$ 轴拉伸如图 9-209 所示的直线，注意外部的曲面需要向内旋转，这里设定旋转度数为 0.5°。曲面拉伸长度超过点云和电池盒底座平面。

(15) 沿 $Z$ 轴拉伸如图 9-210 所示的直线，注意内部的曲面需要向外旋转，这里设定旋转度数为 0.5°。曲面拉伸长度超过点云和电池盒底座平面。

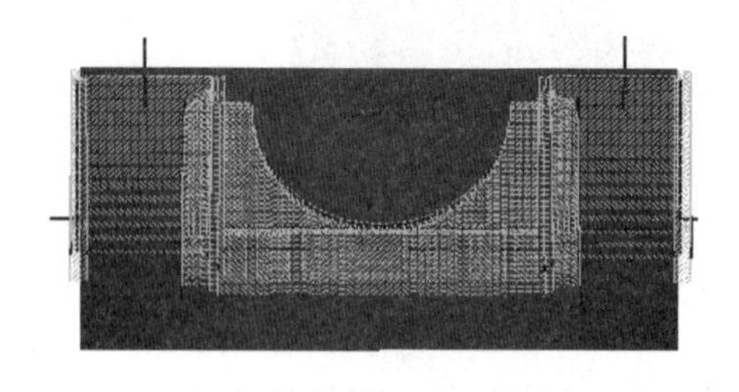

图 9-209

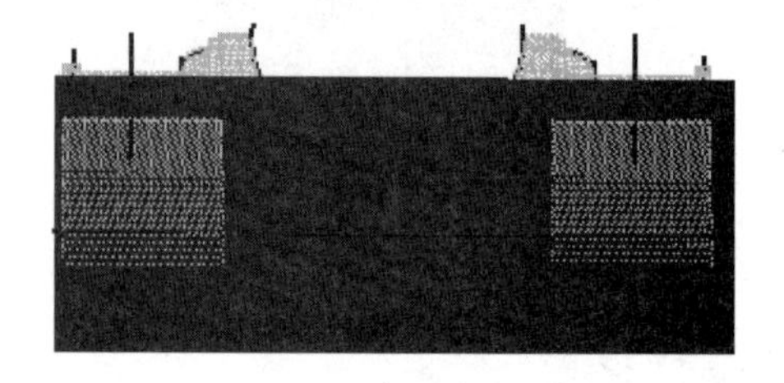

图 9-210

(16) 利用菜单命令“构建”→“曲面”→“放样”，选择竖直方向的两条直线如图 9-211 所示，生成放样曲面，并延伸曲面至超过点云的范围。

(17) 同上一步骤，使用“放样”命令，选择竖直方向的两条直线如图 9-212 所示，生成放样曲面，并延伸曲面至超过点云的范围。

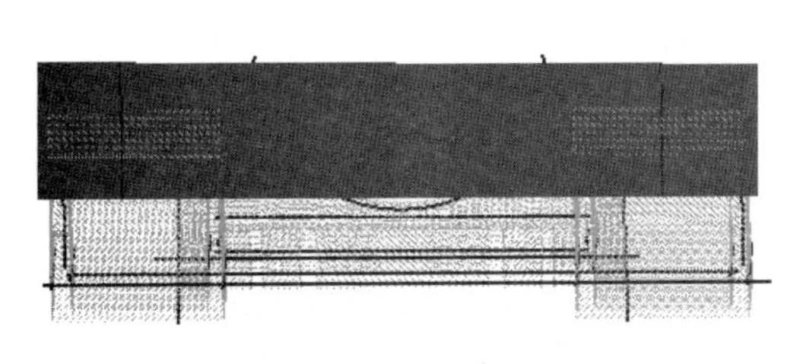

图 9-211

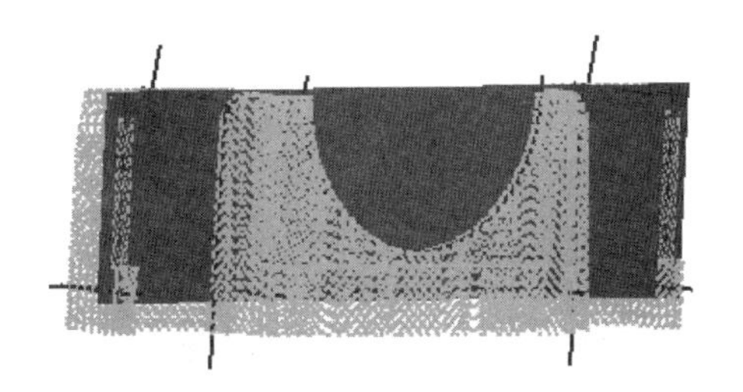

图 9-212

(18) 同上一步骤，使用放样命令，选择两条直线如图 9-213 所示，生成放样曲面，并延伸曲面至超过点云的范围。

(19) 使用菜单命令“构建”→“偏移”→“曲面”，选择前面生成的放样曲面，向下偏置 14.1mm。得到如图 9-214 所示的曲面。

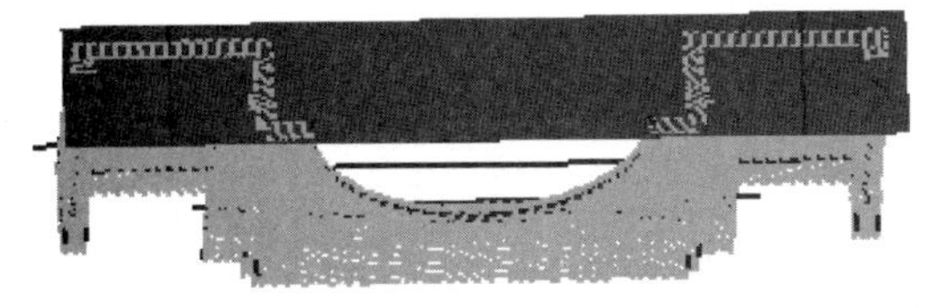

图 9-213

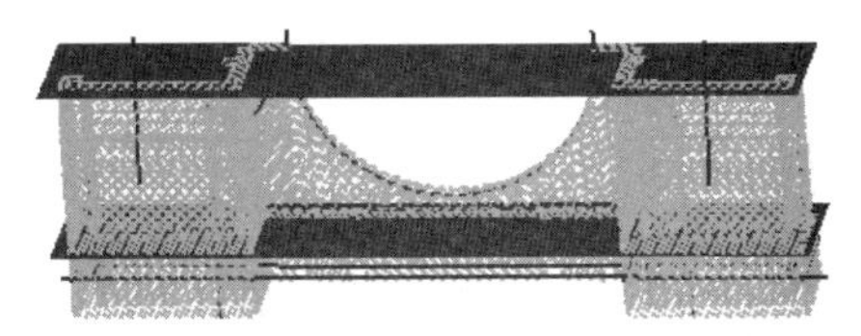

图 9-214

(20) 接下来利用沿 *Z* 轴拉伸曲面的方法，创建一系列的侧边面(12 个面)，如图 9-215 所示。这里设定旋转度数均为 0.5°，注意旋转方向要与点云保持一致。曲面拉伸长度超过点云和电池盒底座平面。

(21) 创建所有的平面后，将要裁剪这些平面。使用菜单命令“修改”→“修剪”→“修剪曲面区域”，利用上下两个平面裁剪剩余的平面，如图 9-216 所示。

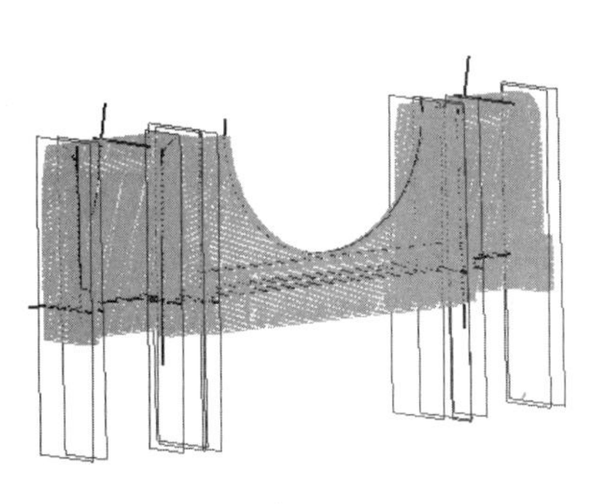

图 9-215

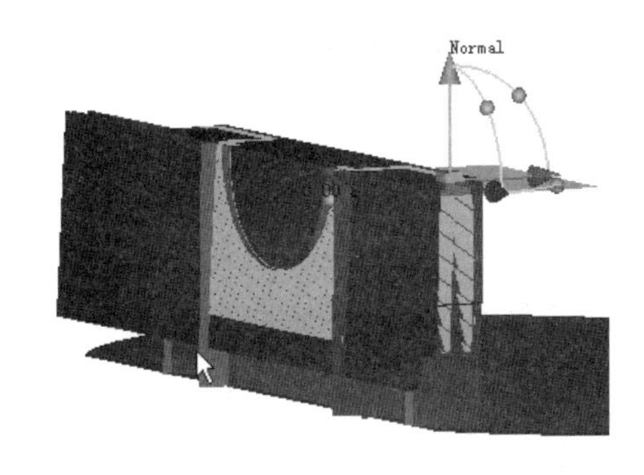


图 9-216

(22) 使用菜单命令“构建”→“相交”→“曲面”和菜单命令“修改”→“修剪”→“修剪曲线”来裁剪曲面。注意左右对称有两个面的情况裁剪时要先保留原始数据。对于无法用上述命令实现裁剪的曲面，则需要构建轮廓曲线，如图 9-217 所示。

(23) T2 裁剪完成的结果如图 9-218 所示。(注：这一部分裁剪的工作虽然不难，但是可以充分联系各种裁剪的操作，有些小细节还需要考虑一下。另外 Imageware 的裁剪和面倒圆功能不够理想，可以采用 Imageware 构面，然后使用其他软件来进行修剪和面倒圆的操作。)

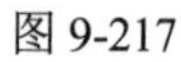
图 9-217

图 9-218

## 9.4.3 制作定位件节点 T3

【操作步骤】

| | |
|---|---|
| | 源文件：\part\ch9\finish\dch_finish9.imw |
| | 操作结果文件：\part\ch9\finish\dch_finish10.imw |

(1) 新建层，更改名称为“T3”，设置该层为当前工作层，并显示该层。将点云“T3”拖动到该层。

(2) 利用“剖面截取点云”命令，构建如图 9-219 所示的两组剖断面。

(3) 利用剖断面构建直线、圆弧和圆，如图 9-220 所示。

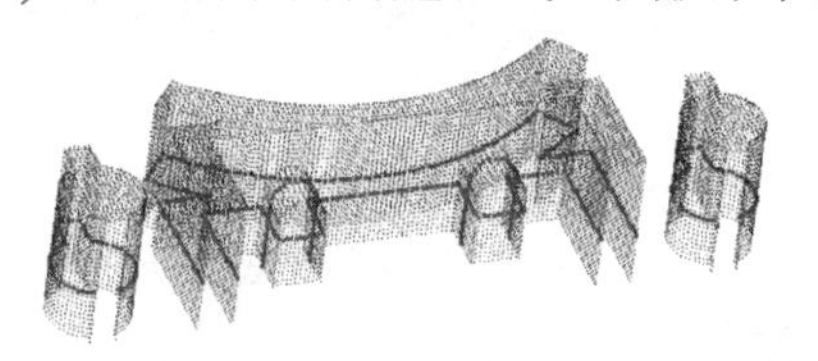

图 9-219

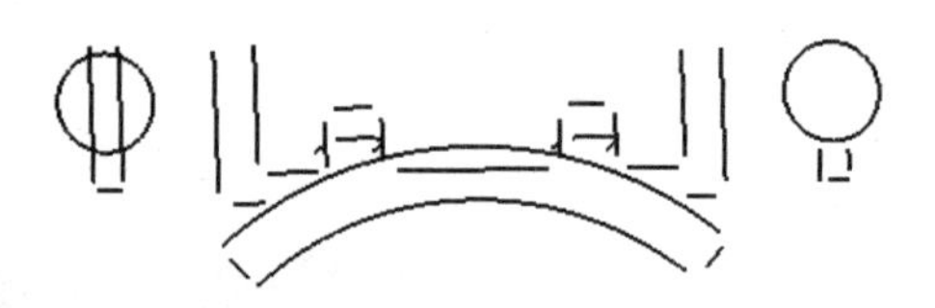

图 9-220

(4) 利用“延伸”命令延伸所有的直线和圆弧，如图 9-221 所示。

(5) 利用“修剪”命令剪断曲线多余部分，得到的轮廓线如图 9-222 所示。

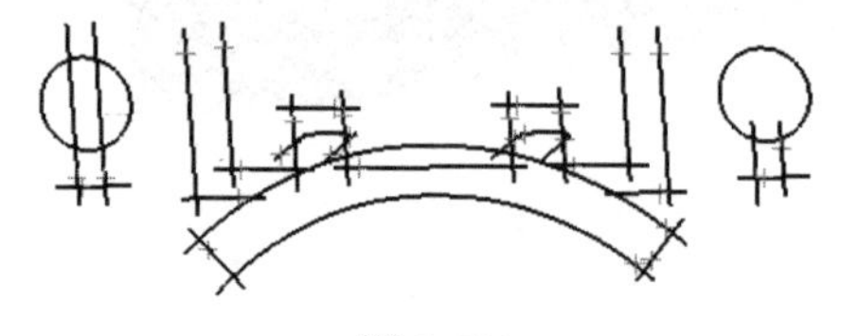

图 9-221

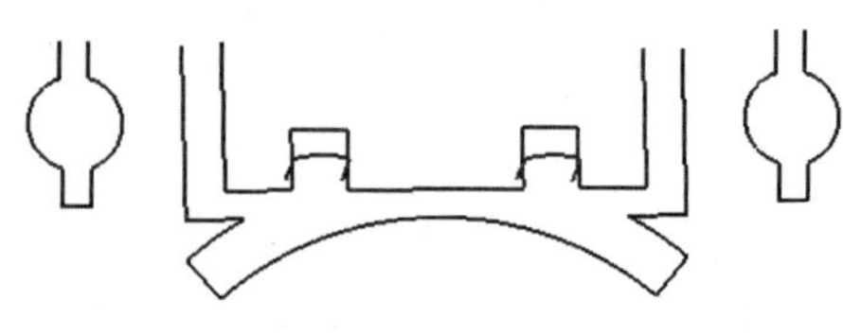

图 9-222

(6) 拉伸轮廓线，形成的曲面如图 9-223 所示，注意拉伸长度超过点云和底座面的范围，拉伸旋转度数均为 0.5°，旋转方向与点云保持一致。

(7) 利用节点 T2 上与 T3 相连的曲面的边界拉伸形成 T3 的上顶面，如图 9-224 所示。同时显示出与 T3 相连的侧面。这一侧面将用来裁剪 T3 上的面。

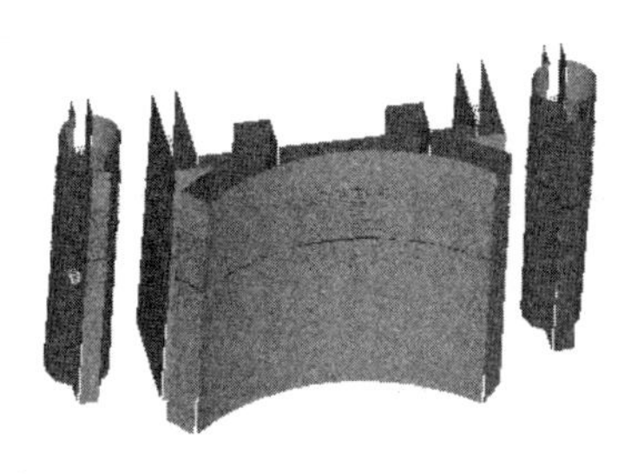
图 9-223

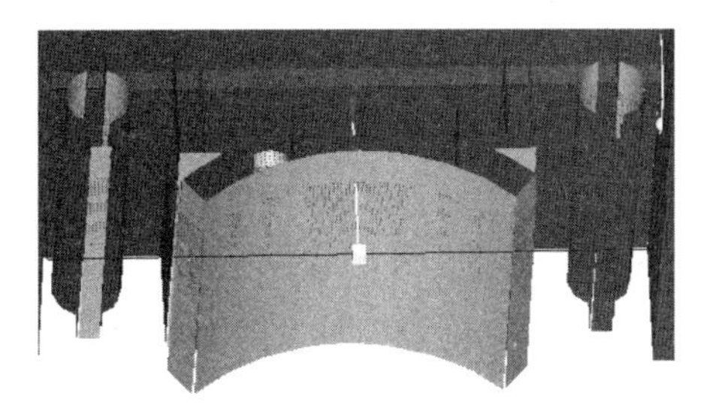
图 9-224

(8) 更改曲面的法线方向，使得所有曲面的法线朝外。延伸所有的曲面边界(除顶面和 T2 上的面)，使得曲面之间相交，如图 9-225 所示。

(9) 利用相互之间的交线、上下底面以及 T2 的侧面，裁剪视图中 T3 的曲面，结果如图 9-226 所示。

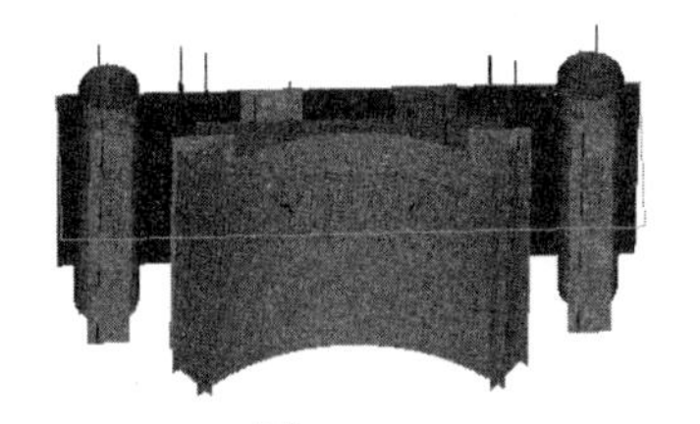
图 9-225

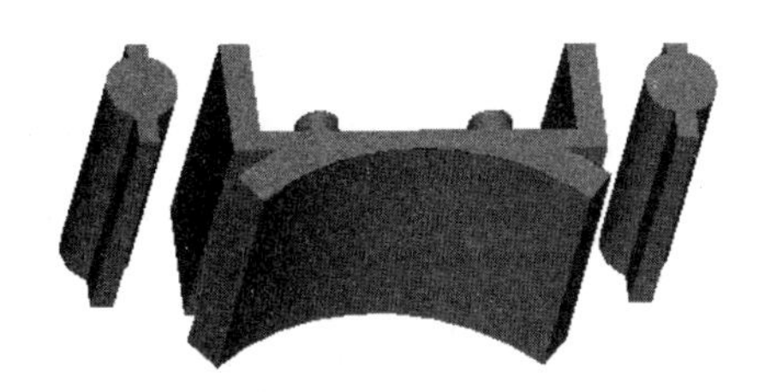
图 9-226

## 9.4.4　制作定位件节点 T4

【操作步骤】

| | |
|---|---|
| | 源文件：\part\ch9\finish\dch_finish11.imw |
| | 操作结果文件：\part\ch9\finish\dch_finish12.imw |

(1) 新建层，更改名称为“T4”，设置该层为当前工作层，并显示该层。将点云“T4”拖动到该层。

(2) 利用“圈选点”命令分割点云，如图 9-227 所示，保留原始的点云。

(3) 继续利用“圈选点”命令分割点云，删除外层点云，仅留下内部的圆柱形点云块，如图 9-228 所示。

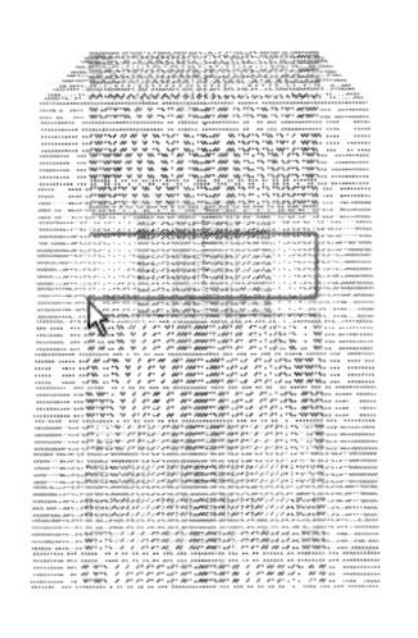
图 9-227

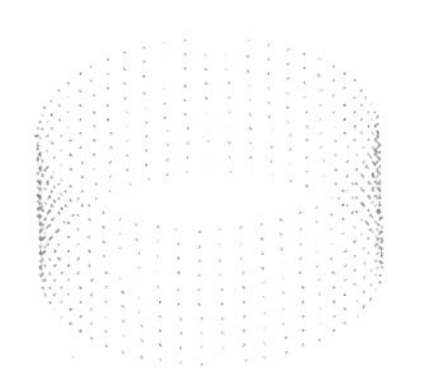
图 9-228

(4) 使用菜单命令“修改”→“方向”→“按最近点排序”和菜单命令“修改”→“方向”→“按设定方向排序”重新排列点云。

(5) 使用菜单命令“构建”→“由点云构造曲面”→“拟合圆柱体”，将点云拟合成为圆柱面，如图 9-229 所示。

(6) 使用菜单命令“构建”→“提取曲面上的曲线”→“创建圆柱/圆锥体轴线”，构建圆柱面的中心线，如图 9-230 所示。

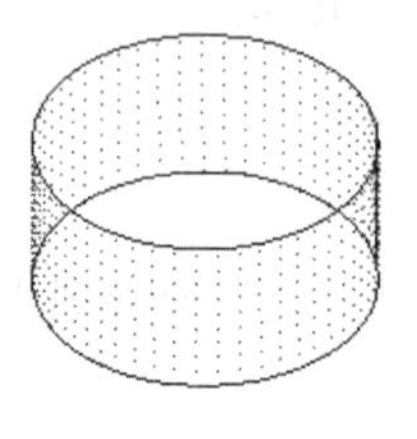

图 9-229

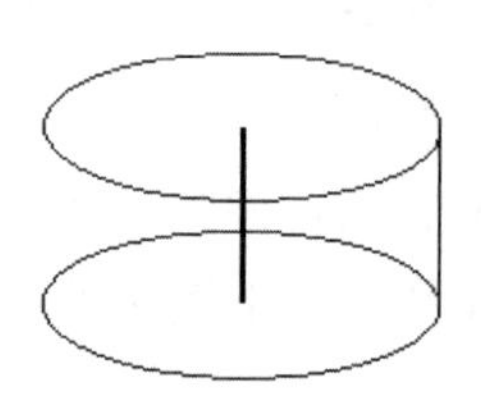

图 9-230

(7) 利用“剖面截取点云”命令，注意激活捕捉到曲线端点的命令，在构建剖断面时所选择的第一个点为圆柱中心线的端点，另一个点在点云之外，如图 9-231 所示。

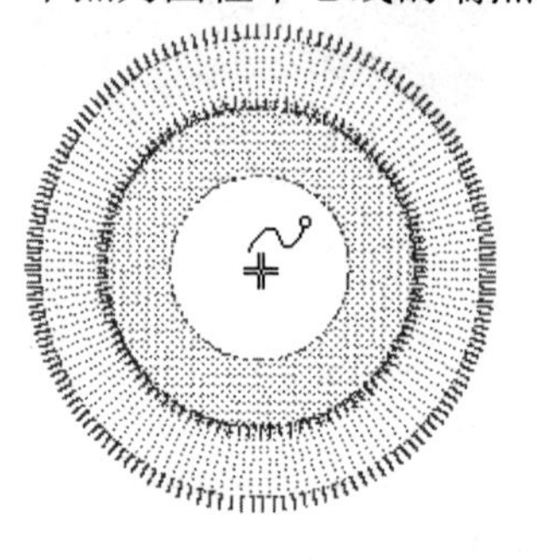

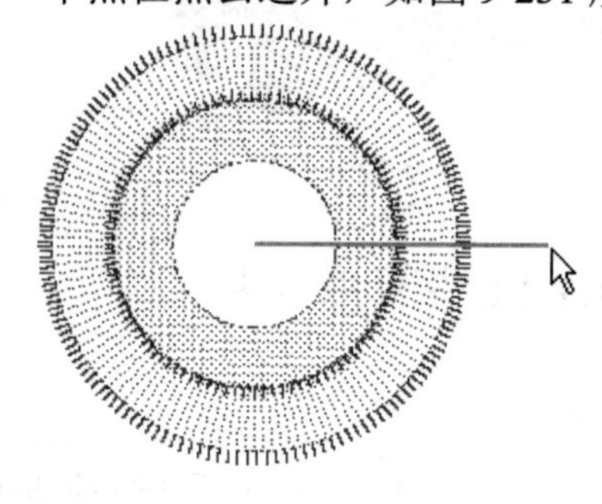

图 9-231

(8) 利用剖断面构建直线，如图 9-232 所示。

(9) 利用“延伸”命令延伸所有的直线，如图 9-233 所示。

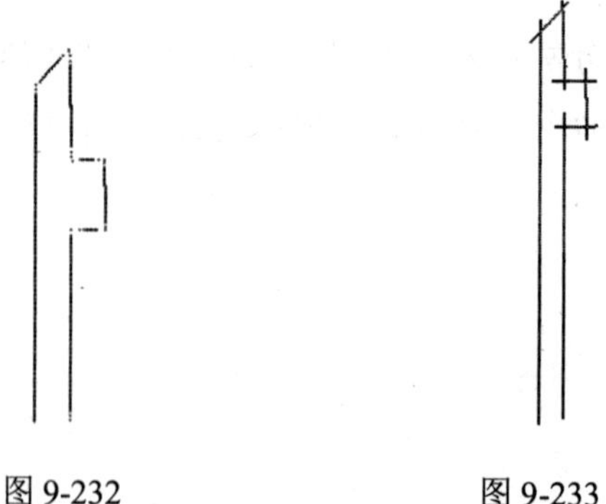

图 9-232　　图 9-233

(10) 利用修剪曲线命令剪断曲线多余部分，得到的轮廓线如图 9-234 所示。

(11) 使用菜单命令“构建”→“曲面”→“旋转曲面”，得到如图 9-235 所示的对话框。

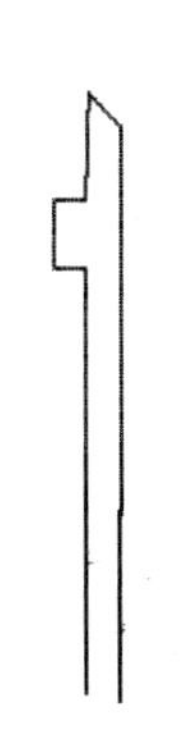

图 9-234

图 9-235

(12) 选择边界上的 1 条曲线，将“轴方向”设定为 *Z*。单击“轴位置”栏，在视图中选择圆柱面的中心线。在“起点角度”栏设定旋转起始角为 0，在“终点角度”栏设定旋转起始角为 360，单击鼠标中键确定。然后依次选择其他的边界线，单击鼠标中键确定。生成后的节点 T4 如图 9-236 所示。

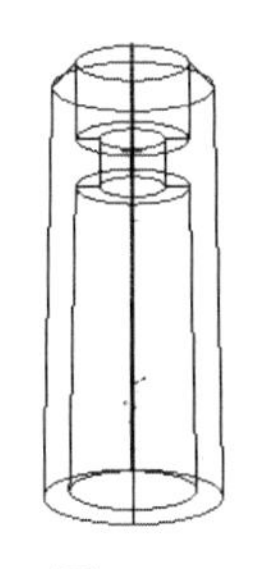

图 9-236

(13) 利用底座的上下两个大平面分别裁剪节点 T4 的外边界和内边界。

## 9.4.5　制作定位件节点 T5

节点 T5 的制作方法与 T4 相似。

【操作步骤】

| | |
|---|---|
| | 源文件：\part\ch9\finish\dch_finish12.imw |
| | 操作结果文件：\part\ch9\finish\dch_finish13.imw |

(1) 新建层，更改名称为“T5”，设置该层为当前工作层，并显示该层。将点云“T5”拖动到该层。

(2) 利用“圈选点”命令分割出需要的点云，如图 9-237 所示。

(3) 使用菜单命令“修改”→“方向”→“按最近点排序”和菜单命令“修改”→“方向”→“按设定方向排序”重新排列点云。

(4) 使用菜单命令“构建”→“由点云构造曲面”→“拟合圆柱面”，将点云拟合成为圆柱面。使用菜单命令“构建”→“提取曲面上的曲线”→“创建圆柱/圆锥体轴线”，构建圆柱面的中心线，如图 9-238 所示。

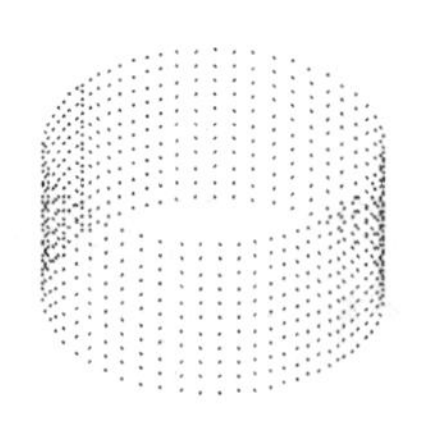

图 9-237

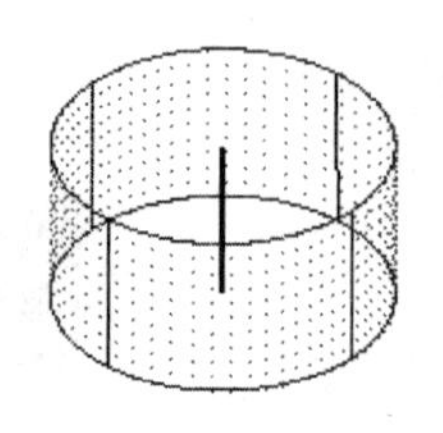

图 9-238

(5) 利用“剖面截取点云”命令，注意激活捕捉到曲线端点的命令，在构建剖断面时所选择的第一个点为圆柱中心线的端点，另一个点在点云之外，如图 9-239 所示。

(6) 利用剖断面构建直线，利用“延伸”命令延伸所有的直线，利用“修剪曲线”命令剪断曲线多余部分，得到的轮廓线如图 9-240 所示。

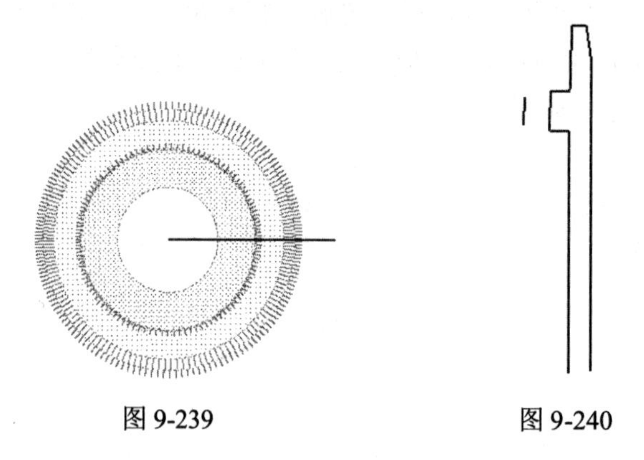

图 9-239　　图 9-240

(7) 使用菜单命令“构建”→“曲面”→“旋转曲面”，选择边界上的 1 条曲线，将“轴方向”设定为 *Z*。单击“轴位置”栏，在视图中选择圆柱面的中心线。在“起点角度”栏设定旋转起始角为 0，在“终点角度”栏设定旋转起始角为 360，单击鼠标中键确定。然后依次选择其他的边界线，单击鼠标中键确定。生成的节点 T5 如图 9-241 所示。

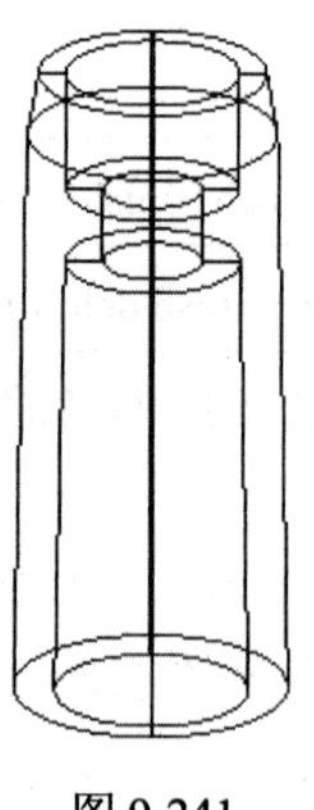

图 9-241

(8) 利用底座的上下两个大平面分别裁剪节点 T5 的外边界和内边界。

## 9.4.6　制作定位件节点 T6

【操作步骤】

| | |
|---|---|
| | 源文件：\part\ch9\finish\dch_finish14.imw |
| | 操作结果文件：\part\ch9\finish\dch_finish15.imw |

(1) 新建层，更改名称为“T6”，设置该层为当前工作层，并显示该层。将点云“T6”拖动到该层。

(2) 利用“剖面截取点云”命令，构建如图 9-242 所示的剖断面。

(3) 利用剖断面构建直线和圆弧，利用“延伸”命令延伸所有的直线和圆弧，如图 9-243 所示。

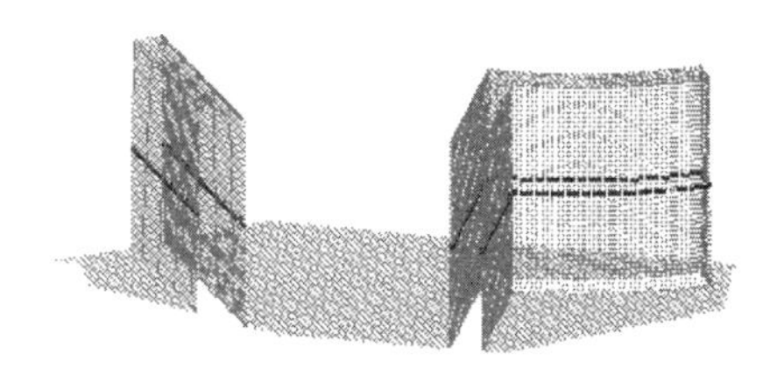

图 9-242

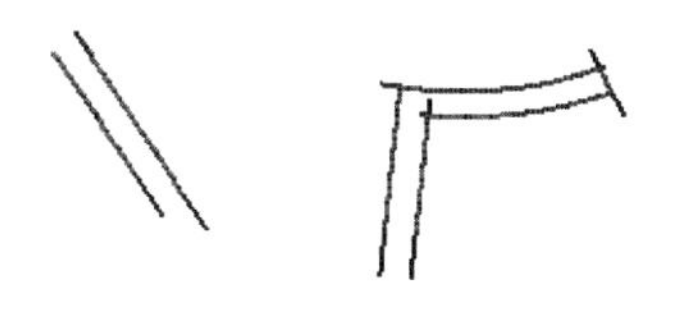

图 9-243

(4) 拉伸轮廓线，形成的曲面如图 9-244 所示，注意拉伸长度超过点云和底座面的范围，拉伸旋转度数均为 0.5°，旋转方向与点云保持一致。

(5) 拉伸电池盒底座的上边缘，得到节点 T6 的上平面。

(6) 利用曲面相互之间的交线、上下底面以及 T1 的侧面，裁剪视图中 T6 的曲面。结果如图 9-245 所示。

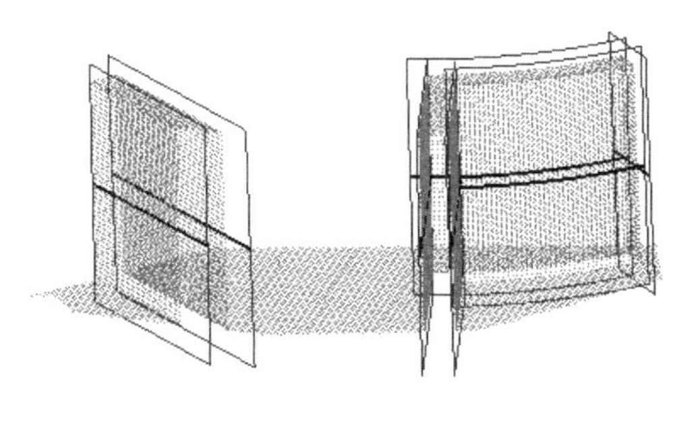

图 9-244

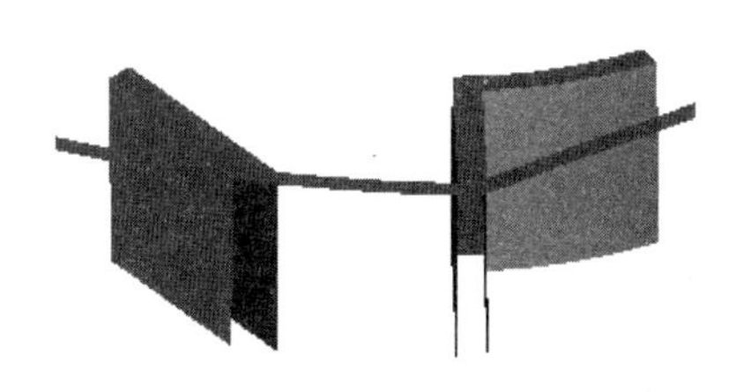

图 9-245

## 9.4.7　制作定位件节点 T7

T7 的制作方法与 T6 相似。

【操作步骤】

| | |
|---|---|
| | 源文件：\part\ch9\finish\dch_finish16.imw |
| | 操作结果文件：\part\ch9\finish\dch_finish17.imw |

(1) 新建层，更改名称为“T7”，设置该层为当前工作层，并显示该层。将点云“T7”拖动到该层。

(2) 利用“剖面截取点云”命令，构建如图 9-246 所示的剖断面。

(3) 利用剖断面构建直线和圆弧，利用“延伸”命令延伸所有的直线和圆弧，如图 9-247 所示。

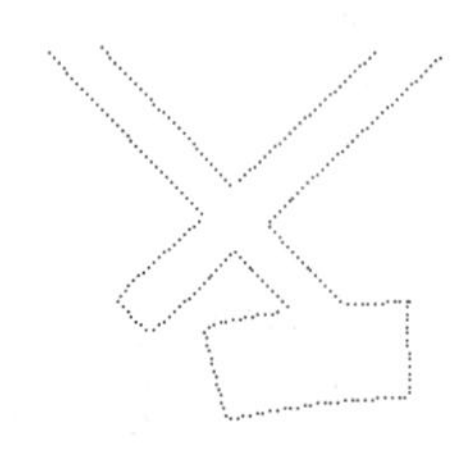

图 9-246

图 9-247

(4) 拉伸轮廓线，形成的曲面如图 9-248 所示，注意拉伸长度超过点云和底座面的范围，拉伸旋转度数均为 0.5°，旋转方向与点云保持一致。

(5) 偏置电池盒底座的上边缘，得到节点 T7 的上平面。

(6) 利用曲面相互之间的交线、上下底面以及 T1 的侧面，裁剪视图中 T7 的曲面。结果如图 9-249 所示。

图 9-248

图 9-249

## 9.4.8　制作定位件节点 T8

【操作步骤】

| | |
|---|---|
| | 源文件：\part\ch9\finish\dch_finish18.imw |
| | 操作结果文件：\part\ch9\finish\dch_finish19.imw |

(1) 新建层，更改名称为“T8”，设置该层为当前工作层，并显示该层。将点云“T8”拖动到该层。

(2) 利用“圈选点”命令分割点云，如图 9-250 所示。

(3) 同样地，将下面多余的点云删除，得到两块点云，如图 9-251 所示。

(4) 使用菜单命令“构建”→“由点云构造曲面”→“拟合平面”和“构建”→“由点云构造曲面”→“拟合圆锥面”命令，将上下两块点云分别拟合成为平面和圆锥面。使

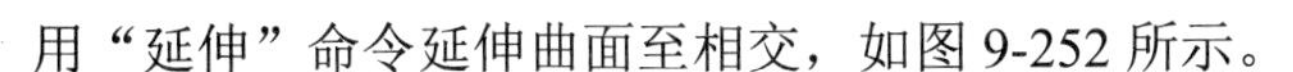
用“延伸”命令延伸曲面至相交，如图 9-252 所示。

(5) 利用相互之间的交线裁剪曲面。结果如图 9-253 所示。

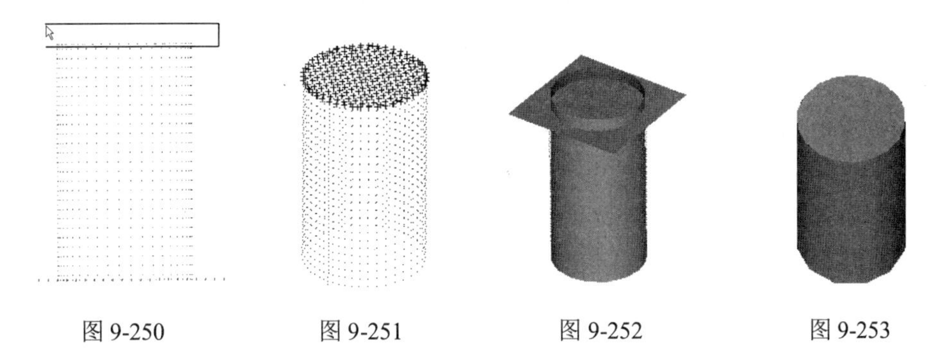

图 9-250　　图 9-251　　图 9-252　　图 9-253

## 9.4.9　制作定位件节点 M1

【操作步骤】

| | |
|---|---|
| | 源文件：\part\ch9\finish\dch_finish20.imw |
| | 操作结果文件：\part\ch9\finish\dch_finish21.imw |

(1) 使用菜单命令“修改”→“位移”→“镜像”，得到如图 9-254 所示的对话框。

(2) 视图中仅显示 T2、T3、T4、T5、T6、T7 和 T8 的曲面。选择所有的曲面。在“镜像平面”栏中设定对称面为 *Y* 轴方向，在其后的输入栏中输入数值“0”。勾选“复制物件”复选框，单击鼠标中键确定，显示出末端节点 T1 的所有曲面，如图 9-255 所示。

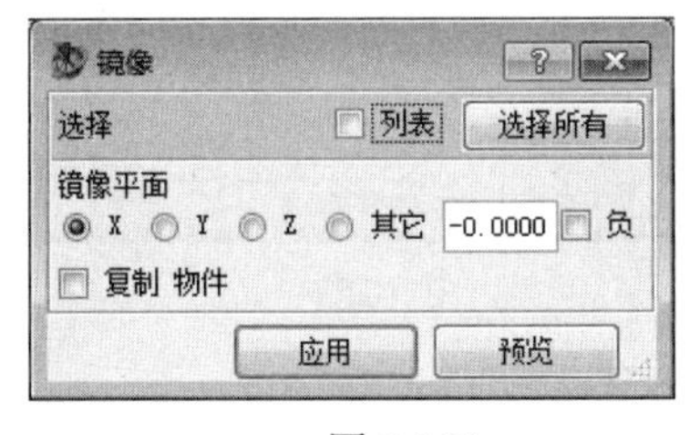


图 9-254

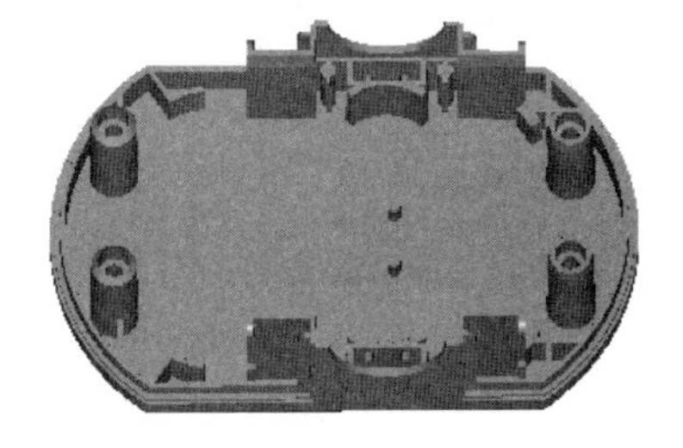

图 9-255

(3) 裁剪相互重合的面，完成电池盒的制作。

# 9.5　误 差 分 析

曲面造型完成以后，需要进行曲面精度、曲面光滑度和曲面连续性的检查。其中曲面精度对于逆向造型是必须进行的，而曲面光滑度和曲面连续性则更多地针对曲面，对于平面结构可以省略。本章中的曲面较为简单，所以仅介绍曲面精度的检查方法，其他两种曲面的检测方法在第 8 章中介绍过。

【操作步骤】

(1) 显示出所有的曲面和点云 dch。

| | |
|---|---|
| | 源文件：\part\ch9\finish\dch_finish21.imw |
| | 操作结果文件：\part\ch9\finish\dch_finish22.imw |

(2) 使用菜单命令“测量”→“曲面偏差”→“点云偏差”，快捷键为 Shift+Q，得到如图 9-256 所示的对话框。

(3) 单击“曲面”栏后面的“选择所有”按钮。单击“点云”栏，选择点云。在“创建”栏中选择“彩色矢量图”选项，即颜色对比特征显示出曲面与点云的差异。

(4) 单击“应用”按钮确定。视图中显示出“显示差别”对话框，如图 9-257 所示。其中，“错误信息”栏中显示了最大误差为 0.24mm，满足一般曲面的精度要求。

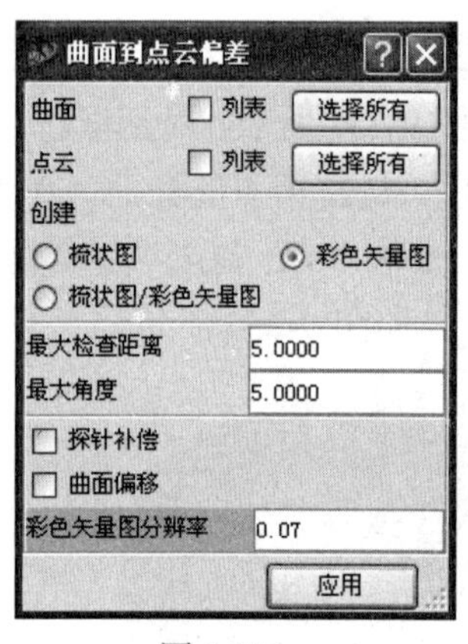


图 9-256

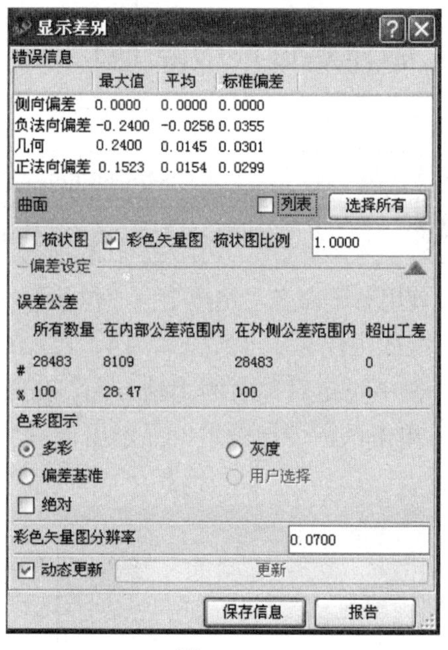


图 9-257

(5) 视图中，用颜色对比特征显示了曲面与点云的误差。

# 9.6 思考与练习

1. 如何对本例中的电池盒进行产品分析？

2. 按照操作步骤，对电池盒进行造型分析。

3. 按照操作步骤，底座的制作包括两个部分，即底座上半部分和底座下半部分，对这两部分进行操作。

4. 由分割提取点云，如何进行定位件的制作？

5. 通过“误差分析”，如何进行电池盒产品的后期处理？